全 国 通 信 专 业
技术人员职业水平考试用书

通信专业实务

互联网技术

◎ 工业和信息化部教育与考试中心　组编

◎ 王晓军　主编

◎ 范春梅　副主编

人 民 邮 电 出 版 社

北 京

图书在版编目（CIP）数据

通信专业实务. 互联网技术 / 工业和信息化部教育
与考试中心组编. -- 北京：人民邮电出版社，2018.7（2024.5重印）
全国通信专业技术人员职业水平考试用书
ISBN 978-7-115-48599-1

Ⅰ. ①通… Ⅱ. ①工… Ⅲ. ①通信技术—水平考试—
自学参考资料②互联网络—水平考试—自学参考资料
Ⅳ. ①TN91

中国版本图书馆CIP数据核字(2018)第118221号

内 容 提 要

本书内容紧扣《全国通信专业技术人员职业水平考试大纲》，层次清晰、内容丰富、通俗易懂，满足通信及互联网企业对通信专业技术人员中级职业水平的实际要求，力求反映当代互联网技术的最新发展与应用。全书分为 12 章，主要内容包括计算机网络与协议、局域网、互联网、网络操作系统、交换技术、网络安全、数据库基础、数据存储基础、软件开发基础、云计算架构与应用、大数据技术及应用、物联网等。

本书既可作为全国通信专业技术人员职业水平考试的教材，也可作为高等院校相关专业在校学生的学习辅导书，还可供通信行业专业技术人员自学参考。

- ◆ 组　　编　工业和信息化部教育与考试中心
　　主　　编　王晓军
　　副 主 编　范春梅
　　责任编辑　刘海溧
　　责任印制　焦志炜
- ◆ 人民邮电出版社出版发行　　北京市丰台区成寿寺路 11 号
　　邮编　100164　　电子邮件　315@ptpress.com.cn
　　网址　http://www.ptpress.com.cn
　　固安县铭成印刷有限公司印刷
- ◆ 开本：787×1092　1/16
　　印张：20.5　　　　　　　　　　2018 年 7 月第 1 版
　　字数：515 千字　　　　　　　　2024 年 5 月河北第 13 次印刷

定价：69.80 元（附小册子）

读者服务热线：**(010)81055256**　印装质量热线：**(010)81055316**
反盗版热线：**(010)81055315**
广告经营许可证：京东市监广登字20170147号

本书主要是面向"全国通信专业技术人员职业水平考试"（简称"职业水平考试"）应试者编写的，以《全国通信专业技术人员职业水平考试大纲》（简称《考试大纲》）为依据，结合通信行业的技术、业务发展和人才需求变化，经过多次集体讨论和修改，最终定稿。

当今人类社会已经步入 21 世纪信息化时代，计算机和互联网与人们的工作、学习和生活息息相关，人类社会目前处于一个历史飞跃时期，正由高度的工业化时代迈向计算机网络时代。随着科学技术的迅速发展，云计算、大数据、物联网等技术已成为信息时代的主题，正在推动着新时代经济的发展。

本书涵盖了信息通信及互联网相关行业、岗位的工作人员需要掌握的与互联网技术有关的基本理论与应用知识，理论与应用技能相结合，层次清晰、内容丰富、通俗易懂，使读者在掌握互联网技术基本概念的基础上，能够比较系统地学习互联网技术应用的基本技能。参加职业水平考试的考生在使用本书时，应结合《考试大纲》的要求进行阅读，以便更有针对性地复习。

读者可登录人邮教育社区（www.ryjiaoyu.com），搜索本书书名，下载缩略语表，以辅助学习。

本书由王晓军任主编，范春梅任副主编。第 1 章由王晓军编写，第 2 章、第 12 章由兰丽娜编写，第 3 章由张志青、兰丽娜编写，第 4 章由张文辉编写，第 5 章由赵国安、乔爱锋、张云帆编写，第 6 章、第 7 章由范春梅编写，第 8 章、第 9 章由高大永编写，第 10 章由张文辉、张云帆编写，第 11 章由张志青、乔爱锋编写。

本书在编写过程中得到了北京市通信管理局、湖北省通信管理局、广东省通信管理局、新疆维吾尔自治区通信管理局、中国联合网络通信集团有限公司山西省分公司、中国联合网络通信集团有限公司北京市分公司、中国移动通信集团北京有限公司、中国移动通信集团公司政企客户分公司、中国电信集团有限公司、中国电信股份有限公司北京分公司、中国电信股份有限公司浙江分公司、中国电信湖北公司武汉分公司、中国电信江苏公司南京分公司、中国铁塔股份有限公司、烽火通信科技股份有限公司、中国联通学院、江苏省邮电规划设计院有限责任公司、中国电信股份有限公司北京规划设计院、中讯邮电咨询设计院有限公司、湖北省信产通信服务有限公司、湖北电信培训中心、中关村软件园、北京启明星辰信息安全技术有限公司的大力支持和帮助，在此深表感谢。

由于水平所限，书中不当之处恳请读者批评指正。

编　者

2018 年 5 月

目　录

第 1 章　计算机网络与协议

　　计算机网络是现代计算机技术与通信技术密切结合的产物。计算机网络是利用通信设备和线路将地理位置不同、功能独立的多个计算机系统互连起来，以功能完善的网络软件实现网络中资源共享和信息传递的系统。

1.1　计算机网络的功能

1.1.1　计算机网络的定义

　　计算机网络是将若干台具有独立功能的计算机，通过通信设备及传输介质互连起来，在操作系统和网络协议等软件的支持下，实现计算机之间信息传输与交换的系统。计算机网络的发展与现代计算机技术和通信技术的发展密不可分，通信网络为计算机之间的信息传送与交换提供了必要手段，同时由于计算机技术的渗透，通信网络的诸多性能得到了不断提高。

1.1.2　计算机网络的基本功能

　　计算机网络向用户提供的最主要的功能是：资源共享和数据传输。资源共享包括硬件共享、软件和信息共享。

　　（1）硬件共享。计算机网络可以在全网范围内为用户提供对处理设备、存储设备和输入输出设备等的共享，既为用户降低投资，又便于硬件资源的集中管理和负载均衡。例如，同一网络中的用户共享打印机、共享硬盘空间等。

　　（2）软件和信息共享。用户使用远程主机的软件（系统软件和用户软件），既可以将相应软件调入本地计算机执行，也可以将数据送至对方主机，运行软件，并返回结果，从而避免软件研制上的重复劳动及数据资源的重复存储，也便于集中管理。

　　（3）数据传输。计算机网络提供网络用户之间、各个处理器之间，以及用户与处理器之间的数据传输，这是资源共享的基础。用户可以通过网络传送电子邮件，发布新闻消息，进行文件传输、语音通信、视频会议等，极大地方便了用户，提高了工作效率。

　　除了上述主要功能之外，计算机网络还可以实现集中管理、分布式处理和负载均衡等其他功能。

　　（1）集中管理。计算机网络具有对分散对象提供实时集中控制与管理的功能。例如，现在普遍使用的管理信息系统（Management Information System，MIS）和办公自动化（Office Automation，OA）系统，通过这些系统可以实现日常工作的集中管理，提高工作效率，增加经济效益。

（2）实现分布式处理。网络技术的发展，使得分布式计算成为可能。可以将大型课题分为许许多多的小题目，由不同的计算机分别完成，然后集中起来解决问题。

（3）负载均衡。负载均衡是指工作被均匀地分配给网络上的各台计算机。网络控制中心负责分配和检测，当某台计算机负载过重时，系统会自动将部分工作转移到负载较轻的计算机中去处理。

1.2 计算机网络的组成和分类

1.2.1 计算机网络的组成

计算机网络通常由 3 部分组成：资源子网、通信子网和网络协议。

（1）资源子网：负责全网的数据处理，向网络用户提供各种网络资源与网络服务。资源子网由用户的主机和终端组成，主机通过高速通信线路与通信子网的路由器相连接。

（2）通信子网：完成网络数据传输、转发等通信处理任务。通信子网包含传输线路、网络设备和网络控制中心等硬软件设施，通信部门提供的网络一般都属于通信子网，通信子网与具体的网络应用无关。

（3）网络协议：网络协议是为了在网络中不同设备之间进行数据传输而预先制定的一整套通信双方需共同遵守的格式和约定。它的存在与否是计算机网络与一般计算机互连系统的根本区别。

1.2.2 计算机网络的分类

计算机网络的划分方法有很多种。按照网络的覆盖范围可以分为广域网（Wide Area Network，WAN）、局域网（Local Area Network，LAN）、城域网（Metropolitan Area Network，MAN）和个人区域网（Personal Area Network，PAN）；按照网络的交换方式主要可以分为电路交换网络和分组交换网络；按照网络的拓扑结构可以分为星形、总线型网、环形网、树形网和网状网；按照网络的传输介质可以分为双绞线、同轴电缆、光纤和无线网络；按照网络的信道带宽可以分为窄带和宽带网络；按照网络传输技术可以分为点对点式网络和广播式网络；按照网络的用途可以分为教育网络、科研网络、商业网络及企业网络等。本节简要介绍按照网络覆盖范围和交换方式对网络进行划分的方式。

1. 按照网络覆盖范围划分

根据网络覆盖的范围，网络可以分为广域网、局域网、城域网、个人区域网等。

（1）广域网：也称为远程网，它的覆盖范围可从几百千米到几千千米，可以覆盖一个地区或一个国家，甚至整个世界。因为距离较远，信息衰减比较严重，所以这种网络一般需要租用专线；由于其规模较大，传输延迟也较大。

（2）局域网：是最常见、应用最广的一种网络。它的覆盖范围在几十米或数千米，限定在较小的区域内。通常安装在一个建筑物或校园（园区）中，常由一个单位投资组建。一个家庭中也可以有自己的小型局域网。局域网在计算机数量配置上没有太多的限制，少则两台，多则可达几百台。

局域网的特点是连接范围窄、用户数少、配置容易、连接速率高。电气和电子工程师协会（Institute of Electrial and Electronics Engineers，IEEE）的 802 标准委员会定义了多种形式的局域网，包括以太网、令牌环网、光纤分布式数据接口网络，以及无线局域网等。

（3）城域网：其覆盖范围介于局域网和广域网之间，能覆盖几十千米至数百千米，一般能覆盖一个城市。将城域网进行单独划分参考的标准是 IEEE 802.6 标准。与局域网相比，城域网的扩展距离更长，连接的计算机数量更多，在地理范围上可以说是局域网的延伸。在一个大型城市或都市地区，一个城域网通常连接着多个局域网。

（4）个人区域网：在一定范围内，把属于个人使用的电子设备用无线技术连接起来的网络称为个人区域网，也称为无线个人区域网，其范围在 10m 左右。

随着网络技术的发展以及新型的网络设备和传输介质的广泛应用，局域网和城域网之间的区别逐渐模糊。有些从局域网中发展起来的技术也可以用于城域网，甚至广域网中。

2.　按照网络交换方式划分

按照网络的交换方式主要可以分为电路交换网络和分组交换网络。

（1）电路交换。采用电路交换方式时，在通信开始之前要先建立链路，在通信结束之后还要释放链路。在整个通信进行的过程中，通信信道由参与通信的用户独享，即使某个时刻没有信息在信道上传递，其他用户也不能使用此信道。采用这种交换方式，可以保证用户的通信带宽，时延较短；但线路的利用率不高。现在广泛使用的电话通信网络中使用的就是电路交换技术。

（2）分组交换。分组是指包含用户数据和协议头的块，每个分组通过网络交换机或路由器被传送到正确目的地。一条信息可能被划分为多个分组，每个分组在网络中独立传输，并且可能沿不同路由到达目的地。一旦属于同一条信息的所有分组都到达了目的地，就可以将它们重装，形成原始信息，传递给上层用户。这个过程称为分组交换。分组交换有虚电路交换和数据报交换两种方式。

① 虚电路交换：虚电路分组交换技术是一种面向连接的交换技术，在数据传输之前，通信双方必须通过中间交换节点建立一条专用的类似于电路交换技术所用的物理电路连接的逻辑电路连接，由于其在物理上是不存在的，故被称为"虚电路"。虚电路完全不同于物理电路的连接，虽然它也是独占使用，但它却采用了一种类似信道复用的技术，通过分组存储与转发的原理，使得一个节点可以同时建立多条虚电路，同时为多个通信过程服务。

② 数据报交换：采用数据报方式时，每个分组头部都包含了分组目的地信息。中间节点通过检查分组头部，为分组确定路由。每个分组通过网络时的路由可能是不同的。因此，分组抵达目的节点时的顺序与其发送顺序可能不同。

如上所述，与电路交换相比，分组交换的主要优势在于，通信线路不是独占的。电路交换的优点是数据传输快速、按序到达目的地且到达速率恒定，因此电路交换适用于实时数据传输过程，如对服务质量有较高要求的音频和视频信息。目前得到广泛应用的电话交换系统就是电路交换网络。而分组交换更适用于突发数据的传输，且能抵御传输中的时延和抖动。大多数网络协议，如 TCP/IP、X.25 及帧中继等，都是基于分组交换技术的。互联网就是一种分组交换网络。

1.3 计算机网络的体系结构

计算机网络协议体系结构的基本思想是：在计算机网络的设计中，采用分层次的设计方法，使相互通信的两个计算机之间达到高度协调。网络体系结构规定了同层进程通信的协议，以及相邻层之间的接口及服务。这些层次结构、同层进程间通信的协议，以及相邻层之间的接口统称为网络体系结构。

网络体系结构仅仅是人们对于网络功能的描述，这些功能的实现要通过具体的硬件和软件来完成，因此，也可以认为网络体系结构是网络层次结构模型和各层次协议的集合。

1.3.1 计算机网络体系结构的分层原理

一个功能完备的计算机网络需要制定一套复杂的协议集，采用分层次结构是最为有效的组织方法，这样可以将复杂的问题分解为若干较为简明且有利于处理的问题。

1. 分层原理

在分层结构中，一个层次完成一项相对独立的功能，在层次之间设置通信接口。在一个 N 层结构中，第 N 层是第 $N-1$ 层的用户，又是第 $N+1$ 层的服务提供者。第 $N+1$ 层直接使用了第 N 层提供的服务，但实际上它通过第 N 层还间接地使用了第 $N-1$ 层以及以下所有各层提供的服务。

采用层次结构的优点在于每层实现的功能是相对独立的。实现每层功能的软件在保证实现层间接口功能的基础上，可以独立设计、调试，这样各层的软件开发可以并行进行，也进一步保证了软件设计的质量。某一层的功能发生变化或需要更新时，只要接口功能不变，都不会对其他各层产生影响，软件维护也比较方便。

计算机网络中的层次结构一般都是以垂直分层模型来表示的，如图 1-1 所示。

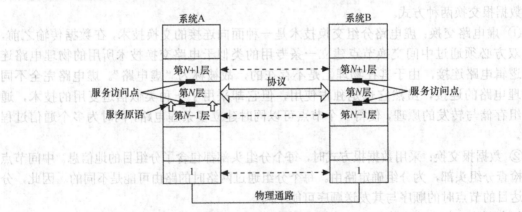

图 1-1 计算机网络的分层结构

（1）服务访问点（Service Access Point，SAP）：两个层次之间通过 SAP 进行通信。第 N 层通过 N-SAP 向第 $N+1$ 层实体提供服务，第 $N+1$ 层实体通过 N-SAP 向第 N 层实体请求服务。每层向其上层提供的服务都是由本层及以下各层共同实现的。但高层在使用低层提供的功能和服务时，并不需要了解低层是如何实现此功能的，即低层功能的实现对高层来说是透明的。

（2）服务原语（Primitive）：服务的请求与提供是通过在 SAP 上发送或接收服务原语来实现的。这是 N 层服务的用户与 N+1 层服务的提供者通过 N-SAP 进行的交互，指出了相应的服务和必须执行的抽象操作。服务原语可以由服务用户发出，也可由服务提供者发出。

（3）协议（Protocol）：不同系统的对等层之间为了完成本层的功能而必须遵循的通信规则和约定。

2. 层次划分原则

由于计算机网络结构复杂，不可能用一个程序完成所有的功能，需要对网络进行层次划分。那么，应该将整个系统划分成几层，每层应该完成什么功能呢？下面首先了解一下在进行系统划分时应该遵循的几条原则。

系统划分应遵循如下原则。

（1）各层功能明确。即每一层的划分都应有明确的、与其他层不同的基本功能。这样在某层的具体实现方法或功能发生变化时，只要保持与上层、下层的接口不变，就不会对其他各层产生影响。

（2）层间界面接口清晰。建立分层边界时，尽量减少跨过接口的通信量。

（3）层数适中。层数如果足够多，可以避免不同的功能混杂在同一层中；但也不能太多，否则体系结构会过于庞大，增加各层服务的开销。

网络中各节点都具有相同的层次，不同节点的同等层具有相同的功能。

1.3.2 计算机网络协议的概念

网络协议是为同等层实体之间的通信制定的有关通信规则的集合。网络协议包括以下 3 个要素。

（1）语义（Semantics），涉及用于协调和差错处理等功能的控制信息，即需要发出何种控制信息，以及完成的动作和做出的响应。

（2）语法（Syntax），涉及数据及控制信息的格式、编码及信号电平等，即用户数据的控制信息结构及格式。

（3）同步（Synchronization），涉及速度匹配和排序等，即对事件实现顺序的详细说明。

1.4 计算机网络分层模型

本节将介绍两种具体的网络分层参考模型：国际标准化组织（International Standardization Organization，ISO）制定的开放系统互连参考模型（Open System Interconnection Reference Model，OSI/RM）和传输控制协议/网际协议（Transfer Control Protocol/Internet Protocol，TCP/IP）参考模型。

1.4.1 OSI/RM

1. OSI/RM 概述

OSI/RM 是一个开放式计算机网络的层次结构模型。"开放"表示任何两个遵守了参考模型及相关标准的系统都可以进行互连。这个模型定义了异种计算机标准间的互连。之所以提出这样一个参考模型，是由于在 1974 年 IBM 公司提出了世界上第一个系统网络体系结构（System Network Architecture，SNA）之后，各厂商纷纷提出自己的网络体系结构。为了避免各种网络体系结构之间在互连、互操作和可移植性方面可能出现的问题，ISO 在 1978 年提出了 OSI/RM。此标准在 1983 年成为正式的国际标准。遵循这个标准的系统可以和其他任何遵守该标准的系统进行通信。因此称其为开放系统互连参考模型。

OSI/RM 仅仅提出了对于系统的体系结构（Architecture）、服务定义（Service Definition）和协议规格说明（Protocol Specification）的描述，并没有提出任何具体协议，也没有给出任何具体的实现方法。因此实现这样一个参考模型时，还需要对具体的协议和实现协议的具体办法进行研究。这是一个非常庞杂的任务，到目前为止，世界上还没有任何一个厂商或者组织真正实现了这个参考模型。实际上这个参考模型具有双重意义，它为人们研究相关的协议提供了一个很好的参考；但是从另外一个意义上讲，过分关注这个模型可能会使人们的研究走入困境。也正因为如此，人们提到网络体系结构时都要说到 7 层模型，但实际中使用的标准却不是这个 7 层模型，而是 TCP/ IP 参考模型。

OSI/RM 对系统体系结构、服务定义和协议规范 3 个方面进行了定义。它定义了一个 7 层模型，用以进行进程间的通信，并作为一个框架协调各层标准的制定；OSI 的服务定义描述了各层所提供的服务，以及层与层之间的抽象接口和交互用的服务原语；OSI 各层的协议规范精确地定义了应当发送何种控制信息，以及应该通过何种过程对此控制信息进行解释。

（1）7 层结构。OSI/ RM 将系统分成 7 层，从下到上分别为物理层（Physical Layer，PHL）、数据链路层（Data Link Layer，DLL）、网络层（Network Layer，NL）、传输层（Transport Layer，TL）、会话层（Session Layer，SL）、表示层（Presentation Layer，PL）和应用层（Application Layer，AL），如图 1-2 所示。

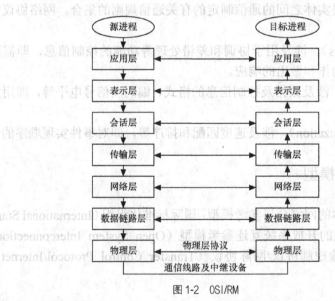

图 1-2 OSI/RM

（2）数据传输过程。分层模型是对系统功能进行的抽象划分。那么，系统中两台主机之间的信息又是如何通过这些分层结构进行流通的呢？在介绍每层的具体功能之前，先介绍一下分层模型中数据的传输过程。

在 OSI/RM 中用到的数据单元有如下几种。

- 服务数据单元（Service Data Unit，SDU）：指第 N 层中等待传送和处理的数据单元。
- 协议数据单元（Protocol Data Unit，PDU）：指同等层水平方向上传送的数据单元。

- 接口数据单元（Interface Data Unit，IDU）：指在相邻层接口之间传送的数据单元，它是由 SDU 和一些控制信息组成的。

数据传输过程如图 1-3 所示，数据在发送端从上到下逐层传输。在传输过程中，每层都要加上适当的控制信息（头部），即图中的 AH、PH、SH、TH、NH、DH 及 DT。到物理层转换成为由"0""1"组成的比特流，然后转换为电信号在物理介质上传输至接收端。在接收端逐层向上传输时，过程正好相反，要逐层剥去发送端相应层加上的头部控制信息。对任意一层来说，都不会收到其下各层的控制信息，而其上各层的控制信息对它来说只是透明的数据，所以它只需将本层的控制信息剥离出来，并按照信息指示进行相应的协议操作即可。

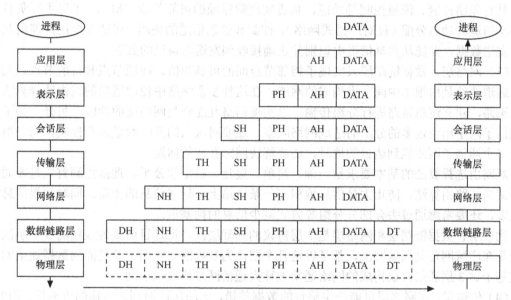

图 1-3　OSI/RM 中的数据传输过程示意图

2. 各层功能概述

（1）物理层。在物理层上所传数据的单位是比特。物理层的任务就是透明地传送比特流。物理层定义了建立、维护和拆除物理链路所需的机械、电气、功能和规程特性。其目的是在物理介质上传输原始的数据比特流。

机械特性：接口部件的尺寸、规格、插脚数和分布等。

电气特性：接口部件的信号电平、阻抗、传输速率等。

功能特性：接口部件信号线（数据线、控制线、定时线等）的用途。

规程特性：接口部件的信号线建立、维持、释放物理连接和传输比特流的时序。

物理层要实现实体之间的按位传输，保证按位传输的正确性，并向数据链路层提供透明的比特流传输。但物理层仅仅负责将比特流从一台计算机传输到另一台计算机，并不关心它们的含义。

物理介质可以选择光纤、同轴电缆、双绞线、红外线等。介质的选择主要取决于用户需要以多快的速率将数据传输多远。

（2）数据链路层。物理层的目的是提供可靠的比特流传输，而不考虑这些比特之间的联系以及所传输数据的结构，因此，在物理层中无法解决数据传输过程中发生的异常情况、差错控制和恢复，以及信息格式等问题。

数据链路层是建立在物理层基础上的，通过使用物理层提供的服务，建立通信联系，将比特流组织成名为帧的协议数据单元进行传输。帧中除了包含上层传输来的数据之外，还包括一些地址、控制，以及校验码信息。两个系统中的数据链路层通过这些控制信息，实现流量控制机制和差错处理机制，对物理设备的传输速率进行匹配（解决收发双方速度不一样的问题），在比特流传输的基础上实现相邻节点间的可靠数据传输。

IEEE 将数据链路层进一步划分成了两个子层（参见局域网内容）：介质访问控制（Media Access Control，MAC）子层和逻辑链路控制（Logical Link Control，LLC）子层。这两个子层分担了数据链路层的功能。其中，LLC 子层与网络层相邻，是 MAC 子层的上一层。LLC 子层具有差错控制、流量控制等功能，负责实现数据帧的可靠传输。MAC 子层主要负责实现共享信道的动态分配（针对广播式网络），控制和管理信道的使用，保证多个用户能向共享信道发送数据，并能从共享信道中识别并正确接收到发送给自己的数据。

（3）网络层。数据链路层只实现了相邻节点间的可靠通信，而源节点和目的节点之间的信息通道往往是由很多中间节点构成的网络，在这种复杂网络中使用适当的路由选择算法为数据选路，建立逻辑链路进行分组传输，以实现网络互连则是网络层的功能。另外，为了避免通信子网中出现过多的分组而造成网络阻塞，还要对流入的分组数量进行控制。当分组要跨越多个通信子网才能到达目的地时，还要解决网际互连的问题。

对路由选择算法的基本要求是正确、简单、健壮、稳定和公平。拥塞控制首先是要通过选择适当的路由算法，防止大量信息堆积在一条链路上，延误信息的传输；同时如果信息堆积过多，还要考虑通过丢弃部分分组等方式减少信息的拥塞量。

物理层、数据链路层和网络层是 7 层协议的基础层次，也是目前最为成熟的 3 个层次。无论是在广域网还是局域网上，都是以这几个层次为基础的。它们主要是面向数据通信的，因此基于这 3 层通信协议构成的网络通常被称为通信网络或通信子网。

（4）传输层。在网络层可能产生整包的数据差错，无法保证端到端传输的可靠性。因此，传输层通过对数据单元错误、数据单元次序，以及流量控制等问题的处理为用户提供可靠的端到端服务。传输层处于分层结构体系高低层之间，是高低层之间的接口，是非常关键的一层。

为了实现可靠的端到端数据传输，传输层主要采用了以下技术手段。

分流技术：利用多条网络连接来支持一条信道的数据传输，提高数据传输速率，使得具有低吞吐量、低速率和高传输延迟的网络能够满足高速数据的传输要求。

复用技术：将多条信道上的数据汇集到一条网络连接上传输，使得具有高吞吐量、高速率和低传输延迟、高费用的网络能够支持用户的低传输成本要求。

差错检测与恢复：使差错率较高的网络能够满足用户对高可靠性数据传输的要求。

流量控制：对连续传输的协议数据单元个数进行限制，避免网络拥塞。

（5）会话层。会话层是进程与进程间的通信协议，主要功能是组织和同步不同主机上各种进程间的通信。会话层负责在两个会话层实体之间进行对话连接的建立和拆除。为了建立会话，该层执行了名称及用户权限识别功能。

（6）表示层。表示层在网络需要的格式和计算机可处理的格式之间进行数据翻译。表示层执行协议转换、数据翻译、压缩与加密、字符转换，以及图形命令的解释功能。

（7）应用层。应用层包含利用网络服务的应用程序进程及应用程序接口。应用层提供的服务包括文件服务、数据库服务、电子邮件及其他网络软件服务。

1.4.2 TCP/IP 参考模型

1. TCP/IP 参考模型的基本概念

TCP/IP 又称为网络通信协议，这个协议是国际互联网的基础。

TCP/IP 是网络中使用的基本协议。虽然从名称上看 TCP/IP 似乎只包括两个协议，即 TCP 和 IP，但实际上 TCP/ IP 是一组协议的集合，它包括上百个各种功能的协议，如 TCP、IP、UDP、ICMP、RIP、Telnet、FTP、SMTP、ARP 及 TFTP 等。而 TCP 和 IP 是保证数据完整传输的两个基本的重要协议。

通常所说的 TCP/IP 是指 Internet 协议簇，而不仅是 TCP 和 IP。以此为基础组建的 Internet 是目前国际上规模最大的计算机网络。Internet 的广泛使用，使得 TCP/IP 成为事实上的标准。

TCP/IP 并不完全符合 OSI 的 7 层参考模型。传统的开放系统互连参考模型采用了 7 层结构，而 TCP/IP 协议采用了 4 层结构，每一层都使用它的下一层所提供的服务来完成本层的功能。这 4 层从下往上依次是网络接口层、网络层、传输层和应用层。

（1）网络接口层：这是 TCP/IP 参考模型的最低层，负责对实际的网络媒体进行管理，接收 IP 数据报并通过网络将其发送出去，或者从网络上接收数据帧，剥离出 IP 数据报，交给网络层。

（2）网络层（因特网层）：负责数据的转发和路由选择，保证数据报到达目的主机。

（3）传输层：负责传送数据，并且确定数据已被送达并接收。

（4）应用层：向用户提供一组常用的应用程序。

TCP/IP 参考模型要完成 OSI 7 层模型的任务，模型中互相对应的部分由 TCP/IP 协议簇中相关的协议实现。其他部分（如会话层和表示层）的功能由用户实现。TCP/IP 参考模型是在 TCP/IP 协议簇逐渐丰富起来以后才提出的。

TCP/IP 参考模型和 OSI/ RM 的数据传输过程类似。用户数据单元从应用程序向下传送，通过 TCP/IP 参考模型的各层时，每层都会在数据单元上加上相应的头部或头部和尾部。在接收端，由对等层将这些头尾部剥离出来，并根据其中的信息对数据单元进行相应的处理。

2. 与 OSI/RM 的比较

TCP/IP 参考模型和 OSI/RM 的目的和实现的功能都一样，本质上它们都采用了分层结构，并在层间定义了标准接口，上层使用下层提供的服务，但下层提供服务的方式对上层来说是透明的；在对等层间采用协议来实现相应的功能。这两种模型在层次划分上也有相似之处。但这两种模型的提出是相互独立的，出发点也不同，因此在使用上有很大的不同。TCP/IP 参考模型和 OSI/RM 的比较如图 1-4 所示。

OSI/RM 理论比较系统、全面，对具体实施有一定的指导意义，但是与具体实施还有很大的差别，要完整地实现 OSI/RM 所规定的所有功能是非常困难的；TCP/IP 参考模型则是在实践中逐步发展而来的。TCP/IP 和互联网的发展相辅相成，现在不仅在 Internet 中，而且在局域网中也应用的是 TCP/IP。但是由于 TCP/IP 由实际应用发展而来，缺乏统一的规划，层次划分并不十分清晰和确定，在今后的发展过程中还会有所调整。

图 1-4 TCP/IP 参考模型和 OSI/RM 的比较

1.4.3 各层常用协议简介

1. 物理层

物理层协议有很多种，其中得到广泛使用的有 RS-232C、RS-449、V.35、X.21 和 X.21bis，以及各种局域网的物理层标准等。

2. 数据链路层

常用的数据链路层协议包括以下几种。

（1）局域网数据链路协议。各种不同的局域网中 LLC 子层的功能基本相同，不同的是 MAC 子层。在 IEEE 802 系列协议中，IEEE 802.2 定义了 LLC 子层的相关内容；而 IEEE 802.3、802.4、802.5 和 802.8 则分别定义了载波监听多路访问/冲突检测（Carrier Sense Multiple Access with Collision Detection，CSMA/CD）、令牌总线、令牌环、光纤分布式数据接口（Fiber Distributed Data Interface，FDDI）等不同网络中的 MAC 子层规范。

（2）面向字符的数据链路控制规程。面向字符的同步协议是最早提出的同步协议，其典型代表是 IBM 公司的二进制同步控制规程（Binary Synchronous Communication，BSC）。为了实现建链、拆链等链路管理，以及同步功能，BSC 采用了 ASCII 或 EBCDIC 字符集中的字符，并在这些字符前增加一个转义字符，以形成特殊的控制字符组，控制数据的传输过程。BSC 的实现只需要很少的缓存容量，规程简单，易于实现。它最大的缺点是它和特定的字符编码集关系过于密切，不利于兼容。而且 BSC 是一个半双工协议，链路传输效率很低。

（3）面向比特型的数据链路控制规程。在这类规程中，最典型的就是高级数据链路控制规程（High Level Data Link Control，HDLC）。通过在帧结构中设置相应的控制字段，提高了数据传输的效率，比面向字符型的控制规程更优越。

在 HDLC 中，每帧的开始和结束处都有一个标志字段（01111110），用来标识帧的开始和结束，并对帧进行同步。在帧内部采用了"零比特填充法"，防止在数据字段中出现与标志字段相同的内容，以实现数据的透明传输。

HDLC 使用了一个 8bit 的控制字段，通过它以编码的方式定义了丰富的控制命令，完成了 BSC 协议中众多传输控制字符和转义字符的功能。

支持全双工工作方式，采用窗口和捎带应答机制，允许在未收到确认的情况下，连续发送多个帧，提高了信息传输的效率。

采用了帧校验序列，并设置了窗口序号，提高了信息传输的正确性和可靠性。

从另外一个角度来看，在 TCP/IP 协议簇中对应于数据链路层功能的协议还包括串行线路因特网协议（Serial Line Internet Protocol，SLIP）、点对点协议（Point to Point Protocol，PPP）、地址解析协议（Address Resolution Protocol，ARP）、反向地址解析协议（Reverse Address Resolution Protocol，RARP）等。

- SLIP：是面向低速串行线路的协议，现已逐渐被功能更好的 PPP 所取代。
- PPP：是国际互联网工程任务组（Internet Engineering Task Force，IETF）推出的在点到点类型线路上使用的数据链路层协议。它解决了 SLIP 中存在的问题，并成为正式的因特网标准。
- ARP：为已知的 IP 地址确定相应的 MAC 地址。
- RARP：根据 MAC 地址确定相应的 IP 地址。

3. 网络层

曾经得到广泛应用并且现在常用的网络层协议主要包括以下 8 种。

（1）X.25 的分组层：X.25 是原 CCITT（现 ITU-T）提出的，它定义了终端和计算机到分组交换网络的连接。X.25 协议定义了对应于 OSI 下 3 层的功能，如物理层的 X.21 协议，数据链路层的 LAP-B 协议（HDLC 协议的一部分），以及 X.25 的分组层协议。X.25 的分组层协议定义了通过分组交换网络的可靠虚电路传输。

（2）互联网分组交换/顺序分组交换（Internetwork Packet Exchange/ Sequential Packet Exchange，IPX/SPX）：是由 Novell 提出的用于客户机服务器相连的网络协议。使 IPX/ SPX 能运行通常需要 NetBEUI 支持的程序，通过 IPX/SPX 可以跨过路由器访问其他网络。

（3）IP：是网络层中最重要的协议，它负责在网络内的寻址和数据报的路由。

（4）网际控制消息协议（Internet Control Message Protocol，ICMP）：提供控制和传输消息的功能。

（5）因特网组管理协议（Internet Group Management Protocol，IGMP）：运行于主机和与主机直接相连的多播路由器之间，是 IP 主机用来报告多址广播组成员身份的协议。

（6）路由信息协议（Routing Information Protocol，RIP）：最早的路由协议之一，现在仍在广泛使用。它是一种距离向量式路由协议，是内部网关协议的一种。

（7）开放最短路径优先协议（Open Shortest Path First，OSPF）：由 IETF 开发的一种内部网关协议，是一种链路状态协议。

（8）边界网关协议（Border Gateway Protocol，BGP）：不同自治系统路由器之间进行通信的外部网关协议。

4. 传输层

传输层协议可以分为 3 类。

（1）A 类：网络连接具有可接受的差错率和故障通知率，A 类服务是可靠的网络服务，一般指虚电路服务。

（2）B 类：网络连接具有可接受的差错率和不可接受的故障通知率，B 类服务介于前二者之间，广域网多提供 B 类服务。

（3）C 类：网络连接具有不可接受的差错率。C 类的服务质量最差，提供数据报服务或无线分组交换的网络均属此类。

常用的传输层协议有传输控制协议（Transmission Control Protrol，TCP）和用户数据报协议（User Datagram Protocol，UDP）。

（1）TCP：为应用程序提供可靠的通信连接；适合于一次传输大批数据的情况，并适用于要求得到响应的应用程序。

（2）UDP：提供了无连接通信，不对传送的数据报提供可靠性保证；适合于一次传输少量数据的情况，传输的可靠性由应用层负责。

5. 应用层

应用层位于协议栈的顶端，它的主要任务是提供应用程序。应用层的协议当然也是为了这些应用而设计的，常用的协议功能如下。

（1）Telnet（Teletype Network）：提供远程登录（终端仿真）服务，运行在 TCP 上。

（2）文件传输协议（File Transfer Protocol，FTP）：提供应用级的文件传输服务，即远程文件访问等，运行在 TCP 上。

（3）简单邮件传输协议（Simple Mail Transfer Protocol，SMTP）：用来发送电子邮件的协议，运行在 TCP 上。

（4）简单网络管理协议（Simple Network Management Protocol，SNMP）：用于网络信息的收集和网络管理。

（5）域名服务（Domain Name Service，DNS）：提供域名和 IP 地址间的转换，用于完成地址查找、邮件转发等工作，运行在 TCP 和 UDP 上。

（6）超文本传输协议（Hyper Text Transfer Protocol，HTTP）：传输用超文本标记语言（Hyper Text Markup Language，HTML）编写的文件，通过此协议，可以浏览网络上的各种信息，在浏览器上看到丰富多彩的文字与图片。

（7）安全超文本传输协议（Hypertext Transfer Protocol over Secure Socket Layer，or HTTP over SSL secure version，HTTPS）：对网络中传输的数据进行加密，可以有效地防止用户的重要信息被非法窃取。

（8）网络时间协议（Network Time Protocol，NTP）：用于网络同步，运行在 UDP 上。

第2章 局域网

计算机网络可以根据网络覆盖的范围划分为局域网、城域网和广域网。局域网是指在较小区域范围内由各种计算机和数据通信设备互连在一起形成的计算机通信网络；广域网的地域跨度则较大，其范围可能覆盖一个国家或一个大的行政区域；城域网的规模介于局域网和广域网之间，可能覆盖一个城市。由于网络规模不同，它们所采用的链路和连接协议通常也不相同。本章介绍局域网的基本结构、所使用的协议及其发展方向。

2.1 局域网基本原理

局域网是将分散在有限地理范围内（如一栋大楼、一个部门）的多台计算机通过传输介质连接起来的通信网络，通过功能完善的网络软件，实现计算机之间的相互通信和资源共享。

2.1.1 局域网的标准

局域网标准由美国电气和电子工程师协会（Institute of Electrical and Electronics Engineers，IEEE）的 802 委员会负责制定，这些标准都以 802 开头，目前与局域网有关的标准包括以下 13 种。

（1）IEEE 802.1——通用网络概念及体系结构。

（2）IEEE 802.2——逻辑链路控制（Logic Link Control，LLC）。

（3）IEEE 802.3——载波监听多路访问/冲突检测规范。

（4）IEEE 802.4——令牌总线结构及访问方法、物理层规范。

（5）IEEE 802.5——令牌环的访问方法及物理层规范。

（6）IEEE 802.6——城域网的访问方法及物理层规范。

（7）IEEE 802.7——宽带局域网。

（8）IEEE 802.8——光纤局域网。

（9）IEEE 802.9——语音数据局域网的介质访问控制方法及物理层技术规范。

（10）IEEE 802.10——局域网信息安全。

（11）IEEE 802.11——无线局域网。

（12）IEEE 802.12——100VG-AnyLAN 的介质访问控制方法及物理层技术规范。

（13）IEEE 802.16——无线城域网。

IEEE 802 系列标准关系如图 2-1 所示。

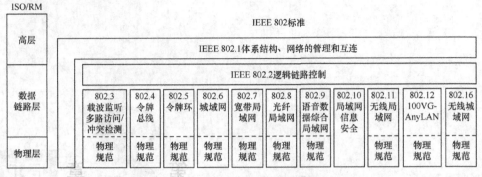

图 2-1　IEEE 802 系列标准关系图

如图 2-1 所示，IEEE 802 的局域网标准包含了 OSI/RM 中物理层和数据链路层的功能。根据 OSI/RM，物理层负责体现机械、电气、功能和规程方面的特性，以建立、维持和拆除物理链路；数据链路层负责把不可靠的传输信道转换成可靠的传输信道，采用差错控制和帧确认技术实现相邻节点间数据的可靠传输。对局域网来说，这两层的功能都是必不可少的。OSI/RM 的网络层主要负责提供路由选择，以及排序、流量控制、差错控制功能，而在局域网中不需要设立路由选择和流量控制功能，其他的网络层功能都可以放在数据链路层实现，因此局域网中可以不单独设置网络层。

从图 2-1 中还可以看出，在局域网标准中，数据链路层被进一步划分成两个子层：MAC 子层和 LLC 子层。这样划分的目的是将数据链路层功能中与硬件相关的部分和与硬件无关的部分进行区分，降低研究和实现的复杂度。其中，MAC 子层主要负责实现共享信道的动态分配，控制和管理信道的使用，即保证多个用户能向共享信道发送数据，并能从共享信道中识别并正确接收到发送给自己的数据。LLC 子层具有差错控制、流量控制等功能，负责实现数据帧的可靠传输。各种不同的 LAN 标准体现在物理层和 MAC 层上，传输介质的区别对 LLC 来说是透明的。

2.1.2　局域网的基本组成及特点

1. 局域网的组成

要实现一个网络的正常运行，需要两方面条件的保证：硬件和软件。从硬件角度看，局域网的组成首先需要有能够正常运行的机器，包括个人计算机和各种服务器。而将这些独立的机器连接起来需要用到各种传输介质，以及实现计算机和传输介质间互连功能的网卡。从软件角度看，除了保证独立计算机正常运行的操作系统和各种应用软件之外，还需要有网络操作系统来控制和管理局域网的正常运行。由此看来，一个局域网主要由以下几部分组成：

（1）计算机（包括个人计算机和服务器）；

（2）传输介质；

（3）网络适配器（网卡）；

（4）网络操作系统。

2. 局域网的特点

局域网分布范围较小，配置较简单，它的主要技术特点表现在以下几方面：

（1）网络覆盖范围较小，适合于校园、机关、公司、企业等机构和组织内部使用；

（2）数据传输速率较高，一般为 10Mbit/s～100Mbit/s，光纤高速网可达 10Gbit/s；

（3）传输质量好，误码率低（通常低于 10^{-8}）；

（4）介质访问控制方法相对简单；

（5）软硬件设施及协议方面有所简化，有相对规则的拓扑结构。

2.1.3　拓扑结构

局域网的主要特征由网络的拓扑结构、所采用的协议类型，以及介质访问控制方法决定。本节介绍局域网使用的拓扑结构形式。局域网中所采用的协议类型和介质访问控制方法将在后续小节中介绍。

局域网的拓扑结构是指连接网络设备的传输介质的铺设形式，局域网的拓扑结构主要有星形、总线型、环形和混合型。

1. 星形结构

星形结构由中心节点和分支节点构成，各个分支节点与中心节点间均具有点到点的物理连接，分支节点之间没有直接的物理通路。如果分支节点间需要传输信息，必须通过中心节点进行转发；或者由中心节点周期性地询问各分支节点，协助分支节点进行信息的转发。星形结构可以通过级联的方式很方便地将网络扩展到很大的规模。星形结构的网络拓扑结构图如图 2-2（a）所示。

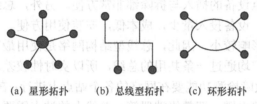

　　　(a) 星形拓扑　　(b) 总线型拓扑　　(c) 环形拓扑

图 2-2　局域网的基本拓扑结构图

由于在这种结构的网络系统中，中心节点是控制中心，任意两个分支节点间的通信最多只需两步，所以传输速率很快，而且星形网络结构简单、建网方便、便于控制和管理。但是，这种网络系统的可靠性很大程度上取决于中心节点的可靠性，对中心节点的可靠性和冗余度要求很高。一旦中心节点出现故障，则会导致全网瘫痪。

在计算机网络中，星形拓扑结构通常用集线器或交换机作为中心连接设备。集线器包括多个端口，可以连接多台计算机。集线器工作在物理层，是扩充网络、连接更多工作站的网络设备之一，只具有放大和重发数据的功能。它的工作原理是数据从一台成员计算机发送到集线器上以后，被转发到集线器中的其他所有端口上，供网络上的每位用户使用。使用集线器作为中心节点的优点是在集线器正常工作的情况下，局部的线路故障只会在局部造成影响，不会影响整个网络的通信。由于集线器上的指示灯能够告知该点的计算机是否正常连通，所以能够很快查到故障点。网络的增容非常方便，需要在网络中添加计算机时，只需要在新增加的计算机和集线器之间用网线互连即可。

集线器有很多种，每种都具有特定的功能，提供不同等级的服务。有些集线器会在分发之前对弱信号进行重新生成，有些集线器会整理信号的时序以提供所有端口间的同步数据通信。

如前所述，集线器并不处理或检查其上的通信量，仅将一个端口接收的信号重复地分发给其他端口，以此来扩展物理介质。所有连接到集线器的设备共享同一介质，因此它们也共享同一个冲突域、广播和带宽。

在采用交换机作为中间节点的星形网络中，交换机根据收到的数据帧中的 MAC 地址决定数据帧应发向交换机的哪个端口。因为端口间的帧传输彼此屏蔽，因此节点发送的帧在通过交换机时不会与其他节点发送的帧产生冲突，这样可以极大地减少冲突的发生。

2. 总线型结构

总线型结构网络是将各个节点设备和一根总线相连。网络中所有节点的工作站都是通过总线进行信息传输的。总线型拓扑结构如图 2-2（b）所示。工作站发出的数据组成帧，数据帧沿着总线向两端传播，每个数据帧中都含有源地址和目标地址，工作站监视总线上的信号，并将发送给自己的数据复制下来。由于总线是共享介质，多个站同时发送数据时会发生冲突，因此需要采用介质访问控制协议来防止冲突的发生，如带有冲突检测的载波监听多路访问（Carrier Sense Multiple Access with Collision Detection，CSMA/CD）技术。

总线型结构可使用的通信介质包括同轴电缆、双绞线及光纤。双绞线价格便宜，便于安装；同轴电缆和光纤则能提供更高的数据速率，连接更多的设备，传输的距离也更远。在总线型结构中，总线的负载能力是有限的，这是由通信介质本身的物理性能决定的。因此总线型网络中工作站节点的数量是有限的。如果工作站节点的数量超出了总线的负载能力，就需要延长总线的长度，并加入相当数量的附加转接部件，使总线负载达到容量要求。

总线型结构易于布线和维护；结构简单；传输介质是无源元件，从硬件的角度看，十分可靠；可扩充性好，节点设备的插入与拆除都非常方便。另外，总线结构网络节点间响应速度快，共享资源能力强，设备投入量少，成本低，安装使用方便。当某个工作站节点出现故障时，对整个网络系统影响较小。因此，总线型结构网络是使用最普遍的一种网络。但是，由于所有工作站间的通信均通过一条共用的总线，所以实时性较差。而且由于总线拓扑网络不是集中控制的，所以故障检测功能要在网络的各个站点上进行；在扩展总线的干线长度时，需重新配置中继器、剪裁电缆、调整终端器等；总线上的站点需要具备介质访问控制功能，增加了站点的硬件和软件费用。

以太网和令牌总线网采用的是总线型结构。

3. 环形结构

环形结构是指网络中各节点通过一条首尾相连的通信链路连接起来，形成的一个闭合的环，拓扑结构如图 2-2（c）所示。工作站通过环接口设备（如中继器）接入环路。当某个节点有数据发送时，首先将数据发送到对应的环接口设备，并沿环路发往其下行的环接口设备，该设备对其进行转发或者递交给设备附接的节点。环接口设备通常从一端接收数据，从另一端发出数据，因此整个环路中的数据是单向流动的。

环形结构中各工作站地位相等，相互独立。如果某个工作站节点出现故障，此工作站节点就会自动旁路，不影响全网的工作，可靠性较高。两个工作站节点之间仅有一条通路，系统中无信道选择问题。但在传输路径过长、传输经过的节点数过多的情况下，将导致数据的端到端传送时延过大。因此，环形网络在短距离、拓扑结构简单时具有较大的优势，但不适用于大规模的长途骨干网。

由于环形网络是一系列点对点链路串接起来的，所以可以使用任何传输介质。最常用的传输介质是价格较低廉的双绞线，若使用同轴电缆则可获得较高的带宽，而使用光纤则能提供更大的数据传输速率。

环形网络的典型代表是令牌环局域网。在令牌环网络中，只有拥有"令牌"的设备才能在网络中传输数据，以此来保证在某一时间内网络中只有一台设备可以传送信息。

4.混合型结构

混合型结构就是将上述各种拓扑混合起来的结构，常见的有树形（总线型结构的演变或者总线和星形的混合），环星形（星形和环形拓扑的混合）等，如图 2-3 所示。

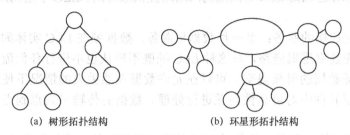

(a) 树形拓扑结构　　　　　　(b) 环星形拓扑结构

图 2-3　混合型拓扑结构

2.2　局域网协议

根据 2.1 节可知，局域网将数据链路层分割为两个子层——逻辑链路控制 LLC 和介质访问控制 MAC，从而使 LAN 体系结构能适应多种传输介质。因此，对各种类型的局域网来说，其物理层和 MAC 子层需要随着所采用介质和访问方法的不同发生改变，而这些不同对 LLC 子层来说都是透明的。本节着重介绍 LLC 子层，物理层和 MAC 子层则放在各种具体的局域网类型中进行介绍。

2.2.1　LLC 子层

1.LLC 子层的功能

IEEE 802.2 是描述 LLC 子层的功能及特性的协议规范。LLC 子层作为数据链路层的一个子层，使用 MAC 子层提供的服务，通过与对等实体中 LLC 子层的交互为它的上层即网络层提供服务。因此，在 LLC 子层协议中，规定了以下 3 种类型的服务规范。

（1）网络层与 LLC 子层间接口的服务规范：用于描述 LLC 子层及其下各层为网络层提供的服务。

（2）LLC 子层与 MAC 子层间接口的服务规范：用于描述 LLC 子层要求 MAC 子层提供的服务。

（3）LLC 子层与 LLC 子层间的服务规范：用于描述提供给 LLC 子层的管理服务。

网络层、LLC 子层、MAC 子层与物理层的关系如图 2-4 所示。

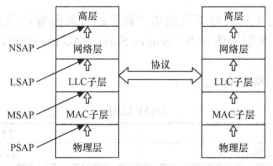

图 2-4　OSI/RM 中各层关系示意图

2. 网络层与 LLC 子层间接口的服务规范

同一个系统中上下层之间的通信,是通过服务访问点(Service Access Point,SAP)实现的。LLC 子层就是通过 LLC 服务访问点为网络层提供服务的。LLC 子层为网络层提供以下 3 种类型的服务。

(1)无确认无连接的服务:是一种数据报服务,数据帧在 LLC 实体间交换时,无须在同等层实体间事先建立逻辑链路,对这种 LLC 帧既不确认也不进行任何流量控制或差错恢复,因而不能保证数据的可靠提交。可以在允许数据偶然丢失的情况下使用这种服务;否则,就必须在高层软件中对可靠性问题进行处理。数据的传输可为点到点方式、多点式或广播式。

(2)有确认无连接的服务:除了对 LLC 帧进行确认之外,它与无确认无连接服务类似。具有无确认无连接服务的高效性和面向连接服务的可靠性,适合传送少量而重要的数据。

(3)面向连接的服务:提供服务访问点之间的虚电路服务,在对任何数据帧进行交换之前,必须在一对 LLC 实体间建立逻辑链路。在数据传输过程中,数据帧按序发送,并提供差错恢复和流量控制功能。数据传输的可靠性提高,但建立连接所需的时间增加了。

3. LLC 子层与 MAC 子层间接口的服务规范

LLC 子层通过介质访问控制服务访问点(MAC Service Access Point,MSAP)使用 MAC 子层为它提供的服务。LLC 子层通过使用 MAC 子层提供的服务与对等实体中的 LLC 子层交换 LLC 数据单元,完成 LLC 子层的功能。

MAC 子层可以提供多种可供选择的介质访问控制方式,使用 MSAP 支持 LLC 子层时,MAC 子层负责实现帧的寻址和识别。MAC 子层到 MAC 子层的操作通过同等层间协议来实现。

MAC 子层向 LLC 子层提供服务时使用的原语包括:MA-DATA.request、MA-DATA.indication 和 MA-DATA.confirm。

4. LLC 子层与 LLC 子层间的服务规范

在 OSI/RM 中,一个实体与其对等实体之间的通信是由两个对等实体间的协议来定义的。

5. LLC 子层的协议规范

LLC 子层的 PDU 格式如表 2-1 所示。

表 2-1   LLC 子层的 PDU 格式

1 个字节	1 个字节	1 个或 2 个字节	N 个字节
DSAP	SSAP	控制字段	LLC 数据

其中,LLC 数据是上层传输下来的用户数据;目的服务访问点(Destination Service Access Point,DSAP)、源服务访问点(Source Service Access Point,SSAP)和控制字段是 LLC 子层添加的控制头部。

(1)DSAP 字段的结构如表 2-2 所示。

表 2-2   DSAP 结构

1 比特	7 比特
地址类型	实际地址

① 地址类型：在 DSAP 结构中占 1 比特。用来标识 DSAP 地址是单个地址还是组地址。0 表示单个 DSAP；1 表示组 DSAP。

② 实际地址：在 DSAP 结构中占 7 比特。

（2）SSAP 字段的结构如表 2-3 所示。

表 2-3   SSAP 结构

1 比特	7 比特
命令/响应	实际地址

① 命令/响应标志位：在 SSAP 结构中占 1 比特。用来识别 LLC 的 PDU 是命令还是响应。0 表示命令；1 表示响应。

② 实际地址：在 SSAP 结构中占 7 比特。

DSAP 字段全"1"为全局地址，由 MAC 实际服务的全部 DSAP 组成。DSAP 或 SSAP 地址字段全"0"为空地址，空地址表示与 MAC 的服务访问点地址有关的 LLC，不识别网络层或有关管理的任何服务访问点。

（3）控制字段。其结构如表 2-4 所示。

表 2-4   控制字段结构

	1 比特	7 比特			1 比特	7 比特
信息帧	0	N(S)			P/F	N(R)
管理帧	1	0	SS	XXXX	P/F	N(R)
无编号帧	1	1	MM	P/F	MMM		

LLC 的帧格式，尤其是控制字段的格式与 HDLC 的类似。LLC 将帧分为 3 类，由控制字段的前两位来区分。

① 信息帧：在控制字段结构中占 2 字节，用于信息数据传输。控制字段第 1 位为"0"。

② 管理帧：在控制字段结构中占 2 字节，用于流量控制。控制字段前两位为"10"。

③ 无编号帧：在控制字段结构中占 1 字节，用于 LLC 子层控制信号的传输，以建立或释放逻辑链路。控制字段的前两位为"11"。

帧结构中各字段含义如下所示。

N(S)——发送端发送序列号（Transmitter Send Sequence Number），帧的序列号。

N(R)——发送端接收序列号（Transmitter Receive Sequence Number），指示下一次希望接收的帧序列号。与 N(S)配合工作以实现流量和差错控制功能。

P/F——Poll/Final 位（探询/终止位）。

S——管理功能位，含义如下。

- 00——准备接收（Receive Ready，RR），通过 N(R)指示下一次希望接收的帧序列号。

- 01——拒绝（Reject，REJ），说明拒收序列号为 N(R)及 N(R)之后所有的帧。

- 10——未准备接收（Receive Not Ready，RNR），通过 N(R)指示下一次希望接收的帧序列号，同时通知发送端停止发送。

- 11——选择拒绝（Selective Reject，SREJ），说明拒收序列号为 N(R)的帧。

M——修正功能位。

X——预留位，设置为 0。

（4）LLC 数据。长度为 8 的倍数，长度上限取决于所使用的介质访问控制方法。

局域网中数据传输过程的帧结构如图 2-5 所示。

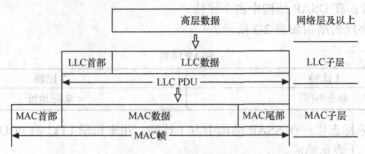

图 2-5 LLC PDU 与 MAC 帧

从图 2-5 中可以看出，在 LLC 子层和 MAC 子层中，都添加了相应的头部（及尾部），在这些头尾部信息中包含的是本层与对等实体间的交互信息。其中，LLC PDU 和 MAC 帧中都包含有地址信息，MAC 帧中的地址信息是数据帧的源和目的地址（即 MAC 地址），而 LLC PDU 中的地址信息则是源或目的端的服务访问点（即 SAP 地址）。

2.2.2 MAC 子层

在局域网中，各节点可以共享网络中的传输介质，但这并不意味着可以在传输介质上同时传送多个帧。当某个节点要向共享介质发送数据时，要先获得对介质的访问权。MAC 子层就是用来实现介质访问控制功能的网络实体。MAC 子层的主要功能包括数据帧的封装/卸载、帧的寻址与识别、帧的接收与发送、链路的管理、帧的差错控制，以及 MAC 协议的维护等。

根据介质访问控制权的归属可以将介质访问控制方式分为集中式和分布式两类；根据各节点可用通信流量的分配方式，将介质访问控制方式分为同步方式和异步方式。其中，异步方式又可以进一步划分为循环式、预约式和竞争式。

1. 集中式与分布式

（1）集中式。在集中式中，指定某个控制节点拥有访问网络的控制权，其他节点必须得到该控制节点的准许才能发送数据。采用这种方式时，对控制节点的可靠性要求很高，且控制节点的效率会直接影响到全网的工作效率。但其他各节点中的控制逻辑相对简单，通过控制节点的统一分配可以使节点的优先权和可用带宽得到保证。

（2）分布式。在分布式中，由各节点集体完成介质访问控制功能，动态确定各节点的发送顺序。采用这种方式时，各节点中都要添加相应的控制逻辑，但某个节点的故障不会影响到全网的工作。

2. 同步方式与异步方式

（1）同步方式。在同步方式中，每个连接都被分配以一定的传输带宽。缺点是带宽不能随节点流量的变化而随时改变，不适用于局域网。

（2）异步方式。根据实际情况为各节点分配传输带宽。异步方式又可以分为循环式、预约式和竞争式。

① 循环式：每个站点按照一定的顺序传递发送权限，每个站点都有轮流发送数据的机会。轮到某个站点发送时，此站点可以选择不发送，或者发送一定限量的数据，超过这个

限量的数据只能在下一次轮到本站点时发送。这种顺序控制可能是集中式的，也可能是分布式的。

② 预约式：对于平稳的流式业务，可以采用预约技术。即将介质上的时间划分为许多时隙，某个站点要发送数据时，要提前预约时隙。预约式控制方式可以是集中式的，也可以是分布式的。

③ 竞争式：突发式业务可以采用竞争技术。这种技术并不对工作站的发送权限进行控制，而是由各个工作站自由竞争发送机会。它更适合分布式控制。

比较常用的方式为循环式和竞争式。

IEEE 802 规定的 MAC 子层有 CSMA/CD、令牌总线、令牌环等。

2.2.3 物理层

物理层的功能是实现比特流的传输，是数据通信的基础。物理层协议规定了与建立、维持及断开物理信道有关的特性，包括机械特性、电气特性、功能特性和规程特性四个方面。

机械特性主要是指连接器的标准；电气特性规定了导线的电气连接方式、信号电平、发生器的输出阻抗、接收器的输入阻抗等电气参数；功能特性说明了接口信号的特定功能；规程特性规定了使用交换电路进行数据交换的控制步骤，这些控制步骤的应用使得比特流传输得以完成。

2.3 以太网

以太网是出现最早的局域网，也是目前最常见、最具有代表性的局域网。从问世至今，以太网不断改进，速率等级从 10Mbit/s、100Mbit/s、1 000Mbit/s 提高到了 10Gbit/s。本节主要介绍以太网，包括高速以太网与传统以太网。

2.3.1 MAC 子层协议

根据 2.2 节所述，在 LLC 子层协议中添加的地址是用来识别源或目的端的服务访问点的，而源或目的端主机的地址由 MAC 子层地址来识别。

1. 以太网的 MAC 地址

为了标识以太网上的每台主机，需要给每台主机的网卡分配一个唯一的地址，即以太网地址，或称 MAC 子层地址，即网卡的物理地址。

MAC 地址为 6 字节即 48 比特。其中，前 3 个字节是由生产厂商向 IEEE 申请的组织唯一标识符（Organizationally Unique Identifier，OUI），后 3 个字节是由生产厂商自行为自己生产的网卡分配的标识符。每块以太网卡出厂时，都会有一个唯一的以太网地址烧制在网卡中，因此，有时也称此地址为烧制地址（Burned-In-Address，BIA）。以太网的 MAC 地址结构如图 2-6 所示。

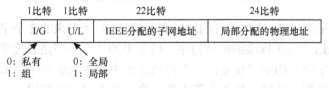

图 2-6 以太网 MAC 地址的结构

如图 2-6 所示，第 1 位为私有/组位，将此比特设置为 0，则表示此地址为一个私有地址；设置为 1 则表示此地址为一个组地址。第 2 位为局部/全局位，将此比特设置为 0，则说明它是由全局管理团体设置的；将此位设置为 1，则说明 OUI 是局部分配的，如果按照 IEEE 分配的地址来解码就会出现问题。因此，实际的 OUI 只有 22 位。如果厂商申请的 OUI 用完了，可以再次向 IEEE 提出申请。

如果 MAC 地址为全"1"，则表示这是一个广播地址。

以太网地址以可读的方式显示，即由冒号分隔的 6 个数，每个数对应于 1 个字节，用一对十六进制数表示。例如，8：0：2b：e4：b1：2 是一个可读的以太网地址，表示：00001000 00000000 00101011 11100100 10110001 00000010。

2. 以太网帧格式

以太网标准 DIX 2.0 版与 IEEE 802.3 兼容，都采用 CSMA/CD 技术来实现介质访问控制功能，通过帧实现数据的传输。但是，尽管以太网的 DIX2.0 与 IEEE 802.3 标准有很多相似之处，它们却并不是完全相同的。DIX 2.0 提供的服务对应于 OSI/RM 的第一层和第二层，而 IEEE 802.3 提供的服务则对应于 OSI/RM 的第一层和第二层的 MAC 子层，LLC 子层的功能由 IEEE 802.2 定义。IEEE 802.3 定义了几种不同物理层，而 DIX2.0 只定义了一个。两者定义的帧格式也略有不同。

(1) 前导字符。每种格式的以太网帧都以 64 比特的前导字符作为开始。其中，前 7 个字节为前同步码（Preamble），是 1010……交替码，作用是使接收端进入同步状态，以便数据的接收；最后 1 字节为帧起始定界符，最后一位将 0 变为 1，标识着前同步码的结束，信息帧的开始。前导字符的结构如表 2-5 所示。

表 2-5　　　　　　　　　　　　　　前导字符结构

前 7 字节：前同步码							1 字节：帧起始定界符
10101010	10101010	10101010	10101010	10101010	10101010	10101010	10101011

前导字符的作用是使接收端在接收 MAC 帧时能迅速实现比特同步。在检测到前导字符最后的连续两个 1 时，就知道这后面的信息就是 MAC 帧了。

(2) 以太网帧格式。前导字符之后，不同标准的以太网帧格式则各有不同，图 2-7 所示为两种不同的封装格式。

图 2-7　以太网和 IEEE 802.3 的帧格式

两种帧格式都采用了 48 比特的目的地址和源地址；但接下来的 2 个字节在两种帧格式中则有所不同。在 IEEE 802.3 标准的帧结构中，接下来的 2 个字节是长度字段，用来说明后续数据（除了帧校验字段）的字节长度；以太网帧结构中接下来的 2 个字节则是类型字段，用来说明后续数据的类型。虽然这两个字节所表示的含义不同，但 IEEE 802.3 定义的有效长度值与以太网帧中定义的有效类型值都不相同，这样就可以对两种帧结构进行区分了。

在以太网帧结构中，类型字段之后就是 IP 数据报或 ARP/RARP 报文；而在 IEEE 802.3 帧结构中，长度后面的则是 LLC 子层的帧结构。最后 4 个字节为帧校验，用来对帧结构进行差错校验。

2.3.2 CSMA/CD

CSMA/CD 协议是对 ALOHA 协议（一种基于地面无线广播通信而创建，适用于无协调关系的多用户竞争单信道使用权的系统）的改进，适用于总线型拓扑结构网络。在总线型结构中，所有的设备都直接连到同一条物理信道上，该信道负责任何两个设备之间的数据传送。节点以帧的形式发送数据，帧的头部含有目的和源节点的地址。帧在信道上是以广播方式传输的，所有连接在信道上的设备随时都能检测到该帧。当目的节点检测到目的地址为本节点地址的帧时，就接收帧中所携带的数据，并按规定的链路协议给源节点返回一个响应。

采用这种操作方法时，可能会有两个或更多的设备同时发送帧，这样就会在信道上发生冲突。为减少冲突的发生，源节点在发送帧之前，首先要监听信道上是否有其他节点发送的载波信号。若监听到载波信号，则推迟发送，直到信道恢复到空闲为止。此外，开始发送数据之后，还要采用边发送边监听的技术，若监听到干扰信号，就表示出现了冲突，需要立即停止发送。

下面分别介绍以太网时间槽的概念、载波监听多路访问技术、CSMA/CD 中所使用的冲突检测和退避算法。

1. 以太网时间槽

在以太网规则中，若两个节点发生了冲突，就必须让网络上每台主机都检测到这个冲突。但信号传播到整个网络中需要一定的时间。假设主机发送的帧很小，而两台发生冲突的主机相距又很远，在主机 A 发送的帧传播到主机 D 的前一刻，主机 D 开始发送帧，则主机 A 的帧到达主机 D 时，主机 D 能立即检测到冲突，发送阻塞信号。但在主机 D 的阻塞信号还没有传输到主机 A 之前，主机 A 的帧已发送完了。这样主机 A 就检测不到冲突，会误认为帧发送成功，而不再发送了。由于信号的传播时延，检测到冲突需要一定的时间，所以发送的帧必须有一定的长度。这就是时间槽需要解决的问题。

下面对最坏情况下检测到冲突所需的时间进行估算。

假设 A 和 D 是网络上相距最远的两台主机，信号在两者之间的传播时延为 τ，假定主机 A 在 t 时刻开始发送一帧，帧会在 $t+\tau$ 时刻到达主机 D。假设主机 D 在 $t+\tau-\varepsilon$ 时刻开始发送一帧，则主机 D 会在 $t+\tau$ 时刻检测到冲突，并发出阻塞信号。阻塞信号会在 $t+2\tau$ 时刻到达主机 A。如果在 $t+2\tau$ 时刻，主机 A 的帧已经发送完毕了，它就无法检测到冲突，所以主机 A 发送帧的时间应该大于 2τ。在 10Mbit/s 以太网中，一帧的最小发送时间必须为 51.2μs，即 512bit 数据在 10Mbit/s 以太网速率下的传播时间，因此以太网帧的最小长度为 512bit=64B。为了保证达到最小帧长度，必须在不足的空间插入填充（Pad）字节。

2. 载波监听多路访问 CSMA

载波监听多路访问技术也称为先听后说（Listen Before Talk，LBT）技术。在监听和访问的过程中，节点可以根据不同的情况采取不同的策略。如果发送数据之前先对信道进行监听，信道空闲则立即发送数据；信道忙，则退避一段时间再作尝试等。根据节点可采取策略的不同，可以将监听算法分为以下 3 类。

（1）非坚持 CSMA

① 信道空闲，则可以立即发送。

② 信道忙，则不再继续监听信道，而是等待一个随机的时间后，再重复上述过程。

采用随机的重发延迟时间可以减少冲突的概率；然而，可能出现的问题是因为后退而使信道闲置一段时间，这使信道的利用率降低，而且增加了发送时延。

（2）1-坚持 CSMA

① 若信道空闲，则立即发送。

② 若信道忙，则继续监听，直至检测到信道空闲时，立即发送。

③ 如果有冲突（在一段时间内未收到肯定的回复），则等待一段随机的时间，重复前两个步骤。

此协议被称为 1-坚持 CSMA，是因为站点一旦发现信道空闲，其发送数据的概率为 1。这种算法的优点是：只要介质空闲，站点就立即可发送，有利于抢占信道，避免了信道利用率的损失；但是多个站点同时都在监听信道时必然会发生冲突。

（3）P-坚持 CSMA

① 若信道空闲，则以概率 p 发送，以概率 $q=1-p$ 把该次发送推迟到下一时间单位。一个时间单位通常等于最大传播时延的 2 倍。

② 迟一个时间单位后，重复步骤①。

③ 若信道忙，则继续监听，直至检测到信道空闲时，执行步骤①。

P-坚持算法既能像非坚持算法那样减少冲突，又能像 1-坚持算法那样减少信道空闲时间，是吸取了两者优点的一种折中方案。问题在于概率值的选取。在选取 p 值时要考虑到在重负载下需要防止系统处于不稳定状态。假如信道忙时，有一个站有数据要发送，当前一个节点的数据发送完毕时，就会有 np 站点需要发送。如果选取的 p 值过大，使 $np>1$，则说明会有多个节点同时发送数据，势必会引起冲突。在最坏的情况下，随着冲突概率的不断增大，会使吞吐量降低到零。因此必须选取适当的 p 值使 $np<1$。但如果选取的 p 值过小，发送节点则要等待较长的时间，信道的利用率会大大降低。

3. 具有冲突检测的载波监听多路访问 CSMA/CD

在 CSMA 中，由于信道存在传播时延，可能出现两个节点在没有监听到载波信号的情况下都开始发送帧的情况，这样仍可能会发生冲突。而 CSMA 算法中没有冲突检测的功能，即使发生了冲突，它仍然会继续发送帧，这样会造成网络带宽的浪费，如果帧比较长，对带宽的浪费就会较大。为了进一步提高带宽的利用率，需要对 CSMA 方案进行改进。

一种改进方案是边发送边监听，如下所述。

（1）发送过程中继续监听信道，没有冲突发生，则继续发送。

（2）若发生了冲突，就立即停止发送，并向总线上发送一串干扰信号（Jamming），通知其他相关站点，停止发送。

（3）发送 Jamming 信号后，等待一段随机长的时间，重新监听，再尝试发送。

当重送失败次数达到 16 次时，MAC 子层就会用异常终止的状态来通知 LLC 子层。

采用这种方式就不会因为传送已受损的帧而造成带宽的浪费，可以提高总线的利用率。这种方案称为具有冲突检测的载波监听多路访问技术（CSMA/CD），广泛应用于局域网中。

在 CSMA/CD 中，检测到冲突，发送完干扰信号之后，要随机等待一段时间，再重新监听，尝试发送。后退时间的长短对网络的稳定工作有很大影响，特别是在负载很重的情况下，为了避免很多站发生连续冲突，设计了一种被称为二进制指数退避的算法：

从 {0，1，2，···，2^k-1} 中随机取一个数 r，重发时延=r×基本重发时延。其中，k=min（重发次数，10）。

二进制指数退避算法是按后进先出（Last In First Out，LIFO）的次序来控制的，即未发生冲突或很少发生冲突的数据帧，具有优先发送权；而发生过多次冲突的数据帧，发送成功的概率就更小。

IEEE 802.3 就是采用二进制指数退避和 1-坚持算法的 CSMA/CD 介质访问控制方法。采用这种方法，在低负荷时要发送数据帧的节点能立即发送；在高负荷时，仍能保证系统的稳定性。

2.3.3 物理层

由于以太网具有成本低、可靠性高、安装简便、维护和扩展容易等优点，近年来已经成为非常流行的局域网技术之一。而随着技术的发展，以太网的传输速率也从 1Mbit/s、10Mbit/s 逐步提高到了 100Mbit/s、1 000Mbit/s 甚至 10Gbit/s。对于这些高速以太网来说，它们的数据链路层协议基本与以太网相同，但物理层有所不同。

1. 物理层协议及接口

以太网物理层模型与 OSI/RM 的对应关系如图 2-8 所示。

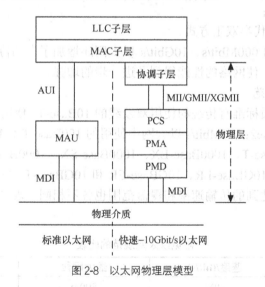

图 2-8 以太网物理层模型

（1）MDI：介质相关接口（Media Dependent Interface，MDI）。定义了对应于不同的物理介质和 PMD 设备所采用的连接器类型。

（2）MAU：介质访问单元（Media Attachment Unit，MAU）。实现主机 AUI 和以太网介质间的互连。负责提供电气连接，在计算机和网络比特流之间进行转换，还可以进行冲突检测和重传。

（3）AUI：附属单元接口（Attachment Unit Interface，AUI）。15 脚的物理层连接器接口，是使用粗缆以太网时的收发器电缆。这种接口在标准中定为可选项，因为在细缆和 10Base-T 情况下，AUI 已不复存在了。

（4）PMD：物理介质相关（Physical Media Dependent，PMD）子层。是物理层的最低子层，负责信号的传送，包括信号的放大、调制和波的整形，将这些信号转换成适合于在某种特定介质上传输的形式。

（5）PMA：物理介质附属（Physical Media Attachment，PMA）子层。PMA 子层提供了 PCS 和 PMD 层之间的串行化服务接口。负责把编码转换为适于物理层传输的比特流，同时完成数据解码的同步。

（6）PCS：物理编码子层（Physical Coding Sublayer，PCS）。主要负责对来自 MAC 子层的数据进行编码和解码。

（7）MII/GMII/XGMII：用于 100Mbit/s 快速以太网的介质无关接口（Media Independent Interface），用于 1 000Mbit/s 以太网的 GMII 和用于 10Gbit/s 以太网的 XGMII。与以太网的介质接入单元接口 AUI 等价，它们提供了 100Mbit/s、1 000Mbit/s 及 10Gbit/s 以太网 MAC 子层和物理层间的逻辑接口。

（8）协调子层：协调子层（Reconciliation）是 MAC 子层和物理层之间的通路。XGMII 和协调子层使 MAC 子层能适应不同的物理层。

10Gbit/s 以太网协议在 XGMII 接口下增加了广域网接口子层 （WAN Interface Sublayer，WIS），可以让 10Gbit/s 以太网帧能够在目前广域网中广泛使用的 SONET/SDH 体系中传输。

由此可见，快速以太网及 1 000Mbit/s、10Gbit/s 以太网对传统以太网的改进主要包括：

- 用 MII/GMII/XGMII 取代了 AUI；
- 增加了协调子层；
- 用全双工方式取代半双工方式。

除此之外，快速及 1 000Mbit/s、10Gbit/s 以太网还增加了自动协商功能，改进了编码，定义了新的中继器规范，使网络的性能得到了进一步的增强。

2. 以太网物理层规范

以太网中常用的介质标准有传统的使用双绞线的 10Base-T、使用粗同轴电缆的 10Base5、使用细同轴电缆的 10Base2；100Mbit/s 以太网中使用的 100Base-TX、100Base-FX；1 000Mbit/s 以太网中使用的 1000Base-T、1000Base-LX、1000Base-SX、1000Base-CX；10Gbit/s 以太网中使用的 10GBase-SR、10GBase-LR、10GBase-ER 和 10GBase-T。这些标准使用不同的传输介质和传输技术，所能达到的传输速率和覆盖范围也各不相同。表 2-6 所示为常见以太网规范的比较。

表 2-6　　　　　　　　　　　　　常见以太网规范的比较

类型	速度/(bit/s)	最大网段	使用介质
10Base5	10M	500m	粗同轴电缆
10Base2	10M	185m	细同轴电缆
10Base-T	10M	100m	3 类 UTP
100Base-TX	100M	100m	5 类 UTP 或 STP
100Base-FX	100M	412m	多模/单模光纤
1000Base-T	1 000M	100m	5 类 UTP
1000Base-LX	1 000M	550m/5km	多模/单模光纤
1000Base-SX	1 000M	220m～550m	多模光纤

续表

类型	速度/(bit/s)	最大网段	使用介质
1000Base-CX	1 000M	25m	屏蔽双绞线
10GBase-SR	10G	300m	串行"光优化"多模光纤
10GBase-LR	10G	10km	串行，单模
10GBase-ER	10G	40km	串行，单模
10GBase-T	10G	55m/100m	六类/七类 UTP

2.4　高速以太网

以太网的标准拓扑结构为总线型拓扑，但为了最大程度地减少冲突，提高网络速度和使用效率，目前的快速以太网（100Mbit/s、1 000Mbit/s、10Gbit/s 以太网）都使用交换机（Switch）进行网络连接和组织，这样以太网的拓扑结构就成了星形，但在逻辑上，以太网仍然使用总线型拓扑结构的 CSMA/CD。

2.4.1　快速以太网

数据传输速率为 100Mbit/s 的快速以太网是一种高速局域网技术，能够为桌面用户以及服务器提供更高的网络带宽。

IEEE 专门成立了快速以太网研究组以评估将以太网传输速率提升到 100Mbit/s 的可行性。研究组在采用哪一种介质访问方法的问题上产生了严重分歧，分化为快速以太网联盟和 100VG-AnyLAN 论坛两个不同的组织。每一个组织都制定了自己的以太网高速运行规范，如 100Base-T 和 100VG-AnyLAN（适用于令牌环网）等。

100Base-T 是 IEEE 正式接受的 100Mbit/s 以太网规范，采用非屏蔽双绞线（Unshieled Twisted Pair，UTP）或屏蔽双绞线（Shielded Twisted Pair，STP）作为网络介质，介质访问控制（Media Access Control，MAC）子层与 IEEE 802.3 协议所规定的 MAC 子层兼容，被 IEEE 作为 802.3 规范的补充标准 802.3u 公布。100VG-AnyLAN 是 100Mbit/s 令牌环网和采用 4 对 UTP 作为网络介质的以太网的技术规范，MAC 子层与 IEEE 802.3 标准的 MAC 子层并不兼容。100VG-AnyLAN 由 HP 公司开发，主要是为那些对网络时延要求较高的应用提供支持，IEEE 将其作为 802.12 规范公布。

100Base-T 沿用了 IEEE 802.3 规范所采用的 CSMA/CD 技术，工作方式与之类似，它的帧结构、长度，以及错误检测机制等都没有做任何改动。此外，100Base-T 还提供了 10Mbit/s 和 100Mbit/s 两种网络传输速率的自适应功能。

快速以太网的速度是通过提高时钟频率和使用不同的编码方式获得的，100Base-T 与标准以太网的不同主要体现在物理层。原 10Mbit/s 以太网的附属单元接口（Attachment Unit Interface，AUI）由新的介质无关接口（Media Independent Interface，MII）所代替，它所采用的物理介质也相应地发生了变化，如图 2-9 所示。

图 2-9 中，100Base-T 中的"100"代表传输速率为

图 2-9　100Base-T 快速以太网的介质类型

100Mbit/s,"Base"代表基带传输。100Base-T4 中的"T4"代表用了 4 根双绞线,这 4 根线是语音级的(3 类双绞线)。100Base-TX 中的"TX"指使用 2 根数据级(5 类双绞线)双绞线。100Base- FX 中的"FX"表示光纤。

2.4.2　吉比特以太网

吉比特以太网与快速以太网很相似,只是传输和访问速度更快,为系统扩展带宽提供了有效保障。它同样采用了 CSMA/CD 协议,并且采用了同样的帧格式。对于广大的网络用户来说,在向吉比特以太网过渡时,不需要做额外的协议和中间件投资就可以实现平滑的过渡。

1. 工作原理

在吉比特以太网中,可以 1 000Mbit/s 的速度进行半双工和全双工操作。在半双工通信模式中,吉比特以太网同样采用基本的 CSMA/CD 方式解决共享介质的冲突问题。

如前所述,在 CSMA/CD 机制下,帧的最小传输时间必须大于最大往返传播时间,使节点在帧的传送过程中能够监听到冲突的发生。由于传输一帧所需时间与数据速率成反比,如果不对 CSMA/CD 协议进行调整的话,半双工吉比特以太网的网络规模只能减小到 20m 的范围,这样的距离覆盖范围在实际中是无法得到大规模推广的。为了解决这个问题,IEEE 对以太网的 MAC 子层协议做了第一次重大修改:载波扩展和帧突发。

(1)载波扩展(Carrier Extension)。半双工吉比特以太网引入了载波扩展技术,以增加帧发送的有效长度,而不增加帧本身的长度,从而保证网络的覆盖范围。

半双工吉比特以太网首先将网络中的时间槽由 10Mbit/s 和 100Mbit/s 以太网中的 512bit (64B)增加到了 512B(4 096bit),这样半双工吉比特以太网的距离覆盖范围就可以扩展到 160m。但为了兼容以太网和快速以太网中的帧结构,最小帧长度依然保持 512bit 不变。当某个 DTE 发送长度大于 512B 的帧时,MAC 将像以前一样工作;如果 DTE 发送的帧长度小于一个 512B,MAC 子层将在正常发送数据之后发送一个载波扩展序列直到时间槽结束。这些特殊的符号将在 FCS 之后发送,不作为帧的一部分。

通过载波扩展,解决了半双工吉比特以太网距离覆盖范围的问题,但引入了一个新的问题:对于长度较小的以太网帧来说,发送效率降低了。如一个 64B 的帧,它的发送速度比快速以太网增加了 10 倍,但发送时间增加了 8 倍。为此,IEEE 又引入了帧突发技术。

(2)帧突发(Frame Bursting)。DTE 发送的第一个小于 512B 的帧,依然使用载波扩展将其扩展到 512B,但随后发送的小于 512B 的短帧不再使用载波扩展,可以在加入 96bit 的帧间隔序列之后连续发送短帧。

对于半双工的吉比特以太网来说,载波扩展技术是必要的(否则 CSMA/CD 就无法正常工作),而帧突发技术是可选的(仅仅是一个性能问题,不影响正确性)。

在全双工吉比特以太网中,由于每个吉比特以太网 DTE 在通信时独占一个信道,因此不需要考虑以太网的冲突问题,从而也没有时间槽长度及距离覆盖范围的限制。

2. 物理介质

吉比特以太网除了对 MAC 子层协议进行修改之外,其物理层也与 10Mbit/s 及快速以太网有所不同。在 IEEE 802.3z 中定义了 3 种传输介质:多模光纤、单模光纤和同轴电缆。IEEE 802.3ab 定义了非屏蔽双绞线介质。

(1)1000BASE-SX 是针对工作于多模光纤上的短波长(850nm)激光收发器制定的 IEEE

802.3z 标准。连接距离为 300m～550m。

（2）1000BASE-LX 是针对工作于单模或多模光纤上的长波长（1 310nm）激光收发器制定的 IEEE 802.3z 标准。使用多模光纤时，连接距离为 300m～550m；使用单模光纤时，连接距离可达 3 000m。

（3）1000BASE-CX 是针对低成本、优质的屏蔽双绞线或同轴电缆的短途铜线缆制定的 IEEE 802.3z 标准。连接距离可达 25m。

（4）IEEE 802.3ab 的吉比特以太网物理层标准规定了 100m 长的 4 对 5 类 UTP 的工作方式。在升迁为吉比特以太网时要按照它的技术规范执行，不能简单地加入吉比特以太网设备或替换原以太网设备，这是在组建网络时需注意的。

2.4.3　10Gbit/s 以太网

2002 年 7 月，IEEE 批准了 10Gbit/s 以太网的正式标准——IEEE 802.3ae（10Gbit/s 工作的介质接入控制参数、物理层和管理参数）。10Gbit/s 以太网不仅具有更高的带宽（10Gbit/s），传输距离也更远（最长传输距离可达 40km）。

在帧格式方面，为了与此前的以太网兼容，10Gbit/s 以太网必须采用与传统以太网相同的 MAC 协议和帧结构来承载业务。但为了达到 10Gbit/s 的高速率，并实现与骨干网无缝连接，10Gbit/s 以太网在线路上采用了 OC-192c 帧格式传输方式。这样就需要在物理子层实现从以太网帧到 OC-192c 帧的映射功能。

与此前的以太网标准不同的是，10Gbit/s 以太网标准只工作于光纤介质上，且只工作在全双工模式，省略了 CSMA/CD 策略，因此它本身也没有覆盖距离的限制。

10Gbit/s 以太网可用于局域网，也可用于广域网。10Gbit/s 局域以太网和广域以太网物理层的速率不同，局域网的数据率为 10Gbit/s，广域网的数据率为 9.584 64Gbit/s。由于两种速率的物理层共用一个 MAC 子层，而 MAC 子层的工作速率为 10Gbit/s，所以必须采取相应的速度调整策略。

由于 10Gbit/s 以太网技术是过去以太网技术的延伸，完全兼容原有网络，支持原有应用，因此在既有的网络市场上，尤其是宽带需求较为迫切的市场上将会有较大的发挥空间。而且随着网络应用的深入，WAN/MAN 与 LAN 融和已经成为大势所趋，10Gbit/s 以太网技术则让工业界找到了一条能够同时提高以太网的速度、可操作距离和连通性的途径。

2.4.4　交换式以太网

以太网交换技术是在多端口网桥的基础上发展起来的，实现 OSI/RM 的物理层和数据链路层功能。

以太网交换机的原理很简单。在交换机中有一个查找表，用来存放端口的 MAC 地址。当查找表中为空时，它也像集线器一样将所有数据转发到所有的端口中去。当它收到某个端口发来的数据帧时，会对数据帧的源 MAC 地址进行检查，并与系统内部的动态查找表进行比较，若数据帧的源 MAC 层地址不在查找表中，则将该地址加入查找表，并将数据帧发送给相应的目的端口；如果表中没有查到，则发送给所有的端口。因为数据帧一般只是发送到目的端口，所以交换式以太网上的流量要略小于共享介质式以太网。

交换网络使用典型的星形拓扑结构。当交换式端口通过集线器发散时，仍然是工作在半双工模式的共享介质网络；但当只有简单设备（除 Hub 之外的设备，如计算机等）接入交换机端口，且交换机端口和所连接的设备都使用相同的双工设置时，整个网络就可能工作在全双工方式下。

2.5 无线局域网

2.5.1 使用无线局域网络的场合

虽然无线局域网具有很多优点，但它并不能取代有线局域网络，而是用来弥补有线局域网络的不足，进一步扩展有线局域网络的应用范围。有线局域网络和无线局域网络的混合使用往往是用户的最佳选择。通常在下列情形下需要使用无线网络：

- 无固定工作场所的使用者；
- 有线局域网络架设受环境限制；
- 作为有线局域网络的备用系统；
- 搭建临时网络，如会议、客户演示、展会等。

2.5.2 无线局域网的构成方式

对于不同局域网的应用环境与需求，无线局域网可采取不同的网络结构来实现互连。

1. 点对点

点对点的结构简单，可在中远距离上获得高速率的数据传输。例如，在不同的局域网之间互连时，如果由于物理上的原因不方便采取有线方式，则可利用无线网桥的方式实现二者的点对点连接，无线网桥不仅提供二者之间的物理与数据链路层的连接，还为两个网的用户提供较高层的路由与协议转换。

2. 点对多点

点对多点结构由一个中心节点和若干外围节点组成。外围节点既可以是独立的工作站，也可与多个用户相连，是典型的集中控制方式。中心节点作为网络管理设备，监控所有外围节点对网络的访问，管理接入点对有线局域网络或服务器的访问及带宽的使用。例如，可以利用无线 Hub 组建星形拓扑结构的无线局域网，它具有与有线 Hub 组网方式类似的优点。

3. 分布式

分布式结构类似于分组无线网，所有相关节点在数据传输中都起着控制路由选择的作用。分布式结构抗毁性好，移动能力强，但网络节点多，结构复杂，成本高，存在多径干扰等问题。

无线局域网可以在普通局域网基础上通过无线 Hub、无线接入站、无线网桥、无线 Modem 及无线网卡等来实现。其中以无线网卡最为普遍，使用最多。

2.5.3 无线局域网的协议标准 IEEE 802.11

1. 主要的无线接入标准

无线接入区别于有线接入的特点之一是标准不统一，不同的标准有不同的应用。目前比较流行的无线接入技术有 IEEE 802.11x 系列标准、HiperLAN 标准、蓝牙标准。

蓝牙技术是一种先进的大容量近距离无线数字通信的技术标准，其目标是实现最高数据传输速率 1Mbit/s（有效传输速率为 721kbit/s），最大传输距离为 10cm～10m（通过增加发射功率可达到 100m）。通过蓝牙技术不仅能把一个设备连接到 LAN 和 WAN，还支持全球漫游。蓝牙成本低，体积小，可用于很多设备。

IEEE 802.11x 系列标准和 HiperLAN 标准都是针对无线局域网物理层和 MAC 子层的，涉及所使用的无线频率范围、空中接口通信协议等技术规范与技术标准。

其中，HiperLAN（High Performance Radio LAN）标准是欧洲电信标准化协会（ETSI）制定的欧洲标准，已推出 HiperLAN1 和 HiperLAN2。2000 年 HiperLAN2 标准制定完成，HiperLAN2 标准的最高数据速率能达到 54Mbit/s，标准详细定义了 WLAN 的检测功能和转换信令，用以支持许多无线网络，支持动态频率选择、无线信元转换、链路自适应、多束天线和功率控制等。该标准在 WLAN 性能、安全性、服务质量等方面也给出了一些定义。HiperLAN1 对应 IEEE 802.11b，HiperLAN2 与 IEEE 802.11a 具有相同的物理层，可以采用相同的部件。HiperLAN2 强调与 3G 的整合。HiperLAN1 标准也是目前较完善的 WLAN 协议。

目前最常见的无线网络标准以 IEEE 802.11x 系列为主。它是 IEEE 制定的一个通用的无线局域网标准。最初的 IEEE 802.11 标准只用于数据存取，传输速率最高只能达到 2Mbit/s。由于速度慢不能满足数据应用发展的需求，所以后来 IEEE 又推出了 IEEE 802.11b、802.11a、802.11g、802.11n、802.11ac 等新的标准。

2. IEEE 802.11x 系列标准

如表 2-7 所示，IEEE 802.11 协议簇中不同协议的差异主要体现在使用频段、调制模式、信道差分等物理层技术。IEEE802.11 协议中典型的使用频段有 2 个，一个是 2.4GHz～2.485GHz 公共频段，另一个是 5.1GHz～5.8GHz 高频频段。由于 2.4GHz～2.485GHz 是公共频段，微波炉、无绳电话、无线传感器网络也使用这个频段，因此信号噪声和干扰可能会稍大。5.1GHz～5.8GHz 高频段的传输主要受制于视线传输和多径传输效应，一般用于室内环境中，其覆盖范围要稍小。不同的调制模式决定了不同的传输带宽，在噪声较高或无线连接较弱的环境中，可减小每个信号区间内的传输速率以保证无误传输。

表 2-7   IEEE802.11 协议对比

IEEE 802.11 协议	发布时间	频宽/GHz	最大带宽/(Mbit/s)	调制模式
IEEE 802.11—1997	1997.6	2.4～2.485	2	DSSS
IEEE 802.11a	1999.9	5.1～5.8	54	OFDM
IEEE 802.11b	1999.9	2.4～2.485	11	DSSS
IEEE 802.11g	2003.6	2.4～2.485	54	DSSS 或 OFDM
IEEE 802.11n	2009.10	2.4～2.485 或 5.1～5.8	100	OFDM
IEEE 802.11ac	2014.1	5.1～5.8	866.7	OFDM

下面归纳一下 802.11 协议簇不同协议类型物理层的主要特点。

（1）IEEE 802.11-1997 协议。1997 年 6 月发布，采用直接序列扩频（Direct Sequence Spread Spectrum，DSSS）技术，使用 2.4GHz～2.485GHz 频段，可支持的传输带宽为 1Mbit/s 和 2Mbit/s。现在 IEEE 802.11 标准已经被 IEEE 802.11b 所取代了。

（2）IEEE 802.11a 和 IEEE802.11b 协议。这 2 个协议 1999 年 9 月同时发布。IEEE802.11a 协议采用正交频分多路复用（Orthogonal Frequency Division Multiplexing，OFDM）技术，使用 5.1GHz～5.8GHz 频段，带宽可达到 54Mbit/s。由于 802.11a 使用高频频段，其室内覆盖范

围相对较小。IEEE 802.11b 协议采用高速直接序列扩频（High Rate-DSSS，HR-DSSS）技术，使用 2.4GHz～2.485GHz 频段，带宽可达到 11Mbit/s。从 IEEE 802.11a 和 IEEE 802.11b 协议的特点可见，两者是互不兼容的。

（3）IEEE 802.11g 协议。2003 年 6 月发布。采用了和 IEEE 802.11a 相同的 OFDM 技术，保持了其 54Mbit/s 的最大传输带宽。同时 802.11g 使用和 802.11b 相同的 2.4GHz～2.485GHz 频段，并且兼容 IEEE 802.11b 的设备，但兼容 IEEE 802.11b 设备会降低 802.11g 网络的传输带宽。

（4）IEEE 802.11n 协议。2009 年 10 月发布。除采用 OFDM 技术外，还采用多天线多输入多输出技术，其带宽可达到 100Mbit/s。同时 IEEE 802.11n 可选择 2.4GHz～2.485GHz 和 5.1GHz～5.8GHz 两个频段之一。

（5）IEEE 802.11ac 协议。2014 年 1 月发布。支持多用户的多天线多输入多输出技术，相较 IEEE 802.11n，能够提供更宽的射频带宽（160MHz），以及更高密度的调制（256QAM），是 IEEE 802.11n 的继任者。

尽管这一系列 IEEE 802.11 协议在物理层使用的技术有很大差异，但上层架构和链路访问协议是相同的。例如，MAC 层都使用载波侦听多路访问/冲突避免（Carrier Sense Multiple Access/Collision Avoidance，CSMA/CA）技术，数据链路层数据帧结构相同，且它们都支持基站和自组织两种组网模式。

2.5.4　无线局域网的安全

由于无线局域网采用公共的电磁波作为载体，电磁波能够穿过天花板、楼层、墙等物体，因此在一个无线局域网接入点所服务的区域中，任何一个无线客户端都可以接收到此接入点的电磁波信号，这样非授权用户也能接收到数据信号。也就是相对于有线局域网来说，窃听或干扰无线局域网中的信息就容易得多，为了阻止非授权用户访问无线网络，应该在无线局域网中引入相应安全的措施。

通常数据网络的安全性主要体现在用户访问控制和数据加密两个方面。访问控制保证敏感数据只能由授权用户进行访问，而数据加密保证发射的数据只能被所期望的用户所接收和理解。

1. 认证

在无线客户端和中心设备交换数据之前，必须先对客户端进行认证。在 IEEE 802.11b 中规定，在一个设备和中心设备对话后，就立即开始认证工作，在通过认证之前，设备无法进行其他关键通信。

目前 Wi-Fi 推荐的无线局域网安全解决方案 Wi-Fi 保护访问（Wi-Fi Protected Access，WPA）的认证分为两种。第一种采用 IEEE 802.1x+EAP 的方式。IEEE 802.1x 是一种基于端口的网络接入控制技术，在网络设备的物理接入级对接入设备进行认证和控制。IEEE 802.1x 提供一个可靠的用户认证和密钥分发框架，控制用户只有在认证通过以后才能连接网络。IEEE802.1x 本身并不提供实际的认证机制，需要和上层认证协议（Ertensible Authentication Protocal，EAP）配合实现用户认证和密钥分发。EAP 允许无线终端支持不同的认证类型，能与后台不同的认证服务器，如远程接入拨号用户服务（Remote Autheatication Dial In User Service，RADIUS），进行通信。在大型企业网络中，通常采用这种方式。但是对于一些中小型的企业网络或者家庭用户，架设一台专用的认证服务器未免代价过于昂贵，维护也很复杂。

因此 WPA 提供了第二种简化的模式，它不需要专门的认证服务器。这种模式叫作 WPA 预共享密钥（WPA-PSK），仅要求在每个 WLAN 节点（如 AP、无线路由器、网卡等）预先输入一个密钥即可实现。只要密钥吻合，客户就可以获得 WLAN 的访问权。这种方式通常用于家庭网络。

2. 数据加密

数据加密可以通过有线等效加密（Wired Equivalent Privacy，WEP）协议来进行。WEP 是 IEEE 802.11b 协议中最基本的无线安全加密措施。WEP 是所有经过 Wi-Fi 认证的无线局域网络产品都支持的一项标准功能。

WEP 加密采用静态的保密密钥，各 WLAN 终端使用相同的密钥访问无线网络。WEP 也提供认证功能，当加密机制功能启用，客户端要尝试连接上 AP 时，AP 会发出一个 Challenge Packet 给客户端，客户端再利用共享密钥将此值加密后送回存取点进行认证比对，只有正确无误，才能获准存取网络的资源。

WEP 虽然通过加密提供网络的安全性，但也存在一些缺点，使得具有中等技术水平的入侵者就能非法接入 WLAN。首先，用户的加密密钥必须与 AP 的密钥相同，并且一个服务区内的所有用户都共享同一密钥。倘若一个用户丢失密钥，则将殃及整个网络。其次，WEP 在接入点和客户端之间以 "RC4" 方式对分组信息进行加密，密码很容易被破解。

目前 Wi-Fi 推荐的无线局域网安全解决方案 WPA 采用了 TKIP （Temporal Key Integrity Protocol，TKIP）作为一种过渡性安全解决方案。TKIP 与 WEP 一样基于 RC4 加密算法，且对现有的 WEP 进行了改进，在现有的 WEP 加密引擎中追加了 "密钥细分（每发一个包重新生成一个新的密钥）"、"消息完整性检查（Message Integrity Check，MIC）"、"具有序列功能的初始向量" 和 "密钥生成和定期更新功能" 等 4 种算法，极大地提高了加密安全强度。

IEEE802.11i 中还定义了一种基于高级加密标准（Advanced Encryption Standard，AES）的全新加密算法，以实施更强大的加密和信息完整性检查。AES 是一种对称的块加密技术，提供比 WEP/TKIP 中 RC4 算法更高的加密性能，为无线网络带来更强大的安全防护。

2.5.5 无线局域网的特点与发展前景

与有线网络相比，无线局域网有很多不足。无线局域网还不能完全脱离有线网络，它只是有线网络的补充，而不是替换。近年来，无线局域网产品逐渐走向成熟，适用于无线局域网产品的价格也正逐渐下降，相应软件也逐渐成熟。此外，无线局域网已能够通过与广域网相结合的形式提供移动 Internet 的多媒体业务。无线局域网将以它的高速传输能力和灵活性发挥越来越重要的作用。

1. 移动 IP

传统的 IP 连接方式不能接受任何地址的变化。移动 IP 的引入解决了 WLAN 跨 IP 子网漫游的问题，是网络层的优化方案。IETF 制定了扩展 IP 网络移动性的系列标准。移动 IP 是指在 IP 网络上的多个子网内均可使用同一 IP 地址的技术。这种技术是通过使用名为本地代理（Home Agent）和外地代理（Foreign Agent）的特殊路由器对网络终端所处位置的网络进行管理来实现的。在移动 IP 系统中，可保证用户的移动终端始终使用固定的 IP 地址进行网络通信，不管在怎样的移动过程中皆可建立 TCP 连接而不会发生中断。在无线局域网系统中，广泛的应用移动 IP 技术可以突破网络的地域范围限制，并可克服在跨网段时使用动态主机配置协议方式所造成的通信中断、权限变化等问题。

2. 双频多模 WLAN

IEEE 的一系列 802.11x 标准提升了无线局域网的性能,但不同物理层标准带来网络兼容性问题。为了使不同标准的网络设备可以更自由地移动,出现了一种无线局域网的优化方式——"双频多模"的工作方式。双频是指 WLAN 可工作在 2.4GHz 和 5GHz 两个频段上,多模是指 WLAN 可工作于多个标准之中。双频产品可以自动辨认 IEEE 802.11a 和 IEEE 802.11b 信号并支持漫游连接,使用户在任何一种网络环境下都能保持连接状态。从用户的角度看,这种双频自适应无线网络产品,是一种将两种无线网络标准有机融合的解决方案。

2.6 局域网的规划设计

局域网的规划设计主要包括局域网的需求分析、确定设计目标和原则、进行总体设计、设备选型和配置等步骤。

2.6.1 局域网的需求分析

局域网的需求分析应注重整个网络环境,如建网范围、传输速率、网络互连、可靠安全和各种网络服务,以及网络的生命期和可扩展性等。

具体来说,局域网需求分析应包括以下内容。

(1)用户公司或单位的基本情况分析:包括该单位的组织结构、业务情况与未来发展趋势、员工数量、该单位建筑物的布局、组织机构的物理位置、信息点数量、信息点分布等,其中信息点数量可以表的形式描述,信息点分布可以图的形式的描述。

(2)局域网的网络应用需求:需要分析有哪些网络应用,例如,是否有视频会议应用、多媒体点播服务,是否要求对外提供 Internet 服务,是否有办公自动化应用,有何特殊的业务应用系统等。同时需要分析这些应用程序的使用频率和平均事务大小、是否是实时应用等。

(3)局域网的网络连接需求:需要分析局域网覆盖范围,是否需要从外部安全接入局域网,是否需要接入 Internet 等。

(4)局域网的网络性能需求:说明传输速率需求、网络时延需求、通信带宽需求、网络可靠性需求等。

(5)局域网的网络安全需求:分析用户对信息资源安全性保障的需求。要求系统能确保网络内部的安全可靠,可以防止外来或者内部的入侵、攻击和非法访问,保证关键和重要数据信息的安全可靠等。

2.6.2 网络设计目标和原则

1. 网络设计目标

网络设计的目标主要是满足用户的需求,说明系统所需要实现的功能,所需达到的技术要求和性能指标。针对不同的环境和单位性质,网络设计的具体目标是各不相同的。

对大的网络系统,不可能一蹴而就,必须根据总目标进行总体规划,分步实施,使系统的建设按照一定的计划,循序渐进,最终圆满完成。

2. 网络设计原则

网络系统性能要求高,技术复杂,涉及面广,在规划和设计过程中,为使整个网络系统更合理、更经济、性能更好，需遵守以下设计原则：性价比高，统一建网模式，统一网络协议，保证可靠性和稳定性，保证先进性和实用性，具有良好的开放性和扩展性，在一定程度上保证安全性和保密性，具有良好的可维护性。

由于不同单位的网络发展水平和应用需求差异很大，而且网络的组网方法和备选设备种类繁多，因此必须根据具体情况进行有针对性的设计。

2.6.3 网络总体设计

网络总体设计需要完成以下工作。

1. 局域网技术选择

根据用户的计算机应用水平、网络应用水平、业务需求、技术条件和费用预算等，选择适当的网络体系结构和协议簇。一般应选择目前占主导地位的 TCP/IP 协议簇，以及对应的 TCP/IP 体系结构模型。考虑是否需无线接入，可选择以太网、802.11 等技术。

在选择组网技术时，需考虑以下几点。

（1）原有的网络系统及其设备的利用。考虑原有的网络系统和设备是否能够在新的技术、协议、体系结构中继续使用，注意保持协议和设备的兼容性。

（2）传输速率和带宽。需根据需求分析结果，选择满足承载信息类型、实时性要求、数据量要求的技术。例如，对于需承载多媒体信息的大数据传输量的网络应选择吉比特以太网以上速率的网络。

（3）传输距离。从地理范围考虑，应保证网络覆盖到整个用户分布区，数据信息能传送至每一个用户。

（4）网络费用。对性能和价格进行衡量，选择适当的技术。

（5）技术的生命周期。过时的技术和未成熟的技术不适宜使用，应选择成熟的、先进的、通用的技术。

（6）技术的兼容性。应适当地选择几种协议，满足用户需求的多样性。

2. 网络拓扑结构设计

根据实际的需求和采用的组网技术，考虑经济性、灵活性和可靠性，进行网络拓扑结构设计。拓扑结构设计需注意以下方面。

（1）需对网络系统进行相应的分层，如核心层、汇聚层、接入层，将不同的功能归类到不同的层次进行实现，并为每一层分配一定的拓扑结构。

（2）需考虑对原有系统的资源利用和继承问题。可考虑设计与原有网络系统尽可能相似的拓扑结构。

（3）需考虑实际环境，例如，对节点地理位置的分布，线路可能经过的路线等进行设计，以利于后续综合布线的实施。

一般，达到一定规模的局域网可设计为 3 层结构：核心层、汇聚层、接入层。核心层追求最高的有效带宽，不进行网络管控或包筛选的工作。汇聚层连接核心层和接入层，过滤包、控制流量、某些大型服务器设置于此层内。接入层直接对用户提供服务，工作组和大部分的应用服务器存在于此层之中。

图 2-10 是一个典型的 3 层结构的校园网拓扑结构图。这是一个模型框架，不同层的功能不同，使用的设备也不同，具体网络设计应根据实际情况进行调整。

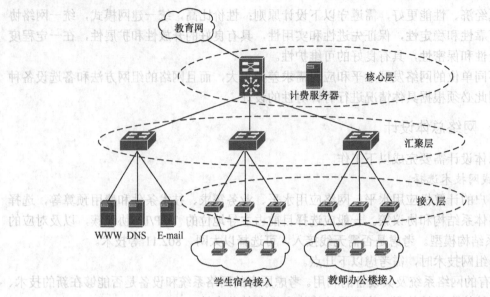

图 2-10 校园网模型

下面举一个实际网络拓扑结构设计的例子。例如，某学校有 2 个 5 层教学楼，1 个 3 层办公楼，1 个图书馆，1 个网络中心有 9 台服务器，1 个学生机房有 180 台主机。考虑扩展性，共计约 350 个信息点接入。该学校校园网拓扑结构可设计如图 2-11 所示。

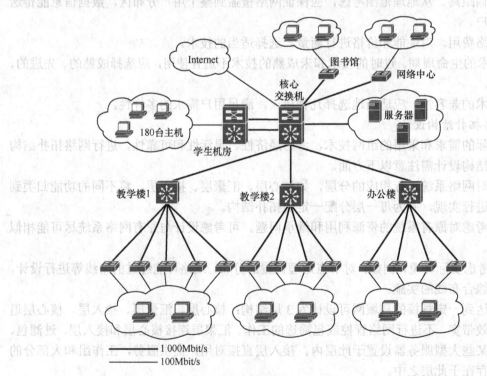

图 2-11 某校园网拓扑结构图

该网络大体分为核心层、汇聚层、接入层 3 层结构。其中核心层设置用 1 台高性能交换机。汇聚层和接入层根据实际情况设计如下。

教学楼 1、教学楼 2、办公楼的每层设置一个接入层交换机，通过 1 个 1 000Mbit/s 上连。楼内 5 台或 4 台接入交换机连接汇聚层交换机，接入带宽为 1 000Mbit/s。汇聚层交换机为 3 层交换机，最后汇聚层交换机通过 1 000Mbit/s 连接到核心交换机。

图书馆和网络中心，由于接入信息点少，可以各设置 1 台接入交换机，这 2 台接入交换机直接通过 1 000Mbit/s 连接到核心交换机，不必使用汇聚层交换机。

学生机房内的 180 台主机接入，可以将接入层和汇聚层合并，直接使用 1 台骨干级 3 层交换机实现接入，并通过 2 个 1 000Mbit/s 捆绑的方式连接到核心层交换机。

服务器全部采用 1 000Mbit/s 连接核心层交换机。

3. IP 地址规划

IP 地址规划按以下步骤完成。

（1）地址需求分析

根据地址需求对 IP 地址进行规划。需统计一共有多少个网络，有多少台主机和网络设备需要分配地址。一般对每个网络做如下统计：

- 主机的数量，每台主机需要的地址数量；
- 服务器数量，每台服务器需要的地址数量；
- 交换机的数量，每台交换机需要的地址数量；
- 路由器的数量，每台路由器需要的地址数量；
- 其他网络设备的数量，如网络打印机所需要的地址数量；
- 考虑主机、服务器、交换机、路由器及其他网络设备的扩充情况。

（2）选择正确的掩码

子网掩码的选择要根据网络内需要分配地址的数量进行选择，必须大于需求数量。例如某个子网中需要 140 个 IP 地址，那么子网掩码就是 255.255.255.0。虽然有很多地址会浪费，但是如果掩码是 255.255.255.128，那么就只能提供 126 个地址，无法满足需求，所以，需要分配给这个子网 1 个 C 的地址。确定了子网掩码就可以确定该网络共需要多少个地址了。

（3）确定需要的地址数量总和并申请地址

一个大的网络一般由多个子网组成，根据前面确定的每个子网的地址使用量，就可以计算出网络设计需要的地址数量总和。根据需求可以向 Internet 服务提供商申请地址。如果使用的是私有地址，则可以直接在私有地址段内选择一个适合的地址段。

得到了具体的 IP 地址就可以根据需求进行分配了，分配时尽量保证地址可以进行汇聚。分配时还要建立一个分配表，记录地址分配到哪个网络，谁在使用，及联系方式、设备信息等资料。

4. 子网划分/VLAN 规划

IP 地址分配前需进行子网划分，以及进行 VLAN 规划。在实际网络设计时可根据实际情况划分子网，如果需要，则可以采用变长子网掩码，还可根据实际需要划分 VLAN。VLAN 的划分方式有基于端口划分 VLAN 和基于 MAC 地址划分 VLAN 等方法。其中，基于端口划分 VLAN 方法最简单，使用最为广泛。划分 VLAN 后，为每个 VLAN 分别指定不同的 IP 网段。为管理方便，一般将网络设备、服务器分别划分到不同的 VLAN，并分配独立的 IP 地址段。

例如，某校园网某教学楼的 IP 地址分配情况如表 2-8 所示（假设使用私有地址 192.168.0.0/24 进行分配）。

表 2-8　　　　　　　　　　　　　　　　IP 地址分配

楼层	网段	地址范围	网络地址	广播地址	网关地址
1	VLAN1	192.168.0.0～192.168.0.31	192.168.0.0	192.168.0.31	192.168.0.1
2	VLAN2	192.168.0.32～192.168.0.63	192.168.0.32	192.168.0.63	192.168.0.33
3	VLAN3	192.168.0.64～192.168.0.95	192.168.0.64	192.168.0.95	192.168.0.65
4	VLAN4	192.168.0.96～192.168.0.127	192.168.0.96	192.168.0.127	192.168.0.97
5	VLAN5	192.168.0.128～192.168.0.159	192.168.0.128	192.168.0.159	192.168.0.129

5．Internet 接入设计

一般局域网需接入 Internet 以实现对 Internet 的访问，应根据局域网与 Internet 之间的出入流量大小选择合适的接入方式和带宽。

目前常用的 Internet 接入方式有 FTTx+LAN、DDN、xDSL 等方式。FTTx+LAN 速率可达 1 000Mbit/s。DDN 速率为 $N×64$kbit/s（$N=1～32$）。ADSL 支持上行速率 640kbit/s～1Mbit/s，下行速率 1Mbit/s～8Mbit/s。VDSL 比 ADSL 快，短距离内的最大下行速率可达 55Mbit/s，上行速率可达 2.3Mbit/s。

6．安全性设计

在局域网中进行不同安全区域划分，例如，一般用户、服务器等划分不同安全级别，提高对服务器的安全保护级别。

设置防火墙，在出口路由器上设置访问控制策略，在网络层和传输层上控制外来用户对网络资源的访问，保护网络内部的设备和应用服务，防止外来攻击。

在局域网的主机上安装防病毒软件、入侵检测系统、安全监测工具等，搜索系统可能存在的安全漏洞或安全隐患，及时防范处理。

图 2-12 安全性设计示意图说明防火墙和入侵检测系统的功能。防火墙隔离 Internet 和企业内部网，入侵检测系统通过对若干关键点收集信息并分析，发现系统是否被攻击。

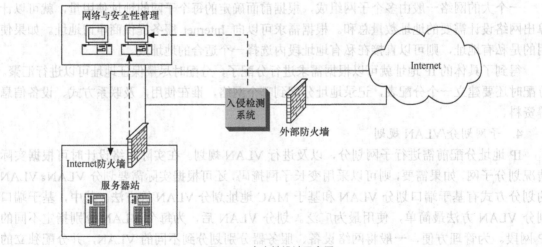

图 2-12　安全性设计示意图

2.6.4 设备选型与配置

1. 网络设备选型、配置

（1）核心层。核心层是网络的最高层，核心层一般用中高端交换机，它负责为整个大型交换网络提供快速交换。原则上，核心层不应设置安全策略对数据包进行过滤。因为这些活动会导致交换速率的下降。核心层的设备应具有的特性包括：非常高的网络吞吐量；没有不必要的分组处理（访问控制列表）；保持很高的可用性和冗余性。

（2）汇聚层。汇聚层一般是 3 层交换机或多层交换机，除负责将接入层交换机进行汇集外，还为交换网络提供虚拟局域网路由选择功能。汇聚层使核心层和接入层的连接最小化。汇聚层的设备应具有的特性包括：较高的 3 层转发和数据包处理能力；进行 VLAN 间的路由选择；通过访问控制列表或分组过滤而实现网络安全，基于策略的网络连通性。

（3）接入层。接入层负责为所有的终端用户提供一个接入点。接入层交换包括基本的第 2 层交换和虚拟局域网成员交换，也能根据需求对各个主机提供访问列表和接口保护。接入层的设备应具有的特性包括：低成本；高端口密度；具有通往更高层的可扩展的上行链路；用户访问功能，基于 MAC 地址的通信量过滤和 VLAN 成员的划分。

一般接入层采用 2 层交换机，定义各类用户所属的 VLAN。有时为保证链路的冗余或增加连接带宽，与汇聚层同时具有多个连接。根据实际情况，也可采用接入级的 3 层交换机。

2. 服务器设备选型、配置

根据用户需求选择相应的服务器硬件和软件。例如，Web 服务器、E-mail 服务器、数据库服务器、应用服务器等。

第3章 互联网

一些网络互相连接组成的更大的网络称为互联网（Internet）；组成互联网的各个网络称为子网（Sub Network）；用于连接子网的设备称为中间系统（Intermediate System，IS），它的主要作用是协调各个网络，使得跨网络的通信得以实现。中间系统可以是单独的设备，也可以是单独的网络。

3.1 网络互连设备

网络互连设备的作用是连接不同的网络。各种网络可能有不同的寻址方案，不同的最大分组长度，不同的超时控制，不同的差错恢复方法，不同的路由选择技术，以及不同的用户访问控制等。另外，各种网络提供的服务也可能不同，有的是面向连接，有的是面向无连接。网络互连就是要在不改变原来网络体系结构的条件下，把一些异构型的网络互相连接成统一的通信系统，实现更大范围的资源共享。

3.1.1 路由器

路由器工作在 OSI/RM 的网络层，它的主要功能就是实现网络层的功能，简单地说，路由器主要有以下几种功能：

（1）网络互连，路由器支持各种局域网和广域网接口，主要用于互连局域网和广域网，实现不同网络互相通信；

（2）数据处理，提供包括分组过滤、分组转发、优先级、复用、加密、压缩和防火墙等功能；

（3）网络管理，路由器提供包括配置管理、性能管理、容错管理和流量控制等功能。

路由器工作于网络层，其概念模型如图 3-1 所示。通常把网络层地址信息称为网络逻辑地址，把数据链路层地址信息称为网络物理地址。物理地址通常是由硬件制造商指定的，例如，每块以太网卡都有一个 48 位的 MAC 地址，这种地址由 IEEE 管理，任何两个网卡不会有相同的地址。逻辑地址也称为软件地址，用于网络层寻址，是由网络管理员在组网配置时指定的，这种地址可以按照网络的组织结构及每个工作站的用途灵活设置，而且可以根据需要改变。路由器根据网络逻辑地址（而不是物理地址）在互连的子网之间传递分组。

路由器适合于连接复杂的大型网络，它工作于网络层，因而可以连接下面 3 层执行不同协议的网络，协议的转换由路由器完成，从而消除了网络层协议之间的差别，通过路由器连接的子网在网络层之上必须执行相同的协议。

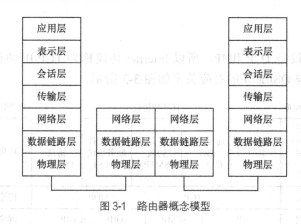

图 3-1 路由器概念模型

3.1.2 网关

网关是最复杂的网络互连设备之一，它用于连接网络层之上执行不同协议的子网，组成异构型的互联网。网关能对互不兼容的高层协议进行转换，为了实现异构型设备之间的通信，网关要对不同的传输层、会话层、表示层、应用层协议进行翻译和转换，网关的概念模型如图 3-2 所示。

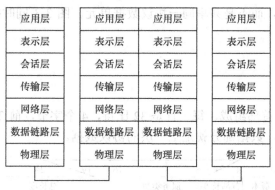

图 3-2 网关的概念模型

网关是互连网络中操作在 OSI 传输层之上的设施，之所以称为设施，是因为网关不一定是一台设备，有可能在一台主机中实现网关功能。当然也不排除使用一台计算机来实现。

由于网关是实现互连、互通和应用互操作的设施，通常多是用来连接专用系统，所以市场上从未有过出售网关的现象。因此，在这种意义上，网关是一种概念，或一种功能的抽象。网关的范围很宽，在 TCP/IP 网络中，网关有时指的就是路由器。

由于工作复杂，因而用网关互连实效比较低，而且透明性不好，往往用于针对某种特殊用途的专用连接。最后，值得一提的是人们的习惯用语不同，并不像以上根据网络协议层的概念明确划分各种网络互连设备。有时并不区分路由器和网关，而把在网络层及其以上进行协议转换的互连设备统称为网关。另外，各种实际产品提供的互连服务多种多样，因此，很难单独按名称来识别某种产品的功能，有了以上关于网关互连设备的概念，对了解各种互连设备的功能是有益的。

3.2 Internet 协议

Internet 的主要协议是 TCP 和 IP，所以 Internet 协议称为 TCP/IP 协议簇。这些协议可划分为 4 个层次，它们与 OSI/RM 的对应关系如图 3-3 所示。

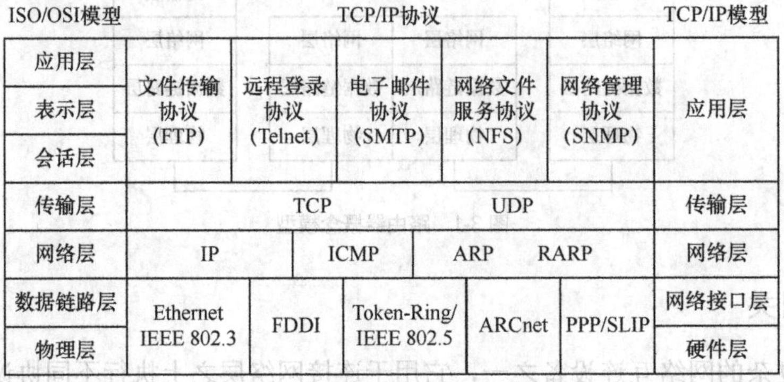

ISO/OSI模型	TCP/IP协议					TCP/IP模型
应用层	文件传输协议 (FTP)	远程登录协议 (Telnet)	电子邮件协议 (SMTP)	网络文件服务协议 (NFS)	网络管理协议 (SNMP)	应用层
表示层						
会话层						
传输层	TCP			UDP		传输层
网络层	IP	ICMP		ARP	RARP	网络层
数据链路层	Ethernet IEEE 802.3	FDDI	Token-Ring/ IEEE 802.5	ARCnet	PPP/SLIP	网络接口层
物理层						硬件层

图 3-3 TCP/IP 和 OSI/RM 模型的对比

与 OSI/RM 分层的原则不同，TCP/IP 协议簇允许同层的协议实体间互相调用，从而完成复杂的控制功能，也允许上层过程直接调用不相邻的下层过程，甚至在有些高层协议中，控制信息和数据分别传输，而不是共享同一协议数据单元。图 3-3 同时描述了这些协议的层次关系。

3.2.1 IP 协议

1. IP 首部

图 3-4 是 IP 协议的首部组成，每一行是 32 比特，4 个字节，前 20 个字节的格式是固定的，选项部分是可变的，数据部分就是上一层的协议数据。

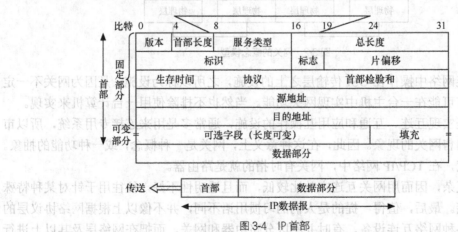

图 3-4 IP 首部

版本字段，用来说明分组使用的协议的版本，这样，可以在不同版本的协议之间传输数据。

IP 首部长度不是固定的，因为其中包括了选项字段。首部长度字段占用 4 个比特，IP 协议首部最长是 60 个字节，去掉 20 个固定的字节，选项最长是 40 个字节。

服务类型字段使主机可以要求子网用不同的方式来处理数据报，主要是可靠性和速度，比如，对于音频和视频而言，速度更主要，而文件则准确性更重要。

总长度说明了数据报的中所有信息的大小，包括首部和数据，共 16 比特，最大值是 $2^{16}-1=65\,535$，以字节为单位。

标识字段主要是解决不同类型的网络之间的通信问题。局域网有不同的类型，所允许传输的帧的最大长度不同，当一个数据报从一个网络传输过来，所去的网络帧的最大长度都无法封装下它时，只有把这个数据报分得更小一点，这就是网络中的分段。等这些分段到达主机时，再被重新组装成分组。标识字段就是用来说明这个分段是属于哪个分组的。

标志字段有 3 个比特，其中最后一位用来标识是否还有分段，第一位现在已经不用，中间的一位标识是否允许分段。

分段偏移用来说名分段在数据报中的位置，就像排队用的序号一样，当所有分段到达目的主机后，就根据它来重新组装分组。其长度是 13 比特，以 8 个字节为单位，所以一个分组最多可有 $2^{13}=8\,192$ 个分段，一个分组的最大长度是 $2^{13}\times8=2^{16}=65\,536$ 字节，其实就是说的 64KB，刚好和总长的最大值一致。特别注意一点，总长度是数据报的总长，不是分段长度。

生存期，即 TTL。当一个分组经过一个路由器的时候，这个值会被减 1，当这个值是 0 的时候，路由器会直接将这个分组丢掉，不再转发，从而避免一个分组在网络上"永久存在"。

当网络层一个完整的数据报组装完成后，协议字段会告诉传输层由谁来处理这些数据。

首部校验和用来检验收到的这些分组是否正确，它只检查首部，在每个路由器上收到一个分组后，都会进行这项工作，这是因为 TTL 总是不停地改变。

2. IP 地址

在 IP 网络中，对网络上的每个设备，用 IP 地址进行标识。IP 地址共有 32 位（每位占 1 比特），为了便于管理，对这些地址的不同位，进行了划分，如图 3-5 所示。

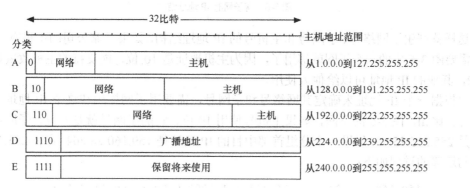

图 3-5　IP 地址分类

IP 地址被分成 A、B、C、D 和 E 5 种类型，同时还把 32 位分成了网络号和主机号两大部分，如图 3-5 所示。

对于 A 类网络，网络号使用一个字节，第一位是 0，所以它的网络号范围是 1～127。A 类网络的主机号使用是后边的 24 位，可以拥有的主机数是 $2^{24}-2$，主机部分的全 0 代表的是网络号，全 1 是该网络的广播地址，因此要减去 2 个 IP 地址。对于任意一个网络来说，根据它的主机位数，就可以计算机它能拥有的最大主机数量，比如，B 类，主机位数是 16，它能拥有的最大主机数量是 $2^{16}-2$，依此类推，主机是 n 位，能拥有的最大主机数量是 $2^{n}-2$。

对于 B 类和 C 类网络来说，也是一样的，支持的网络个数分别是 $2^{14}-2$ 和 $2^{21}-2$，能拥有的最大主机数分别是 $2^{16}-2$ 和 $2^{8}-2$。

A 类地址适用于规模较大，也就是主机数量比较多的网络，B 类适用于中等规模，C 类则是小规模的，因为它能拥有的主机数量最多 254 台。

IP 地址被分成 5 类，A、B 和 C 是在网络中实际使用的，D 类是用于多播的地址，E 类被保留作为研究使用，D 和 E 不能直接在 Internet 上使用。

另外，网络中还有一些特殊需要，使用了一部分 IP 地址。32 位都是 1 的 IP 地址是局域网中的广播包，都是 0 代表本机；不管 IP 中的网络号是多少，如果主机位都是 1，这个分组就是这个网络的广播包；如果第一个字节是 127，不管后边是多少，都是用来进行回路测试的。

二进制在实际使用的时候改用十进制表示，这就是"点分十进制"。32 位的 IP 地址，分成 4 个字节，每个字节转换成十进制，中间用"."来分隔。

3. 子网

通过把大的网络划分成小的子网，管理网络。

一个 B 类 IP 地址前导码和网络号占用了 16 位，主机号码 16 位，为了划分子网，用主机位的一部分作为子网号码，如图 3-6 有子网时 IP 地址结构所示的用其中的 6 位作为子网号，这样的话，主机的位数变成 16-6=10 位。

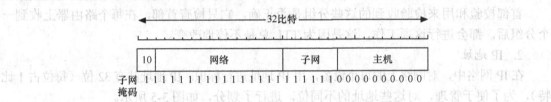

图 3-6　有子网时 IP 地址结构

这样就产生了网络号、子网号和主机号的 IP 地址结构。如果一家公司的主机有 1 000 台，它只需要图 3-6 中的一个子网就够用了，因为主机地址是 10 位，能支持的主机数量是 $2^{10}-2=1\,022$，其他的 IP 地址可以给他人使用。

要根据一个 IP 地址来确定其网络号和子网号，需要用子网掩码和这个 IP 地址进行布尔与运算。比如，图 3-6 的子网，如果主机号使用 10 位，它的子网号就是 6 位，子网掩码的十进制是 255.255.252.0，如果一个分组首部中目的 IP 地址是 159.160.28.204，它和 255.255.252.0 布尔与运算的过程如下：

```
159.160.28.204      10011111.10100000.00011100.11001100
255.255.252.0       11111111 11111111 11111100 00000000
─────────────────────────────────────────────────────────
159.160.28.0        10011111 10100000 00011100 00000000
```

规则很简单，上下都是 1 的时候为 1，否则为 0。经过运算，得出网络号是 159.160.28.0，根据它就可以将这个分组转发到相应的网络中。

在工程中常常用 202.106.2.0/26 来表示网络号和子网掩码，"/26"表示有 26 位的子网掩码。

3.2.2 ICMP 协议

ICMP 的全称是 Internet Control Message Protocol，中文是网际控制信息协议。在上网的过程中，使用 IP 的同时，也一直使用着 ICMP。比如，当一个分组无法到达目的站点或 TTL 超时后，路由器就会丢弃此分组，并向源主机返回一个目的主机不可到达的 ICMP 报文。

ICMP 没有使用专用的数据报格式，它的首部使用了 IP 首部，如图 3-7 所示。

图 3-7　ICMP 封装

ICMP 数据部分都是 ICMP 定义，它的结构如图 3-8 所示。

图 3-8　ICMP 数据报格式

字段依次是类型、代码和校验和，这几个字段定义了各种 ICMP 消息，其实就是一个代号，比如，类型=11，表示是超时，也就是 TTL=0 了，然后又细分为转发超时和分段重组超时，编号分别是 0 和 1，校验和计算从类型开始到数据报结束，这部分也就是 ICMP 消息。原 IP 首部和数据报的前 64 位，作为 ICMP 的数据，用于主机匹配信息到相应的进程。如果高层协议使用端口号，应该假设其在原分组的前 64 个字节中。

当发送一份 ICMP 差错报文时，报文始终包含 IP 的首部和产生 ICMP 差错报文的 IP 数据报的前 8 个字节。这样，接收 ICMP 差错报文的模块就会把它与某个特定的协议（根据 IP 数据报首部中的协议字段来判断）和用户进程（根据包含在 IP 数据报前 8 个字节中的 TCP 或 UDP 报文首部中的 TCP 或 UDP 端口号来判断）联系起来。

为了防止过去允许 ICMP 差错报文对广播分组响应所带来的广播风暴，下面各种情况都不产生 ICMP 差错报文。

（1）ICMP 差错报文（但是，ICMP 查询报文可能会产生 ICMP 差错报文）。

（2）目的地址是广播地址或多播地址的 IP 数据报。

（3）作为数据链路层广播的数据报。

（4）不是 IP 分段的第一段。

（5）源地址不是单个主机的数据报。这就是说，源地址不能为零地址、环回地址、广播地址或多播地址。

可应用 ICMP 来检测网络、网络中的节点和主机的运行情况，常用的 Ping 使用的就是 ICMP。

3.2.3 ARP 和 RARP 协议

网络层的主要功能是在网络之间进行数据传输，IP 对网络上的每个主机用一个 IP 地址来标识，在数据报中携带这个地址，网络中的设备会根据这个地址转发分组，但当数据报到了目的主机所在的局域网之后，就要打包成帧在局域网上传输，此时数据链路层需要目的主机的 MAC 地址，而在 IP 数据报中是没有目的主机的 MAC 地址，这就需要根据目的主机的 IP 地址得到其 MAC 地址，也就是 IP 地址和 MAC 地址的解析问题。为了解决这个问题，开发了地址解析协议（Address Resolution Protocol，ARP）。

ARP 的任务是把 IP 地址转换成物理地址，这样做就消除了应用程序需要知道物理地址的必要性。ARP 工作的时候，会在存储器中维护一个 ARP 表，它的结构如表 3-1 所示。

表 3-1 　　　　　　　　　　　　　　ARP 表结构

—	IF 索引	物理地址	IP 地址	类型
表项 1				
表项 2				
表项 n				

ARP Cache 中的每一行对应一个设备，每一个设备存储以下信息。

（1）IF 索引，指物理端口（接口）。

（2）物理地址，指设备的物理地址。

（3）IP 地址，指和物理地址对应的 IP 地址。

（4）类型，指这一行对应的表项类型。

类型有 4 种可能的值，值 2 意味着表项是无效的，值 3 意味着映射是动态的（表项可能改变），值 4 说明是静态项（表项不变化），值 1 意味着不是上面的任何一种情况。

ARP 格式如图 3-9 所示。当一个 ARP 请求发出时，除了接收端硬件地址（正是请求方想知道的）之外所有域都被使用。ARP 应答中，使用所有的域。

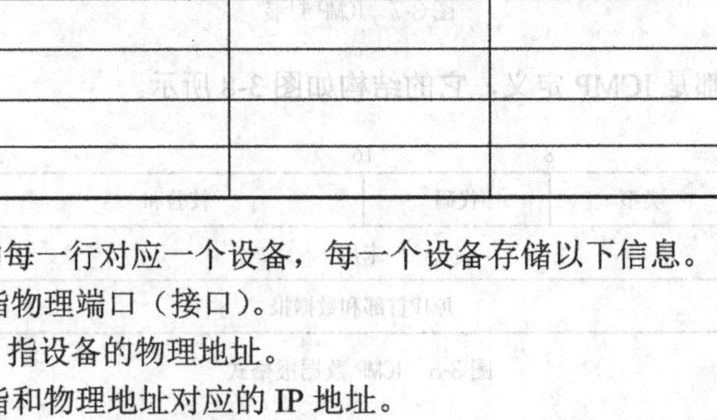

0	16	31
硬件类型		协议类型

硬件地址长度	协议地址长度	操作码
发送硬件地址（字节1～4）		
发送硬件地址（字节5～6）		发送IP地址（字节1～2）
发送IP地址（字节3～4）		接收端硬件地址（字节1～2）
接收端硬件地址（字节3～6）		
接收端IP地址		

图 3-9　ARP 请求和应答分组格式

硬件类型用来识别硬件接口类型。协议类型用来标识发送设备所使用的协议类型，TCP/IP 中，这些协议通常是 EtherType，如果协议不是 EtherType，允许使用其他值。数据报中硬件地址以及所用协议地址以字节为长度单位。

操作码指明数据报是 ARP 请求还是 ARP 应答，假如是 ARP 请求，此值为 1；如果数据报是 ARP 应答，此值为 2。

ARP 有一个缺陷：假如一个设备不知道它自己的 IP 地址，就没有办法产生 ARP 请求和 ARP 应答，网络上的无盘工作站就是这种情况。设备知道的只是网络接口卡上的物理地址。

解决这一问题的一个简单办法是使用反向地址解析协议（Reverse Address Resolution Protocol，RARP），RARP 以与 ARP 相反的方式工作。RARP 发出要反向解析的物理地址并希望返回其 IP 地址，应答包括由能够提供信息的 RARP 服务器发出的 IP 地址。虽然发送方发出的是广播信息，RARP 规定只有 RARP 服务器能产生应答。

3.3 IPv6

随着互联网的迅速发展，当初设计 IPv4 时考虑不周所带来的缺陷日益显露出来，主要表现为两个方面：地址空间的用尽问题和路由表的急剧扩张问题，由此产生了 IPv6。

3.3.1 IPv6 协议

IPv6 数据报头发生根本性改变，主要是提供对新的、更长的 128 位 IP 地址的支持，以及去掉作废的和不用的域。IPv6 和 IPv4 的不同之处如图 3-10 所示。

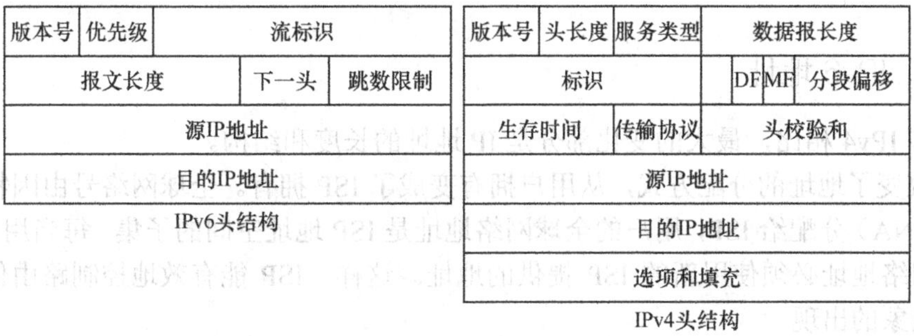

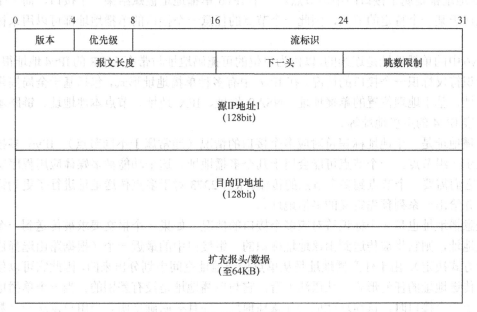

图 3-10　IPv6 和 IPv4 对比

IPv6 的首部相比 IPv4 简化了许多，如图 3-11 所示。

图 3-11　IPv6 首部

IP 数据报头中的版本号 4 位长，记录数据报的版本号，IPv6 中此数为 6。

优先级 4 位长，用于定义传输顺序的优先级。IPv6 头中的优先级把数据报分成两类：有拥塞控制和非拥塞控制。非拥塞控制的报文比拥塞控制的报文优先路由。如果数据报有拥塞控制，会对网络拥塞问题很敏感，拥塞发生时，会减慢数据的处理，报文会暂时存放在缓存中直到问题解决。

流标识 24 位长，流标识和源机器 IP 地址一起提供网络流标识。

为了防止缓存过大或出现一些过时的信息，IPv6 规定缓存中维护的信息不能超过 6 秒。如果一个具有相同流标识的数据报在 6 秒内没到达时，缓存项会被删除。为了防止发送机器产生重复值，发送方必须等 6 秒才能使用相同的到另一目的机的流标识值。

报文长度 16 位，用于指示整个 IP 数据报的长度，以字节为单位。整个长度不包括 IP 头自身。16 位域的使用使最大值限制在 65 536 内，但使用扩展头能对发送大数据报提供支持。

下一头用于标识哪一个应用跟在 IP 头之后。跳数限制域决定了数据报经过的最大跳数。每一次转发，该数值减 1，当跳数限制减少到 0 时，数据报被丢弃，这一点和 IPv4 中的 TTL 类似。

3.3.2 IPv6 地址

IPv6 和 IPv4 相比，最大的变化部分是 IP 地址的长度和结构。

IPv6 改变了地址的分配方式，从用户拥有变成了 ISP 拥有。全球网络号由因特网地址分配机构（IANA）分配给 ISP，用户的全球网络地址是 ISP 地址空间的子集。每当用户改变 ISP 时，全球网络地址必须使用新的 ISP 提供的地址。这样，ISP 能有效地控制路由信息，避免路由爆炸现象的出现。

1. 地址分类

IPv6 定义了 3 种不同的地址类型，分别是单播地址、多播地址和任意播地址。所有类型的 IPv6 地址都是属于接口而不是节点。一个 IPv6 单播地址被赋给某一个接口，而一个接口又只能属于某一个特定的节点，因此一个节点的任意一个接口的单播地址都可以用来标示该节点。

IPv6 中的单播地址是连续的，以位为单位的可掩码地址与带有 CIDR 的 IPv4 地址很类似，一个标识符仅标识一个接口的情况。在 IPv6 中有多种单播地址形式，包括基于全局提供者的单播地址、基于地理位置的单播地址、NSAP 地址、IPX 地址、节点本地地址、链路本地地址和兼容 IPv4 的主机地址等。

多播地址是一个地址标识符对应多个接口的情况（通常属于不同节点）。IPv6 多播地址用于表示一组节点。一个节点可能会属于几个多播地址。这个功能被多媒体应用程序所广泛使用，它们需要一个节点到多个节点的传输。RFC2373 对于多点传送地址进行了更为详细的说明，并给出一系列预先定义的多播地址。

任意播地址也是一个标识符对应多个接口的情况。如果一个报文要求被传送到一个任意点传送地址，则它将被传送到由该地址标识的一组接口中的最近一个（根据路由选择协议距离度量方式决定）。由于任意播地址是从单点传送地址空间中划分出来的，因此它可以使用表示单点传送地址的任何形式。从语法上看，它与单播地址是没有差别的。当一个单播地址被指向多于一个接口时，该地址就成为任意播地址，并且被明确指明。当用户发送一个数据包到这个任意播地址时，离用户最近的一个服务器将响应用户。这对于一个经常移动和变更的网络用户大有益处。

2. 地址表示

IPv4 的地址长度是 32 位,而 IPv6 的地址长度达到了 128 位,是 IPv4 的 4 倍,表达起来的复杂程度也是 IPv4 地址的 4 倍。

IPv4 地址表示为点分十进制格式,32 位的地址分成 4 个 8 位分组,每个 8 位写成十进制。而 IPv6 的 128 位地址则是以 16 位为一分组,每个 16 位分组写成 4 个十六进制数,中间用冒号分隔,称为冒号分十六进制格式。例如:21DA:00D3:0000:2F3B:02AA:00FF:FE28:9C5A 是一个完整的 IPv6 地址。

IPv6 地址的基本表达方式是 X:X:X:X:X:X:X:X,其中 X 是一个 4 位十六进制整数。这是比较标准的 IPv6 地址表达方式,如果在分配某种形式的 IPv6 地址时,发生包含长串 0 位的地址,为了简化包含 0 位地址的书写,指定了一个特殊的语法来压缩 0。使用 "::" 符号指示有多个 0 值的 16 位组。"::" 符号在一个地址中只能出现一次。该符号也能用来压缩地址中前部和尾部的 0。

用下面的例子来说明:

标准格式	压缩格式	地址类型
1080:0:0:0:8:800:200C:417A	1080::8:800:200C:417A	单播地址
FF01:0:0:0:0:0:0:101	FF01::101	多播地址
0:0:0:0:0:0:0:1	::1	回返地址
0:0:0:0:0:0:0:0	::	未指定地址

由于 IPv4 毕竟还在使用,完全过渡到 IPv6 尚需时日,当谈到 IPv4 和 IPv6 混合使用的时候,采用另一种表示形式 x:x:x:x:x:x:d.d.d.d。

其中,x 是地址中 6 个高阶 16 位段的十六进制值,d 是地址中 4 个低价 8 位段的十进制值,也就是标准 IPv4 表示。举例说明:

标准格式	压缩格式
0:0:0:0:0:0:13.1.68.3	::13.1.68.3
0:0:0:0:0:FFFF:129.144.52.38	::FFFF.129.144.52.38

此外,IPv6 地址前缀的表示方式和 IPv4 地址前缀在 CIDR 中的表示方式很相似。一个 IPv6 地址前缀可以表示为如下形式 IPv6 地址/前缀长度。

这样,当书写节点地址和它的子网前缀二者时,可以组合成如下表示。

节点地址 12AB:0:0:CD30:123:4567:89AB:CDEF 和它的子网号 12AB:0:0:CD30::/60 可以缩写成为 12AB:0:0:CD30:123:4567:89AB:CDEF/60。

3. 地址配置

IPv6 的一个基本特性是它支持无状态和有状态两种地址自动配置的方式。无状态地址自动配置方式是获得地址的关键。IPv6 把自动将 IP 地址分配给用户的功能作为标准功能。只要机器一连接上网络便可自动设定地址。它有两个优点。一是最终用户不必花精力进行地址设定,二是可以大大减轻网络管理者的负担。IPv6 有两种自动设定功能。一种是和 IPv4 自动设定功能一样的名为 "全状态自动设定" 功能。另一种是 "无状态自动设定" 功能。

在 IPv4 中,动态主机配置协议(Dynamic Host Configuration Protocol,DHCP)实现了主机 IP 地址及其相关配置的自动设置。一个 DHCP 服务器拥有一个 IP 地址池,主机从 DHCP 服务器租借 IP 地址并获得有关的配置信息(如缺省网关、DNS 服务器等),由此达到自动设置主机 IP 地址的目的。IPv6 继承了 IPv4 的这种自动配置服务，并将其称为全状态自动配置。

在无状态自动配置过程中，主机首先通过将它的网卡 MAC 地址附加在链接本地地址前缀 1111111010 之后，产生一个链路本地单播地址。接着主机向该地址发出一个被称为邻居发现的请求，以验证地址的唯一性。如果请求没有得到响应，则表明主机自我设置的链路本地单播地址是唯一的。否则，主机将使用一个随机产生的接口 ID 组成一个新的链路本地单播地址。然后，以该地址为源地址，主机向本地链路中所有路由器多点传送一个被称为路由器请求的配置信息。路由器以一个包含一个可聚集全球单播地址前缀和其他相关配置信息的路由器公告响应该请求。主机用他从路由器得到的全球地址前缀加上自己的接口 ID，自动配置全球地址，然后就可以与 Internet 中的其他主机通信了。使用无状态自动配置，无须手动干预就能够改变网络中所有主机的 IP 地址。例如，当企业更换了连接 Internet 的 ISP 时，将从新的 ISP 处得到一个新的可聚集全球地址前缀。ISP 把这个地址前缀从它的路由器上传送到企业路由器上。由于企业路由器将周期性地向本地链路中的所有主机多点传送路由器公告，因此企业网络中所有主机都将通过路由器公告收到新的地址前缀，此后，它们就会自动产生新的 IP 地址并覆盖旧的 IP 地址。

3.3.3 IPv4 向 IPv6 过渡

IPv4 和 IPv6 之间的过渡看起来不像是个大问题，但它确实会带来问题。基本问题是首部翻译，这个过程中发生的一个极小问题就会导致数据丢失。IPv6 是以 IPv4 为基础的，但二者的首部非常不同。IPv6 首部中的任何不被 IPv4 支持的信息（如优先级分类）会在转换过程中被丢失。相反的，由 IPv4 主机生成的报文转换为 IPv6 报文时将会丢失大量信息，其中有一些可能是重要信息。

一些 TCP/IP 服务到 IPv6 的转变需要很长的时间。比如 DNS，保存了通用名字到 IP 地址的映射，当 IPv6 出现时，DNS 将不得不处理两个 IP 版本，并且要为每个主机解析多个 IP 地址。

IPv4 的广播也会有问题，因为经常会出现局域网范围或广域网范围的用 IPv4 发出的广播报文；IPv6 使用多播来减少广播，这个特性允许广播报文在局域网或广域网上只经过一次，在转换期间涉及两个广播系统就会成为问题。

目前，解决过渡问题基本技术主要有 3 种：双协议栈（RFC 2893）、隧道技术（RFC 2893）、协议翻译技术（RFC 2766）。

1. 双协议栈

采用该技术的节点上同时运行 IPv4 和 IPv6 两套协议栈。这是使 IPv6 节点保持与纯 IPv4 节点兼容最直接的方式，针对的对象是通信端节点（包括主机、路由器）。这种方式对 IPv4 和 IPv6 提供了完全的兼容，但是对于 IP 地址耗尽的问题却没有任何帮助。由于需要双路由基础设施，这种方式反而增加了网络的复杂度。

2. 隧道技术

隧道技术提供了一种以现有 IPv4 路由体系来传递 IPv6 数据的方法：将 IPv6 的分组作为无结构意义的数据，封装在 IPv4 数据报中，被 IPv4 网络传输。根据建立方式的不同，隧道可以分成两类：（手工）配置的隧道和自动配置的隧道。隧道技术巧妙地利用了现有的 IPv4 网络，它的意义在于提供了一种使 IPv6 的节点之间能够在过渡期间通信的方法，但它并不能解决 IPv6 节点与 IPv4 节点之间相互通信的问题。

3. 协议翻译技术

转换网关除了要进行 IPv4 地址和 IPv6 地址转换，还要包括协议翻译。转换网关作为通信的中间设备，可在 IPv4 和 IPv6 网络之间转换 IP 报头的地址，同时根据协议不同对分组做相应的语义翻译，从而使纯 IPv4 和纯 IPv6 站点之间能够透明通信。

3.4 Internet 路由协议

Internet 就是成千上万个 IP 子网通过路由器互连起来的国际性网络。在网络中，路由器不仅负责对 IP 分组的转发，还要负责与别的路由器进行联络，共同确定"网间网"的路由选择，并维护路由表。

路由动作包括两项基本内容：寻径和转发。寻径就是确定到达目的地的最佳路径，由路由选择算法实现。转发即按照确定好的最佳路径传送信息分组。

典型的路由选择方式有两种：静态路由和动态路由。静态路由是在路由器中设置的固定路由表。由于静态路由不能对网络的改变做出反应，一般用于网络规模不大、拓扑结构固定的网络中。静态路由的优点是简单、高效和可靠。在所有的路由中，静态路由优先级最高。当动态路由与静态路由发生冲突时，以静态路由为准。

动态路由是网络中的路由器之间相互通信，传递路由信息，利用收到的路由信息更新路由表的过程。它能实时地适应网络结构的变化。如果路由更新信息表明网络发生了变化，路由选择软件就会重新计算路由，并发出新的路由更新信息。这些信息通过各个网络，引起各路由器重新启动其路由算法，并更新各自的路由表以动态地反映网络拓扑变化。动态路由适用于网络规模大、网络拓扑复杂的网络。当然，各种动态路由协议会不同程度地占用网络带宽和 CPU 资源。

静态路由和动态路由有各自的特点和适用范围，因此在网络中动态路由通常作为静态路由的补充。当一个分组在路由器中进行寻径时，路由器首先查找静态路由，如果查到，则根据相应的静态路由转发分组；否则再查找动态路由。

根据是否在一个自治域内部使用，动态路由协议分为内部网关协议和外部网关协议。这里的自治域是指一个具有统一管理机构、统一路由策略的网络。自治域内部采用的路由选择协议称为内部网关协议，常用的有 RIP 和 OSPF；外部网关协议主要用于多个自治域之间的路由选择，常用的是 BGP 和 BGP4。下面分别进行介绍。

3.4.1 RIP 协议

路由信息协议（Routing Information Protocol，RIP）是使用最广泛的一种内部网关协议，它依靠物理网络的广播功能来迅速交换选路信息。

RIP 的基础就是基于本地网的矢量距离选路算法的直接而简单的实现。它把参与通信的机器分为主动的和被动的。主动路由器向其他路由器通告其路由，而被动路由器接收通告并在此基础上更新其路由，它们自己并不通告路由。只有路由器能以主动方式使用 RIP，而主机只能使用被动方式。

以主动方式运行 RIP 的路由器每隔 30s 广播一次报文，该报文包含了路由器当前的选路数据库中的信息。每个报文由序偶构成，每个序偶由一个 IP 网络地址和一个代表到达该网络的距离的整数构成。RIP 使用跳数度量来衡量到达目的站的距离。在 RIP 度量标准中，路由器到它直接相连的网络的跳数被定义为 1，到通过另一个路由器可达的网络的距离为 2 跳，其余依次类推。因此，从给定源站到目的站的一条路径的跳数对应于数据报沿该路传输时所经过的路由器数。显然，使用跳数作为衡量最短路径并不一定会得到最佳结果。例如，一条经过 3 个以太网的跳数为 3 的路径，可能比经过两条低速串行线的跳数为 2 的路径要快得多。为了补偿传输技术上的差距，许多 RIP 软件在通告低速网络路由时人为地增加了跳数。

运行 RIP 的主动机器和被动机器都要监听所有的广播报文，并根据前面所说的矢量距离算法来更新其选路表。RIP 规定所有收听者必须对通过 RIP 获得的路由设置定时器。当路由器在选路表中设置新路由时，它也为之设定了定时器。当该路由器又收到关于该路由的另一个广播报文后，定时器也要重新设置。如果经过 180s 后还没有下一次通告该路由，它就变为无效路由。

RIP 必须处理下层算法的 3 类错误。第一，由于算法不能明确地检测出选路的回路，RIP 要么假定参与者是可信赖的，要么采取一定的预防措施。第二，RIP 必须对可能的距离使用一个较小的最大值来防止出现不稳定的现象（RIP 使用的值是 16）。因而，对于那些实际跳数值在 16 左右的互连网络，管理者要么把它划分为若干部分，要么采用其他的协议。第三，选路更新报文在网络之间的传输速率很慢，RIP 所使用的矢量距离算法会产生慢收敛或无限计数问题，从而引发不一致性。选择一个小的无限大值（16），可以限制慢收敛问题，但不能彻底解决客观存在。

RIP 报文大致可分为两类：选路信息报文和对信息的请求报文。它们都使用同样的格式，由固定的首部和后面可选的网络和距离序偶列表组成。图 3-12 所示为报文的格式，命令字段按照规定对应各种操作。在 32 比特的首部之后，报文包含了一系列网络和距离序偶列表，每个序偶由一个网络 IP 地址和一个到达该网络的整数距离值构成。

图 3-12　RIP 报文的格式

RIP 的普遍适用性也体现在它传送网络地址的方式上。它的地址格式不局限于供 TCP/IP 用户使用，还能适应其他网络协议簇的规定。图 3-12 中，RIP 通告中的每个网络地址可以长达 14 个八位组。当然，IP 地址仅需 4 个八位组，RIP 定义余下的八位组必须为零。网络协议簇字段指出了解释它后面出现的网络地址时应遵循的协议簇。

除了正常的 IP 地址之外，RIP 规定地址 0.0.0.0 作为默认路由。RIP 对通告的每个路由，包括默认路由，都附加了距离度量标准。因此，可以让两个路由器以不同的度量标准来通告默认路由（如到互连网络的其余部分的路由），选择其中的一条作为基本路径，另一条作为备用。

在 RIP 报文每个项目的最后一个字段是到网络 i 的距离字段，其内容是到达指定网络的整数型距离值。距离值是以跳数作为度量单位的，但是它的取值范围限制在 1～16，16 代表无限远（即该路由不存在）。

RIP 报文中并没包含显式的长度字段。相反，RIP 假设底层投递系统能够告诉接收方收到的报文长度。特别是，在 TCP/IP 系统中，RIP 报文依赖于 UDP 来告诉接收方报文的长度。RIP 工作在 UDP 上的端口是 520，虽然 RIP 可以不同的 UDP 端口来发送请求报文，但是在接收端的 UDP 端口通常都是 520，同时这也是 RIP 产生广播报文的源端口。

RIP 简单、易实现，在一些小型网络中得到普遍应用。

3.4.2　OSPF 协议

OSPF 路由协议是一种典型的链路状态（Link-State）路由协议，一般用于同一个路由域内。在这里，路由域是指一个自治系统（Autonomous System，AS），是一组通过统一的路由政策或路由协议互相交换路由信息的网络。在这个 AS 中，所有的 OSPF 路由器都维护一个相同的描述这个 AS 结构的数据库，该数据库中存放的是路由域中相应链路的状态信息，OSPF 路由器正是通过这个数据库计算出其 OSPF 路由表的。

1．链路状态算法

作为一种典型的链路状态的路由协议，OSPF 还必须遵循链路状态路由协议的统一算法。链路状态的算法非常简单，在这里将链路状态算法概括为以下 4 个步骤。

（1）当路由器初始化或当网络结构发生变化（如增减路由器，链路状态发生变化等）时，路由器会产生链路状态广播（Link-State Advertisement，LSA）数据包，该数据包中包含路由器上所有相连链路，即为所有端口的状态信息。

（2）所有路由器会通过一种被称为洪泛（Flooding）的方法来交换链路状态数据。Flooding 是指路由器将其 LSA 数据包传送给所有与其相邻的 OSPF 路由器，相邻路由器根据其接收到的链路状态信息更新自己的数据库，并将该链路状态信息转发给与其相邻的路由器，直至稳定的一个过程。

（3）当网络重新稳定下来，即 OSPF 路由协议收敛后，所有的路由器会根据其各自的链路状态信息数据库计算出各自的路由表。该路由表中包含路由器到每一个可到达目的地的 Cost，以及到达该目的地所要转发的下一个路由器。

（4）第 4 个步骤实际上是指 OSPF 路由协议的一个特性。当网络状态比较稳定时，网络中传递的链路状态信息是比较少的。

2．区域及域间路由

在 OSPF 路由协议的定义中，可以将一个路由域或者一个自治系统（Autonomous System，AS）划分为几个区域。在 OSPF 中，由按照一定的 OSPF 路由法则组合在一起的一组网络或路由器的集合称为区域。

在 OSPF 路由协议中，每一个区域中的路由器都按照该区域中定义的链路状态算法计算网络拓扑结构，这意味着每一个区域都有该区域独立的网络拓扑数据库及网络拓扑图。对于每一个区域，其网络拓扑结构在区域外是不可见的，同样，在每一个区域中的路由器对其域外的其余网络结构也不了解。OSPF 路由域中的网络链路状态数据广播被区域的边界挡住了，这样做有利于减少网络中链路状态数据包在全网范围内的广播，也是 OSPF 将其路由域或一个 AS 划分成很多个区域的重要原因。

可以根据 IP 数据包的目的地址及源地址将 OSPF 路由域中的路由分成两类，当目的地与源地址处于同一个区域中时，称为区域内路由；当目的地与源地址处于不同的区域甚至处于不同的 AS 时，称为域间路由。

3. OSPF 路由器分类

当一个 AS 划分成几个 OSPF 区域时，根据一个路由器在相应的区域之内的作用，可以将 OSPF 路由器作如下分类。

内部路由器：当一个 OSPF 路由器上所有直连的链路都处于同一个区域时，称这种路由器为内部路由器。内部路由器上仅运行其所属区域的 OSPF 运算法则。

区域边界路由器：当一个路由器与多个区域相连时，称为区域边界路由器。区域边界路由器运行与其相连的所有区域定义的 OSPF 运算法则，具有相连的每一个区域的网络结构数据，并且了解如何将该区域的链路状态信息广播至骨干区域，再由骨干区域转发至其余区域。

AS 边界路由器：AS 边界路由器是与 AS 外部的路由器互相交换路由信息的 OSPF 路由器，该路由器在 AS 内部广播其所得到的 AS 外部路由信息；这样 AS 内部的所有路由器都知道 AS 边界路由器的路由信息。AS 边界路由器的定义是与前面几种路由器的定义相独立的，一个 AS 边界路由器可以是一个区域内部路由器，或是一个区域边界路由器。

指定路由器：在一个广播性的、多接入的网络（如 Ethernet、TokenRing 及 FDDI 环境）中，存在一个指定路由器（Designated Router，DR），指定路由器主要在 OSPF 协议中完成如下工作。

（1）指定路由器产生用于描述所处的网段的链路数据包——Network Link，该数据包中包含在该网段上所有的路由器，包括指定路由器本身的状态信息。

（2）指定路由器与所有与其处于同一网段上的 OSPF 路由器建立相邻关系。OSPF 路由器之间，通过建立相邻关系和以后的 Flooding 进行链路状态数据库同步，因此可以说指定路由器处于一个网段的中心地位。

DR 的选择是通过 OSPF 的 Hello 数据包来完成的，在 OSPF 路由协议初始化的过程中，会通过 Hello 数据包在一个广播性网段上选出一个 ID 最大的路由器作为指定路由器 DR，并且选出 ID 次大的路由器作为备份指定路由器（Backup Designated Router，BDR），BDR 在 DR 发生故障后能自动替代 DR 的所有工作。当一个网段上的 DR 和 BDR 选择产生后，该网段上的其余路由器都只与 DR 及 BDR 建立相邻关系。在这里，一个路由器的 ID 是指向该路由器的标识，一般是指该路由器的环回端口或是该路由器上的最小的 IP 地址。DR 和 BDR 在一个广播性网络中的作用如图 3-13 所示。

4. OSPF 协议工作过程

OSPF 路由协议针对每一个区域分别运行一套独立的计算法则，对于区域边界路由器来说，由于一个区域边界路由器同时与几个区域相连，因此一个区域边界路由器上会同时运行几套 OSPF 计算方法，每一个方法针对一个 OSPF 区域。下面介绍 OSPF 协议运算的全过程。

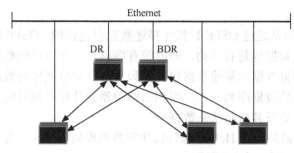

图 3-13 DR 及 BDR 选择

（1）区域内部路由

当一个 OSPF 路由器初始化时，先初始化路由器自身的协议数据库，然后等待低层次协议（数据链路层）提示端口是否处于工作状态。

如果低层协议得知一个端口处于工作状态时，OSPF 会通过其 Hello 协议数据包与其余的 OSPF 路由器建立交互关系。一个 OSPF 路由器向其相邻路由器发送 Hello 数据包，如果接收到某一路由器返回的 Hello 数据包，则在这两个 OSPF 路由器之间建立起 OSPF 交互关系，这个过程在 OSPF 中被称为 Adjacency。在广播性网络或是在点对点的网络环境中，OSPF 协议通过 Hello 数据包自动地发现其相邻路由器，这时 OSPF 路由器将 Hello 数据包发送至一特殊的多点广播地址，该多点广播地址为 ALLSPFRouters。在一些非广播性的网络环境中，需要经过某些设置来发现 OSPF 相邻路由器。在多接入的环境中，如以太网的环境，Hello 协议数据包还可以用于选择该网络中的指定路由器（Designated Router，DR）。

一个 OSPF 路由器会与其新发现的相邻路由器建立 OSPF 的 Adjacency，并且在一对 OSPF 路由器之间作链路状态数据库的同步。在多接入的网络环境中，非 DR 的 OSPF 路由器只会与指定路由器 DR 建立 Adjacency，并且做数据库的同步。OSPF 协议数据包的接收及发送正是在一对 OSPF 的 Adjacency 间进行的。

OSPF 路由器周期性地产生与其相连的所有链路的状态信息，有时这些信息也被称为 LSA。当路由器相连接的链路状态发生改变时，路由器也会产生链路状态广播信息，所有这些广播数据是通过 Flood 的方式在某一个 OSPF 区域内进行的。Flooding 算法是一个非常可靠的计算过程，它保证在同一个 OSPF 区域内的所有路由器都具有一个相同的 OSPF 数据库。根据这个数据库，OSPF 路由器会将自身作为根，计算出一个最短路径树，然后该路由器会根据最短路径树产生自己的 OSPF 路由表。

（2）建立 OSPF 交互关系 Adjacency

OSPF 路由协议通过建立交互关系来交换路由信息，但并不是所有相邻的路由器都会建立 OSPF 交互关系。下面简要介绍 OSPF 建立 Adjacency 的过程。

OSPF 协议是通过 Hello 协议数据包来建立及维护相邻关系的，同时也用其来保证相邻路由器之间的双向通信。OSPF 路由器会周期性地发送 Hello 数据包，当这个路由器看到自身被列于其他路由器的 Hello 数据包里时，这两个路由器之间会建立起双向通信。在多接入的环境中，Hello 数据包还用于发现 DR，通过 DR 来控制与哪些路由器建立交互关系。

两个 OSPF 路由器建立双向通信之后的第二个步骤是进行数据库的同步，数据库同步是所有链路状态路由协议的最大共性。在 OSPF 路由协议中，数据库同步关系仅仅在建立交互关系的路由器之间保持。

OSPF 的数据库同步是通过 OSPF 数据库描述数据包进行的。OSPF 路由器周期性地产生数据库描述数据包，该数据包是有序的，即附带有序列号，并将这些数据包对相邻路由器广播。相邻路由器可以根据数据库描述数据包的序列号与自身数据库的数据作比较，若发现接收到的数据比数据库内的数据序列号大，则相邻路由器会针对序列号较大的数据发出请求，并用请求得到的数据来更新其链路状态数据库。

将 OSPF 相邻路由器从发送 Hello 数据包，建立数据库同步至建立完全的 OSPF 交互关系的过程分成几个不同的状态，如下所述。

Down：这是 OSPF 建立交互关系的初始化状态，表示在一定时间之内没有接收到从某一相邻路由器发送来的信息。在非广播性的网络环境内，OSPF 路由器还可能对处于 Down 状态的路由器发送 Hello 数据包。

Attempt：该状态仅在 NBMA 环境，如帧中继、X.25 或 ATM 环境中有效，表示在一定时间内没有接收到某一相邻路由器的信息，但是 OSPF 路由器仍必须以一个较低的频率向该相邻路由器发送 Hello 数据包来保持联系。

Init：在该状态时，OSPF 路由器已经接收到相邻路由器发送来的 Hello 数据包，但自身的 IP 地址并没有出现在该 Hello 数据包内，也就是说，双方的双向通信还没有建立。

2-Way：这个状态可以说是建立交互方式真正的开始步骤。在这个状态，路由器看到自身已经处于相邻路由器的 Hello 数据包内，双向通信已经建立。指定路由器及备份指定路由器的选择正是在这个状态完成的。在这个状态，OSPF 路由器还可以根据其中的一个路由器是否指定路由器或是根据链路是否点对点或虚拟链路来决定是否建立交互关系。

Exstart：这个状态是建立交互状态的第一个步骤。在这个状态，路由器要决定用于数据交换的初始的数据库描述数据包的序列号，以保证路由器得到的永远是最新的链路状态信息。同时，在这个状态路由器还必须决定路由器之间的主备关系，处于主控地位的路由器会向处于备份地位的路由器请求链路状态信息。

Exchange：在这个状态，路由器向相邻的 OSPF 路由器发送数据库描述数据包来交换链路状态信息，每一个数据包都有一个数据包序列号。在这个状态，路由器还有可能向相邻路由器发送链路状态请求数据包来请求其相应数据。从这个状态开始，可以说 OSPF 处于 Flood 状态。

Loading：在 Loading 状态，OSPF 路由器会就其发现的相邻路由器的新的链路状态数据及自身的已经过期的数据向相邻路由器提出请求，并等待相邻路由器的回答。

Full：这是两个 OSPF 路由器建立交互关系的最后一个状态，此时，建立起交互关系的路由器之间已经完成了数据库同步的工作，它们的链路状态数据库已经一致。

（3）域间路由

前面描述了 OSPF 路由协议的单个区域中的计算过程。在单个 OSPF 区域中，OSPF 路由协议不会产生更多的路由信息。为了与其余区域中的 OSPF 路由器通信，该区域的边界路由器会产生一些其他的信息对域内广播，这些附加信息描绘了在同一个 AS 中的其他区域的路由信息。具体路由信息交换过程如下。

在 OSPF 的定义中，所有的区域都必须与区域 0 相连，因此每一个区域都必须有一个区域边界路由器与区域 0 相连，这一个区域边界路由器会将其相连接的区域内部结构数据通过 Summary Link 广播至区域 0，也就是广播至所有其他区域的边界路由器。这时，与区域 0 相连的边界路由器上有区域 0 及其他所有区域的链路状态信息。通过这些信息，这些边界路由器能够计算出至相应目的地的路由，并将这些路由信息广播至与其相连接的区域，以便让该区域内部的路由器找到与区域外部通信的最佳路由。

（4）AS 外部路由

一个自治域 AS 的边界路由器会将 AS 外部路由信息广播至整个 AS 中除了残域的所有区域。为了使这些 AS 外部路由信息生效，AS 内部的所有路由器（除残域内的路由器）都必须知道 AS 边界路由器的位置，该路由信息是由非残域的区域边界路由器对域内广播的，其链路广播数据包的类型为类型 4。

（5）OSPF 路由协议验证

在 OSPF 路由协议中，所有的路由信息交换都必须经过验证。在前文所描述的 OSPF 协议数据包结构中，包含有一个验证域及一个 64 位长度的验证数据域，用于特定的验证方式的计算。

OSPF 数据交换的验证是基于每一个区域来定义的，也就是说，当在某一个区域的一个路由器上定义了一种验证方式时，必须在该区域的所有路由器上定义相同的协议验证方式。另外，一些与验证相关的参数也可以基于每一个端口来定义，如当采用单一口令验证时，可以对某一区域内部的每一个网络设置不同的口令字。

在 OSPF 路由协议的定义中，初始定义了两种协议验证方式：验证方式 0 及验证方式 1。

验证方式 0：采用验证方式 0 表示 OSPF 对所交换的路由信息不验证。在 OSPF 的数据包头内 64 位的验证数据位可以包含任何数据，OSPF 接收到路由数据后对数据包头内的验证数据位不作任何处理。

验证方式 1：验证方式 1 为简单口令字验证。这种验证方式是基于一个区域内的每一个网络来定义的，每一个发送至该网络的数据包的包头内都必须具有相同的 64 位长度的验证数据位，也就是说验证方式 1 的口令字长度为 64bit，或者为 8B。

3.4.3 BGP 协议

BGP 是因特网选路的实际标准，能为 Internet 提供一种可控制的无循环的路由。BGP 没有对基础因特网拓扑施加任何限制。它假定自治系统内部的选路已经通过自治系统内的选路协议完成了。基于在 BGP 相邻体之间交换的信息，BGP 构造了一个自治系统图。就 BGP 而论，这个因特网就是一个 AS 图，每个 AS 用 AS 号码来识别。两个 AS 之间的连接形成一个路径，路径信息汇集成到达特定目的地的路由。BGP 确保无循环域间选路。图 3-14 所示 AS 路径树的示例。

BGP 是用来在自治系统之间传递选路信息的路径向量协议。术语"路径向量"来自这一事实，即 BGP 选路信息带有一个 AS 号码的序列，它指出一个路由已通过的路径。BGP 把 TCP 当作它的传送协议（端口 179）。这就保证了所有的传送可靠性。

两个 BGP 路由器相互间构成传送协议的连接。这两个路由器就称为相邻体或对等体。图 3-15 所示为 BGP 路由器成为相邻体的示例。对等路由器交换多种报文以开放并确认连接参数，如两个对等体间运行的 BGP 的版

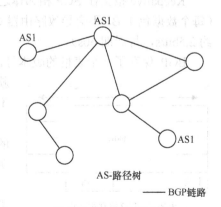

图 3-14 AS 路径树的例子

本。例如，BGP3 就是第 3 版，BGP4 就是第 4 版。如果对等体之间有什么不一致，就会有差错通知发送，这个对等体连接就不会建立。

最初，所有候选 BGP 路由都被交换，如图 3-16 所示。当网络信息改变时，就发送增量的更新。就 CPU 开销及带宽分配与前面协议（如 EGP）使用的完整的定期更新相比较而言，增量更新的方法体现了巨大的改进。

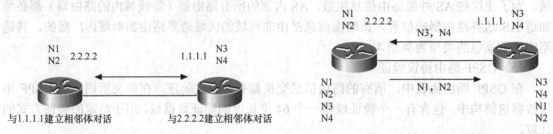

图 3-15　BGP 路由器成为相邻体　　　　　图 3-16　交换所有的选路更新

在一对 BGP 路由器之间，路由以 Update 报文通告。Update 报文包括一个<长度，前缀>数组的列表，它表示通过每个系统可到达的目的地的列表。Update 报文还包括路径属性，如某个特定路由的优先级别的信息。

如果信息改变了，如一个路由难以到达或有了更多的路径，BGP 就会通过撤销无效路由注入新的选路信息，来告知它的相邻体。如图 3-17 所示，撤销的路由是 Update 报文的一部分。它们是不能再供使用的路由。图 3-18 所示为稳定状态的情形：如果没有发生路由改变，路由器只交换 Keepalive 数据包。

图 3-17　N1 出了问题，局部更新被发送　　　　　图 3-18　稳定状态：N1 仍然中断

Keepalive 报文在 BGP 相邻体之间周期地发送，以确保连接保持有效。Keepalive 数据包（每个数据包 19B）不会导致路由器 CPU 或链路带宽的紧张，因为它们只占用最小的带宽（大约 2.5bit/s，每周期 60s）。

BGP 保存了一个表格的版本号，以便跟踪 BGP 路由表的情况。如果表格改变了，BGP就增加表格的版本。表格版本的迅速增加通常表示网络的不稳定。

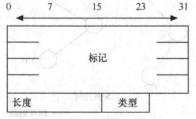

图 3-19　BGP 报文报头格式

BGP 报文报头格式是一个 16B 的标记字段，接着是 2B 的长度字段和 1B 的类型字段。图 3-19 所示为 BGP 报文报头的基本格式。

报头后面接或不接数据部分都可以，这要依据报文的类型而定，如 Deepalive 报文，只需要报文报头，没有跟着任何数据。标记字段可以用来鉴别进入的 BGP 报文或者检测两个 BGP 对等体间同步的丢失。标记字段可有两种格式。

如果报文类型是 Open 或者这个 Open 报文没有鉴别信息,标记字段必须全为"1"。否则,标记字段会基于所使用的鉴别技术的一部分被计算。

长度表示整个 BGP 报文包括报头的长度。最短的 BGP 报文不会小于 19B(16+2+1),不会大于 4 096B。

类型表示报文的类型,分别是 Open、Update、Notification 和 Keepalive。

3.5 城域网

3.5.1 城域网的含义和结构

城域网是指介于局域网和广域网之间,在城市和郊区范围内实现信息传输和交换的一种网络。宽带 IP 城域网是宽带骨干网络在城市范围内的延伸,是在城市范围内,以 IP 技术为基础,以光纤作为传输介质,承载数据、语音、视频等多媒体业务,为用户提供高带宽、多功能、多业务接入的多媒体通信网络。它能够满足政府机关、企事业单位、个人用户对基于 IP 的各种多媒体业务的需求,特别是日益增长的互联网用户高速上网的需求。

宽带 IP 城域网由 IP 城域网骨干网和城域接入网组成,其中骨干网包括核心层、业务接入控制层和汇聚层。城域接入网实现接入层,提供最终用户的接入。宽带 IP 城域网层次结构如图 3-20 所示。

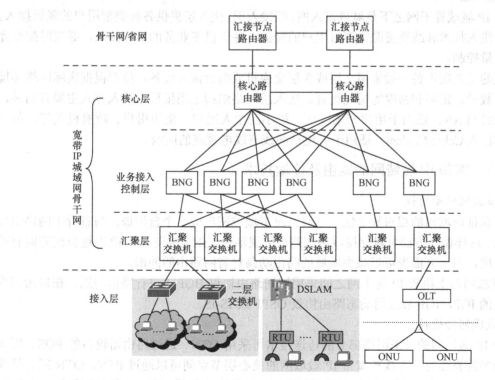

图 3-20 宽带 IP 城域网层次结构示意图

1. 核心层

核心层主要负责业务接入控制层和汇聚层数据的快速转发，以及整个城域网路由表的维护，同时实现与 IP 广域骨干网的互连，提供城市的高速 IP 数据出口。

核心层设备一般应选用高速路由器。核心层网络结构原则上核心节点间采用网状或半网状连接。

2. 业务接入控制层

业务接入控制层实现城域网用户的接入认证控制、QoS 策略控制和计费统计等功能，负责转接汇聚层的流量。

业务接入控制层设备为宽带网络网关（Broadband Network Gate，BNG）。BNG 相关功能可由一台设备完成，也可单独设置为业务路由器（Service Router，SR）、宽带接入服务器（Broadband Remote Access Server，BRAS）、多业务边缘路由器（Mutiple Service Edge，MSE）。

核心层节点与业务接入控制节点采用星形连接，在光纤数量可以保证的情况下，每个业务接入控制节点最好能够与两个核心层节点相连。

3. 汇聚层

汇聚层提供基本的数据收敛、转发，汇聚来自城域接入网的流量。大规模的 IP 城域网根据业务发展情况可将汇聚层分为城域汇聚层和区域汇聚层。

汇聚层节点设备一般采用 3 层交换机。为提高业务性能并避免以太网广播泛滥等问题，汇聚交换机仅设置一级。在接入网采用 LAN 方式时，汇聚交换机和接入交换机总级数建议不超过两级。

4. 接入层

宽带 IP 城域骨干网之下是城域接入网，即接入层。接入层提供各种类型用户的就近接入，通过各种接入技术和线路资源实现对用户的覆盖，并提供多业务的用户接入，必要时配合完成用户流量控制。

传统的接入层设备一般采用 2 层或 3 层交换机或综合接入设备，位置根据实际网络环境中的用户数量、距离和密度等情况设置。接入层网络结构采用星形。接入方式主要有两种，一种是光纤+LAN，适用于用户密集区域，如小区个人用户、集团用户、政府机关等；另一种是 xDSL 或 Cable Modem，适用于有电话线或有线电视网的区域。

3.5.2 宽带 IP 城域网的路由及传输技术

1. 城域网路由协议

为了保证城域网的相对独立性，一般情况下城域网自成一个自治域，与省骨干网路由域完全隔离。这样做一方面可以保持城域网路由的灵活性，在路由设置和 IP 地址分配方面有更大的自由度，另一方面也可以减少城域的路由动荡对省网路由的冲击。

IP 城域网与上级省 IP 骨干网之间采用域间路由协议 BGP-4 进行路由沟通，在自治域内选用合适的 IGP，IGP 应采用动态路由协议 OSPF 或 IS-IS。

2. 城域网传输技术

宽带 IP 城域网的骨干网络部分的传送技术可采用 OTN、通过路由器设备的 POS、以太网端口经光纤直连等。大规模宽带 IP 城域网的核心层节点间可以通过 PTN、OTN 或光纤直连连接。大规模宽带 IP 城域网的汇聚层节点间，以及中小规模宽带 IP 城域网的核心层节点、汇聚层节点间可以通过 SDH/MSTP、PTN、OTN、光纤直连连接。

3.5.3 宽带 IP 城域网的认证技术

宽带 IP 城域网通过适当配置 BNG 设备，与后台业务支撑系统一起形成 IP 城域网的业务控制点与网络接入控制点，实现对 IP 城域网用户的业务接入控制和管理。

宽带 IP 城域网的用户身份认证采用 AAA 机制和 RADIUS 协议。宽带用户接入认证有 PPPoE、DHCP+、802.1x 等接入认证方式。

1. AAA 与 RADIUS 协议

AAA（Authentication Authorization Accounting, AAA）是认证、授权和计费的简称，它提供了一个用来对认证、授权和计费这 3 种安全功能进行配置的一致的框架。AAA 的配置实际上是对网络安全的一种管理。这里的网络安全主要指访问控制。包括哪些用户可以访问网络服务器，具有访问权的用户可以得到哪些服务，如何对正在使用网络资源的用户进行计费。

认证、授权和计费各自的作用如下。

- 认证（Authentication）：认证用户是否可以获得访问权。
- 授权（Authorization）：授权用户可以使用哪些服务。
- 计费（Accounting）：记录用户使用网络资源的情况。

RADIUS 协议被设计用于 AAA。1996 年 5 月，RADIUS 协议开始被 IETF 认可为 AAA 方面的工业标准。

RADIUS 协议采用客户机/服务器（Client/Server）结构。客户端通常运行于网络接入服务器（Network Access Server，NAS）上，它的职责是将用户的信息发送到指定的 RADIUS 服务器，是连接用户和 RADIUS 服务器之间的桥梁。

RADIUS 服务器通常运行于工作站或服务器上，其职责是接收客户端发来的用户认证请求信息，完成对用户的认证，同时将提供服务所需要的配置信息返回给客户端，并对用户开始进行计费。RADIUS 服务器数据库中的相关安全信息采用了集中存放的方式，避免安全信息凌乱散布带来的不安全性，同时更可靠且易于管理。

2. PPPoE 接入认证技术

PPPoE 通过将以太网和点对点协议 PPP 的可扩展性及管理控制功能结合在一起，实现对用户的接入认证和计费等功能。

PPPoE 技术既能实现一个客户端与多个远程主机连接的功能，又能够提供类似于 PPP 的访问控制和计费功能。使用 PPPoE 技术，类似于使用点对点协议的拨号服务方式，每个主机使用自己的点对点协议栈，用户使用自己所熟悉的拨号网络用户接口进行拨号。通过 PPPoE 技术，每个用户可以有自己的接入管理、计费和业务类型。

PPPoE 技术比较成熟，是传统 PSTN 窄带拨号接入技术在以太网接入技术上的延伸。特点是：可以防止地址冲突与地址盗用；可以按时长计费，也可以按流量计费；能够对特定用户设置访问列表过滤或防火墙功能；能够对特定用户访问网络的速率进行控制；能够利用现有的用户认证、管理和计费系统，易于实现宽窄带用户的统一管理认证和计费；能够方便地提供动态业务选择特性。缺点是多播业务开展困难，难以支持视频业务。

3. DHCP+认证技术

传统的 DHCP 是用一台 DHCP 服务器集中地进行按需自动配置 IP 地址。DHCP+对传统的 DHCP 进行了改进，主要增加了认证功能，即 DHCP 服务器在将配置参数发给客户端之前，必须将客户端提供的用户名和密码送往 RADIUS 服务器进行认证，通过后才将配置信息发给客户端。

与 PPPoE 技术一样，DHCP+也需要在客户端安装客户端软件，但不同的是，DHCP+客户端与服务器可以通过在每个子网内增加中继代理而跨越 3 层，不一定要在同一个 2 层内。而且，服务器只是在获得 IP 配置信息阶段起作用，以后的通信完全不经过它；而 PPPoE 技术由于服务器与客户端之间存在 PPP 连接，服务器是所有通信的必经之路，有可能成为瓶颈。

DHCP+的主要优点是 DHCP+服务器只在用户接入网络前为用户提供配置与管理信息，一般不会成为瓶颈，并能够很容易地实现多播的应用。缺点是，DHCP+不能防止地址冲突和地址盗用；不能按流量进行计费；不能对用户的数据流量进行控制。

DHCP+认证常用于 PPPoE 接入认证方式受限的场合，例如宽带视频业务应用场合。

4. 802.1x 接入认证技术

2004 年，IEEE 完成 802.1x 标准制定。它是一种基于端口的接入控制协议，支持对 LAN/WLAN 的接入认证，在认证时采用 RADIUS 协议。

802.1x 协议可以限制未经授权的用户/设备通过接入端口访问 LAN/WLAN。用户接入 LAN/WLAN 时，802.1x 首先对连接到交换机端口上的用户/设备进行认证。在认证通过之前，802.1x 只允许 EAPoL（基于局域网的扩展认证协议）数据包通过交换机端口；认证通过以后，用户业务数据包可以通过交换机端口，即用户被授权使用 LAN/WLAN 的接入服务。

802.1x 协议的特点是：（1）该协议为 2 层协议，不需要到达 3 层，对设备的整体性能要求不高，可以有效降低建网成本；（2）使用 EAP（扩展认证协议），具有良好的扩展性和适应性，与传统 AAA 认证系统兼容；（3）采用了"可控端口"和"不可控端口"的逻辑功能，实现了业务与认证的分离，由交换机和 RADIUS 利用不可控的逻辑端口完成对用户的认证与控制，业务报文直接承载在正常的二层报文上通过可控端口进行交换，无须额外封装，效率较高；（4）可以使交换机端口和无线 LAN 具有安全的接入认证功能，并可以映射不同的用户认证等级到不同的 VLAN，支持灵活的安全管理。

3.5.4 宽带 IP 城域网的管理

宽带 IP 城域网网络管理的要求与因特网网络管理的要求是一样的，例如，支持基于 Web、Telnet 和 CLI 的网络管理方式，支持 SNMP、RMON 等网络管理协议，支持带内和带外网络管理信息通道等。其特殊性主要是由于宽带 IP 城域网中集中了多个厂商的设备，并直接面向各种不同类型的用户，因此其网络管理系统需支持与多种网络管理系统的集成，以方便实现多个厂商设备的统一管理。

宽带 IP 城域网网管系统的功能应包括配置管理、告警及故障管理、性能管理、安全管理等。网管系统应包括网元级管理和网络级管理。网元级管理由设备自带的操作维护中心实现对设备的集中维护管理；网络级管理由操作维护中心通过北向接口接入 IP 网网络管理系统实现。网管系统与被管设备之间宜采用基于 SNMP 的接口。

目前，管理宽带 IP 城域网主要有 4 种方式：带内网络管理、带外网络管理、两种方式同时使用或者两种方式混合使用。一般地，城域汇聚层及其以上层次的设备采用带外网络管理，而城域汇聚层以下设备采用带内网络管理。

宽带 IP 城域网计费方式：应支持按时长、按流量、包月制等多种计费方式或者针对不同的策略进行计费，以满足城域网不同用户的需求。

第 **4** 章 网络操作系统

网络操作系统是使网络上各计算机能方便而有效地共享网络资源，为网络用户提供所需的各种服务的软件和有关规程的集合。本章主要介绍网络操作系统的功能和结构，以及目前流行的网络操作系统，包括 Windows 系列、UNIX、Linux 操作系统。

4.1 网络操作系统的功能

4.1.1 网络操作系统功能和特性

网络操作系统（Network Operating System，NOS）是使连接在网络上的各计算机能方便而有效地共享网络资源，为网络用户提供所需的各种服务的软件和有关规程的集合。网络操作系统实质上就是具有网络功能的操作系统。

在 20 世纪 90 年代初期，NOS 的功能还比较简单，只提供了基本的数据通信和资源共享服务。随着 NOS 的迅速发展，NOS 的功能已经相当丰富，性能也有大幅度提高，因而对环境的要求也有所提高。

1. 网络操作系统的功能

网络操作系统的基本任务是用统一的方法管理各主机之间的通信和共享资源的利用。网络操作系统作为操作系统，应提供单机操作系统的各项功能，包括进程管理、存储管理、文件系统和设备管理。除此之外，网络操作系统还应具有以下主要功能。

（1）网络通信：网络通信的主要任务是提供通信双方之间无差错的、透明的数据传输服务，主要功能包括建立和拆除通信链路；对传输中的分组进行路由选择和流量控制；传输数据的差错检测和纠正等。这些功能通常由数据链路层、网络层和传输层协议共同完成。

（2）共享资源管理：采用有效的方法统一管理网络中的共享资源（硬件和软件），协调各用户对共享资源的使用，使用户在访问远程共享资源时能像访问本地资源一样方便。

（3）网络管理：其中最基本的是安全管理，主要反映在通过"存取控制"确保数据的安全性，通过"容错技术"保证系统故障时数据的安全性。此外，还包括对网络设备故障进行检测，对使用情况进行统计，以及为提高网络性能和记账而提供必要的信息。

（4）网络服务：直接面向用户提供多种服务，如电子邮件服务，文件传输、存取和管理服务，共享硬件服务，以及共享打印服务。

（5）互操作：互操作就是把若干相像或不同的设备和网络互连，用户可以透明地访问各服务点、主机，以实现更大范围的用户通信和资源共享。

（6）提供网络接口：向用户提供一组方便有效的、统一的取得网络服务的接口，以改善用户界面，如命令接口、菜单、窗口等。

2. 网络操作系统的特征

NOS 除具备单机操作系统的四大特征：并发、资源共享、虚拟和异步性之外，还引入了开放性、一致性和透明性。

（1）开放性：为了便于将配置了不同操作系统的计算机系统互连起来形成计算机网络，使不同的系统之间能协调地工作，实现应用的可移植性和互操作性，而且能进一步将各种网络互连起来组成互联网，国际标准化组织推出了 OSI/RM。各大计算机厂商为此纷纷推出其相应的开放体系结构和技术，并成立多种国际性组织以促进开放性的实现。例如，由 IBM、DEC、HP 等公司组成了开放软件基金会，并为开放系统制定了一套应用环境规范。又如，国际性组织 X/OPEN 也依据事实上的标准和相应的国际标准定义了 X/OPEN 的公共应用环境。

（2）一致性：由于网络可能是由多种不同的系统所构成的，为了方便用户对网络的使用和维护，要求网络具有一致性。网络的一致性是指网络向用户、低层向高层提供一个一致性的服务接口。该接口规定了命令（服务原语）的类型、命令的内部参数及合法的访问命令序列等，它并不涉及服务接口的具体实现。例如，功能的实现是采用过程方式还是进程方式，或者其他方式，可由程序自选确定。正因为如此，在 OSI/RM 中规定了各个层次的服务接口，各种协议也都规定了服务接口，通过对这些接口的定义确保网络的一致性。例如，在不同的系统间交换文件时，尽管各系统的文件子系统可能采用不同的文件结构和存取方法，但只要利用 FTAM 中所提供的一套文件服务原语，就可实现不同系统之间的文件传输。换句话说，FTAM 屏蔽了不同文件系统之间的差异，网络用户可以用一致的方法访问网络中的任何文件。

（3）透明性：一般来说，透明性是指某一实际存在的实体的不可见性，对使用者来说，该实体看起来是不存在的。在网络环境下的透明性，表现得十分明显，而且显得十分重要，几乎网络提供的所有服务无不具有透明性，即用户只需知道应得到什么样的网络服务，而无须了解该服务的实现细节和所需资源。事实上，由于用户通信和资源共享的实现都是极其复杂的，因此，如果 NOS 不具有透明性这一特征，用户将难以甚至根本不可能去使用网络提供的服务。例如，一个网络工作站用户访问远程资源时就像访问本地资源一样方便，两者采用同样的方法，使用户感觉不到在访问远程资源时所提出的请求，可能跨越了千山万水，网络为实现该服务而执行了大量的操作。从源主机的应用层逐层下达至物理层后，再经过网络到达目标主机，然后由目标主机的物理层逐层上传到应用层，最后才访问到远程资源。访问的结果又再以相反的传递过程回馈给用户。

3. 网络操作系统的安全性

网络操作系统的安全性非常重要，表现在以下几个方面。

（1）用户账号安全性：使用网络操作系统的每一个用户都有一个系统账号和有效的口令字。在一些早期版本中，口令字是以非加密方式在局域网中传输的，随着协议分析仪的广泛应用，非加密口令字具有明显缺陷，协议分析仪可以检测局域网中的每一个信息包，很容易查看到用户工作站在注册过程中所发送的口令字，为此必须在用户工作站发送口令字之前，对口令字加密。

（2）时间限制：系统管理员对每个用户的注册时间进行限定，限定方式以一定的时间间隔为单位，如半小时间隔方式、星期几的方式等。时间限制功能主要应用在要求具有严格安全机制的网络环境中。

（3）站点限制：系统管理员对每一用户注册的站点进行限定。站点限定了每个用户只能在指定物理地址的工作站上进行注册。这样就阻止了企图从其他区域使用并不同于自己的工作站而进行注册，在一定程度上确保安全性。

（4）磁盘空间限制：系统管理员对每个用户允许使用的磁盘服务器磁盘空间加以限定，以防止可能出现的某些用户无限制侵占服务器磁盘的情况发生，确保其他用户磁盘空间的安全性。

（5）传输介质的安全性：由于局域网的传输介质，如同轴电缆和双绞线，很容易被窃听，传输的数据被窃取，因此网络传输介质的安全性也是十分重要的。为此在一些机密环境中，可以将网络电缆安装在导管内，防止由于电磁辐射而使数据被窃取。也可将网络电缆线预埋在混凝土内，避免对网络电缆的物理挂接。从安全性考虑，网络传输介质应是光纤，因为对光纤的窃听非常困难。

（6）加密：对数据库和文件加密是保证文件服务器数据安全性的重要手段。一般在关闭文件时加密，在打开文件时解密。加密后具有超级用户特权的网络管理员才能读取服务器上的目录和文件。很多数据库系统都具有对数据文件进行加密的功能。平常所遇到的许多加密程序是与某些软件工具一起提供的。

（7）审计：网络的审计功能可以帮助网络管理员对那些企图对网络操作系统实行窃听行为的用户进行鉴别。当对网络运行机理熟悉的某用户通过多次重复敲入口令字来试探其他用户口令字时，很多网络就采取一定措施来制止这种非法行为。

4.1.2　网络操作系统的功能结构

单机操作系统的最大特点是封闭性，即它有自己的用户、自己的资源、自己的规程和协议。用户只能利用特定的语言和操作命令，并按照系统的协议去控制作业的运行和调度各种资源。计算机系统一旦加入计算机网络后，为了适应同一网络中多系统、多用户信息交换的新局面，就要适当地改变封闭性的特性，于是就出现了面向网络的开放式计算机系统。

由于入网后的计算机系统连接到通信网并与网中各种资源相连，所以不但大大扩大了本机用户可用资源的范围，也使本身的用户范围从本机用户扩大到网络用户。这一新的情况实际上为原来的单机操作系统提供了一个网络环境，于是要求操作系统既要为本机用户提供简便有效的使用网络资源的手段，又要为网络用户提供使用本机资源的服务，即单机操作系统必须向网络环境下的操作系统发展。

为了实现这一要求，网络环境下的操作系统除了原计算机操作系统所具备的模块外，还需配置网络通信管理模块。该模块是操作系统和网络之间的接口，它有两个界面，一个与网络相接，另一个与本机系统相连，分别称为网络接口界面和系统接口界面。其模型如图 4-1所示。

网络接口界面的主要功能是使本机系统和网中其他系统之间实现资源共享，因此需要配置一套支持网络通信协议的软件，称为网络协议软件。系统接口界面的主要功能是管理本机系统中的系统进程或用户进程，以便简便地访问网中各种资源，也实现网络中其他用户访问本机资源。因此需要配置一套与原系统相一致的原语和系统调用命令。

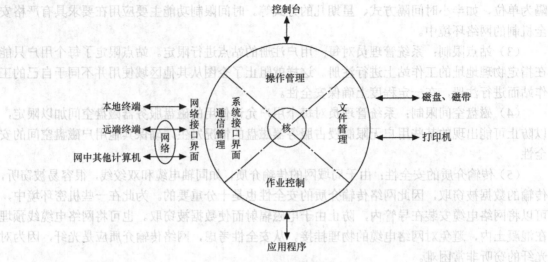

图 4-1　网络环境下的操作系统

4.1.3　网络操作系统的逻辑构成

目前存在的 NOS 大都是网络环境下的操作系统，它们全部采用了层次结构，其分层方式与 ISO OSI/RM 大体相对应，NOS 大多数采用客户机/服务器模式，在网络服务器上配置 NOS 的核心部分，对客户配置工作站网络软件。这样一来，就 NOS 的配置而言，NOS 可分为 4 部分：网络环境软件、网络管理软件、工作站网络软件和网络服务软件。

1.　网络环境软件

网络环境软件配置于服务器上，它使高速并发执行的多任务具有良好的网络环境；管理工作站与服务器之间的传送；提供高速的多用户文件系统。

网络环境软件包括以下几种。

（1）多任务软件：用于支持服务器中多个进程（网络通信进程、多个服务器进程、磁盘进程、假脱机打印进程）的并发执行。

（2）传输协议软件：配合网络硬件，支持工作站与服务器之间的交互，传输协议软件分布于多个网络层次上，目前用得最多的是 TCP/IP 软件。

（3）多用户文件系统形成软件：将单机环境下的单用户文件系统形成多用户文件系统，以支持多用户对文件的同时访问和共享。

总之，网络环境软件是强化网络环境所需的操作软件。

2.　网络管理软件

网络管理软件是用于网络管理的操作软件，包括以下几种。

（1）安全性管理软件：通过对用户赋予不同的访问权限，对文件和目录规定不同的访问权限实现对数据的保护，这种为管理所配置的软件就是安全性管理软件。

（2）容错管理软件：当采用容错技术保证数据不因系统故障而丢失或出错时采用的软件。

（3）备份软件：实现数据保护而备份时采用的软件。

（4）性能监测软件：对网络运行情况及网络性能进行监测而采用的软件。性能监测的范围是网络中分组的流量、服务器性能、硬盘性能、网络接口的操作情况等。

3. 工作站网络软件

工作站网络软件配置于工作站上,它能实现客户机与服务器的交互,使工作站上的用户能访问文件服务器的文件系统、共享资源。工作站网络软件主要有重定向程序和网络基本输入/输出系统。

(1)重定向程序(Redirector):对客户机/服务器模式而言,为了使用户能以相同的方式访问本地文件系统与文件服务器,在工作站配置了本地文件系统/网络请求解释程序,根据工作站请求的目的不同,导向到本地文件系统,或导向到文件服务器。

(2)网络基本输入/输出系统:对客户机/服务器模式来说,为了使客户机能与服务器进行交互,将工作站对服务器的请求数据单元传送给服务器,使服务器的响应返送给工作站,就必须在工作站的网络应用软件和计算机网络的硬件之间配置按协议传输信息的传输协议软件。1984 年 IBM 公司宣布 Redirector 的同时,还宣布了网络基本输入/输出系统,目的是使该程序成为 IBM PC 网的传输协议软件的标准。由于网络基本输入/输出系统具有与硬件、软件无关的特性,因而具有较好的移植性。网络基本输入/输出系统主要支持 ISO OSI/RM 的两个层次:支持数据链路层在网络的相邻工作站之间传送数据单元;支持会话层,以协调两工作站应用层之间的相互作用,应用程序可利用网络基本输入/输出系统所提供的会话支持命令请求开始会话、交换信息或结束会话等。

4. 网络服务软件

网络服务是面向用户的,它是否受到用户的欢迎,主要取决于 NOS 所提供的网络服务软件是否完善。网络服务软件配置在系统服务器上或工作站上。NOS 提供的网络服务软件主要有以下几种。

(1)多用户文件服务软件:它为用户程序对服务器中的目录和文件进行有效访问提供手段,即先由用户向服务器提出文件服务请求,然后由工作站网络服务软件将该请求传送给服务器。该软件既能保证多用户共享目录和文件,又保证两个以上工作站不能同时访问某一存储空间,保证数据的安全性。

(2)名字服务软件:用于管理网络上所有对象的名字,如进程名、服务器名、各种资源名、文件和目录名等。当用户要访问某一对象时,只需给出该对象的名字即可,并不需要知道该对象的物理地址,名字服务软件能实现寻址和定位服务。

(3)打印服务软件:是将用户的打印信息在服务器上生成假脱机文件,并送打印机队列中等待打印的软件。

(4)电子邮件服务软件:工作站用户利用该软件把邮件发送给网中其他工作站的用户,实现多地、多址、广播式电子邮件服务。

4.1.4 网络操作系统与 OSI/RM

对于计算机网络(如局域网)系统,常从 3 个侧面(功能特性、系统构成、体系结构)进行介绍,介绍网络操作系统也是这样。前面已从功能特性、系统构成方面对 NOS 进行了简略介绍,这里介绍 NOS 和 OSI/RM 的对应关系。目前操作系统的发展,使 NOS 在 OSI/RM 中的分布大致如图 4-2 所示。这种分布并未标准化。

从分层的角度讲,NOS 主要包括 3 部分:网络驱动程序、网络协议软件和应用程序接口软件。

应用层	应用程序接口软件	
表示层		网络协议软件
会话层		
传输层		
网络层	网络驱动程序	
链路层		
物理层	网络主要硬件	

图 4-2　NOS 在 OSI/RM 中的分布

NOS 几乎占据了 **OSI/RM** 的所有层，其中，网络驱动程序与网络主要硬件（分布于物理层和数据链路层）进行通信，驱动网络运行。例如，在局域网中网络驱动程序介于网络接口板与网络协议软件之间，起中间联系作用。网络协议软件是在整个网络范围内传送数据单元所必需的通信协议软件。主要分布于 **OSI/RM** 的第 2～7 层。应用程序接口操作软件用于应用软件与网络协议软件的通信，支持 **NOS** 实现高层服务。下面介绍局域网的 **NOS** 分层结构。

1. 网络驱动程序

就局域网而言，网卡生产厂商必须提供每种网卡对应的驱动程序，以确保各种网卡都采用国际标准协议。通常，厂商随同网卡提供适用于不同操作系统的各种驱动程序。网络驱动程序屏蔽了网卡接收和发送数据单元的复杂处理过程，它直接对网卡的各种控制/状态寄存器、直接存储器存取、输入/输出端口进行硬件级操作。

2. 网络协议软件

由于网络协议软件几乎分布在网络的所有层，因此它直接关系到网络操作系统的性能。例如，高速网络协议的软件会实现 NOS 的高速处理。

3. 应用程序接口软件

应用层提供多种应用协议和服务，其中应用服务与应用程序之间的接口软件完成本地系统与网络环境的联系，这种软件也属于 NOS。

4.2　Windows 系列操作系统

4.2.1　Windows NT/Win 10（Windows 10）简介

1. Windows NT

Windows NT Server 是由 Microsoft 公司开发的 Windows 的客户机/服务器操作系统。它提供较好的安全保护级别、特性及可靠的性能，并提供方便的 Windows 界面。它支持所有网卡和各种电缆连接。它可以与其伙伴产品 Windows NT WorkStation 交互，也可以与其他软件开发平台交互，如 MS DOS、OS/2、Windows for Workgroups 及 Windows 95。它提供一个完整的、集中化的管理软件包，用它可以简化与大型多服务器相关联的管理问题，以及必须支持不同信息协议的网络管理问题。

Windows NT 具有一系列网络操作系统的特点，如下所述。

（1）兼容性及可靠性。Windows NT Server 的设计中融入了对当今流行的应用环境，如 UNIX、OS/2 及 MS DOS 等的支持。另外，它使用的模块型微核结构，也能使它在各种硬件平台上得以良好地运行。通过使用结构化异常处理方法，Windows NT Server 及其他应用程序可以避免由某个进程所引发的整个操作系统瘫痪。另外，NT File System（NTFS，NT 文件系统）还可以提供进一步的安全保护，作为一种可恢复性文件系统，它采用了先进的内存管理和安全保证技术。

（2）友好的界面。Windows NT 具有友好的界面。虽然从表面上看不明显，但这正是 Windows NT 成功的一个关键因素。虽然 GUI 图形用户界面并非是 Microsoft 公司所首创，但已经风行世界。一致的 Windows 界面消除了用户对新事物的恐惧感，让 Windows 用户产生信任，有一见如故的效应。统一的界面风格是 Windows 系列开拓市场强有力的武器。简单的操作使用户免于记诵繁杂的命令而易上手使用。

（3）丰富的配套应用产品。Microsoft 公司在软件界有着特殊的地位，一方面它是平台提供商，另一方面它也是应用提供商。这样的双重身份使得 Microsoft 公司的产品具有一些特别之处。对于网络操作系统产品而言，因为 Microsoft 公司本身就是应用提供商，所以在其上的应用服务就不会匮乏。而且，因为是出自同一公司之手，因而应用和平台的结合应当是优秀的。应用可以充分利用 Microsoft 公司的平台优势，平台也能充分支持于在其上开发的应用。

（4）便于安装和使用。Windows NT Server 会在安装时自动进行硬件配置资源监测，消除了费时费事的手动配置，它还可以充分利用现有的对基于 Windows 平台 PC 的使用经验（Windows NT Server 的界面与常用的 Windows 相似）。

（5）优良的安全性。Windows NT Server 的设计目标符合 C2 标准。这一级安全标准被美国国防部定义为"五条件保护"，这意味着网络管理员可以控制系统访问权及用户拥有的访问类型。

（6）多任务和多线程。Windows NT 是一个抢占式多任务、多线程操作系统，不同类型的应用程序可以同时运行。

（7）强大的内置网络功能。Windows NT 具有强大的内置网络功能，包括所有必需的应用程序，具有增加驱动程序和协议组的能力。它支持 Net Ware、VINES、Pathworks、LANServer、WFW 等网络。

（8）内置了对远程访问的支持。Windows NT 内置了对远程访问的支持，提供了 RAS 功能。

（9）缺陷。虽然 Windows NT 在兼容性、移植性、性能、可靠性、稳定性等多方面的表现都十分出色，但它的管理比较复杂，开发环境也有可进步之处。

Windows NT 的广泛流行与它自身的功能特性是紧密相关的。Windows NT 的功能特性主要包括以下几个方面。

（1）Windows NT 有强大的网络和易学易用的特性

Windows NT 是基于微内核结构的先进操作系统，结构化强，可扩展性强。开放的程序结构给丰富多彩的应用软件的开发留有足够的余地。Windows NT 易学易用，可以让很多人在短时间内迅速掌握它的应用。一个网络管理员可以很快培训出一大批服务器操作员，大大减低了人员培训周期和培训费用。另外，从投资上说，基于 Windows NT 的很多应用软件比同样功能的 UNIX 和 Novell 版本便宜 30%～50%。Windows NT 有与 Windows 一致的使用界面环境，用户在 Windows 使用中积累的经验，可以完全继承。例如，同样使用文件管理器，可以把打印机共享给其他用户使用，设置打印缓冲池。虽然是从单机过渡到网络，但感觉上却很轻松。因为没有复杂的指令，没有复杂的新规则，只是选择响应的菜单或按钮，并且有许多图形化的管理工具与帮助，让原本复杂的网络变得轻而易举。

（2）Windows NT 有很好的可扩展性及兼容性

Windows NT 上有很好的后台服务程序，它们可以为前台应用提供完全的连接与支持，帮助迅速构造客户机/服务器结构的解决方案。Windows NT 可以兼容 Windows、DOS、OS/2 的应用程序，以及一些 POSIX 的应用。

Windows NT 是使用一种称为"环境子系统"的技术实现这样广泛的兼容性的，实际上就是环境模拟机。Windows NT 的环境子系统挂靠在 Windows NT 的系统服务上，与其他子系统保持密切联系。Windows NT 通过这种技术可以使用大部分的 Windows 和 DOS 应用；支持16 位的 OS/2 程序；支持符合 1003.1 标准的 POSIX 程序。

Windows NT 上的编程环境和 Windows 编程环境类似，只是使用了 Windows 32API 效率更高且容量更大。此外，Windows NT 上还有很多升级工具，可以帮助把单用户的 Foxpro、Access 的应用升级为客户机/服务器模式的支持多用户并发使用的高级应用。

（3）高可靠性与安全性

Windows NT 采用内部的革新式的设计保证了高可靠性与安全性。在 Windows NT 中引入了一个响应例外（错误）的程序区监视例外，并在出现问题时保护系统、应用和资源，试图使机器在系统出现故障时仍能继续工作。为了恢复系统，Windows NT 每隔一定时间就扫描一遍系统，并将系统内存转存到硬盘的临时文件上。Windows NT 使用一整套复杂的方法实现 C2 级系统的安全性。从对登录操作的验证到对每一项具体操作的访问权限和监视，NTFS文件系统对容错性和安全性都有很好的支持。NTFS 被设计为可恢复错误，它使用事物日志记录有关拷贝到磁盘的数据信息。它内置的安全机制使文件访问的许可权得到可靠的控制。Windows NT 支持磁盘镜像、磁盘条纹和磁盘冗余阵列 Raid 5。Windows NT 使用多进程管理系统资源，系统完全控制了资源的分配，没有任何一个程序可以直接访问系统内存和硬盘。使用 Windows NT 时会发现它比 Windows 3.1x 及 Windows 95 可靠得多，Windows 3.1x 经常崩溃，一个应用程序会停止所有其他应用，这在 Windows NT 中绝不会发生。

（4）更平滑的多任务

在 Windows NT 中，由于使用了抢占式多任务技术，使得系统对优先级高的任务响应更快（如用户的输入）。在抢占式多任务的系统中，操作系统拥有对多任务的整体控制权，可以强行中断一个应用对处理器的控制权，而把控制权交给优先级更高的应用。Windows NT 还支持对称多处理（Symmtrical Multi-Processing，SMP），它可以在条件许可的情况下，访问多个处理机，把多个线程均衡地分配给多个处理机。与非对称多处理不同，它可在任何可用的处理机上运行任何线程，包括操作系统和用户作业。在 Windows NT 的管理下，某一时刻，多处理器系统中的某些 CPU 可能在单任务状态，某些 CPU 可能又在多任务多线程的状态。

（5）高性能和多种平台支持

Windows NT 使用了很多技术来提高性能，从 Intel 的 386 集到具有 12 个 CPU 的 Sequent 5000 都可以运行。Windows NT 基于微内核的模块化结构使得系统功能组件的替换相当容易，可以在不必重装系统的情况下将系统的一些功能替换为更新的版本，本地过程调用系统（Local Procedure Call，LPC）加速了系统的运行速度。Windows NT 的高性能还表现在可以移植到很多种 RISC 上。如 ALPHA、MIPS R4000 R4400、POWERPC，一方面能够利用 RISC

机的高速度，同时又给这些 RISC 机提供了一个很好的平台。Windows NT 自推出以来，Microsoft 公司已经使 Windows NT 的性能有了很大的提高，很多功能也进一步完善了。从 3.1 到 5.0 版，Windows NT 已经日趋成熟。Windows NT 之所以有这样好的适应性、扩展性与伸缩性，是因为在系统设计上使用了微内核技术。由于采用了微内核技术，Windows NT 的内核做得很小，它负责完成系统最基本的功能，所有其他的系统服务和软件模块都挂接在内核外面。一旦采用了微内核技术，则操作系统就成为模块化结构，系统的功能扩展就变得非常容易，应用软件的 API 可以用附加模块的形式安装，再加上 Windows NT 硬件抽象层技术，使得 Windows NT 在不同硬件平台的移植也比较容易。"硬件抽象层"就是系统内核与不同硬件之间的动态链接库。Windows NT 在不同硬件上移植时就不用修改内核而只需修改"硬件抽象层"文件。

（6）集成联网环境

与以前的 Windows 不同，Windows NT 内置了强大的网络支持，包括提供完整的安全性和管理账户与安全的工具。在 Windows NT 中，引入了域的概念。Windows NT 通过将资源划分为域，实现了网络用户的集中管理。用户的账户存放在域中，就可以在整个域的所有机器上使用，而不必在每台机器上都有账户。通过域的信任关系建立的域管理模型，更加强了网络的层次化和规模化。通过图形界面的用户管理器和服务器管理器，管理员可以在一台机器上管理本域甚至信任域上的用户和服务器。

2. Windows 10

Windows 10 是美国微软公司研发的新一代跨平台及设备应用的操作系统，是微软发布的最后一个独立 Windows 版本，核心版本号 Windows NT 10.0，适用于基于 x86 与 Arm 架构的设备，正式发布时间是 2015 年 7 月 29 日。截至 2017 年 12 月 13 日，微软官方推送的 Windows 10 最新稳定版更新为 rs3_release。Windows 10 共有 7 个发行版本，分别面向不同用户和设备。

配置要求如下。

- 桌面版本

处理器：1 GHz 或更快的处理器或 SoC。

RAM：1 GB（32 位）或 2 GB（64 位）。

硬盘空间：16 GB（32 位操作系统）或 20 GB（64 位操作系统）。

显卡：DirectX 9 或更高版本（包含 WDDM 1.0 驱动程序）。

显示器：800×600。

- 移动版本

要在受支持的设备上安装升级，用户运行的是 WindowsPhone 8.1 GDR1 QFE8 或更高版本。Windows 10 是一个大小约为 1.4 GB 的大文件（在某些情况下，下载文件的大小可能会更大）。需要建立 Internet Wi-Fi 连接才能下载并安装升级。在大多数情况下，升级将占用部分设备存储空间；用户可能需要从设备中删除不需要的文件来完成升级。

Windows 10 系统成为智能手机、PC、平板、Xbox One、物联网和其他各种办公设备的心脏，为设备之间提供无缝的操作体验。

相比之前的 Windows 版本，Windows 10 在用户界面、系统优化方面进行了新的尝试，对许多细节进行了改进并新增了部分功能。

Windows 10 新增了如下功能。

生物识别技术，Windows 10 新增的 Windows Hello 功能带来一系列对于生物识别技术的支持，除了常见的指纹扫描之外，系统还能通过面部或虹膜扫描来让用户进行登入，当然用户需要使用新的 3D 红外摄像头获取这些新功能。

Cortana 搜索功能，Cortana 是拟人化的 Windows 私人助理服务。新增的搜索功能可以用来搜索硬盘的文件，系统设置安装的应用，甚至是互联网中的其他信息。作为一款私人助手服务，Cortana 还能像在移动平台那样帮用户设置基于时间和地点的备忘。

Windows 10 的核心版本号是 Windows NT 10.0，它其实和 Windows NT 一样是支持网络设备的操作系统。和 Windows NT 相似的特点不再赘述。Windows 10 为相关硬件提供了一个统一的平台，它支持广泛的设备类型，涵盖从互联网设备到全球企业数据中心服务器。其中一些设备屏幕只有 4 英寸（约 10.16 厘米），有些屏幕则到 80 英寸（约 203.2 厘米），有的甚至没有屏幕。有些设备是手持类型，有的则需要远程操控。这些设备的操作方法各不相同，手触控、笔触控、鼠标键盘，以及动作控制器，微软 Windows 10 都全部支持。这些设备将会拥有类似的功能。从瘦终端到云端，Windows 10 构建了统一的平台。

4.2.2 Windows 网络基本概念

Windows 系列是影响较为广泛的网络操作系统。与网络相关的概念列举如下。

1. 工作组

工作组是一种将资源、管理和安全性都分布在整个网络里的网络方案。工作组中的所有计算机之间是一种平等的关系，没有从属之分，也没有主次之分。工作组中的每一台计算机都要管理自己的用户账号，也包括大量由较多成员组成的工作组的管理。Windows NT 中把组分为全局组和本地组，组使得授予权限和资源许可更加方便。

工作组网络方式的优点：对少量较集中的工作站很方便，且工作组中的所有计算机之间是一种平等关系。管理员的维护工作少，实现简单。

工作组网络方式的缺点：对工作站较多的网络管理方案不适合，无集中式的账号管理、资源管理和安全性策略，从而使得网络效率减低、管理混乱、网络资源的安全性难以保证。

2. Windows 域

随着 Windows NT 的发布，Microsoft 引入了"域"这个概念。域是一组用户、服务器和其他共享账号和安全信息的资源。在网络中建立域是为了方便对资源和安全的组织与管理。某个机构的域的最佳数量和结构取决于该机构的需要。每个域由域控制器、成员服务器，以及工作站组成。

3. 用户和用户组

对于每一种网络操作系统而言，组都是构成资源和账号管理的基础。通常网络管理员根据部门创建组，根据一个部门内的工作性质为每个组分配不同的目录和文件的访问权限。

用户组可分成全局组、本地组和特殊组。

（1）全局组：是指可以通行所有域的组。组内成员可以到其他的域登录，它只能包含所属域内的用户，不可包含其他域内的用户或组。

（2）本地组：可以包含本域中的用户、本域中的全局组用户、受托域的用户账号、受托域的全局组账号、本地计算机的用户账号。

（3）特殊组：在系统安装完毕后，自动建立几个特殊组，包括 Interactive 组（任何在本机登录的用户）、Network 组（任何通过网络连接的用户）、System 组（操作系统本身）、Creator Owner 组（目录、文件及打印工作的管理者或所有者）和 Everyone 组（任何使用计算机的人员）。

4. 支持的网络协议

（1）NetBEUI 协议。NetBIOS 扩展用户接口（NetBIOS Extended User Interface，NetBEUI）协议是一种小型且快捷的协议，不太适合运用于较大型的网络。NetBEUI 协议不是一种具有路由选择功能的协议，所以它实现起来很简单，但是较难扩展。

（2）IPX/SPX 协议。互联网分组交换协议（Internetwork Packet Exchange，IPX）/序列分组交换协议（Sequenced Packet Exchange，SPX）是 Novell Netware 的协议，在 NetWare 的 LAN 上提供传输服务，支持中小型网络。IPX 对应于 OSI/RM 的网络层，负责从发送者向接收者传送消息包，这些包也包括路由包。SPX 对应于 OSI/RM 的传输层，通过对包传送的确认来监视包传送的过程，它也提供差错控制能力，如果包内容不可用，可以负责包的重新发送。

（3）TCP/IP。此协议栈是一个标准的、可路由选择的、可靠的协议，已成为广域网和 Internet 访问的标准。

（4）DHCP。DHCP 是 BOOTP 的扩展，它提供了一种动态指定 IP 地址和配置参数的机制，主要用于大型网络环境和配置比较困难的地方。DHCP 有两种工作方式：自动分配方式和动态分配方式。

（5）WINS。Windows 网络名称服务（Windows Internet Name Service，WINS）是在路由网络的环境中对 IP 地址和 NetBIOS 名进行映射、注册与查询，实现 NetBIOS 名与 IP 地址之间的转换。WINS 是基于客户机服务器模型的，它有两个重要的部分：WINS 服务器和 WINS 客户。WINS 的另一个重要特点是可以和 DNS 进行集成，使得非 WINS 客户通过 DNS 服务器解析获得 NetBIOS 名。

5. 活动目录

活动目录是 Windows 网络中的目录服务，包括两方面内容：目录和与目录相关的服务。活动目录是一个分布式的目录，可以理解为是一个树形的数据库。服务信息可以分散在多台不同的计算机上，保证用户能够快速访问，是用于组织、管理和定位网络资源的增强性目录服务。既提高了管理效率，又使网络应用更加方便。

活动目录服务包含下面内容。

（1）数据存储：存储于活动目录对象有关的信息。

（2）全局编录：按规则设置所有目录中每个对象信息的格式和编排规则。

（3）查询和索引机制。

（4）复制服务，通过网络分发目录数据。

（5）安全子系统：用来控制网络安全登录过程和目录数据访问。

（6）安全策略的存储和应用。

由于活动目录是用来定位网络中资源的，所以活动目录的结构必然和网络的逻辑结构紧密相关，前面讲到的域的概念就是活动目录中的一个基本单位。活动目录由一个或多个域构成。一个域可以跨越不止一个物理地点。每一个域都有它自己的安全策略，以及与其他域间的安全关系。当多个域通过信任关系连接起来，而且拥有共同的模式、配置和全局目录时，就构成一个域树。多个域树可以连接起来形成一个森林。

活动目录与域名系统（Domain Name System，DNS）是紧密地集成在一起。DNS 是分布式名字空间，用于 Internet 上根据计算机和服务名称确定 TCP/IP 地址。大多数拥有 Intranet 的公司把 DNS 作为名称解析服务来应用。活动目录把 DNS 作为站点服务来应用。紧密的

DNS 集成表明活动目录自然地适用于 Internet 和 Intranet 环境。用户可以快速、简单地找到服务器。公司可以直接将活动目录服务器连接于 Internet，从而为安全通信及与顾客、合作伙伴之间的电子商务提供便利。

4.2.3 Windows 网络基本操作

Windows 中的常用网络命令：ipconfig、ping、arp、route、netstat、tracert。

下面进行基本介绍，具体用法详情请参照 Windows 用户手册。

1. ipconfig

ipconfig：当使用 ipconfig 时不带任何参数选项，那么它为每个已经配置了的接口显示 IP 地址、子网掩码和缺省网关值。

ipconfig/all：当使用 all 选项时，ipconfig 显示它已配置且所要使用的附加信息（如 IP 地址等），并且显示内置于本地网卡中的物理地址。如果 IP 地址是从 DHCP 服务器租用的，ipconfig 将显示 DHCP 服务器的 IP 地址和租用地址预计失效的日期。

2. ping

格式：ping IP 地址或主机名 [-t] [-a] [-n count] [-l size]。

参数：

- -t 不停地向目标主机发送数据；
- -a 以 IP 地址格式来显示目标主机的网络地址；
- -n count 指定要 Ping 多少次，具体次数由 count 来指定；
- -l size 指定发送到目标主机的数据包的大小。

ping 显示 TTL（Time To Live 存在时间）值。

3. arp

ARP 是一个重要的 TCP/IP，适用于确定对应 IP 地址的网卡物理地址。使用 arp 命令，能够查看本地计算机或另一台计算机的 ARP 高速缓存中的当前内容。此外，使用 arp 命令，也可以用人工方式输入静态的网卡物理/IP 地址对。

格式：arp -a 或 arp -g。

用于查看高速缓存中的所有项目，-a 和-g 参数的结果是一样的。

4. route

大多数主机一般都是驻留在只连接一台路由器的网段上。但是，当网络上拥有两个或多个路由器时，可以让某些远程 IP 地址通过某个特定的路由器来传递，而其他的远程 IP 则通过另一个路由器来传递。大多数路由器使用专门的路由协议交换和动态更新路由器之间的路由表。但在有些情况下，必须人工将项目添加到路由器和主机上的路由表中。route 就是用来显示、人工添加和修改路由表项的。

（1）route print

本命令用于显示路由表中的当前项目，在单路由器网段上的输出。由于用 IP 地址配置了网卡，因此所有的这些项目都是自动添加的。

（2）route add

使用本命令，可以将新路由项目添加给路由表。例如，如果要设定一个到目的网络 209.98.32.33 的路由，其间要经过 5 个路由器网段，首先要经过本地网络上的一个路由器，路由器 IP 为 202.96.123.5，子网掩码为 255.255.255.224，那么应该输入以下命令：route add

209.98.32.33 mask 255.255.255.224 202.96.123.5 metric 5。

（3）route change

使用本命令可以修改数据的传输路由，不过，不能使用本命令改变数据的目的地。下面这个例子可以将数据的路由改到另一个路由器，它采用一条包含 3 个网段的更直的路径：route change 209.98.32.33 mask 255.255.255.224 202.96.123.250 metric 3。

（4）route delete

使用本命令可以从路由表中删除路由。例如，route delete 209.98.32.33。

5．Netstat

显示活动的 TCP 连接、计算机侦听的端口、以太网统计信息、IP 路由表、IPv4 统计信息（对于 IP、ICMP、TCP 和 UDP）以及 IPv6 统计信息（对于 IPv6、ICMPv6、通过 IPv6 的 TCP、通过 IPv6 的 UDP）。使用时如果不带参数，netstat 显示活动的 TCP 连接。

格式：netstat [-a] [-e] [-n] [-o] [-p protocol] [-r] [-s] [interval]。

参数：

- -a 显示所有活动的 TCP 连接以及计算机侦听的 TCP 和 UDP 端口；
- -e 显示以太网统计信息，如发送和接收的字节数、数据包数，该参数可以与 -s 结合使用；
- -n 显示活动的 TCP 连接，不过，只以数字形式表现地址和端口号，却不尝试确定名称；
- -o 显示活动的 TCP 连接并包括每个连接的进程 ID（PID），可以在 Windows 任务管理器中的"进程"选项卡上找到基于 PID 的应用程序，该参数可以与-a、-n 和-p 结合使用；
- -p protocol 显示 protocol 所指定的协议的连接，如果该参数与-s 一起使用按协议显示统计信息，则 protocol 可以是 TCP、UDP、ICMP、IP、TCPv6、UDPv6、ICMPv6 或 IPv6；
- -s 按协议显示统计信息，默认情况下，显示 TCP、UDP、ICMP 和 IP 的统计信息；如果安装了 Windows XP 的 IPv6 协议，就会显示有关 IPv6 上的 TCP、IPv6 上的 UDP、ICMPv6 和 IPv6 协议的统计信息，可以使用-p 参数指定协议集；
- -r 显示 IP 路由表的内容，该参数与 route print 命令等价。

Interval 每隔 Interval 秒重新显示一次选定的信息。按 Ctrl+C 组合键停止重新显示统计信息。如果省略该参数，netstat 将只打印一次选定的信息。

/?在命令提示符显示帮助。

范例如下。

- 显示以太网统计信息和所有协议的统计信息：netstat -e -s。
- 仅显示 TCP 和 UDP 协议的统计信息： netstat -s -p tcp udp。
- 每 5 s 显示一次活动的 TCP 连接和进程 ID：nbtstat -o 5。
- 以数字形式显示活动的 TCP 连接和进程 ID：nbtstat -n -o。

6．tracert

tracert 命令用来显示数据包到达目标主机所经过的路径，并显示到达每个节点的时间。命令功能同 ping 类似，但它所获得的信息要比 ping 命令详细得多，它把数据包所走的全部路径、节点的 IP 以及花费的时间都显示出来。该命令比较适用于大型网络。

格式：tracert IP 地址或主机名 [-d][-h maximumhops][-j host_list] [-w timeout]。

参数：

- **-d** 不解析目标主机的名字；
- **-h** maximum_hops 指定搜索到目标地址的最大跳数；
- **-j** host_list 按照主机列表中的地址释放源路由；
- **-w** timeout 指定等待超时时间间隔，程序默认的时间单位是毫秒。

4.3 UNIX 操作系统

4.3.1 UNIX 简介

在 20 世纪 60 年代后期，一些程序员希望能够与程序进行交互式的工作，并使用一种尽可能少地对程序员强加结构限制的系统。在位于 New Jersey Murray Hill 的贝尔实验室，两个程序员 Ken Thompson 和 Dennis Ritchie 决定从最底层——操作系统开始进行构建。这个环境最终发展成为了 UNIX 操作系统。

在 20 世纪 70 年代，由于反托拉斯法，硬件和软件不再捆绑销售。许多客户只需花费很少成本便可以得到贝尔实验室所研制的源代码，这使得教育机构的研究人员和世界范围大的公司很快便将这个非同寻常的软件用了实验室计算机上，这种开源的 UNIX 系统得到迅速的发展。现在，UNIX 系统的所有权被两家公司所共有，分别是 Santa Cruz Operation 和 The Open Group。

任何人都能够编写一个 UNIX 操作系统，但是这样做的代价是非常昂贵的。大多数公司都选择了从 Santa Cruz Operation 得到的源代码开始，然后针对其特定的计算机硬件进行修改。

The Open Group 拥有 UNIX 的商标。如果某个厂商在对从 Santa Cruz Operation 获得许可权的代码进行修改之后，在该操作系统被称为 UNIX 之前，其修改后的系统必须通过 The Open Group 的确认。

尽管 UNIX 的许多版本都可以被用作网络操作系统，但是所有的 UNIX 版本都具有如下一些特征。

- 都具有支持多个同时登录的用户的能力，是一个真正的多用户系统。
- 合并可卸下卷的层次文件系统。
- 文件、设备和进程输入/输出具有一致的接口。
- 都具有在后台开始进程的能力。
- 具有上百个子系统，其中包括几十种程序设计语言。
- 程序的源代码具有可移植性。
- 用户定义的窗口系统，其中最为流行的是 X Window 系统。

4.3.2 UNIX 的功能

UNIX 有以下 5 个主要功能。

（1）UNIX 操作系统提供了许多的功能，支持网络基础设施所必需的 TCP/IP 栈和所有其他应用是基本操作系统的组成部分。

当在计算机上安装了该操作系统之后，便得到了执行诸如路由、防火墙、域名服务和自动 IP 地址分配之类操作所需要的程序。尽管 Windows NT 和 Net Ware 也能够执行这些操作，但是它们都需要独立的软件包来完成确定的功能。而 UNIX 系统无须额外的软件便可以提供所有这些功能。并且，UNIX 甚至还支持非 IP，如 Novell 的 IPX/SPX 和 Apple Talk。与 Windows NT 和 NetWare 类似，UNIX 也可以支持许多不同的网络拓扑和物理介质，包括以太网、令牌环网和 FDDI。

（2）UNIX 系统可以担当 Windows、NetWare 和 Macintosh 客户机的文件服务器。

例如，称为 Samba 的一个开放源软件包就是一个完全 Windows NT 风格的文件和打印机共享工具。另外，还有其他一些私有和开放源软件包可以实现 NetWare 文件和打印服务器功能，以及 Macintosh 的文件和打印功能。

（3）UNIX 可以高效和安全地满足当前各种网络在增长、变化和稳定性方面的需求。

经过 30 多年的使用和全面调试，UNIX 系统所基于的源代码已经十分成熟。与 NetWare 相似，UNIX 也允许在不重启计算机的情况下改变服务器的配置，如为某个端口分配一个不同的 IP 地址。同样，在运行的时候对 UNIX 系统进行修改也十分容易。例如，当需要访问磁带驱动器的时候，可以先激活磁带驱动程序，然后访问磁带，最后禁止磁带驱动程序，而所有这一切都无须重启服务器。利用这种功能，可以非常高效地使用服务器的内存。

（4）UNIX 和其他网络操作系统一样可以实现资源共享，但共享方式有所不同。

UNIX 最初是作为时间共享系统而开发的，即每个用户必须直接连接到该计算系统上（通常是通过一个哑终端）才能共享计算机的资源。为了共享资源，必须登录到 UNIX 系统中并且运行该系统上的应用。与此相反，在 NetWare 模型中，通常是一个智能工作站（一般是 PC）连接在网络上。当希望使用服务器的资源时，只需将某个驱动器映射到本地计算机上或者向服务器的打印机打印队列中发送一个打印作业。这种情形和在家中工作时的远程计算有些类似，这时仍然需要访问许多的办公室资源。为了共享办公室的资源，可以给办公室中的某个人打电话，让他通过信使将某个文件送到你的家中。以后，再通过信使把该文件送回公司放到文件柜中。这种模型的缺点在于当进行远程计算时，可能无法使用办公室中的某些资源，如会议室。与此类似，因为没有直接连接到系统中，所以将无法执行 NetWare 服务器上的某些任务；而只能在 LAN 上使用它的资源。

（5）UNIX 已经具备了丰富的应用和服务，这样在远程计算模型中可以共享资源。

UNIX 系统还包含一个健壮并且成熟的安全模型。UNIX 操作系统的这些特征对其处理网络增长、变化和稳定性具有很大的好处。

4.3.3　UNIX 的结构

UNIX 操作系统通常被分成 3 个主要部分：内核（Kernel）、Shell 和文件系统，如图 4-3 所示。

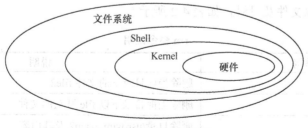

图 4-3　UNIX 结构示意图

（1）内核是 UNIX 操作系统的核心，直接控制着计算机的各种资源，能有效地管理硬件设备、内存空间和进程等，使得用户程序不受错综复杂的硬件事件细节的影响。内核程序是

UNIX 中唯一不能由用户任意变化的部分，它大致分成存储管理、进程管理、设备管理和文件系统管理等几部分。进程管理还可以进一步分成低级进程管理和高级进程管理两部分。低级进程管理主要包括：调度进程占用处理机的程序及进程间的基本通信机构。高级进程管理主要包括：进程创建、终止；进程间的通信；进程在内、外存之间的转移；信号机构和进程间的跟踪控制等。核内各部分之间的层次结构不是很清晰，从低到高的大致顺序是：中断处理、存储管理、低级进程管理、设备管理，文件系统管理、高级进程管理和系统调用处理程序。UNIX 内核面向核外程序的界面是各种系统调用。核外程序通过一种特殊的指令（陷入指令）进入内核，它先经由陷入处理程序，然后转入相应系统调用处理程序。

（2）Shell 是 UNIX 内核与用户之间的接口，是 UNIX 的命令解释器。目前常见的 Shell 有 Bourne Shell（sh）、Kom Shell（ksh）、C Shell（csh）和 Bourne-again Shell（bash）。

（3）文件系统可对存储在存储设备（如硬盘）中的文件进行组织管理，通常是按照目录层次的方式进行组织。每个目录可以包括多个子目录及文件，系统以"/"作为根目录。常见的目录有/etc（常用于存放系统配置及管理文件）、/dev（常用于存放外围设备文件）和/usr（常用于存放与用户相关的文件）等。

4.3.4　UNIX Shell 语言常用命令

Shell 既是一个命令语言，又是提供到 UNIX 操作系统接口的一个编程语言。

1. pwd 命令

pwd 命令用来显示当前目录路径，命令为 pwd。

2. cd 命令

cd 命令用于改变当前的目录，如表 4-1 所示。

表 4-1　　　　　　　　　　　　　　　　CD 命令说明

命令举例	说明
cd/usr/smith	改变到/usr/smith 目录
cd../wjm	改变到父目录下的 wjm 子目录
cd exam1	改变到当前目录下的 exam1 子目录
cd	改变到家目录

不带参数的 cd 命令表示进入家目录，这点与 DOS 有本质区别。

3. rm 命令

rm 命令可以删除文件及目录，如表 4-2 所示。

表 4-2　　　　　　　　　　　　　　　　rm 命令说明

命令举例	说明
rm file2	删除当前目录下的文件 file2
rm file*	删除当前目录下以 file 开头的文件
rm –r/usr/wjm/exam2	删除目录/usr/wjm/exam2 及其内容

4. ls 命令

ls 命令可以显示目录内容，命令格式如下。

ls-选项文件名

其中的常用选项说明如下。

-l：长列表显示目录内容。

-a：显示所有类型文件，包括隐含文件。

-d：如果显示内容包含目录名，则只显示目录名字而不显示目录内容。

命令举例如表 4-3 所示。

表 4-3   ls 命令说明

命令举例	说明
ls	显示当前目录内容
ls file*	显示除当前目录下以 file 开头的文件
ls -l/usr/wjm/exam2	长列表显示目录/usr/wjm/exam2 内容
ls -adl	显示当前目录内容（同时带-l、-d、-a 参数）

5. mkdir、rmdir、cat、more、cp、mv 命令

这些命令和 DOS 的相应命令功能和用法基本一致，它们和 DOS 命令的对应关系如表 4-4 所示。

表 4-4   UNIX 命令与 DOS 命令的对应关系

UXIX 命令	DOS 命令
mkdir	mkdir 或 md
rmdir	rmdir 或 rd
cat	type
more	more
cp	copy
mv	move 或 ren

6. tar 命令

使用 tar 命令，可将多个文件合并成一个文件库的方式存放于磁带或磁盘上。当需要时，可由文件库获取所需的文件。tar 的指令格式如下。

$tar[function-option[modifier]][files]

tar 命令选项分为两部分：功能选项和修改选项。功能选项用来设定 tar 的动作（如读取、写入等），而修改选项则用来修改 tar 的动作。tar 命令选项前没有 "-"。

功能选项如下。

r：将所指的文件附加在文件库后。

x：读取文件库内的文件，如文件名为目录，则连子目录也会被读取（常用）。

c：建立一个新文件库（常用）。

g：将文件由文件库的最前头开始建立，而不是写在最后一个文件后。

修改选项如下。

v：启动显示模式，tar 会显示所处理的文件名（常用）。

w：启动确认模式，tar 处理每个文件之前，要求用户先加以确认。

f：表示文件库为 file，省略此项，以预设的磁带或磁盘为对象（常用）。

7. cpio 命令

利用 cpio 命令可将文件或目录从文件库获取出来或将数据拷贝到文件库。cpio 的命令格式如下。

cpio-i[bcdmrtuv][patterns]

cpio-o[abcv]

cpio-p[adlmuv][directory]

说明：cpio 共有如下 3 种基本模式。

-o 即 copy-out 模式，将一组文件 copy 到一个文件库。

-i 即 copy-in 模式，读取文件库，并将其展开在当前目录。

-p 能从某个目录读取所有文件（包括子目录到另一个目录），且不以 archive（归档）的方式存放。

cpio 常配合 shell 使用。-o 常用标准输入设备读取要 copy 的文件名称，并将 copy 成的 archive file 通过标准输出设备输出。一般利用输入/输出重定向或管道的原理，实现真正复制的功能。

8. 文件压缩和解压程序

UNIX 共有以下 4 组压缩和解压缩命令。

（1）compress 命令可将文件压缩以减少存储空间。压缩后的文件以".z"结尾。展开命令为 uncompress。

压缩命令格式：compress filename

展开命令格式为：uncompress compressed-filename

（2）pack 压缩文件对应的解压缩文件 unpack。压缩后文件的名称为"z"，其压缩后的空间因文件类型而定。命令格式如下。

压缩命令格式：packname

展开命令格式：unpack name

注：pack 对太小的文件不压缩，若要强制压缩，用-f 选项：pack-f name

（3）gzip 压缩文件对应的解压缩文件为 gunzip。压缩后的文件名称为".gz"。命令格式如下。

压缩命令：gzip filename

展开命令 gunzip filename

（4）pkzip 压缩文件对应的解压缩文件为 pkunzip。压缩后的文件名称为".zip"。命令格式如下。

压缩命令：pkzip filename

展开命令：pkunzip filename

9. 增加新用户

步骤 1：创建用户。

要在 UNIX 系统中增加新用户，可采用 useradd 命令，常用命令格式如下。

/etc/useradd[-c comment][-d directory][-g group][-m][-s shell]username

其中，-ccomment：表示注释。

-d directory：表示家目录。

-g group：表示属于哪个用户组。

-m：表示若家目录不存在，则自动创建。

-s shell：表示该用户使用的 shell。

username：用户名。

步骤 2：设密码。

对用户 devos 建立密码的命令为 passwd devos。

10．删除用户

删除用户的命令常用格式为/etc/userdel username。

有的 UNIX 系统可能不允许彻底删除该用户，userdel 只能回收该用户的使用权（retire）。

11．增加新用户组

要在 UNIX 系统中增加新用户组 xyw，命令为/etc/groupadd xyw，命令执行完后就增加了一个名为 xyw 的用户组。

12．删除用户组

要将在 UNIX 系统中用户组 gp11 删除，命令为/etc/groupdel gp11，命令执行完后就将 gp11用户组删除了。

4.3.5　网络文件系统

网络文件系统（Net File System，NFS）是 FreeBSD 支持的文件系统中的一种。NFS 允许一个系统在网络上与其他人共享目录和文件。通过使用 NFS，用户和程序可以像访问本地文件一样访问远端系统上的文件。

1．NFS 的优点

（1）本地工作站使用更少的磁盘空间，因为通常的数据可以存放在一台机器上，而且可以通过网络访问到。

（2）用户不必在每台网络机器都有一个 home 目录。home 目录可以被放在 NFS 服务器上并且在网络上处处可用。

（3）如软驱、CDROM 和 ZIP 之类的存储设备可以在网络上面被别的机器使用。这样可以减少整个网络上的可移动介质设备的数量。

2．NFS 组成

至少有两个主要部分：一台服务器和一台（或者更多）客户机。客户机远程访问存放在服务器上的数据。为了正常工作，一些进程需要被配置并运行。

3．服务器必须运行以下服务

表 4-5 所示为 NFS 服务描述。

表 4-5　　　　　　　　　　　　　　　　　　NFS 服务描述

服务	描述
nfsd	NFS，为来自 NFS 客户端的请求服务
mountd	NFS 挂载服务，处理 nfsd（8）递交过来的请求
portmap	portmap 服务允许 NFS 客户端查看 NFS 服务在用的端口

客户端同样运行一些进程，如 nfsiod。nfsiod 处理来自 NFS 的请求。这是可选的，而且可以提高性能，对于普通和正确的操作来说并不是必需的。

4. NFS 常见应用

NFS 有很多实际应用，下面介绍比较常见的几种。

（1）多个机器共享一台 CDROM 或者其他设备。这对于在多台机器中安装软件来说更加便宜、方便。

（2）在大型网络中，配置一台中心 NFS 服务器用来放置所有用户的 home 目录可能会带来便利。这些目录能被输出到网络以便用户不管在哪台工作站上登录，总能得到相同的 home 目录。

（3）几台机器可以有通用的/usr/ports/distfiles 目录。这时，如果需要在几台机器上安装 port 时，就可以无须在每台设备上下载而快速访问源码。

4.4 Linux 操作系统

Linux 操作系统是 UNIX 操作系统在微机上的实现，它是由芬兰赫尔辛基大学的 Linus Torvalds 于 1991 年开始开发的，并在网上免费发行。Linux 的开发得到了 Internet 上许多 UNIX 程序员和爱好者的帮助，大部分 Linux 上能用到的软件均来源于美国的 GNU 工程及免费软件基金会。Linux 操作系统从一开始就是一个编程爱好者的系统。它的出发点是核心程序的开发，而不是对用户系统的支持。

Linux 的特点如下。

（1）Linux 操作系统是 UNIX 在微机上的完整实现，它性能稳定、功能强大、技术先进，是目前最流行的微机操作系统之一。

（2）Linux 有一个基本的内核（Kernel）。一些组织或厂商将内核与应用程序、文档包装起来，再加上安装、设置和管理工具，就构成了直接供一般用户使用的发行版本。

（3）源代码公开。从诞生之日起，Linux 的源代码是公开的，这是它与 UNIX、Windows NT 等传统网络操作系统最大的区别，这使它一直得到，并将继续得到全世界范围的程序员的共同完善。

（4）完全免费。Linux 从内核到设备驱动程序、开发工具等，都遵从通用公共许可（General Public License，GPL）协议，Internet 上有大量关于 Linux 的网站和技术资料，可以免费下载，其中不包含任何有专利的代码，不存在"使用盗版软件"的问题。

（5）完全的多任务和多用户。Linux 允许在同一时间内运行多个应用程序，允许多个用户同时使用主机。

（6）适应多种硬件平台。Linux 可运行的硬件平台较多，如 IBM PC 及其兼容机、Apple Macintosh 计算机、Sun 工作站等。

（7）稳定性好。运行 Linux 的服务器有公认的极好的稳定性，很少出现在其他一些常用操作系统上常见的死机现象。

（8）易于移植。Linux 符合 UNIX 的标准，这使 UNIX 下的许多应用程序可以很容易地移植到 Linux。

（9）用户界面良好。Linux 的 X Windows 系统具有图形用户界面，它可以运行 Windows 9x 下的所有操作，甚至还可以在几种不同风格的窗口之间来回切换。

（10）具有强大的网络功能。实际上，Linux 是依靠 Internet 才迅速发展起来的，因此 Linux 具有强大的网络功能。它支持 TCP/IP，支持网络文件系统、文件传送协议、超文本传送协议、点对点协议、电子邮件传送和接收协议等，可以轻松地与其他网络操作系统互连。

4.4.1　Linux 多道处理

任何现代的网络操作系统必须能够以一种高效的方式使用多个处理器资源。在这方面，Linux 是一个现代操作系统。与 Net Ware 和 Windows NT 相似，Linux 支持 SMP。这种支持在版本 2.0 中得以实现。但是，Linux 专家认为 SMP 在版本 2.2 之后才是稳定的。该操作系统支持 SMP，每个服务器最多可以使用 16 个处理器，必须了解服务器的用途并根据对应用处理负载的估计来制定多处理服务器的计划。

在版本 2.22 之前的版本中，Linux 在缺省安装中都是把 SMP 禁止的。如果使用 2.0 版的 Linux，则必须通过配置才能激活 SMP。

4.4.2　Linux 存储器模型

Linux 自创建之日起就可以高效地使用物理和虚拟存储器。与 Windows NT 相似，Linux 为每个应用分配一块内存区。但是，它通过尽可能地在程序之间进行内存共享来减少这种做法的浪费。例如，如果在 Linux 服务器上有 5 个人在使用 FTP，那么服务器将运行 5 个 FTP 程序的实例。实际上，每个 FTP 程序中只有一小部分（称为私有数据区，如用以存放用户名的部分）具有自己的内存空间，程序的绝大部分将存放在所有这 5 个程序实例所共享的内存区域中。在这种情况下，Linux 使用的内存不是一个程序实例所需内存的 5 倍，而只需使用比一个 FTP 用户稍多的内存便可以满足 5 个 FTP 用户。

如果 Linux 版本使用的是 32 位编址，程序可以访问 4GB 的内存。Linux 服务器中的虚拟内存可以采用磁盘分区的形式（使用 Windows 的 fdisk 命令进行创建），或者采用文件的形式（与 Windows NT 中使用的虚拟内存文件 pagefile.sys 十分相似）。

4.4.3　Linux 内核

Linux 系统的核心由内核构成。Linux 内核当开机时从磁盘加载到内存后开始执行。通过加载和卸载 Linux 内核模块，增加和去除某些功能特性；通过输入命令来启动和终止 Linux 服务和应用。Linux 的版本号，如 2.0 或者 2.2，指的是内核的版本。尽管厂商也使用了自己的版本号方案（如 Red Hat5.2），所有的 Linux 发布承办商都使用了同样的 Linux 内核版本方案来标明其软件包中所包含的是哪个内核。

4.4.4　Linux 文件和目录结构

UNIX 操作系统是最早实现层次文件系统的操作系统之一。按这种方式组织的文件系统的表示方法在 UNIX 操作系统出现的时候被认为是一种革命。现在，大多数操作系统，包括微软所有的 Windows 类操作系统、NetWare，甚至 Apple Macintosh 的 Mac OS，使用的都是层次文件系统。图 4-4 所示的是一个典型的 Linux 文件系统层次。

boot 目录中包含有 Linux 内核和其他系统初始化文件。Linux 将应用和服务存放在/bin 和 /sbin 中，/sbin 中应用和服务支持的是系统初始化过程；用户很少会用到这些程序。/var 目录中存放的是可变的数据，如日志文件和等待打印的打印作业。例如，文件/var/log/messages 存放的是系统的日志信息。用户的登录目录存放在/home 中。在创建新的用户账户时，系统将在/home 中为用户分配一个目录。登录（或者主）目录和账户的用户名是一一对应的。因此，/home/jones 是用户 jones 的登录（或者主）目录。

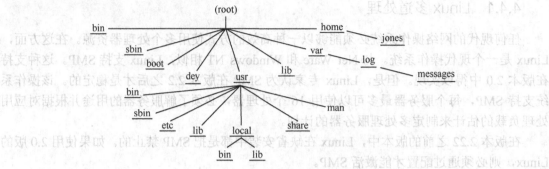

图 4-4　Linux 文件系统层次

4.4.5　Linux 文件服务

　　文件系统是由操作系统通过逻辑结构和软件例程组织、管理和访问其文件的方法构成的。Linux 支持多种类型的文件系统，包括本地文件系统和远程文件系统。Linux 本身的文件系统叫作"ext2"，是 Linux 的"第二扩展"文件系统。程序员们并不打算仅仅去修正"第一扩展"文件系统存在的某些问题，而是从头开始创建了一个新的文件系统并（有创造性地）将之命名为第二扩展文件系统。

　　Linux 可以访问用 DOSFAT 文件系统、Windows NT NTFS 文件系统（只读）和 OS/2 HPFS 文件系统格式化的分区。它还支持远程文件系统，该远程文件系统和 Windows NT 的共享或者 Net Ware 网络卷有些类似。使用 Linux，不但可以映射 Windows 或者 Net Ware 服务器的共享文件系统，而且还可以和其他用户共享本地分区。Sun Microsystems 的网络文件系统是 Linux 支持的另一种重要的远程文件系统。仅了解 Linux 可以支持的文件系统有多少，便很容易理解它为什么能够成为多种大型网络上流行的服务器平台了。

4.4.6　Linux 命令实例

　　（1）和 Linux 系统进行交互的重要方法是命令行，即使在运行 GUI 的时候，GUI 其实也是根据对屏幕上的图形元素的操作而执行相应的命令。

　　（2）接收输入并执行命令的程序叫作命令解释器，也叫作 Shell。命令解释器的作用就是将输入的命令转换为操作系统可以理解的机器指令。因此，它是一个可以运行其他程序的程序。

　　（3）Linux 手册页包含所有命令的用法。通过阅读相应的手册页，可以查看任何命令的使用指南。Linux 的手册页共分为 8 个部分：第 1 部分是在命令窗口中经常键入的命令；第 2～7 部分是 UNIX 系统的程序接口文档；第 8 部分是管理员管理系统时使用的命令。可以在命令窗口中输入 man 命令来访问需要的手册页。例如，需要阅读 Telnet 命令的手册页时，可以在命令窗口中输入 man telnet。而 apropos 命令可以找到可能与想使用的命令有关的手册页。例如，输入 apropos list，随后将显示手册页中包含关键字 list 的所有命令和程序设计函数。

　　（4）使用 Linux 命令的时候，可以参考一些规则，但大部分规则都存在例外的情况。

　　（5）表 4-6 列举了一些 Linux 最为常用的命令及其功能。

表 4-6　　　　　　　　　　　　　　　**Linux 常用命令及其功能**

命令	功能
date	显示当前的日期和时间
ls -la	显示当前目录中的所有文件及其细节
ps -ax	显示当前所有正在运行的程序的细节
find dir	在目录 dir 中查找 filename，在找到该文件之后显示该文件的路径
cat file	显示一个文件的内容
cd/d1/d2/d3	将当前目录改变为/d1/d2 中的/d3
cp file1 file2	复制文件 file1 为 file2
rm file	删除 file。注意，在 UNIX 操作系统中删除是永久性的，没有垃圾箱或者回收站之类的功能可以恢复被删除的文件
mv file1 file2	将 file1 重命名为 file2
mkdir dir	创建一个名称为 dir 的目录
rmdir dir	删除名字为 dir 的目录
who	显示当前登录到系统上的所有用户
vi file	使用可视化编辑工具 vi 编辑文件 file
Grep "string" file	在文件 file 中搜索字符串 string
sort filename	对文件 filename 的内容进行按字母排序
man command	显示命令 command 的手册页
chmod rights file	改变文件 file 的访问权限为 rights
telnet host	启动一个到 host 的虚终端连接（在这里 host 既可以是一个 IP 地址，也可以是一个主机名）
ftp host	使用 FTP 启动一个到 host 或者从 host 的交互式文件传输会话（在这里 host 既可以是一个 IP 地址，也可以是一个主机名）
startx	启动 X Window 系统
kill process	终止进程 IP 为 process 的进程的运行
tail file	显示 file 的后 10 行
exit	终止当前正在运行的命令解释器，如果该命令解释器是登录时开始运行的始命令解释器，将退出系统

第 **5** 章 **交换技术**

通信节点中以数据转发为目的所使用的技术，从广义上讲，称为交换技术。OSI/RM 中的交换技术出现在第 2 层（数据链路层），为了解决第 2 层交换技术的问题，更好地扩展网络性能，提高带宽使用率、准确性，以及提升服务的质量，出现了 3 层交换技术、4 层交换技术等多层交换技术。

5.1 交换机的数据转发

5.1.1 交换机的数据转发的功能

交换机对数据包的转发是建立在 MAC 地址（也称端口/地址）——物理地址基础上的，即交换机在转发数据包时，不知道也无须知道源主机和目的主机的 IP 地址，只需知道其物理地址即 MAC 地址。交换机在运行过程中不断收集资料去建立它本身的一个地址表，交换机使用这个地址表处理数据帧，它说明了某个 MAC 地址是在哪个端口上被发现的，所以当交换机收到一个 TCP/IP 数据帧时，首先检查该帧标签部分的目的 MAC 地址，如果存在匹配记录，则将数据帧发到目的地址对应的端口；如果都不匹配，则采用泛洪方式（Flooding）将这个数据帧发到除输入端口外的其余所有端口，就好像交换机在收到一个广播封包时一样处理。交换机的数据帧处理一般由硬件专用集成电路（Application Specific Integrated Circuit，ASIC）完成，因此速度非常快。

交换机的地址表是由其学习功能建立起来的。当其收到数据帧时，将源地址和输入端口一起记录到 MAC 地址表中，每个 MAC 地址对应一条记录。这种学习方式又称为逆向学习方式。

交换机在同一时刻可以进行多个端口对之间的数据传输。每一端口都可视为独立的网段，连接在其上的网络设备独自享有全部的带宽，无须同其他设备竞争使用。

2 层交换机在处理广播包时存在"广播风暴"的情况。当一个网段内部存在很多网络设备时，广播风暴会使网络性能急剧下降。解决这个问题的方法是采用虚拟局域网（Virtual Local Area Networks，VLAN）的方式，即把一个"大"的网络按照互相间访问频率、地理位置等分割成若干"小"的网络，每个广播只限于在"小"网络里传播。而不同 VLAN 之间的数据转发是通过 3 层交换实现的，对应的设备是 3 层交换机。

5.1.2 生成树协议

生成树协议（Spanning Tree Protocol，STP）能够实现 2 层路由的冗余和无环路运行。其基本思想是阻断一些交换机的端口，构建一棵与这些交换机链路相关的且没有环路的 STP 转发树，构成整个局域网的生成树。这样，2 层网络设备网桥能够自动发现一个没有环路的拓扑结构子网，也就是一个生成树，而且能够确定有足够的连接通向这个网络的每一个部分。

当首次连接网桥或拓扑结构变化时，网桥都将进行生成树拓扑的重新计算。另外，当网桥收到 BPDU（一种特殊类型的桥接协议数据单元）时，这个网桥开始从头执行生成树算法。生成树算法从根网桥（Root Bridge）的选择开始。根网桥是整个树形结构拓扑的核心，它处于这个"生成树"的根部，所有的数据都要通过根网桥。（根网桥是一个逻辑的中心，并且监视整个网络的通信，最好不要依赖设备自动选择去挑选哪一个网桥成为根网桥。）由于不同厂商设备的不同特性，在手工设置根网桥时要特别注意。生成树形成的下一步是让每一个网桥决定通向根桥的最短路径，这样各网桥就知道如何选择最短路径到达这个"根"。此步骤会在每个局域网中进行，选择指定的网桥，或者与根网桥最接近的网桥。指定的网桥将数据从局域网发送到根网桥。最后一步是每个网桥要选择一个根端口（用来向根桥发送数据的端口）。注意，一个网桥上的每一个端口，甚至连接到终端系统（计算机）的端口，都将参加这个根端口的选择，除非将设备端口设置为"忽略"。

上面就是生成树算法的执行过程，但还不能完全解释生成树算法在现实中的功能。而且是在网桥停止所有的通信情况下计算的，具有一定的破坏性。网桥在经过一系列的测试和学习阶段，并构建起拓扑结构之后才开始发送数据。网桥只有在拓扑结构改变的时候或者网桥得到一个 BPDP 包时才会进行。事实上，这种计算发生的频度很高。当一个物理连接的新网桥连线时，它将发送重新设置 BPDU，其他连接的设备将遵照执行。当生成树协议开始计算的时候，所有的通信都要停止大约 50s。这些时间物有所值，因为这被限制在一个很短的停机时间内。如果交换机被挤暴，或者缺少多余的路径，将会出现永久的停机。总之，发送 BPDU 数据包的任何端口都能够引起网络中断，这也包括运行其他非法程序的计算机。因此，一定要在所有的端口启用封锁 BPDU 数据包的技术。

如果不采用生成树协议，每一台交换机将无限地复制它们收到的第一个数据包，直到内存耗尽和系统崩溃为止。在第 2 层（数据链路层），没有任何东西能够阻止这种环路的事情发生。生成树协议在当前可用的连接都有效时，关闭一个或者多个冗余连接，而在当前连接出现故障后，再启用这些被关闭的冗余连接。生成树协议决定使用哪一个连接完全取决于网络的拓扑结构。启用生成树协议可以通过多个链路把两个网桥连接在一起，且不产生环路。如果连接之中的一个网桥坏了，可以绕过这个坏网桥使用另外一个正常工作的网桥。这个思路是虽然交换机封锁其备用链接，但它默默地监听 BPDU 更新并且仍然知道哪一个连接通向根网桥。也就是说，在进行了相关设置的情况下，如果其中一个物理连接碰巧是一条虚拟局域网 trunk 线，会出现什么情况呢？如果只有一个运行的生成树实例，这个生成树可能会发现 trunk 中的一个网络不应该使用这个连接（trunk 端口汇聚将多条物理连接汇聚为一个带宽更大的逻辑连接），除了关闭整个连接之外，没有其他的选择。在虚拟局域网中（Per-VLAN Spanning Trees，PVST），当启用生成树协议的时候，一个网桥将为该网桥上的每一个虚拟局域网运行一个生成树实例。如果一个 trunk 连接包含虚拟局域网 1、2 和 3，它可以决定虚拟局域网 1 和 2 不能使用哪条路径，但是仍然允许虚拟局域网 3 使用这条路径。在复杂的网络中，还有许多虚拟局域网 3 只有一个出口的情况，这可能是因为管理员要限制虚拟局域网 3 访问的范围。如果不使用 PVST，而且 trunk 端口被生成树封锁，这个网桥上的虚拟局域网 3 将失去与其局域网的其他方面的连接。因此这种情况下就建议使用 PVST。

另外，很多现代厂商已经实现了生成树协议的一个改进版本——快速生成树协议。该协议重点改进了重新计算拓扑时的开销，并与老版本的协议兼容。多数情况下，可以把以前多达 50s 的计算时间缩短到不足 3s。

5.2 VLAN 技术

5.2.1 VLAN 的基本原理

1. VLAN 的基本概念

VLAN 是为了解决广播问题和安全性提出的，是根据用途、工作组、应用等逻辑而不是物理划分一个个网段，从而实现虚拟工作组的技术。VLAN 是一个广播域，不依赖于用户的物理位置。由于 VLAN 中的网络用户是通过 LAN 交换机进行通信的，所以同一 VLAN 内的各个站点可以被放置在不同的物理空间。2 层交换下一个 VLAN 中的成员看不到另一个 VLAN 中的成员。

同一个 VLAN 中的所有成员被同一 VLAN ID 标识，组成一个虚拟局域网；同一个 VLAN 中的成员均能收到同一个 VLAN 中的其他成员的广播包，但收不到其他 VLAN 中发的广播包；不同 VLAN 成员之间不可直接通过 2 层交换通信，需要通过 3 层交换才能通信；而同一 VLAN 中的成员就可以直接通过 VLAN 交换机直接通信，不需路由技术支持。

2. VLAN 的特征

VLAN 简化网络管理和维护，增加了网络连接的灵活性。能够将不同地点、不同网络、不同用户组合在一起，形成一个虚拟的网络环境。VLAN 中的站点不受地理位置的限制，这就给网络管理和维护带来了很多方便，而且在组建网络时物理位置就不是重点考虑的了。

控制网络上的广播范围，增加安全性，提高网络性能。控制通信活动，隔离广播数据简化网络管理，便于工作组优化组合，VLAN 中的成员不受物理位置的限制，在交换机互连范围内随意移动工作站的位置；VLAN 可以提供类似于防火墙的机制，VLAN 交换机好像一道道“屏风”，只有具备 VLAN 成员资格的分组数据才能通过，这比用计算机服务器做防火墙要安全得多；VLAN 范围被有效的限制，消除了广播信息泛滥而造成的网络拥塞，能够释放更多的带宽给用户使用，网络性能大大提高。

从技术理论角度看，VLAN 技术既可以在交换式以太网中实现，也可以在 ATM 骨干网中实现。但是，在 ATM 环境中实现 VLAN 技术相对困难些，而且在 IP 网主导的情况下，遇到 ATM 环境的机会比较少。基于交换式以太网的 VLAN 采用的是帧交换（Frame Switch）技术，其工作原理是：当以太网交换机从一个端口收到数据帧后，对数据帧中包含的 MAC 地址进行分析并利用交换机中的端口——MAC 地址映射表将数据帧转发至相应端口。

5.2.2 VLAN 的实现过程

当 VLAN 交换机从网络设备接收到数据后，会对数据的 MAC 地址信息进行检查，并与一个 VLAN 配置数据库（该数据库含有静态配置的或者动态学习而得到的 MAC 地址等信息）中的 MAC 地址进行比较，如果数据要发往同一个 VLAN 中的另一个网络设备（VLAN-aware），一个标记（Tag）或者 VLAN 标识就被加到这个数据上，根据 VLAN 标识和目的地址，VLAN 交换机就可以将该数据转发到同一 VLAN 上适当的目的地；如果数据发往非VLAN 网络设备（VLAN-unaware），则 VLAN 交换机发送不带 VLAN 标识的数据。

5.2.3 VLAN 划分的标准

加入一个 VLAN 所依据的标准是多种多样的，可以按以下方案加入 VLAN。

1. 基于端口划分

将一个或多个交换机上的物理端口分成若干逻辑组，每个逻辑组构成一个虚拟网，相当于一个独立的 VLAN 交换机，这是最简单最有效的，也是最常用的划分方法。其主要缺点是不够灵活，既不允许用户移动，一旦用户移动到一个新的端口，新旧端口不在一个 VLAN 时，网络管理员必须修改端口的配置，这样才能加入原有的 VLAN 中。

2. 基于 MAC 地址划分

将网络上每个 MAC 地址都配置它属于哪个 VLAN，这是一种基于用户的网络划分手段，因为 MAC 在网络设备的网卡上。这种方式的 VLAN 允许网络用户从一个物理位置移动到另一个物理位置时，自动保留其所属 VLAN 的成员身份，但这种方式要求网络管理员将每个用户 MAC 地址都一一划分在某个 VLAN 中。其主要缺点是在大规模的 VLAN 中配置是相当麻烦的。同时这种划分也导致了交换机执行效率的降低。当网卡更换时，也需要对交换机重新进行配置。

3. 基于网络层划分

基于网络层划分 VLAN 有两种方式，一种是按网络层协议划分，另一种是按网络层地址划分。

VLAN 按网络层协议划分，可分为 IP、IPX、DECnet、AppleTalk、Banyan 等。这种按网络层协议组成的 VLAN，可使广播域跨越多个 VLAN 交换机。这对于希望针对具体应用和服务组织用户的网络管理员来说是非常具有吸引力的。这种方式构成的 VLAN 大大减少了人工配置的工作量，同时用户可以在网络内部自由移动，但其 VLAN 成员身份仍然保留不变。其主要缺点在于，可使广播域跨越多个 VLAN 交换机，容易造成某些 VLAN 站点数目较多，产生大量的广播包，使 VLAN 交换机的效率降低。

VLAN 按网络层地址划分，常用的就是根据 TCP/IP 中的子网段地址划分。按此方式划分 VLAN 需要知道子网段地址与 VLAN ID 号的映射关系，交换设备根据子网地址将各主机的 MAC 地址与某一 VLAN 联系起来。采用这种方法，VLAN 之间的数据转发不需要通过路由器，也不用附加帧标签来识别 VLAN，减少了网络通信量。其主要缺点是效率比较低，通信中需要检查数据包中网络地址的时间开销比检查帧中的 MAC 地址时间开销大。

4. 基于 IP 多播划分

IP 多播也是一种 VLAN 的定义,就是认为一个多播组就是一个 VLAN。只要对多播组中的广播信息进行肯定回答就能加入到这个 VLAN 中。这时 VLAN 的成员就具有一定的临时性,但是灵活性比较高,各站点可以动态地加入某一个 VLAN 中。借助路由器可以将 VLAN 扩展到 WAN 上。其主要缺点是组内成员相对比较松散。

5. 基于策略划分

基于策略的 VLAN 划分是最灵活的 VLAN 划分方式,能实现多种分配方法,包括 VLAN 交换机端口、MAC 地址、IP 地址、网络层协议等。网络管理人员可根据自己的管理模式和本单位的需求决定选择哪种类型的 VLAN。此方式具有自动配置的能力,并且可以把上面 4 种方法组合成新的方法来划分 VLAN。

6. 基于用户定义、非用户授权划分

基于用户定义、非用户授权来划分 VLAN,是指为了适应特别的 VLAN 网络,可根据网络用户的特别要求定义和设计 VLAN,在提供用户密码的情况下,可以让非 VLAN 群体用户访问 VLAN,并得到 VLAN 管理的认证后才可以加入一个 VLAN。

5.2.4 VLAN 之间通信主要采取的方式

在 VLAN 通信中,VLAN 交换机了解 VLAN 的成员关系,即要让交换机知道哪一个工作站属于哪一个 VLAN,目前主要采取如下 4 种方式。

1. MAC 地址静态登记方式

此方式是预先在 VLAN 交换机中设置好一张包含 MAC 地址、VLAN 交换机的端口号、VLAN ID 等信息的地址列表,当工作站第一次在网络上发广播包时,交换机就将这张表的内容一一对应起来,并对其他交换机广播。这种方式使网络管理员要不断修改和维护 MAC 地址静态条目列表;同时大量的 MAC 地址静态条目列表的广播信息易导致主干网络拥塞。

2. 帧标签方式

此方式采用的是在每个数据包都加上一个标签(Tag),用来标识数据包属于哪个 VLAN。这样,VLAN 交换机就能够将来自不同 VLAN 的数据流复用到相同的 VLAN 交换机上。这种方式在每个数据包加上标签的情况下使网络的负载也相应增加了。

3. 虚连接方式

网络用户 A 和 B 第一次通信时,发送地址解析广播包,VLAN 交换机将接收到的 MAC 和所连接的 VLAN 交换机的端口号保存到动态条目 MAC 地址列表中,当 A 和 B 有数据要传输时,VLAN 交换机从其端口收到的数据包中识别出目的 MAC 地址,查动态条目 MAC 地址列表,得到目的站点所在的 VLAN 交换机端口,这样,两个端口间就建立起一条虚连接,数据包就可从源端口转发到目的端口。数据包一旦转发完毕,虚连接即被撤销。这种方式使带宽资源得到很好利用,提高了 VLAN 交换机效率。

4. 路由方式

在按 IP 划分的 VLAN 中,很容易实现路由,即将交换功能和路由功能融合在 VLAN 交换机中。这种方式既达到了作为 VLAN 控制广播风暴的最基本目的,又不需要外接路由器。但这种方式降低了 VLAN 成员之间的通信速度。

5.2.5 VLAN 交换机互连的方式

1. 接入链路

接入链路(Access Link)是用来将非 VLAN 标识的工作站或者非 VLAN 成员资格的 VLAN 设备接入一个 VLAN 交换机端口的一个 LAN 网段,它不能承载标记数据。

2. 中继链路

中继链路(Trunk Link)是只承载标记数据(即具有 VLAN ID 标签的数据包)的干线链路,只能支持那些可接收 VLAN 帧格式并拥有 VLAN 成员资格的 VLAN 设备。中继链路最通常的实现就是连接两个 VLAN 交换机的链路。与中继链路紧密相关的技术就是链路聚合技术,该技术采用 VLAN 中继协议(VLAN trunk protocol,VTP),即在物理上每台 VLAN 交换机的多个物理端口是独立的,多条链路是平行的,采用 VTP 技术处理以后,逻辑上 VLAN 交换机的多个物理端口为一个逻辑端口,多条物理链路为一条逻辑链路。这样,VLAN 交换机上使用生成树协议(STP)就不会将物理上的多条平行链路构成的环路终止,而且,带有 VLAN ID 标签的数据流可以在多条链路上同时进行传输共享,实现数据流的高效、快速、平衡传输。

3. 混合链路

混合链路(Hybrid Link)是接入链路和中继链路混合所组成的链路,即连接 VLAN-aware 设备和 VLAN-unaware 设备的链路。这种链路可以同时承载标记数据和非标记数据。

5.2.6 VLAN 可靠性和可扩展性的获得方式

VLAN 的可靠性和可扩展性是非常重要的指标,通过以下方式获得。

1. 可靠性

VLAN 的可靠性是指一个 VLAN 中的广播信息和数据都能准确地转发到目的地,这和 VLAN 所实际使用的硬件交换机或者虚拟交换机或者其他形式构成的 VLAN 网络无关。

保证 VLAN 可靠性的两个协议为:组多点转发注册协议,允许多播在单个 VLAN 中发送而不影响其他 VLAN(Group Multicast Registration Protocol,GMRP);通用属性注册协议 VLAN 注册协议(GARP VLAN Registration Protocol,GVRP)。GVRP 是 GARP(Generic Attribute Registration Protocol)协议的一个应用,它使动态配置成为可能。

2. 可扩展性

VLAN 的可扩展性是指在一定范围内,可让多个节点 VLAN 交换机连接进来,一个 VLAN 中的 VLAN 的成员逐步扩大。在拓扑结构逐步扩大后,各个 VLAN 节点交换机就有可能组成环路,或者两个 VLAN 节点交换机之间有两条或多条平行通路也可能使广播包和数据流形成环路,这时,启用 STP 就可以解决问题。STP 可以保证 VLAN 进行拓扑扩展,保证两个 VLAN 节点交换机之间只有一条最短的有效路径。

目前在宽带网络中实现的 VLAN 基本上能满足广大网络用户的需求,但其网络性能、网络流量控制、网络通信优先级控制等还有待提高。前面所提到的 VTP 技术、STP 技术,基于 3 层交换的 VLAN 技术等在 VLAN 使用中存在网络效率的瓶颈问题。采用 IEEE 802.3z 和 IEEE 802.3ab 协议,并结合使用精简指令集计算处理器或者网络处理器而研制的吉比特 VLAN 交换机在网络流量等方面采取了相应的措施,大大提高了 VLAN 网络的性能。

IEEE 802.1P 协议提出了 CoS（Class of Service）标准，这使网络通信优先级控制机制有了参考。

5.2.7　VLAN 的配置

对于 VLAN 的配置，配置前需要确定：是否需要开启 VTP，需要配置的 VLAN 数量，以及每个 VLAN 需要多少个端口。

简单而言，基于端口划分 VLAN 的配置步骤如下。

Enable VTP（可选）→Enable Trunk→Create VLANs→Assign VLAN to ports。

具体的配置方法需要参考各个厂商的交换机说明书。

5.3　多层交换技术

5.3.1　3 层交换技术

1. 3 层交换技术的基本概念

传统的交换技术是在 OSI 模型中的数据链路层中实现的，存在着网络带宽利用效率不高的问题，而利用网桥实现 LAN 之间的信息传送无法隔离广播帧，广播过多就可能造成网络瘫痪，因此引入了路由技术。在 2 层交换技术基础上引入 3 层路由技术，大大提高了 3 层报文的处理速度，实现利用第 3 层协议中的信息来加强第 2 层交换功能的机制，因此，这种 TCP/IP 上的第 3 层交换技术（Layer 3 Switching，L3S）也称为 IP 交换技术、高速路由技术等。

2. 3 层交换技术的基本原理

大部分企业网已变成实施 TCP/IP 的 Web 技术的内联网，用户的数据往往越过本地的网络在网际间传送，因而，路由器常常不堪重负。解决方法一：安装性能更强的超级路由器。然而，在建交换网规划中，这种方法的开销太大，投资显然是不合理的。解决方法二：引入 3 层交换技术。3 层交换原理比较复杂，不同网络环境下，不同厂商的 3 层交换机的 3 层交换流程都不完全相同，但是目标都是在源地址和目的地址之间建立一条更为直接的第 2 层通路，就没有必要经过路由器转发数据包。也就是第 3 层交换使用第 3 层路由协议确定传送路径，此路径可以只使用一次，也可以存储起来，供以后使用，实现数据包通过这条虚路径绕过路由器快速发送。这就是"一次路由，多次交换"的基本思路。

3. 3 层交换技术的基本功能

在 3 层交换中，可以实现同一 3 层交换机上的不同网段设备进行通信和不同 3 层交换机上的不同网段设备进行通信两种情况，两种情况只是具体交换流程有所区别。

同时，平时说的多层交换机，多指 3 层交换机，也就是把 2 层交换和 3 层路由结合起来。

5.3.2　4 层交换技术

1. 4 层交换技术的基本概念

在 2 层、3 层交换技术基础上引入 4 层传输技术（OSI 模型的第 4 层是传输层，在 IP 协议栈中这是 TCP/UDP 所在的协议层），它决定传输不仅仅依据 MAC 地址或源/目标 IP 地址，而且依据 TCP/UDP（第 4 层）应用端口号。第 2 层与第 3 层交换主要作用是解决了局域网和互联网的带宽及容量的问题，第 4 层交换的主要作用是提高了服务器和服务器群的可靠性、可扩性和端到端的性能，实现了客户机与服务器之间数据平滑地流动。

2．4 层交换技术的基本原理

4 层交换技术利用数据流中的 TCP/UDP 应用端口号、标记应用会话开始与结束的"SYN/FIN"位，以及 IP 源/目的地址做出向何处转发会话传输流的智能决定，而且其从开始到结束一直跟踪和维持各个会话，因此，第 4 层交换机是真正的"会话交换机"。第 4 层交换技术根据用户的请求中的上述信息构建的不同规则，实现多台服务器间负载均衡。

拥有第 4 层交换技术的交换机能够起到与服务器相连接的虚拟 IP（Virtual IP，VIP）前端的作用。每台服务器和支持单一或通用应用的服务器组都配置一个 VIP 地址。这个 VIP 地址被发送出去并在域名系统上注册。在发出一个服务请求时，第 4 层交换机通过判定 TCP 开始，来识别一次会话的开始。然后利用复杂的算法来确定处理这个请求的最佳服务器。一旦做出这种决定，交换机就将会话与一个具体的 IP 地址联系在一起，并用该服务器真正 IP 地址代替服务器上的 VIP 地址。每台第 4 层交换机都保存一个与被选择的服务器相配的源 IP 地址，以及源 TCP 端口相关联的连接表。然后，第 4 层交换机向这台服务器转发连接请求。所有后续包在客户机与服务器之间重新映射和转发，直到交换机发现会话为止。使用第 4 层交换技术，接入设备可以与真正的服务器连接在一起，满足用户制定的如每台服务器上有相等数量的接入设备，或根据不同服务器的容量分配接入设备等方面规则。

第 4 层交换技术主要克服的关键问题是如何确定传输流转发给最可用的那台服务器。第 4 层交换机使用了多种负载均衡方法，譬如，求权数最小接入的简单加权循环、测量往返时延和服务器自身的闭合环路反馈等。

闭合环路反馈是最先进的方法，它利用可用内存、I/O 中断和 CPU 利用率等特定的系统信息，这些信息可以被适配器驱动器和第 4 层交换机自动获取。目前的闭合环路反馈机制要求在每台服务器上安装软件代理。

3．4 层交换技术的基本功能

第 4 层交换技术在大型企业数据中心、Internet 服务提供商、内容提供商，以及多台服务器上复制起到很大的作用。第 4 层交换机根据会话和应用层信息做出转发决定，这就不同于路由器根据链路或网络节点的可用性和性能做出转发决定，这样能够被转发到最理想的服务器，体现了传输数据和实现多台服务器间负载均衡的理想机制。总之，4 层交换运用越来越多，它可以通过 4 层端口进行分配。

5.3.3　7 层交换技术

1．7 层交换技术的基本概念

第 7 层交换技术又称智能交换技术，是以内容为主的交换技术，可以有效地实现数据流的优化和智能负载均衡。数据流的传输决策不再只是依赖 MAC 地址、IP 地址和端口号进行，而扩展到具体的内容上进行。目标节点可以打开接收到的具体数据流，根据内容进行负载均衡处理，体现了智能性，因此也被看成是"应用交换技术"。

2．7 层交换技术的基本原理

第 7 层交换技术不再依赖于端口进行数据流的分析，而是利用数据流中的内容本身进行业务的分类，并做出负载均衡策略的选择等，而且可以验证数据内容的正确性。可见，这种智能性超越了第 4 层的功能。第 7 层的智能性能够进行进一步的扩展，即对所有传输流和内容的控制。由于可以自由地完全打开传输流的应用层/表示层，仔细分析其中的内容，因此可以根据应用的类型做出更智能的负载均衡决定。

互联网上传输流具有相同的结构性和内容的差异性。对于负载均衡产品来说，根据实际的应用类型做出决策，而不仅仅基于 URL 做出全面的负载均衡决策，也不用考虑这些应用正在使用什么端口号。另外，知道流过此端口的数据是哪种应用类型，对于不同应用类型给予不同的优先级，这样就避免高优先级的应用被发送到无法做出响应的服务器，导致错误的信息和时延。同时，这种智能性也脱离了 IP 的限制，比如，可以识别用户视频会议流，并根据这一信息做出相应的负载均衡决策，尽管该视频会议可能正在使用动态分配的IP 地址。

具有第 7 层认知的产品的部分功能是保证不同应用类型的传输流被赋予不同的优先级，而不是依赖网络设备或应用达到这个目的。也就是说，第七层认知的设备可以对传输流进行过滤并分配优先级，不是依赖路由设备或应用来识别差别服务（Diff-Serv）、通用开放策略服务或其他服务质量协议的传输流。

3．7 层交换技术的基本功能

第 7 层交换技术是区分同一端口号下不同应用类型而做出的智能决策，这样保证了不同类型的传输流被赋予不同的优先级，不用依赖路由设备来识别差别服务或者其他服务质量协议中的传输流。这种交换技术脱离了对网络设备的依赖性，可以对得到的传输流和目的进行智能的过滤和分配优先级，从而在提升速度的同时优化 Web 访问，为最终用户提供更好的服务。

目前，第 7 层交换技术还没有具体的标准，很多类似的功能具有很大的互补性，能够和其他的网络服务很好共存，如可以与 Diff-Serv 这类服务和谐共存。总之，第 7 层交换技术在对传输流进行分析和判定的基础上，最终实现有效的数据流优化和智能负载均衡，使互联网内容的访问更加高速高效。

5.4 CDN 技术

内容分发网络（Content Delivery Network，CDN）是构建在基础 IP 承载网络之上，面向流媒体、Web 及应用的内容传送，具备内容自动化分布及流量集中化调度控制能力的叠加网络。CDN 由分布在不同区域的 CDN 节点组成，通过全局负载均衡的调度机制和内容中心的分发机制实现签约内容源的请求调度和内容缓存。CDN 按照指定策略将签约内容分发至网络边缘，并自动调度用户内容访问请求指向全局最优的边缘节点，由该边缘节点就近为用户提供内容服务，使用户可以通过访问就近的 CDN 节点获取内容源。

CDN 不但加快内网用户访问外网资源的速度，也可以加速外网用户访问内网资源的速度，有效提升用户内容访问速度和业务体验；大大减轻骨干网络承载负荷和减少网络链路拥塞，优化网络流量，降低网络成本；有力保障运营商自营业务服务质量和竞争力，并能够为第三方客户提供 CDN 分发加速增值服务。

5.4.1 CDN 体系架构

1. CDN 逻辑架构

CDN 从逻辑架构上可分为调度控制层、内容中心层和服务节点层 3 个层面，CDN 各层及不同系统之间为松耦合架构，支持跨厂商设备的异构模式组网。CDN 的整体逻辑架构如图 5-1 所示。

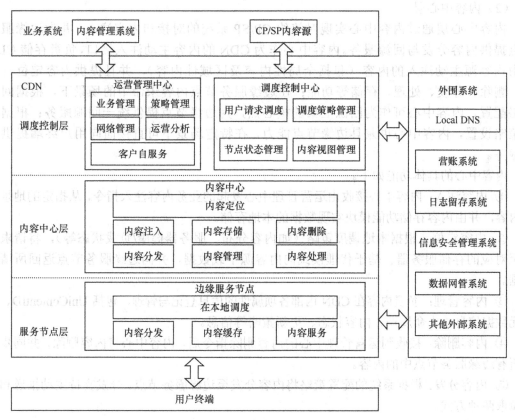

图 5-1 CDN 逻辑功能架构图

2. CDN 功能组件

（1）调度控制层

调度控制层负责用户请求的统一调度、CDN 网络管理及业务运营管理等，主要包含运营管理中心和调度控制中心。

① 运营管理中心

为 CDN 的系统管理员、运维人员，以及业务系统管理员提供管理界面和配置能力，可实现 CDN 的业务管理、网络管理、策略管理、运营分析、客户服务等功能，支持面向不同层级管理员及 CP/SP 客户的分权分域管理。

② 调度控制中心

调度控制中心接收用户终端服务请求后，监测全网节点的健康状态、负载情况，以及内容分布情况，根据调度策略将终端调度到最佳的边缘节点，实现用户调度，主要包括用户请求调度、调度策略管理、节点状态管理，以及内容视图管理等功能模块。调度控制中心分为全局调度控制中心和区域调度中心，服务请求的调度方式包括基于 DNS 重定向方式和基于应用层重定向方式。

全局调度控制中心根据全局调度策略实现对主动签约和被动缓存两类模式的域名进行解析调度。区域调度中心根据业务场景要求和域名策略配置，接收全局调度控制中心转发的用户调度请求，根据用户的 IP 地址和归属位置，进行精细粒度的应用层请求调度。

（2）内容中心层

内容中心层通过内容中心实现对签约 CP/SP 系统的对接和内容注入，并为边缘服务节点提供内容分发与回源服务。内容中心作为 CDN 的内容主动注入接口，负责存储 CDN 中由内容源主动注入的内容（包括全局性内容及区域性内容），并且提供内容定位、管理、删除、分发、处理、存储等功能；在边缘服务节点内容未命中的场景下，根据回源策略配置，内容中心可作为回源汇聚的核心点，为边缘节点提供统一回源服务；根据运营策略设置，内容中心也兼具边缘节点能力，在特定场景下可直接面向用户终端提供内容服务。

内容中心的具体功能如下。

① 内容注入：内容中心接收由运营管理中心发起的业务内容注入指令，从指定的地址下载内容，并由内容存储功能模块实现数据的本地存储。

② 内容定位：根据本地调度策略（如内容分布、服务器健康/负载状态等），将请求调度至对应的存储服务器。基于代理模式向内容源下载数据，并向边缘服务节点返回所请求数据。

③ 内容管理：负责内容在 CDN 内部各项属性的信息登记与管理，包括 UniContentID、内容元数据信息、生命周期、内容状态、更新策略等信息。

④ 内容删除：接收到运营管理中心的内容删除指令后，内容中心将内容删除，并同步删除所有边缘服务节点中的内容。

⑤ 内容分发：根据系统的配置策略将内容分发至边缘服务节点。分发支持主动推送和被动拉取两种方式。

⑥ 内容处理：内容中心可对注入的原始文件进行处理，如对于互联网电视业务注入的视频大文件，可对原始视频文件进行切片、封装等媒体处理。

⑦ 内容存储：根据策略存储从内容源主动注入的内容文件、以被动缓存方式获取的源站内容，根据运营管理中心的指令对存储的文件进行删除和更新。

（3）服务节点层

服务节点层由边缘服务节点组成，面向用户终端提供内容服务，具备内容缓存和媒体服务功能。边缘服务节点负责内容在边缘的临时性存储，向用户终端传送请求的数据，以分层架构部署于网络中不同层面，具体功能如下。

① 本地调度：通过在服务节点内部部署本地负载均衡设备，在边缘位置支持 L4/L7 负载均衡、HTTP 重定向调度，以及流媒体重定向调度，提供用户请求的本地调度能力。

② 内容分发：工作于主动模式，提供内容在 CDN 边缘主动分发和存储能力，内容从内容中心或内容源主动分发至边缘节点。

③ 内容缓存：工作于被动模式，分析、统计用户的访问请求，根据缓存配置将用户请求内容下载并存储到本地，并同时为用户提供内容加速服务。

④ 内容服务：接收用户发起的内容访问请求时，直接面向用户终端提供所请求的内容数据，主要包括 Web 服务、媒体服务、文件下载服务等。

3. CDN 外围系统

CDN 的外围系统和网元主要包括以下内容。

（1）业务系统

业务系统包括自营业务系统和 CP/SP 业务系统，逻辑上每个业务系统均可划分为内容管理系统（Content Management System，CMS）和内容源。

① 内容管理系统：具有内容的采集、管理、发布、编辑等功能，业务系统的管理员基于 CMS 提交、修改、审批内容，并完成向 CDN 的内容发布。

② 内容源：负责保存业务系统中的原始内容，面向终端用户提供内容访问服务，同时也作为 CDN 获取原始内容的数据源。

（2）Local DNS

为终端提供域名解析服务，向 CP/SP 授权 DNS 服务器发起请求解析域名，获取 CDN 调度中心域名后，Local DNS 继续迭代请求得到调度中心的 IP 地址，并由调度中心向 Local DNS 返回解析结果。对于通过被动缓存方式加速的域名，Local DNS 将请求直接前转至调度中心。

（3）用户终端

用户终端主要包括手机、平板电脑、便携机、台式机、机顶盒、智能电视等各类终端。用户使用 URL 通过登录业务系统页面或使用 App 获取内容列表，最终调度到 CDN 获得服务。

（4）营账系统

营账系统向 CDN 传递客户信息及相关配置、业务要求，实现 CDN 业务的线上订购，包括开通、取消、暂停、恢复、变更等流程。营账系统采集 CDN 的流量日志数据，生成面对客户的计费话单，实现 CDN 计费和出账流程。

（5）数据网管系统

CDN 可通过数据网管系统获取承载网络拓扑和链路状态等相关运行信息。数据网管系统对 CDN 的性能、故障、安全进行管理和监控，以保证整个系统的稳定性、可用性、高效性、安全性。

（6）日志留存系统

按照工信部关于用户上网日志留存的相关要求，CDN 生成用户访问日志数据，并支持将日志数据通过专用上传至日志留存系统。

（7）信息安全管理系统

按照工信部关于用户上网日志监测、监管、封堵的相关要求，CDN 通过与信息安全管理系统的对接，完成基础数据管理、访问日志管理、信息安全管理、业务状态监测等功能。

（8）其他系统

CDN 可根据运营需求，灵活接入其他外部网元，提供业务管理、用户管理、业务功能等方面能力的扩展，实现业务的统一管理、统一运营及业务互动，如用户统一认证系统、综合业务管理平台、支付能力平台、互动业务支撑系统、IMS 系统、内容探测系统、网站备案系统、DNS 日志分析系统等。

5.4.2 CDN 网络架构

1. CDN 组网架构

CDN 按照用户规模，采用分层、分布式部署的架构，灵活选择全国骨干网节点、省网核心节点两级组网架构和全国骨干网节点、省网核心节点、城域骨干节点三级组网架构。CDN 的典型三级组网架构如图 5-2 所示。

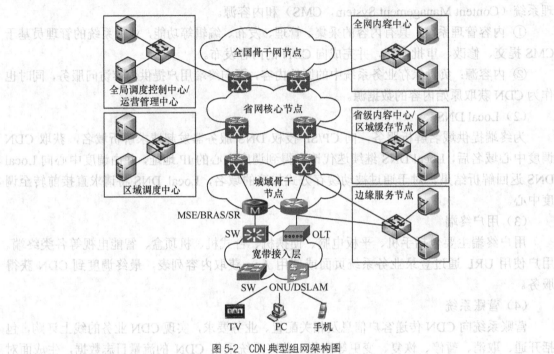

图 5-2 CDN 典型组网架构图

在全国骨干网节点部署全局调度控制中心、区域调度中心、运营管理中心，以及全网内容中心。在省网核心节点部署区域调度中心、省级内容中心/区域缓存节点。在城域骨干节点部署边缘服务节点，根据业务规模在城域网核心层、业务控制层、汇聚层采用分级部署方式。

根据 CDN 逻辑功能特点，CDN 可分为控制平面和数据平面。

（1）CDN 控制平面

CDN 采用集中化模式，由全局调度控制中心和运营管理中心统一对全网和省级内容中心、区域调度中心、区域缓存节点、边缘服务节点进行控制，区域调度中心实现对区域内的内容中心和边缘服务节点进行精细化调度。

（2）CDN 数据平面

CDN 网络采用层次化组网，全网和省级内容中心、区域缓存节点、边缘服务节点在全国范围内采用分布式部署，提供逐级内容分发与服务能力。边缘服务节点根据用户访问量可采用水平和垂直扩展方式动态扩展容量，实现就近接入内容源和服务终端用户。

2. CDN 系统部署

（1）全局调度控制中心

全局调度控制中心应采用双平面部署模式，节点之间可以基于主备方式或负荷分担方式工作。

① 主备方式：将全网请求解析至主用调度中心，异常情况下切换至备用调度中心。

② 负荷分担：根据 IP 地址段/区域/业务进行设置，使用不同的调度中心。

（2）区域调度中心

区域调度中心在全国骨干节点或省网核心节点以集中式方式进行部署。

① 在全国骨干节点部署情况下，区域调度中心可与全局调度中心合设部署，通过提供分权分域能力，支持各省通过远程登录方式接入，实现对于本地需求的远程配置和运营管理等功能。

② 在省网核心节点部署情况下，考虑到容灾备份需求，在业务发展初期，可在全网集中设置一套区域调度中心备用节点，为省内区域调度中心提供 $N+1$ 容灾备份服务。未来可根据业务规模逐步引入省内主用区域调度中心和备用区域调度中心联动机制，实现 1+1 容灾备份能力。

（3）运营管理中心

运营管理中心可以与全局调度控制中心的主用节点在同一局点进行合设部署，对全局调度控制中心的备用节点进行远程监控及管理，并实现配置数据的多点同步，实现主用和备用全局调度控制中心统一管理。

（4）内容中心

依据服务范围，内容中心又分为全网内容中心和省级内容中心，采用分布式多点部署模式，共包含两级：

① 全网内容中心实现全网范围的内容注入及存储，多个内容中心间可提供负荷分担能力，可基于业务、CP/SP 进行区分使用；

② 省级内容中心主要负责本区域内本地内容/个性化内容的注入及存储，满足各省的特色内容引入、分发、加速需求，也可由区域缓存节点兼做省级内容中心。

（5）边缘服务节点

边缘服务节点初期部署于省网核心节点，随着业务量及用户规模增加，节点服务能力将逐步下沉到城域网骨干网和宽带接入网。

3. CDN 服务模式

CDN 作为通用基础网络能力，通过无线和固定宽带接入网络，能够对 PC、笔记本、Pad、手机、机顶盒、智能电视等用户终端访问的网页、图像、视频、文件等内容实现访问加速。CDN 适用于互联网业务（包含网页浏览、HTTP 流媒体和文件下载等）、IPTV 业务（包含直播和点播）、OTT 视频业务、移动流媒体等业务承载，面向 IPTV、PC、移动设备等多种终端用户提供内容服务，业务类型主要包括 Web 页面服务、文件下载服务、音视频流媒体服务等。

（1）Web 页面服务：面向各类 Web 网站，支持对文字、图片、动画、文本等不同静态对象的缓存策略配置，提供静态内容页面的访问服务。对于 HTTP 头域中指明不应被缓存的内容和互联网中不能缓存的动态内容，包括 ASP 页面、PHP 页面、JSP 页面、Java 等以数据库技术为基础的网页内容,所有用户请求以代理方式回源网站并传送给用户。

(2)文件下载服务:通过分布式缓存节点提供大小文件下载服务,例如,病毒库文件、游戏客户端、软件更新、补丁程序、音视频文件等,提高用户的下载速度。

(3)音视频流媒体服务:提供高质量的视频、音频播放和下载服务,支持高清、标清、多种码流视频的单播、多播及多协议的直播、点播、时移、回看等功能。

运营商 CDN 的服务模式包括:自营业务模式及合作运营模式。

(1)自营业务模式

主要用于运营商自营业务,满足文件和网页下载、流媒体服务,以及增值应用等自有内容注入、分发和服务需求。自营业务的内容统一从运营商内容管理平台注入到 CDN 网络中。

(2)合作运营模式

CDN 资源以合作或出租的方式提供给 CP/SP,为其提供互联网业务、视频业务,以及业务应用等内容分发服务,从而提高 CP/SP 服务的用户体验。合作运营模式根据内容是否存放在运营商内容管理系统中又可分为托管模式和非托管模式。

① 托管模式。CP/SP 主动把内容预先存放在运营商内容管理系统上,由运营商内容管理系统对内容进行各种管理操作,内容的注入、存储、分发、服务流程和自营业务模式完全相同。

② 非托管模式。CP/SP 通过其自有内容管理平台进行内容管理,内容主要存放在 CP/SP 的源内容服务器上,不主动推送内容到运营商 CDN,内容需要缓存时使用回源接口与 CP/SP 对接。

5.4.3 CDN 工作机制

1. CDN 请求调度机制

(1)内容路由技术

内容路由是指通过全局负载均衡实现将用户的请求重定向到整个 CDN 网络中的最佳节点。最佳节点的选定可以根据多种策略,例如,节点服务可用、节点负载最轻或就近分配等原则。服务请求的调度方式主要包括基于 DNS 重定向方式和基于应用层重定向方式,两种请求路由机制对比如表 5-1 所示。

表 5-1   **请求路由机制对比表**

对比项	DNS 重定向	应用层重定向
业务能力	在 DNS 解析过程中完成选路,根据 Local DNS 的地址及 CP/SP 的域名定位缓存服务器的地址	CP/SP 的域名解析到路由设备,路由设备接收到终端发送的内容请求后,根据请求的 URL 和终端的地址选路,并使用重定向方式返回缓存服务器的地址
性能/成本	DNS 协议为二进制协议,并且一般使用 UDP 传输,处理效率高;DNS 解析结果在 Local DNS 上有缓存,通过此机制降低了对路由设备处理能力的要求	重定向协议(例如,HTTP)多为基于文本的协议,且增加了重定向过程,并且是基于 TCP 协议,处理效率低;每个终端的每个 URL 请求都需要进行重定向处理,对路由设备的处理能力要求高

续表

对比项	DNS 重定向	应用层重定向
缓存服务器选择精度	使用 Local DNS 的地址代替终端的地址进行选路，选路不精确	直接使用终端的地址进行路由，可作更精确的选路
内容精细区分	使用域名进行选路，不能更精细地区分内容	根据 URL 进行选路，能够更精细地区分内容
Cache 命中率影响	以域名为基本路由单位，粒度大，不能准确识别热点内容，影响 Cache 命中率	以单个内容或内容分组为基本路由单位，可更准确识别热点内容，提高 Cache 命中率高

（2）全局调度机制

CDN 网络依托全局调度控制中心，采用全局调度引导机制对用户终端内容访问请求实现调度，具体引导机制包括 DNS CNAME 和 DNS Forward。

DNS CNAME 引导机制是在 CP/SP 授权 DNS 服务器上进行 CNAME 配置，将内容源域名设置为 CDN 网络全局调度控制中心的域名，将 DNS 解析控制权转移至 CDN 网络，由全局调度中心完成最终的域名解析，实现终端访问请求的全局调度。该应用场景需要与 CP/SP 业务有正式授权，适合正式的签约 CP/SP 业务。DNS CNAME 请求引导机制的具体流程如图 5-3 所示。

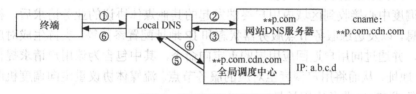

图 5-3　DNS CNAME 引导原理图

① 终端访问 URL http://**p.com/Web/main.html，向 Local DNS 发起**p.com 的域名解析；

② Local DNS 经过递归，向源站授权 DNS 服务器解析域名**p.com；

③ 网站授权 DNS 以 CNAME 方式返回重新构建的业务域名（**p.com. cdn.com）；

④ Local DNS 向全局调度中心发起请求解析**p.com.cdn.com；

⑤ 全局调度控制中心根据 Local DNS 的地址及调度策略，选择最优的边缘节点返回给 Local DNS；

⑥ Local DNS 向终端返回对应的 DNS Response，其中携带内容网络边缘节点的 IP 地址。

DNS Forward 机制是在省内 Local DNS 上配置 Forward 信息，利用 DNS Forward 功能将该解析请求发送至全局调度中心，由调度中心统一实施请求的全局调度。该应用场景不需要源业务系统的授权，适合没有签约的 CP/SP 业务。DNS Forward 请求引导机制的具体流程如图 5-4 所示。

图 5-4　DNS Forward 引导原理图

① Local DNS 中将**p.com 配置到 Forward First 名单中；

② 终端访问 URL http:// **p.com/Web/main.html，向 Local DNS 发起**p.com 的域名解析；

③ Local DNS 匹配 Forward 名单，发现匹配一致，向全局调度中心发起 DNS 请求，解析**p.com；

④ 调度控制中心根据 Local DNS 的地址匹配调度策略，选择一个最优的边缘节点返回给 Local DNS；

⑤ Local DNS 向终端返回对应的 DNS Response，其中携带内容网络边缘节点的 IP 地址。

（3）区域调度机制

区域调度中心基于应用层端口及协议头区分 HTTP 协议和流媒体协议，并能根据不同协议调度至不同的 CDN 服务群组，主要用于大文件及视频业务场景下，基于用户侧 IP 地址的精细化调度，将用户调度到最近的地市边缘节点。具体引导机制包括 HTTP 重定向调度和流媒体协议重定向。

① HTTP 重定向调度机制

当区域调度中心接收到区域内用户终端发起的 HTTP 业务请求后，根据请求中的应用层信息，以及边缘服务节点服务器状态、本地缓存数据和 IP 地址配置参数等，生成对应的 HTTP 302 重定向消息，并通过向用户返回应用层的重定向命令（HTTP 302 消息），其中包含为该用户请求提供服务的边缘节点的 IP 地址，从而将用户调度至对应的边缘节点。HTTP 重定向调度机适用于互联网视频、大文件下载类业务应用场景。

② 流媒体协议重定向调度机制

当区域调度中心接收到区域内用户终端发起的其他媒体协议的业务请求后，根据请求中的应用层信息，以及边缘服务节点服务器状态和 IP 地址配置参数等，支持生成对应的流媒体重定向消息，并通过向用户返回应用层的重定向命令，其中包含为该用户请求提供服务的边缘节点的 IP 地址，从而将用户调度至对应的服务节点。流媒体协议重定向调度机制适用于各类流媒体业务或 IPTV 业务应用场景。

（4）本地调度机制

CDN 网络边缘节点基于本地负载均衡设备，采用本地调度机制实现将用户请求直接调度至具体的服务器。具体引导机制包括 L4/L7 负载均衡调度机制、HTTP 重定向调度机制、流媒体重定向调度机制。

① L4/L7 负载均衡调度机制

本地负载均衡设备中设置该服务节点对外提供服务的 VIP（虚拟 IP，Virtual IP Address），当用户请求到达缓存系统时，本地负载均衡设备可根据配置策略，采用基于 L4 和 L7 的流量分发机制，将其映射为服务节点内多台缓存设备的 IP 地址，分发到不同缓存服务器进行处理。

● L4 负载均衡：本地负载均衡设备可以根据源 IP 地址、目的 IP 地址、TCP 端口号、UDP 端口号等网络层、传输层信息作为条件制定负载均衡策略，在缓存设备的 IP 和服务节点 VIP 间进行映射，选取缓存设备群中的最佳设备来处理连接请求。

● L7 负载均衡：根据用户请求中的 URL、Header 等应用层信息作为条件制定负载均衡策略，在缓存设备的 IP 和服务节点 VIP 间进行映射，选取缓存设备群中的最佳设备来处理连接请求。

② HTTP 重定向调度机制

当本地调度设备接收到用户发起的业务请求后，根据请求中的应用层信息，通过向用户返回应用层的重定向命令（HTTP 302 消息），其中包含为该用户请求提供服务的缓存服务器地址和 URL，用户使用该 URL 与相应的缓存设备建立访问连接。如已缓存则直接向用户提供服务,如未缓存,则由系统作为代理向外网下载并转发给用户。

③ 流媒体重定向调度机制

本地调度设备根据 IPTV 业务中用户请求中的业务访问信息实现对用户请求的重定向,从而将用户请求调度到提供服务的缓存设备,实现多台提供服务的缓存设备之间的负载均衡。流媒体重定向调度流程与 HTTP 重定向调度流程类似。

(5)调度控制策略

调度控制中心支持灵活的调度策略,并可根据实际运营需求进行选用及设定参数配置。不同的请求调度策略可以实现不同的运营目标,如最优服务质量、均衡网络流量、降低运营成本等。在实际运营中,根据运营的需求和目标,可以选择使用不同的调度策略实现用户请求的智能调度,主要包括以下内容。

① 基于地址位置:根据 IP 段/单个 IP 把用户请求调度到用户物理位置就近区域的 CDN 节点。

② 基于节点情况:根据节点负荷、网络质量、健康状况、链路流量等,把用户请求调度到网络状况较好、节点负荷较低的服务节点。

③ 基于节点权重:根据节点权重把用户请求优先调度到权重值低的节点。

④ 基于内容域:根据用户请求 URL 查询 CDN 服务配置表获得内容域协议类型属性,并选择内容域属性为该协议类型子集的 CDN 节点进行调度。

⑤ 基于黑 IP 过滤:针对特定 IP,选择调度到指定节点或直接拒绝服务。

⑥ 基于默认策略:终端 IP 不在任何服务 IP 段内时,默认调度到指定服务节点提供服务。

⑦ 基于服务节点互助策略:不同服务节点之间互为备份或形成一个虚拟群组,在终端归属的服务节点故障或超载时,直接调度至备份的服务节点。

2. CDN 内容管理机制

CDN 内容管理主要包括内容注入、内容删除和内容更新。

(1)内容注入机制

内容注入是指由业务系统主动向 CDN 发送注入指令,CDN 依据指令从内容源下载内容,实现内容从内容源到 CDN 内部的分布。对于全网内容,通过与全网内容中心的交互实现内容注入。对于省内的个性化/特色内容,通过省级内容中心实现内容注入。

(2)内容删除机制

内容删除是指业务系统可以指定从 CDN 任意内容中心和边缘节点删除通过内容管理系统主动注入和分发的内容以及 CDN 被动缓存的内容。

(3)内容更新机制

内容更新是指业务系统可以指定从 CDN 任意内容中心和边缘节点更新通过内容管理系统主动注入和分发的内容以及 CDN 被动缓存的内容。

3. CDN 内容分发机制

内容分发是指内容源注入 CDN 后,实现内容在网络中的边缘分布。根据业务及网络需求,内容分发可灵活配置使用主动分发和被动分发两种模式。

(1)主动分发

主动分发主要通过预分发(Preload)的形式将内容从内容源主动注入 CDN,根据指定的分发策略配置以及业务系统的指令,将内容主动推送到 CDN 中所有的或指定的边缘 Cache,

提升内容访问时的边缘节点命中率。该方式特别适合针对视频类业务，采用智能分发的策略动态地自动维护内容在网络中的分布。

（2）被动分发

被动的分发是指业务系统不主动注入内容，当用户请求的内容不在本地的边缘 Cache 上时，Cache 采用回源方式从内容源或者上级 CDN 节点实时获取内容，并按照内容的热度更新本地存储，以提高缓存的命中率。该方式适合非热点内容访问和动态内容的缓存加速。

5.5 SDN 技术

软件定义网络（Software Defined Networking，SDN）是一种新兴的基于软件的网络架构技术，其最大的特点在于实现了控制和转发分离，支持集中化的网络状态控制，实现底层网络设施对上层应用的透明。通过灵活的软件编程能力，使得网络的自动化管理和控制能力获得大幅提升，能够有效地解决当前网络系统所面临的资源规模扩展受限、组网灵活性差、难以快速满足业务需求等问题。

SDN 概念起源于斯坦福大学的 Clean Slate 项目组，该项目致力于研究如何实现一个灵活的、能够像计算机一样可编程的网络系统。2006 年，这个项目的研究成果被总结发表为一个名为"Ethane"的网络模型，这个模型包括了 SDN 架构的两个重要内容：基于流表的转发和中央控制器。2008 年 3 月，团队领导人之一麦考恩教授在国际通信网络领域的顶尖会议 ACM SIGCOMM 上发表了著名论文"OpenFlow: Enable Innvations in Campus Network"。OpenFlow 这个名词第一次浮出水面，引起业内广泛关注。麦考恩明确提出了 OpenFlow 的现实意义在于在不改变物理拓扑的情况下，分离控制平面和转发平面，实现网络的集中管理和控制并不影响正常的业务流量。

SDN 与传统网络的区别如图 5-5 所示。

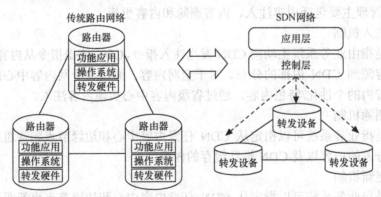

图 5-5　SDN 网络与传统网络区别示意图

SDN 概念的发展大致可分为狭义和广义两种。狭义 SDN 则专指符合 ONF 组织定义的基于标准 OpenFlow 协议实现的软件定义网络。OpenFlow 是实现 SDN 架构的一种南向接口协议，将转发面设备抽象为由多级流表组成的转发模型，SDN 控制器通过 OpenFlow 协议下发 OpenFlow 流表到具体交换机，从而定义、控制交换机的具体行为。随着越来越多的 SDN 方案被提出，人们逐渐认识到 SDN 只是一种架构，一种思想，具体的实现多种多样，所以，广义 SDN 泛指向上层应用开放资源接口，可实现软件编程控制的各类基础网络架构。

5.5.1 SDN 的基本原理

1. SDN 基本特征

业界普遍认可的 SDN 应具有的三大基本特征。

（1）控制和转发分离：网络的控制实体独立于网络转发和处理实体，进行独立部署。控制和转发的分离带来的好处是控制可以集中化实现更高效的控制，以及控制软件和网络硬件的分别独立优化发布。控制和转发分离是 SDN 架构区别于传统网络体系架构的重要标志，是网络获得更多可编程能力的架构基础。

（2）网络业务可编程：这个原则的目的是允许用户在整个业务生命周期中通过与控制器进行信息交换来改变业务的属性，从而满足需求的变化。这个原则的目的是提高业务的敏捷性，用户可以更方便快捷地协助业务、启动业务、改变业务、撤销业务等，从而加快业务部署的进程。

（3）集中化控制：集中化控制的原则主要追求网络资源的高效利用。集中的控制器对网络资源和状态有更加全面的视野，可以更加有效地调度资源以满足客户的需求。同时控制器也可以对网络资源细节进行抽象，从而简化客户对网络的操作。

2. SDN 体系架构

SDN 的典型体系架构如图 5-6 所示。

SDN 架构分为应用层、控制层、基础设施层 3 个层面，以及南北向两种接口。

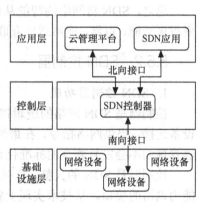

图 5-6 SDN 体系架构示意图

（1）应用层：该层主要对应的是网络功能应用，通过北向接口与控制层通信，实现对网络数据平面设备的配置、管理和控制。该层也可能包括一些服务，如负载均衡、安全、网络监控等，这些服务都是通过应用程序实现的。它可以与控制器运行在同一台服务器上，也可以运行在其他服务器上，并与控制器通信。该层的应用和服务往往通过 SDN 控制器实现自动化。

（2）北向接口：北向接口是指控制层和应用层之间的接口。在 SDN 的理念中，人们希望控制器可以控制最终的应用程序，只有这样才能针对应用的使用，合理调度网络、服务器、存储等资源，以适应应用的变化。北向接口可以将数据平面资源和状态信息抽象成统一的开放编程接口。

（3）控制层：该层主要是指 SDN 控制器。SDN 控制器是 SDN 的大脑，也称作网络操作系统。控制平面内的 SDN 控制器可能有一个，也可能有多个；可能是一个厂商的控制器，也可能是多个厂商的控制器协同工作。一个控制器可以控制多台设备，甚至可以控制其他厂商的控制器；而一个设备也可能被多个控制器同时控制。一个控制器可以是一台专门的物理设备，也可以运行在专门的一台或多台成集群工作的物理服务器上，也可以通过虚拟机的方式部署在虚拟化环境中。主要负责处理数据平面资源，维护网络拓扑、状态信息等。

（4）南向接口：南向接口是负责控制器与网络设备通信的接口，也就是控制层和基础设施层之间的接口。在 SDN 的世界里，人们希望南向接口标准化，只有这样，SDN 技术才能摆脱硬件的束缚，否则 SDN 技术只能是特定的软件用于特定的硬件上。

（5）基础设施层：该层主要是网络设备，可以是路由器、物理交换机，也可以是虚拟交换机。所有的转发表项都贮存在网络设备中,用户数据报文在这里被处理和转发。网络设备通过南向接口接收控制层发来的指令,产生转发表项,并可以通过南向接口主动将一些实时事件上报给控制层。

3. SDN 优势

由于 SDN 实现了控制功能与数据平面的分离和网络可编程,进而为更集中化、精细化的控制奠定了基础,因此 SDN 相对于传统网络具有以下优势:

(1)将网络协议集中处理,有利于提高复杂协议的运算效率和收敛速度;

(2)控制的集中化有利于从更宏观的角度调配传输带宽等网络资源,提高资源的利用效率;

(3)简化了运维管理的工作量,提高运维效率,大幅节约运维费用;

(4)通过 SDN 可编程性,工程师可以在一个底层物理基础设施上加载多个虚拟网络,然后使用 SDN 控制器分别为每个网段实现 QoS 保证,从而增强了差异化服务的程度和灵活性;

(5)业务定制的软件化有利于新业务的测试和快速部署;

(6)控制与转发分离,实施控制策略软件化,有利于网络的智能化、自动化和硬件的标准化。

总之,SDN 将网络的智能从硬件转移到软件,简化和整合了控制功能,让网络硬件设备变得更智能、可靠,能够适应互联网爆发式的增长,同时还有助于降低设备购买和运营成本。

5.5.2 SDN 控制器

1. SDN 控制器功能

控制器是 SDN 网络的逻辑控制中心,它通过北向接口与应用连接,通过南向接口与网络设备连接,提供网络指令。在最纯粹的 SDN 形式中,控制器具备所有智能,交换机是由控制器管理的不会发号施令的标准化设备。

控制器是 SDN 的大脑,负责对底层转发设备的集中统一控制,同时向上层业务提供网络能力调用的接口。从技术实现上看,SDN 控制器实现的主要功能如下。

(1)实时采集设备关键信息与网络拓扑及状态变化情况、网络各链路使用状态;对应用提供业务支撑,提供网络拓扑、实时流量分析、关键业务动态部署等功能。

(2)基于全局网络和流量视图,面向关键业务进行端到端路径的集中计算,实现业务流实时调度,以及业务的快速部署和设备配置。

(3)可靠性和安全性管理,实现控制器在故障情况下的快速恢复、关键功能的在线部署、升级。对控制器北向开放功能的访问进行严格授权、认证及计费,保证每次访问的可追溯性。加密控制器与设备之间的通信通道,防止对控制器的非法访问和数据篡改。

(4)集群内状态同步和数据库持久化管理,实现控制器集群内多服务器间的状态数据实时同步以及一致性,保证相关配置数据、策略数据在设备意外冷启动后的快速恢复。具备多控制器之间如何进行选举、协同、主备切换等功能,以避免 SDN 集中控制导致的性能和安全瓶颈问题。

控制器作为 SDN 系统运行的核心,需要保证其应对高突发业务请求的高性能,故障情况下的可靠性和应对链路负载实时变化的扩展性。一般来说,控制器接收 SDN 交换机上报的报文,根据各租户的拓扑、报文业务流程和路由,计算出最优转发路径,形成表项下发给相关设备指导各个租户的报文转发。对于数据量大、覆盖范围广的运营商网络,SDN 控制器更多的是采用分布式部署的情况，对系统容错（单点故障）、灾难恢复和系统扩展性要求（节点的增加/删除）相比其他使用者更高。

2. SDN 控制器接口

SDN 控制器主要分北向接口（控制器与上层应用之间的接口）、南向接口（控制器与网络设备之间的接口）和东西向接口（控制器之间的接口）3 种。

（1）北向接口

北向接口（North-Bound Interface，NBI）位于控制器和应用之间，将控制器提供的网络能力和信息进行抽象并开放给应用层使用。因此，北向接口对应用的创新和 SDN 生态系统的繁荣起着至关重要的作用。网络业务开发者通过北向接口，以软件编程的方式调用数据中心、局域网、广域网等各种各样的网络资源能力。网络资源管理系统通过北向接口获知网络资源的工作状态并对其进行调度，满足业务资源需求。

当前，RESTful 是业界北向接口主流的实现方式。但 RESTful 不是一种具体的接口协议，指的是满足表现层状态转移（Representational State Transfer，REST）架构约束条件和原则的一种接口设计风格。事实上，由于北向接口直接为业务应用服务，其设计需密切联系业务应用需求，具有多样化的特征，很难统一，因此，北向接口目前还缺乏业界公认的标准。

（2）南向接口

控制器通过南向接口（Sorth-Bound Interface，SBI）协议进行链路发现、拓扑管理、策略制定、表项下发等操作，以完成对厂商设备的管理和配置。

控制器利用南向接口的上行通道对底层交换设备上报信息进行统一监控和统计，负责对网络拓扑和链路资源数据进行收集、存储和管理，包括域间拓扑和链路资源信息。随时监控、采集并反馈网络中 SDN 交换机工作状态，以及传输链路连接状态信息，完成网络拓扑视图更新，是实现网络地址学习、VLAN、路由转发等网络功能的必要基础。接受来自协议控制器的业务请求，检视各域内资源信息并发送路径计算请求给路由控制器，以及接受路径计算结果。控制器依据需求制定不同的策略，并通过南向接口下发至 SDN 交换机，从而实现对网络设备的统一控制。

常见的南向接口协议包括 OpenFlow、XMPP、PCEP、NETCONF、I2RS、OVSDB 管理协议、BGP-LS 以及 BGP-FS 等。

（3）东西向接口

在开放了南北向接口以后，SDN 发展中面临的一个问题就是控制平面的扩展性问题，也就是多个设备的控制平面之间如何协同工作，这涉及 SDN 控制器东西向接口的定义问题。SDN 支持控制能力的集中化，使得控制器具有更大的责任，但是一旦控制器在性能或者安全性上不能得到有效保障，将导致整个 SDN 网络的服务能力降级甚至全网瘫痪。另一方面，系统中单一的控制器无法应对跨越多个地域的 SDN 网络问题。

通过控制器的东西向扩展，形成分布式集群，避免单一控制器可能存在的可靠性、扩展性、性能等方面的问题。为确保控制器集群对 SDN 网络的控制效果，有两个方面的设计与实现非常重要。一是主控制器的选举，主控制器主要负责生成和维护全网范围内的控制器和交换机状态信息，一旦出现失效，就需要从集群的副控制器中选举一个成为新的主控制器。二是控制器集群对交换机的透明化，即在 SDN 网络的运行过程中，交换机无须关心当前它接受的是哪一台控制器发来的命令，同时在其向控制器发送数据包时，能保持之前单一控制器的操作方式，从而保证控制器在逻辑上的集中。

然而，与北向接口类似，东西向接口的标准化进展也比较滞后，目前还未形成公认的标准。

3. 主流 SDN 控制器

SDN 控制器可以分为商用控制器和开源控制器。商用控制器由网络设备厂商或 IT 厂商发布，其多采用私有协议开发，兼容性存在一定问题。而开源控制器通过社区成员的彼此协作、资源共享，快速低成本高质量的开发控制器的源码。社区控制和决定软件的发展方向、功能和路标，避免重复劳动，社区成员可以各取所长，推动控制器的完善，来整合各方优势资源引领技术发展，具有更大的发展空间。

在 SDN 控制器领域，先后成立了 ODL、ONOS 等具有影响力的开源项目，并陆续发布了一些商用部署的版本，其他的开源控制器还包括 NOX/POX、RYU 与 Floodlight 等。本书重点介绍 ODL、ONOS 两个影响力最大的项目。

（1）ODL

ODL 是一个设备供应商主导的开源项目，旨在建立一个无论网络的大小和规模，任何厂商都能利用借鉴的 SDN 网络平台，以推进 SDN 发展并加速其商用过程。

从 ODL 的范围看，这个平台包括了控制器平台、南向接口及协议组件、网络应用及服务 3 个部分。平台的特点是采用了松耦合、模块化、可拔插架构，例如南向接口对上使用 SAL（业务抽象层）隔离，对下支持多种协议采用插件式接入，在部署时可根据需要动态加载插件。其他组件也遵循上述原则。

ODL 一开始就考虑到众多厂商不同的需求以及需要支持不同的应用场景，ODL 最大的优势便是支持范围广阔。ODL 可以支持南向不同的接口和代码，以支持各种各样的不同的终端和硬件，用户不需要再购买额外新的设备。ODL 控制器是以开源社区的形式研发的，具有风险低、产品透明、行业适应能力强等特点，ODL 社区的开放性促进了 SDN 的广泛传播，让更多的人有机会接触到 SDN，见证 SDN 的发展。

（2）ONOS

ONOS 是专门面向服务提供商和企业骨干网的开源 SDN 网络操作系统，是由一家名为开放网络实验室（ON.Lab）的非盈利性组织打造的一款商用控制器。ONOS 旨在满足服务提供商和企业骨干网高可用性、可横向扩展及高性能的网络需求。该项目得到了业界包括服务提供商 AT&T、NTT，网络供应商 Ciena、Ericsson、Fujitsu、Huawei、Intel、NEC，网络运营商 Internet、CNIT、CREATE-NET 的资助和开发，并获得了 ONF 的鼎力支持。

ONOS 架构设计伊始就将服务提供商放在首位。可靠性强、灵活度高以及良好的性能都是最基本的要素，同时它还具有强大的北向接口和南向接口。

ONOS 具有的核心功能主要包含：北向接口抽象层/APIs、分布式核心、南向接口抽象层/APIs、软件模块化。

分布式核心平台：提供高可扩展性、高可用性以及高性能，实现运营商级 SDN 控制平面特征。ONOS 以集群方式运行的能力使得 SDN 控制平台和服务提供商网络具有 Web 类似风格的灵活性。

北向接口抽象层/APIs：将网络和应用与控制、管理和配置服务的发展解耦。这个抽象层也是 SDN 控制平台和服务提供商网络具有类似 Web 风格灵活性的因素之一。

南向接口抽象层/APIs：通过插件式南向接口协议可以控制 OpenFlow 设备和传统设备。南向接口抽象层隔离 ONOS 的核心功能和底层设备，屏蔽底层设备和协议的差异性。南向接口是从传统设备向 OpenFlow 白牌设备迁移的关键。

软件模块化：让 ONOS 像软件系统一样，便于社区开发者和提供者进行开发、调试、维护和升级。

5.5.3 SDN 应用

对于网络重构而言，SDN 的核心价值在于将传统分散的网络智能统一起来。传统网络基于分散的单一化的控制和转发，网管主要面向配置管理，业务能力有限。而 SDN 则将主要用于网络配置的网管能力转换为智能调度和网络能力封装，不仅改善了自身资源的管控，还能真正实现对上层业务甚至千变万化的应用的按需适配。

根据技术和产业链的成熟程度，运营商首先考虑在 IP 骨干网、互联网数据中心（Internet Data Center，IDC）网络等数据网中应用 SDN，并逐步扩大到其他 IP 网和传输、接入等其他专业网络。SDN 发展壮大可能带来网络产业格局的重大调整，传统通信设备企业将会面临巨大挑战，IT 和软件企业则迎来新的市场机遇。

1. SDN 在数据中心的应用

目前数据中心的应用基本以云计算的承载方式为主，而随着云计算业务的迅猛发展，以及客户个性化需求的日趋强烈，网络已经成为制约云计算 IDC 发展的最大瓶颈，主要体现：虚拟化环境下网络配置工作量及复杂度极大提升，传统手工配置方式难以满足需求；传统使用 VLAN 的用户隔离方式无法适应客户数量的爆发式增长；虚拟机迁移时网络属性无法携带，从而影响业务连续性。

目前主流的解决方案是 Overlay（叠加网络），以现有的 IP 网络为基础，在其上建立软件实现的叠加层，基于 X86 的软件虚拟交换机（vSwitch）和 VxLAN 隧道封装的 Overlay 网络可以实现业务逻辑与底层物理网络的彻底解耦。方案的优势是不依赖于底层网络设备，可灵活地实现业务系统的安全、流量、性能等策略，实现多租户模式，基于可编程能力实现网络自动配置。

此外，SDN 技术还可用于数据中心之间的组网，根据业务的变化实现带宽的按需提供，并能更好地优化数据中心之间的流量，以提高链路利用率。

2. SDN 在随选网络中的应用

云计算、SDN、NFV 等技术的产生和发展为电信网络的变革提供了技术驱动力。随选网络正是市场需求和新兴通信技术变革相结合的产物，让客户按需获得网络资源、按需获得极致业务体验成为可能，业界一些主流运营商先后提出了随选网络（Network On Demand，按需提供网络）的概念。

随选网络的特征有以下 4 个方面。

（1）敏捷：用户定制网络服务的速度明显加快，由原来的几星期减少至短短几分钟，甚至可以接近于实时，这在过去是不可想象的。

（2）简单：用户可以轻松订购和管理网络服务，而无须专业人员协助或接受专业培训。

（3）灵活：用户可以根据自身的需求来开通差异化功能。

（4）可靠：用户可以得到高安全性和高可靠性的服务。

随选网络是 SDN/NFV 新的发展阶段。针对最终用户，随选网络可以让用户根据自身的需要进行灵活定制，可快速提供专线服务，可灵活调整业务套餐，更可按需增加相应的网络功能服务等。针对运营商，随选网络重构了运营商大量的基础设施及系统，如业务运营支撑系统、业务编排、网络控制、基础网络资源等，可更加有效地利用闲置资源。同时，随选网络也重构了运营商的业务提供模式，实现从运营商定义业务到用户自定义业务转变。

3. SDN 在广域网中的应用

在传统企业 WAN 网络中，E-mail、文件共享、Web 应用等传统企业应用通常采用集中部署的方式部署在总部的数据中心，并通过租用运营商专线（包括 SDH、OTN、Ethernet、MPLS 等），将分支机构连接到数据中心。

随着 SDN 技术在云和数据中心的成熟应用，企业 WAN 市场日益成为 SDN 技术应用发展的新领域。SD-WAN 是一种应用于 WAN 传输连接的基于软件的网络应用技术，它可以使得企业将广域网连接和功能整合并虚拟化成集中式的策略，以简化复杂 WAN 拓扑的部署和管理。SD-WAN 聚焦于 SDN 技术在企业广域网中的应用，在传统 WAN 基础上引入 SDN，形成集中管理的 WAN 链路池，可为政企客户提供定制化 WAN 服务，成为未来企业级广域网运营的重要业务模式。SD-WAN 将软件可编程和商业化硬件结合起来，提供自动化、低成本、高效率的广域网部署和管理服务，已成为企业级广域网中最热门的技术应用之一，大有取代传统广域网布局的趋势。

SD-WAN 服务的典型特征是将特定硬件组成的 WAN 网络的控制能力通过软件方式"云化"，利用集中控制器实现设备及端口的抽象及统一管理，屏蔽底层链路差异，可实现企业网络异构接入有效协同，提升客户体验，可基于客户提供定制化 WAN 网络分片，实现客户网络流量可视化与监控，可提供 SLA、QoS，以及基于应用的路由策略，实现网络有效均衡，提升网络投资效益和保证网络质量。随着虚拟网络功能的引入，SD-WAN 还可为客户提供灵活增值服务，包括 DDOS 安全防护、内容加速、内容精细化分析等。

4. SDN 在 IP 网流量调度的应用

传统 IP 网络通过调整 IGP metric 和 BGP 路径属性（本地优先级属性、多出口区分属性等）实现域内和域间的流量路径调整，存在流量调整颗粒度大、配置手段相互牵制等局限，难以满足精细化流量调度的需求，只在局部拥塞与少流量调优的场景中应用。随着 SDN 及其过渡技术发展，流量调度向集中式、精细化方向发展。

流量调度是网络智慧运营的关键业务，为客户提供价值流量的综合调度、路径保护和优化部署，降低客户成本。同时，可优化运营商自身的资源配置，提高网络速率，提升用户体验。流量调度创新业务主要基于 MPLS 扩展、BGP 扩展等 SDN 过渡技术实现网络拓扑及流量可视化、网络策略自动化下发，同时提升细颗粒度流量感知能力与网络自动化管理能力。现阶段，运营商主要采用 PCE/PCEP、BGP-LS/BGP-FS 及 NETCONF 等技术应用，快速提供流量调度产品。下一阶段，随着 SDN 控制器、控制面和数据面技术的发展，逐步向 Segment Routing 推进；同时结合 Overlay 技术实现云网融合流量调度产品。

目前流量智能调度主要应用在 IP 骨干网、城域网出口、数据中心出口等多出口多方向、流量变化比较复杂的场景。在这些场景下基于 SDN 开展流量的智能调度，对多方向、多出口场景下的流量进行智能的调度，重点解决流量均衡和定向保障问题，减轻流量突增对业务和客户的影响。

5. SDN 在传送网中的应用

随着云计算、移动互联网等新型业务的快速发展，特别是大型数据中心的兴起，互联网流量模式正在发生剧变。未来网络业务的动态特性更加明显，用户希望网络也能支持业务的动态特性，提供更高的灵活性。目前的传送网主要采用静态网管配置方式，并且与所承载的应用和客户层网络是分离的，因此无法有效地应对上述动态的业务需求。

SDN 在传送网中的应用可以称之为软件定义传送网（Transport SDN，T-SDN）。通过网络资源的自动配置，T-SDN 可以简化传送网的运营模式，实现多厂商网络的统一控制，并通过提供新的网络能力和功能，实现快速的业务创新能力，而无须等待设备厂商开发新的功能。T-SDN 可以提高网络资源利用率和运营效率，还可以快速部署传送网业务、提高服务效率，使得运营商从基础网络设施获得更多的收益。

5.5.4 SDN 产业生态

SDN 作为一项重大的技术变革，不仅从技术上改变了网络的体系架构，同时也对市场格局和产业生态产生了积极的推动作用。SDN 的分层解耦以及接口的开放和标准化打破了原有的供需关系，促进了网络设备的创新，加深了 IT 与 CT 技术的相互渗透与融合。

图 5-7 展示了 SDN 产业生态的主要构成。SDN 产业生态以虚拟化与云管理平台提供商为中心，北向由 SDN 应用提供商、电信服务提供商和互联网服务提供商构成；南向包括 ICT 基础设施提供商及芯片与方案提供商。此外，标准与开源组织、高校与研究机构也在产业生态中发挥不可或缺的作用。

图 5-7 SDN 产业生态结构图

1. 电信服务提供商

电信服务提供商在 SDN 产业链中是主要的应用场景的需求方，希望通过 SDN 实现网络优化，提高资源利用率，降低网络建设和运维成本，实现快速灵活适应互联网应用及催生新型网络业务。国内外主要的电信服务提供商如中国电信、中国移动、AT&T 和 NTT 等，已经在 SDN 部署方面取得了显著的进展。

2. 互联网服务提供商

谷歌、Facebook、腾讯等互联网内容提供商更关注 SDN 开放性所带来的应用与网络控制的紧耦合。如果 SDN 控制器的北向接口全面开放，互联网公司也就间接获得了网络控制的主导权，进而有能力将自身应用网络的运维与底层传输网络的运维相整合，这样不仅有助于提高在与运营商谈判中的话语权，也有助于提高服务质量，降低运维成本，加快新业务的普及速度。因此，互联网企业也是 SDN 最有力的推动者。

SDN 技术最先在互联网公司数据中心内部组网、云平台虚拟化和多租户隔离以及跨数据中心广域网链路调优等场景下应用部署。

3. 电信设备商

传统设备厂商倾向于以当前硬件为基础的技术理念，提出基于交换机、路由器等硬件平台的网络资源调度和流量规划，并相继推出 SDN 的解决方案和相关产品。由于 SDN 架构下，交换机功能简单且同质化，缺少市场价值。因此，对于思科、华为代表的传统设备商而言，SDN 将使它们目前的优势地位面临巨大挑战。

同时，由于 SDN 代表了网络虚拟化这一必然趋势，传统设备商也无法拒绝或回避。因此，它们多采用"两条腿走路"的方式：一方面，通过收购 SDN 初创公司、对原有设备进行 SDN 升级等手段密切跟踪 SDN 的发展；另一方面，积极推出自己的 SDN 战略，力图利用现有优势地位掌握 SDN 发展的主导权，将之融入现有网络架构之中。

另外，随着未来 SDN 技术的进一步标准化，传统设备制造商可能会受到冲击，同时为中小技术公司提供超越机会，现有产业结构有进行洗牌的可能。

4. 芯片厂商

由于 SDN 架构改变了传统的流量处理方式，因此标准化的 SDN 设备需要新一代专门面向 SDN 的通用的交换芯片。博通（Broadcom）、英特尔（Intel）、美满电子（Marvell）等国际芯片厂商也积极地推出实现 SDN 的网络处理芯片解决方案，力求在 SDN 大潮中分一杯羹。

5. 初创公司

对于以 Nicira（已被 VMware 收购）、Big Switch 为首的创业公司，SDN 的出现为它们创造了颠覆思科统治地位、进军网络设备产业不可多得的机遇。为了节约开发成本，同时增强通用性，它们是发展基于 OpenFlow 协议的 SDN 通用架构的积极推动者。由于资源有限，目前这些公司主要专注于在某一领域（如数据中心），将 OpenFlow 与虚拟化技术结合，为客户提供网络虚拟化解决方案。

6. IT 服务提供商

SDN 的出现同样也使 IBM、惠普等 IT 服务提供商看到了进军网络设备产业、开创新业务模式的可能。因此，在对待 SDN 的态度上它们与初创公司一致，即支持基于 OpenFlow 协议的 SDN 通用架构。所不同的是，IT 服务提供商多通过定制的硬件设备加自研 SDN 操作系统的模式，快速提供全套 SDN 解决方案，挤占传统网络设备厂商的市场空间。

SDN 产业链整体来看成熟度比较高，产业链比较完整。电信运营商和互联网公司等用户方需求明确，在一些领域成功开展了商用部署；电信设备商在当前主要的应用场景下发布了 SDN 设备和解决方案，并在其他重点场景中进行大量探索实验；软件厂商和硬件厂商发展相对薄弱，国外软件厂商主要侧重于虚拟化和软件解决方案，硬件厂商尤其是芯片厂商占据相关领域全球主要市场；国内软件厂商目前偏重于安全防护解决方案和系统集成，硬件芯片厂商数量很少；测试仪表厂商主要侧重于 OpenFlow 一致性测试和 OpenFlow 仿真，也推出了编排层和一些接口协议的仿真测试工具，对全面的 SDN 解决方案测试还不够成熟。

随着计算机技术的迅速发展，在系统处理能力提高的同时，系统的连接能力也在不断的提高。但与此同时，网络安全问题也日益突出。

网络安全包含两大部分内容，一是网络系统安全，二是网络上的信息安全。它涉及网络系统的可靠性、稳定性，以及网络上信息的保密性、完整性、可用性、真实性和可控性等。

网络安全的通用定义：保护网络系统中的硬件、软件及信息资源，使之免受偶然或恶意的破坏、篡改和泄露，保证网络系统的正常运行、网络服务不中断。

6.1 网络安全原理

网络安全的概念归纳起来涉及系统、信息及其传播等内容。

（1）网络系统安全是指保证信息处理和传输系统的安全。包括计算机硬件系统、操作系统和应用软件的可靠安全运行，数据库系统的安全，基于计算机结构设计的安全性考虑，计算机系统机房环境的保护，法律、政策的保护，电磁信息泄露的防护等。

（2）网络上信息的安全，包括用户身份验证，用户存取权限控制，数据存取权限控制，存储方式控制，安全审计，安全问题跟踪，计算机病毒防治，数据加密等。它侧重于保护信息的保密性、真实性和完整性。避免攻击者利用系统的安全漏洞进行窃听、冒充、诈骗等有损合法用户的行为，本质上是保护用户的利益和隐私。

（3）网络上信息传播安全，即信息传播的安全性，主要是信息过滤，它侧重于防止和控制非法、有害的信息进行传播；避免通信网络上大量自由传输的信息失控。

网络安全的本质是保证所保护的信息对象在网络上流动时或者静态存放时不被非授权用户非法访问，即通过计算机、网络、密码技术和信息安全技术，保护在公用网络中传输、交换和存储信息的机密性、完整性和真实性，并对信息的传播及内容具有控制能力。

6.1.1 网络安全体系结构

1. 计算机安全

保护数据安全和防范黑客的工具集合统称为计算机安全。计算机安全和网络安全的范畴之间没有明确的界定，通用术语"网络安全"。美国国家标准与技术研究院对"计算机安全"的定义如下。

计算机安全是对某个自动化信息系统的保护措施，其目的在于实现信息系统资源的完整性、可用性，以及机密性（包括硬件、软件、固件、信息/数据、电信）。

这个定义包括 3 个关键的目标，它们组成了计算机安全的核心内容。

（1）机密性

① 数据机密性：保证私有的或机密的信息不会被泄露给未经授权的个体。

② 隐私性：保证个人可以控制和影响与之相关的信息。

（2）完整性

① 数据完整性：保证只能由某种特定的、已授权的方式更改信息和代码。

② 系统完整性：保证系统正常实现其预期功能，而不被故意或偶然的非授权操作控制。

（3）可用性

可用性保证系统及时运转，不会拒绝为已授权的用户提供服务。

这 3 个概念组成了 CIA 三元组。它们体现了对于数据和信息计算服务的基本安全目标。除了 CIA 三元组对安全目标的定义，在安全领域最常被提及的两个概念如下。

• 真实性：可以被验证和信任的属性，或对于传输、信息、信息发送者的信任。这意味着要验证使用者的身份，以及系统每个输入信号是否来自可靠的信息源。

• 可计量性：这个安全目标要求每个实体的行为可以被唯一地追踪到。它支持不可否认、威慑、错误隔离、入侵侦测和防范、恢复合法行为。

2．网络的安全威胁与安全网络的实现

计算机网络的发展，使信息共享应用日益广泛与深入。一方面，网络提供了资源的共享性和用户使用的方便性，通过分布式处理提高了系统效率和可靠性；另一方面，正是这些特点增加了网络受攻击的可能性，使得网络随时随地都可能受到攻击和威胁。网络威胁是指对网络构成威胁的用户、事物、想法、软件等，利用系统暴露的要害或弱点，导致信息的保密性、完整性和可用性程度下降。为了实现网络的安全性，不仅要靠先进的网络安全技术，而且也要靠严格的安全管理、安全教育和法律规章的约束。

3．OSI 安全体系结构

OSI 参考模型是研究、设计新的计算机网络系统和评估、改进现有系统的理论依据，也成为理解和实现网络安全的基础。OSI 安全体系结构是在分析对开放系统威胁及其脆弱性的基础上提出来的。OSI 安全参考模型关注安全攻击、安全机制和安全服务。

（1）安全攻击：任何可能会危及机构的信息安全的行为。

（2）安全机制：用来检测、防范安全攻击并从中恢复系统的机制。

（3）安全服务：用来增强组织的数据处理系统安全性和信息传递安全性的服务。这些服务是用来防范安全攻击的，它们利用了一种或多种安全机制来提供服务。

4．安全攻击

安全攻击可以划分为：被动攻击和主动攻击，如图 6-1 所示。

（1）被动攻击（图 6-1（a））的本质是窃听或监视数据传输。攻击者的目标是获取传输的数据信息。被动攻击的两种形式是消息内容泄露攻击和流量分析攻击。

消息内容的泄露易于理解，一次电话通信、一份电子邮件报文、正在传送的文件都可能包含敏感信息或秘密信息。为此要防止攻击者获悉这些传输的内容。

通信流量分析的攻击较难捉摸。假如有一种方法可屏蔽报文内容或其他信息通信，那么即使这些内容被截获，也无法从这些报文中获得信息。但是，攻击者有可能观察到这些传输的报文形式，能确定通信主机的位置和标识、报文频度和长度，猜测正在发生的通信特性。

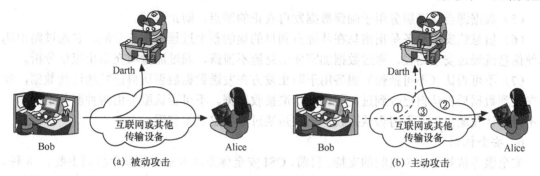

图 6-1 安全攻击

对被动攻击的检测十分困难，对被动攻击的安全防范强调的是阻止而不是检测。

（2）主动攻击（图 6-1（b））指的是改写数据流和添加错误数据流，可以划分为 4 类：假冒、重放、改写消息和拒绝服务。

① 假冒是指一个实体假冒成另一个不同实体（图 6-1（b）路径 2）。假冒攻击通常包含其他主动攻击形式中的一种。例如，攻击者首先捕获若干认证序列，并在一个有效的认证序列之后重放这些捕获到的序列，这样就可以使一个具有较少特权的经过认证的实体，通过模仿一个具有其他特权的实体而得到这些额外的特权。

② 重放是指获取数据单元并按照它之前的顺序重新传输，以此来产生一个非授权的效应（图 6-1（b）路径 1、2、3）。

③ 改写消息是指合法消息的某些部分被篡改，或者消息被延迟、被重排，从而产生非授权效应（图 6-1（b）路径 1、2）。

④ 拒绝服务可以阻止或禁止对通信设备的正常使用或管理（图 6-1（b）路径 3）。这个攻击的目标可能是禁止把消息发到一个特定的目的地（例如，安全审计服务），也可能是对整个网络的破坏，使网络瘫痪或消息过载从而丧失网络性能。

对主动攻击的安全防范需要对所有通信设备和路径进行物理保护。但检测主动攻击并恢复主动攻击造成的损坏和延迟却是可行的。

5. 安全服务

针对网络系统受到的威胁，为了达到系统安全保密的要求，OSI 安全体系结构设置了 7 种类型的安全服务。

（1）对等实体认证服务用于两个开放系统同等层实体建立连接或数据传输阶段，对对方实体（包括用户或进程）的合法性、真实性进行确认，以防假冒。

（2）访问控制服务用于防止未授权用户非法使用系统资源。包括用户身份认证和用户权限确认。

（3）数据保密服务包括多种保密服务。为了防止网络中各系统之间交换的数据被截获或被非法存取而泄密，提供密码保护。同时，数据保密也提供用户可选字段的数据保护和信息流安全，即对有可能从观察信息流就能推导出的信息提供保护。

（4）数据完整性服务用于阻止非法实体对交换数据的修改、插入、删除，以及在数据交换过程中的数据丢失，可分为带恢复功能的连接方式数据完整性、不带恢复功能的连接方式数据完整性、选择字段连接方式数据完整性、选择字段无连接方式数据完整性和无连接方式数据完整性等。数据完整性服务通过多种完整性服务以适应用户的不同要求。

（5）数据源点认证服务用于确保数据发自真正的源点，防止假冒。

（6）信息流安全服务是指信息在从源点到目的地的整个过程中是安全的。它通过路由选择使信息流经过安全路径，通过数据加密使信息流不泄露，通过流量填充阻止流量分析。

（7）不可否认（不可抵赖）服务用于防止发方在发送数据后否认自己发送过此数据，收方在收到数据后否认自己收到过此数据或伪造接收数据。不可否认服务由两种服务组成：一是不得否认发送；二是不得否认接收。一般是通过数字签名来实现。

6. 安全机制

安全服务依赖于安全机制的支持。目前，OSI 安全体系结构采用的安全机制主要有 8 种。

（1）加密机制：加密是确保数据安全性的基本方法。在 OSI 安全体系结构中应根据加密所处的层次及加密对象，采用不同的密码和加密方法。加密机制导致了密钥管理机制的产生。

（2）数字签名机制：数字签名是确保数据真实性的基本方法。利用数字签名技术可进行报文认证和用户身份认证。数字签名具有解决收发双方纠纷的能力。

（3）访问控制机制：访问控制按照事先确定的规则决定主体对客体的访问是否合法。当一主体试图非法使用一个未经授权的资源时，访问控制将拒绝，并将这一事件报告给审计跟踪系统，审计跟踪系统将给出报警并记录日志档案。

（4）数据完整性机制：破坏数据完整性的主要因素有：数据在信道中传输时受信道干扰影响而产生错误、数据在传输和存储过程中被非法入侵者篡改，以及计算机病毒对程序和数据的传染等。纠错编码和差错控制是对付信道干扰的有效方法。应对非法入侵者主动攻击的有效方法是报文认证。应对计算机病毒有各种病毒检测、消毒和免疫方法。

（5）认证机制：在计算机网络中认证主要有站点认证、报文认证、用户和进程认证等。多数认证过程采用密码技术和数字签名技术。

（6）信息流填充机制：流量分析攻击是通过分析网络中某一路径上的信息流量和流向来判断某些事件的发生。为了对付这种攻击，一些站点间在无正常信息传送时，持续传送一些随机数据，使攻击者不知道哪些信息流是有用的而哪些是无用的，从而挫败流量分析攻击。

（7）路由控制机制：在大型计算机网络中，从源点到目的地的多条路径中，有些是安全的，另一些是不安全的。路由控制机制根据发送者的申请选择安全路径，确保数据安全。

（8）公证机制：大型计算机网络中，用户众多。存在用户的诚实可信性问题，设备故障等技术原因造成信息丢失、延迟等问题。为了解决这个问题，需要有一个各方都信任的第三者实体以提供公证仲裁。仲裁数字签名技术就是这种公证机制的一种技术支持。

7. 安全服务与安全机制的关系

安全服务和安全机制之间的关系如表 6-1 所示。

表 6-1　　　　　　　　　　　安全服务和安全机制之间的关系

服务	加密	数字签名	访问控制	数据完整性	认证交换	流量填充	路由控制	公证
对等实体认证	Y	Y			Y			
数据源认证	Y	Y						
访问控制			Y					
机密性	Y						Y	
流量机密性	Y					Y	Y	

续表

服务	加密	数字 签名	访问 控制	数据 完整性	认证 交换	流量 填充	路由 控制	公证
数据完整性	Y	Y		Y				
不可抵赖性		Y		Y				Y
可用性				Y	Y			

6.1.2 网络安全模型

1. 网络安全模型

网络安全模型如图 6-2 所示,消息通过互连网络从一方传输到另一方。这两方都是事务的主体,通过在互连网络上定义一条从信息源到信息目的地之间的路由,以及两个信息主体之间使用的某种通信协议建立逻辑信息通道,进行消息交换。

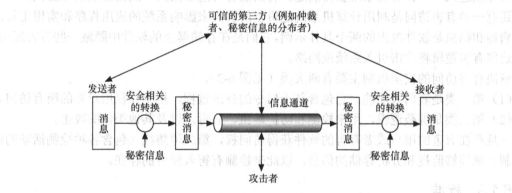

图 6-2 网络安全模型

所有用于提供安全性的安全要素主要包含以下两个部分。

(1)对要发送的信息进行与安全相关的转换。如消息加密;在消息内容上添加用来验证发送者的身份的附加码等。

(2)两个主体共享一些不希望被攻击者所知的秘密信息,包括在消息变换中使用的加密密钥(在传输之前用于加密消息而在接收之后用于恢复消息)。

要完成上述两个部分的工作,可能需要可信的第三方来完成以下内容:①负责给两个主体分发秘密信息,同时对攻击者隐藏这些信息;②仲裁在两个主体之间引起的关于消息传输认证的纷争。

2. 安全服务设计的任务

通用模型表明,设计特定的安全服务时有如下 4 个基本的任务。

(1)设计用来执行与安全相关的转换算法,这种算法应该是不会被攻击者击破的。

(2)生成用于该算法的秘密信息。

(3)开发分发和共享秘密信息的方法。

(4)指定一种能被两个主体使用的协议,这种协议使用安全算法和秘密信息以便获得特定的安全服务。

3. 网络访问安全模型

其他的与安全相关的情形，可能不能完全适合图 6-2 所示的模型，图 6-3 给出了对于这些情形的通用模型，该图反映了关于保护信息系统免遭有害访问所做的考虑。

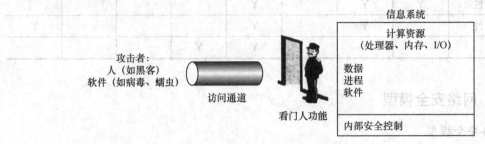

图 6-3　网络访问安全模型

黑客企图入侵的是一个能够通过网络进行访问的系统。有的黑客可能没有恶意，仅仅是通过破坏或进入一个计算机系统获得满足。有的黑客可能是因为不满而想搞破坏的人。

还有一种有害访问是利用计算机系统逻辑上的弱点来影响系统的应用程序和实用工具。

病毒和蠕虫是软件攻击的两个具体示例。它们是在存储器上的软件中隐藏一些有害逻辑，通过这些有害逻辑将攻击引入系统或网络。

解决有害访问的安全机制主要有两大类（见图 6-3）。

（1）第一类是看门人功能。它包含基于口令的登录过程，拒绝授权用户外的所有访问。

（2）第二类是屏蔽逻辑，用来检测和防护蠕虫、病毒，以及其他类似的攻击。

一旦存在有害的用户或者有害的软件获得访问权，第二道防线（包含各种检测活动的内部控制）就能够监视和分析存储的信息，以此来检测有害入侵者的存在。

6.1.3　标准

许多安全技术和应用已经被标准化，也有很多标准是关于管理实践和安全机制的总体架构与服务的。很多组织参与了这些标准的制定或改进提高。比较重要的两个组织介绍如下。

1. 美国国家标准与技术研究所

美国国家标准与技术研究所是美国联邦政府负责处理计量科学、标准，以及政府部门使用的技术的一个机构，出版的联邦信息处理标准和特别出版物具有全球性影响。

2. 互联网协会

互联网协会是由机构和个体会员组成的一个全球性的专业协会。它领导处理困扰 Internet 未来发展的问题，也是负责 Internet 结构性标准部分组织的上级机构。下属机构包括互联网工程任务组和互联网架构委员会。这些机构制定互联网标准及其规范，并以请求注解（Request for Comment，RFC）的形式发布。

6.2　密码学

加密是指一个过程，将一组信息（或称明文）经过加密密钥及加密函数的转换，变成读不懂的密文，而接收方则将此密文经过解密密钥和解密函数还原成明文。

现代通信环境具有开放的特点，通信并不安全。如何在不安全的信道中进行安全通信是现在密码理论技术的研究课题。现代密码技术诞生于 20 世纪 70 年代,即公钥密码思想的提出和美国数据加密标准(Data Encryption Standard,DES)的公布。DES 的公布奠定了现代密码理论的一个根本性原则:Kerckhoffs 原则,即密码体制的安全性不依赖于算法的保密,而仅仅依赖于密钥的保密。

6.2.1 对称加密和消息机密性

对称加密也称为常规加密、私钥或单钥加密。对称加密具有不同的工作模式,美国针对数据加密标准颁布了 ECB、CBC、CFB 和 OFB 4 种工作模式,后来也成为分组密码算法的通用工作模式。其中,ECB 称为电子密码本模式,对每一个分组使用同一个密钥进行加密;CFB 模式将上一次加密结果与当前数据块异或后再加密,从而将数据块链接到一起。综合运用这些模式,可以增强加密算法的安全性,对特定的攻击产生更强的免疫力。

1. 对称加密原理

一个对称加密方案由 5 部分组成(见图 6-4)。

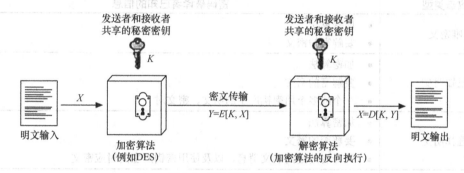

图 6-4 对称加密的简化模型

(1)明文:这是原始消息或数据,作为算法的输入。

(2)加密算法:加密算法对明文进行各种替换和转换。

(3)秘密密钥:秘密密钥也是算法的输入。算法进行的具体替换和转换取决于这个密钥。

(4)密文:这是产生的已被打乱的消息输出。它取决于明文和秘密密钥。对于一个给定的消息,两个不同的密钥会产生两个不同的密文。

(5)解密算法:本质上是加密算法的反向执行。它使用密文和同一密钥产生原始明文。

对称加密的安全使用有如下两个要求。

(1)需要一个强加密算法。这个算法至少能够做到,当攻击者知道算法并获得一个或多个密文时,并不能够破译密文或者算出密钥,甚至当攻击者拥有很多密文,以及每个密文对应的明文时,他依然不能够破译密文或者解出密钥。

(2)发送者和接收者必须通过一个安全的方式获得密钥并且保证密钥安全。如果别人发现了密钥并且知道了算法,所有使用这个密钥的通信都是可读的。

对称加密的安全取决于密钥的保密性而非算法的保密性,即在已知密文和加密/解密算法的基础上不能够破译消息。也就是说,不需要使算法保密,只需要保证密钥保密。对称加密的这个性质使它能够在大范围内使用。使用对称加密时主要的安全问题是密钥的保密性。

2. 密码体制

密码体制一般从以下 3 个不同的方面进行分类。

（1）明文转换成密文的操作类型。所有加密算法都基于"替换"和"换位"这两个通用法则。"替换"：明文的每一个元素都映射到另外一个元素；"换位"：明文的元素都被再排列。最基本的要求是没有信息丢失（所有的操作都可逆）。大多数体制包括了多级替换和换位组合。

（2）使用的密钥数。如果发送者和接收者都使用同一密钥，该体制就是对称、单钥、秘密密钥或者说传统加密。如果发送者和接收者使用不同的密钥，体制就是不对称、双钥或者说公钥加密。

（3）明文的处理方式。对称加密算法分为分组加密算法和流密码算法，加密速度快，适用于加密批量信息。分组算法每次处理一个分组，流密码算法每次处理一个比特或一个字符。

3. 密码分析

试图找出明文或者密钥的工作被称为密码分析或破译。破译者使用的策略取决于加密方案的固有性质和破译者掌握的信息。基于攻击者掌握的信息量，表 6-2 概括了各种攻击类型。

表 6-2　　　　　　　　　　　　　对加密消息的攻击类型

攻击类型	密码破译者已知的信息
唯密文	• 加密算法 • 要解密的密文
已知明文	• 加密算法 • 要解密的密文 • 一个或多个用密钥产生的明文、密文对
选择明文	• 加密算法 • 要解密的密文 • 破译者选定的明文消息，以及使用密钥产生的对应密文
选择密文	• 加密算法 • 要解密的密文 • 破译者选定的密文，以及使用密钥产生对应的解密明文
选择文本	• 加密算法 • 要解密的密文 • 破译者选定的明文消息，以及使用密钥产生对应的密文 • 破译者选定的密文，以及使用密钥产生对应的解密明文

只有较弱的算法不能抵挡唯密文攻击。一般地，加密算法被设计成能抵挡已知明文攻击。当加密方案产生的密文满足下面条件之一或全部条件时，则称该加密方案是计算安全的。

（1）破解密文的代价超出被加密信息的价值。

（2）破解密文需要的时间超出信息的有用寿命。

4. 随机数的应用

在给多样的网络安全应用程序加密的过程中，随机数起了很重要的作用。一些网络安全算法就是基于密码的随机数。随机数列应满足"随机性"和"不可预测性"。

（1）随机性。传统情况下，随机数列生成过程中要注意的问题就是这一系列数据在严格统计意义上来说是随机的。下列标准是用来验证一个序列数是否是随机的。

① 均匀分布：在一串比特序列中比特位的分布要均匀。1 和 0 出现的频率大致相同。

② 独立：在同一序列上，没有一个数字能影响和干涉其他数字。

（2）不可预测性。一些应用并不要求数列是统计上随机，而要求连续数位是不可预测的。在一个真正的随机数列中，每一个数字都是不可预测的。真正的随机数字并不经常使用。可以使用一些算法来产生看似随机、并能通过很多合理的随机性测试的数列，称作"伪随机数"。

6.2.2 公钥密码和消息认证

1. 公钥密码思想

公钥密码体制有两个密钥，一个可用来加密数据，称为公钥；一个用来解密，称为私钥。私钥保密，公钥公开。公钥密码技术解决了不安全信道无接触安全通信的问题，本质上是解决了不安全信道密钥分发问题。公钥密码技术的另外一种重要应用就是数字签名，为身份认证、不可否认签名等需求提供了一种技术方法。

2. 公钥密码方案

公钥密码方案由 6 个部分组成，如图 6-5 所示。

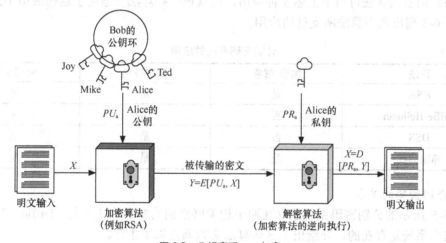

图 6-5 公钥密码——加密

（1）明文：算法的输入，它是可读的消息或数据。

（2）加密算法：加密算法对明文进行各种形式的变换。

（3）公钥和私钥：算法的输入，这对密钥如果一个密钥用于加密，则另一个密钥就用于解密。加密算法所执行的具体变换取决于输入端提供的公钥或私钥。

（4）密文：算法的输出，取决于明文和密钥。对于给定的消息，两个不同的密钥将产生两个不同的密文。

（5）解密算法：该算法接收密文和匹配的密钥，生成原始的明文。

顾名思义，密钥对中的公钥是公开供其他人使用的，私钥只有自己知道。通常的公钥密码算法根据一个密钥进行加密，根据另一个不同但相关的密钥进行解密。

基本步骤如下：

（1）每个用户都生成一对密钥用来对消息进行加密和解密；

（2）每个用户把公钥放在公共寄存器或其他可访问的文件中，另一个密钥自己保存，每个用户都收藏别人的公钥；

（3）如果 Bob 希望给 Alice 发送私人消息，则他用 Alice 的公钥加密消息；

（4）当 Alice 收到这条消息，她用私钥进行解密，因为只有 Alice 知道她自己的私钥，其他收到消息的人无法解密消息。

用这种方法，任何参与者都可以获得公钥。由于私钥由每一个参与者在本地产生，故不需要分发，只要自己做好保护即可。用户能够随时改变私钥且发布相应的公钥代替旧公钥。

传统密码算法中使用的密钥被特别地称为密钥。用于公钥密码的两个密钥被称为公钥和私钥。私钥总是保密的，但仍然被称为私钥而不是密钥，这是为了避免与传统密码混淆。

3. 公钥密码系统的应用

公钥密码系统的应用基本分为以下 3 类。

（1）加密/解密：发送者用接收者的公钥加密消息。

（2）数字签名：发送者用自己的私钥"签名"消息。签名可以通过对整条消息加密或者对消息的一个小的数据块加密来产生，其中该小数据块是整条消息的函数。

（3）密钥交换：通信双方交换会话密钥，需要用到通信一方或双方的私钥。

有些公钥密码算法可用于上述 3 种应用，而其他一些算法仅适用于这些应用中的一种或两种。表 6-3 列出典型算法所支持的应用。

表 6-3　　　　　　　　　　公钥密码系统的应用

算法	加密/解密	数字签名	密钥交换
RSA	是	是	是
Diffie-Hellman	否	否	是
DSS	否	是	否
椭圆曲线	是	是	是

4. 公钥密码的要求

图 6-5 所示的公钥密码系统建立在两个相关联密钥的密码算法之上。Diffie 和 Hellman 假设了这个系统是存在的，并给出了这些算法必须满足以下条件。

（1）接收方 B 计算生成密钥对（公钥 PU_b、私钥 PR_b）是容易的。

（2）已知公钥和需要加密的消息 M 时，发送方 A 容易计算生成相应的密文：

$$C=E(PU_b,M)。$$

（3）接收方 B 用私钥解密密文时，比较容易通过计算恢复原始消息：

$$M=D(PR_b,C)= D[PR_b,E(PU_b,M)]。$$

（4）当攻击者已知公钥 PU_b 时，不可能通过计算推算出私钥 PR_b。

（5）攻击者在已知公钥 PU_b 和密文 C 的情况下，通过计算不可能恢复原始消息 M。

（6）两个相关中的任何一个都可以用于加密，另一个密钥用于解密：

$$M=D[PU_b,E(PR_b,M)]=D[PR_b,E(PU_b,M)]。$$

5. 公钥密码算法

目前流行的公钥算法是 RSA，名字来源于它的发明者：Ron Rivest，Adi Shamir，以及 Leonard Adleman。RSA 的安全性基于大数因子分解的困难性，它既可用于加密，也可用于数字签名。RSA 速度慢，所以一般不直接用于数据加密，而用于对称密码算法密钥的传递和数字签名。

椭圆曲线上的公钥密码体制是基于椭圆曲线群上的离散对数困难性问题，相对于 RSA 而言，密钥短，其 160 比特长度密钥可以达到 RSA 1024 比特密钥的强度。

量子密码体制是基于量子物理的测不准原理、量子态不可克隆等物理定律，是一种不可破译的密码体制，正逐步走向应用。

6．密钥管理

按照 Kerckhoffs 原则，密码体制的安全性仅仅依赖于密钥的保密，从而对密钥的保护就成了密码应用安全的根本保证。密钥需要分发到合法用户，需要使用、存储、更新、销毁等，这就是密钥管理。密钥管理是一项复杂和困难的技术，是现代密码应用技术的核心问题之一。

一个良好的密钥管理系统，应尽可能不依赖人的因素，一般有以下具体要求：

（1）密钥难以被非法窃取；

（2）在一定条件下，窃取了密钥也没有用；

（3）密钥的分配和更换过程对用户是透明的。

一个密钥管理系统设计时，一般有以下几方面的因素必须考虑：

（1）系统对保密的强度要求；

（2）系统中哪些地方需要密钥，密钥采用何种方式预置或装入保密组件；

（3）一个密钥的生命周期是多长；

（4）系统安全对用户承受能力的影响。

只有认真考虑这些因素，才能设计出一个符合需求的密钥管理系统。

7．数字签名与数字认证

如图 6-6 所示，Bob 给 Alice 发送了一个用自己私钥加密过的消息。当 Alice 收到密文时，她发现能够用 Bob 的公钥进行解密，从而证明这条消息确实是 Bob 加密的。这样，整个加密的消息就成为一个数字签名。此外，由于没有 Bob 的私钥就不可能篡改消息，所以数字签名不仅认证了消息源，它还保证了数据的完整性。

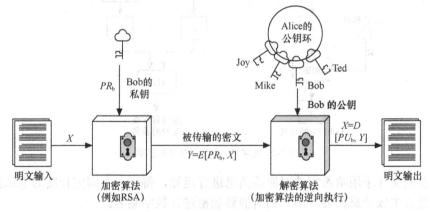

图 6-6　公钥密码——认证

达到同样效果的一种更加有效的方法就是加密一个更小的数据块，这个数据块是整个文档的函数。这个称为认证符的小块数据必须具有这样的性质：只改变文档而不改变认证符是做不到的。如果用发送者的私钥加密认证符，它就可以作为验证源、内容和顺序的签名。安全散列码就可以完成这种功能。

（1）数字签名

数字签名是通过一个单向函数对要传送的报文进行处理得到的，用以认证报文来源并核实报文是否发生变化的一个字母数字串。

采用数字签名，能确认以下两点：第一，信息是由签名者发送的；第二，信息自签发后到收到为止未曾做过任何修改。这样，数字签名就可用来防止电子信息因易被修改而有人作伪，或冒用别人名义发送信息，或发出（收到）信件后又加以否认等情况发生。

（2）消息摘要

数字签名技术中一项重要技术就是消息摘要生成技术，该技术通过一个单向函数将消息压缩成一个 160bit、128bit 或某个固定长度短消息，这个函数一般称为 Hash 函数或算法，生成的短消息称为消息摘要（Digital Digest）或数字指纹（Digital Finger Print），也称为散列值。它和签名算法配合使用，签名算法只对消息摘要签名。

哈希算法是一种求逆困难的算法，要求找到两个不同的消息具有相同消息摘要，或者找到一个消息具有已知消息摘要是很困难的。

（3）数字签名的应用过程

目前的数字签名主要建立在公钥密码体制基础上，是公钥密码技术的一种应用。

数字签名的基本应用过程如图 6-7 所示。

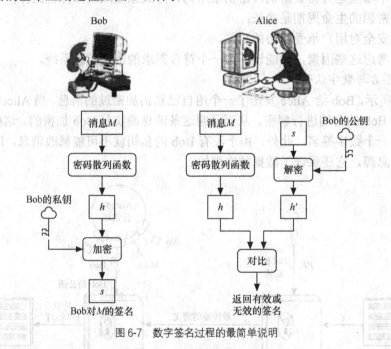

图 6-7　数字签名过程的最简单说明

① 被发送文件采用哈希算法对原始消息进行运算，得到一个固定长度的消息摘要。

② 发送方生成消息摘要，用私钥对摘要加密进行数字签名。

③ 这个数字签名将作为消息报文的附件和消息报文一起发送给接收方。

④ 接收方先从接收到的原始报文中用同样的算法计算出新的报文摘要，再用发送方的公钥对报文附件的数字签名进行解密，比较两个报文摘要，如果值相同，接收方就能确认该数字签名是发送方的。

（4）数字签名的算法

数字签名的算法很多，应用最为广泛的有：DSS 数字签名、RSA 数字签名和 ElGamal 数字签名。美国数字签名标准 DSS 是一种目前应用最广泛的数字签名算法。

（5）数字签名存在的问题

数字签名的引入过程中不可避免地会带来一些新问题，需要进一步加以解决。

① 需要立法机构对数字签名技术有足够的重视，并且在立法上加快脚步，迅速制定有关法律，以充分实现数字签名具有的特殊鉴别作用。

② 如果发送方的信息已经进行了数字签名，那么接收方就一定要有数字签名软件，这就要求软件具有很高的普及性。

③ 假设某人发送信息后脱离了某个组织，被取消了原有数字签名的权限，以往发送的数字签名在鉴定时，只能在取消确认列表中找到原有确认信息，这样就需要鉴定中心结合时间信息进行鉴定。

④ 基础设施（如鉴定中心、在线存取数据库等）的费用的支付问题。

（6）数字签名实施

用户首先可以下载或者购买数字签名软件，然后安装在个人计算机上。在产生密钥对后，软件自动向外界传送公开密钥。公钥的存储需要建立一个鉴定中心完成个人信息及其密钥的确定工作。鉴定中心是一个可信的第三方成员。用户在获取公钥时，首先向鉴定中心请求数字确认，鉴定中心确认用户身份后，发出数字确认，同时鉴定中心向数据库发送确认信息。然后，用户使用私钥对所传信息签名，保证信息的完整性和真实性，也使发送方无法否认信息的发送，之后发向接收方。接收方接收到信息后，使用公钥确认数字签名，进入数据库检查用户确认信息的状况和可信度；最后，数据库向接收方返回用户确认状态信息。不过，在使用这种技术时，签名者必须注意保护好私钥，因为它是公钥体系安全的重要基础。

（7）数字签名与数字认证

数字认证是基于安全标准、协议和密码技术的电子证书，用以确立一个人或服务器的身份，它把一对用于信息加密和签名的电子密钥捆绑在一起，保证了这对密钥真正属于指定的个人和机构。数字认证由验证机构 CA 进行电子化发布或撤销，信息接收方可以从 CA Web站点下载发送方的验证信息。

6.2.3 数据加密技术

数据加密技术是网络通信安全所依赖的基本技术。按照网络层次的不同，数据加密方式划分为链路加密、节点加密和端端加密 3 种。

1. 链路加密

链路加密是最常用的加密方法之一，通常用硬件在物理层实现，用于保护通信节点间传输的数据，如图 6-8 所示。这种加密方式比较简单，实现也比较容易，只要将一对密码设备安装在两个节点间的线路上，使用相同的密钥即可。一旦在一条线路上采用链路加密，往往需要在全网内都采用链路加密。这种方式在临近的两个节点之间的链路上传送是加密的，而在节点中信息是以明文形式出现的。在实施链路加密时，报头和报文一样都要进行加密。

图 6-8 链路加密模式原理图

2. 节点加密

节点加密是在协议栈的传输层上进行加密，是对源点和目的点之间传输的数据信息进行加密保护，将加密算法组合到依附于节点的加密模块中，如图 6-9 所示。这种加密方式明文只出现在节点的保护模块中，可以提供用户节点间连续的安全服务，也能实现对等实体鉴别。

节点加密的每条链路使用一个专用密钥，密钥的变换过程是在保密模块中进行的。

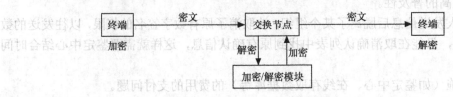

图 6-9　节点加密模式原理图

3. 端端加密

传输层以上的加密统称为端端加密，如图 6-10 所示。端端加密是面向协议栈高层主体进行加密，一般在表示层以上实现。协议信息以明文形式传输，用户数据在中间节点不需要加密。端端加密一般由软件完成。在网络高层进行加密，不需要考虑网络低层的线路、调制解调器、接口与传输码等细节，但要求用户的联机自动加密软件必须与网络通信协议软件结合，而各厂商的网络通信协议软件往往各不相同，因此目前的端端加密往往采用脱机调用方式。

大型网络系统中，交换网络在多收发方传输信息时，用端端加密是比较合适的。数据在通过各节点传输时一直对数据进行保护，只是在终点进行加密处理，在中间节点和有关安全模块中不出现明文。端端加密或节点加密时，不加密报头，只加密报文。

图 6-10　端端加密模式原理图

端端加密具有链路加密和节点加密所不具有的优点。一是成本低，由于端端加密在中间节点都不需要解密，即数据到达目的地之前始终用密码保护着，所以只要求源和目标节点具有加密/解密设备，而链路加密则要求处理加密信息的每条链路均要配有加密/解密设备；二是端端加密算法/设备可以由用户提供，因此对用户来说这种加密方式比较灵活。然而，由于端端加密只加密报文，数据报头还是保持明文形式，所以容易被流量分析者所利用；另外，端端加密所需的密钥数量远大于链路加密，密钥管理代价很高。

6.3　网络安全应用

6.3.1　密钥分配和用户认证

实际应用中，无论实施哪种加密方案，密钥的管理都是要考虑的重要问题。

1. 基于对称加密的密钥分配

对于对称加密，加密双方必须共享同一密钥，而且必须保护密钥不被他人读取。此外，常常需要频繁地改变密钥来减少某个攻击者可能知道密钥带来的数据泄露。因此，任何密码系统的强度取决于密钥分发技术。密钥分发技术是指传递密钥给希望交换数据的双方，且不允许其他人看见密钥的方法。密钥分发能用很多种方法实现。对 A 和 B 两方，有下列选择：

（1）A 能够选定密钥并通过物理方法传递给 B。

（2）第三方可以选定密钥并通过物理方法传递给 A 和 B。

（3）若 A 和 B 之前使用过一个密钥，一方能把使用旧密钥加密的新密钥传递给另一方。

（4）若 A 和 B 各有一个到达第三方 C 的加密链路，C 能在加密链路上传递密钥给 A 和 B。

第（1）（2）种选择要求手动传递密钥。对于链路层加密，这是合理的要求，因为每个链路层加密设备只和此链路另一端交换数据。但是，对端到端加密，手动传递是笨拙的。

在分布式系统中，任何主机或者终端都可能需要不断地和许多其他主机和终端交换数据。因此，每个设备都需要大量动态供应的密钥。在大范围的分布式系统中这个问题就更困难。

第（3）种选择对链路层加密和端到端加密都是可能的，但是如果攻击者成功地获得一个密钥，那么接下来的所有密钥都暴露了。就算频繁更改链路层加密密钥，这些更改也应该手工完成。为端到端加密提供密钥，第（4）种选择更可取。

对第（4）种选择，需用到以下两种类型的密钥。

① 会话密钥（Session Key）：当两个端系统通过一条逻辑连接通信时，在逻辑连接持续过程中，所有数据都使用一个一次性的会话密钥加密。在会话或连接结束时，会话密钥被销毁。

② 永久密钥（Permanent Key）：永久密钥在实体之间用于分发会话密钥。

第（4）种选择需要一个密钥分发中心（Key Distribution Center，KDC）决定哪些系统之间允许相互通信。当两个系统被允许建立连接时，KDC 就为这条连接提供一个一次性会话密钥。

一般而言，KDC 的操作过程如下。

① 当主机 A 期望与另外一台主机建立连接时，它传送一个连接请求包给 KDC。主机 A 和 KDC 之间的通信使用一个只有此主机 A 和 KDC 共享的主密钥（Master Key）加密。

② 如果 KDC 同意建立连接请求，则它产生一个唯一的一次性会话密钥。它用主机 A 与之共享的永久密钥加密这个会话密钥，并把加密后的结果发送给主机 A。类似地，它用主机 B 与之共享的永久密钥加密这个会话密钥，并把加密后的结果发送给主机 B。

③ A 和 B 现在可以建立一个逻辑连接并交换消息和数据了，其中所有的消息或数据都使用临时性会话密钥加密。

这个自动密钥分发方法提供了允许大量终端用户访问大量主机以及主机间交换数据所需要的灵活性和动态特性。实现这一方法最广泛的一种应用是 Kerberos。

Kerberos 是一种认证服务，要解决的问题是：假设在一个开放的分布式环境中，工作站的用户希望访问分布在网络各处的服务器上的服务。希望服务器能够将访问权限限制在授权用户范围内，并能够认证服务请求。在这个环境中，一个工作站无法准确判断它的终端用户以及请求的服务是否合法。特别是存在以下 3 种威胁。

（1）用户可能进入一个特定的工作站，并假装成其他用户操作该工作站。

（2）用户可能改变一个工作站的网络地址，从该机上发送伪造的请求。

（3）用户可能监听信息或者使用重放攻击，从而获得服务或者破坏正常操作。

在以上任何一种情况下，一个非授权用户可能会获得他没有被授权得到的服务和数据。

Kerberos 利用集中的认证服务器来实现用户对服务器的认证和服务器对用户的认证。Kerberos 仅依赖于对称加密机制，而不使用公钥加密机制。

2. 基于非对称加密的密钥分配

公钥加密的一个重要作用就是处理密钥的分发问题，实际上存在以下两个不同的方面：公钥的分发和使用公钥加密分发秘密密钥。

下面依次分析这两个方面。

（1）公钥证书

公钥加密系统的公钥是公开的，如果有某种广泛接受的公钥算法，如 RSA，任何参与者都可以给其他参与者发送自己的公钥，或向群体广播自己的公钥。但是，存在任何人都可以伪装用户 A 向其他参与者发送公钥或者广播公钥的问题。

解决这种问题的方法是使用公钥证书。公钥证书由公钥加上公钥所有者的用户 ID，以及可信的第三方签名的数据块组成。通常，第三方就是用户团体所信任的认证中心。用户通过安全渠道把公钥提交给认证中心，获取证书。然后用户就可以发布这个证书。任何需要该用户公钥的人都可以获取这个证书，并通过所附的可信签名验证其有效性。图 6-11 描述了这个过程。

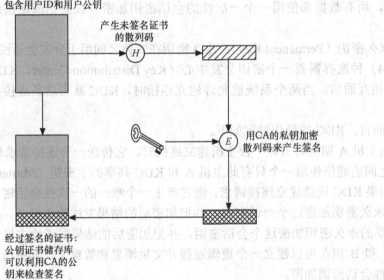

图 6-11 公钥证书的使用

人们广泛接受的公钥证书格式是 X.509 标准。X.509 证书应用于大多数的网络安全设施，包括 IP 安全、安全套接字层（Secure Sockets Layer，SSL）、安全电子交易（Secure Electronic Transaction，SET）和 S/MIME。

（2）基于公钥密码的秘密密钥分发

使用传统加密时，双方能够安全通信的基本要求就是它们能共享密钥。假设 Bob 想建立一个消息申请，使他能够与对方安全地交换电子邮件，这里的"对方"是指任何能够访问 Internet 或者与 Bob 共享其他网络的人。假定 Bob 要用传统加密来做这件事。使用传统加密时，Bob 和他的通信者（如 Alice）必须构建一个通道共享任何其他人都不知道的唯一密钥。

可以使用公钥证书实现上述目标。当 Bob 想要与 Alice 通信时，按下面的步骤操作。

① 准备消息。

② 利用一次性传统会话密钥，使用传统加密方法加密消息。

③ 利用 Alice 的公钥，使用公钥加密的方法加密会话密钥。

④ 把加密的会话密钥附在消息上，并且把它发送给 Alice。

只有 Alice 的公钥能够解密会话密钥进而恢复原始消息。如果 Bob 通过 Alice 的公钥证书获得 Alice 的公钥，则 Bob 能够确认它是有效的密钥。

（3）X.509 证书

X.509 是一种行业标准或者行业解决方案，在 X.509 方案中，默认的加密体制是公钥密码体制。为进行身份认证，X.509 标准及公共密钥加密系统提供了数字签名的方案。这个标准并没有强制使用某个特定的算法，但是推荐使用 RSA。

6.3.2　网络访问控制和云安全

网络访问控制（NAC）是对网络进行管理访问的一个概括性术语。NAC 对登录到网络的用户进行认证，同时决定该用户可以访问哪些数据，执行哪些操作。NAC 同时可以检查用户的计算机或者移动设备（终端）的安全程度。

1. 网络访问控制

（1）网络访问控制系统的组成元素

NAC 系统由 3 种类型的成分组成，如图 6-12 所示。

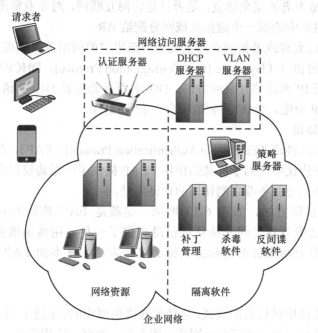

图 6-12　网络访问控制环境

① 访问请求者（Access Requestor，AR）：AR 是一个尝试访问网络的节点，可以是由 NAC 系统控制的任何设备，AR 也被称为请求者，或者简称为客户。

② 策略服务器：基于 AR 的特征和企业预先定义好的策略，策略服务器决定授予请求者

什么访问权限。策略服务器经常依赖诸如杀毒、补丁管理，或者用户目录等后端系统的帮忙来决定主机的状况。

③ 网络访问服务器（Network Attached Storage，NAS）：当远程的用户系统需要连接公司内网的时候，NAS 起到一个访问控制点的作用。NAS 也被称为介质网关、远程访问服务器，或者策略服务器，NAS 可能包含自己的认证服务，也可能依赖由策略服务器提供的分离的认证服务。

（2）网络访问控制过程

许多不同的 AR 试图通过申请某种类型的 NAS 而获得企业网络的访问权限。第一步通常是认证 AR。典型的认证包括使用某种安全协议及使用加密密钥。认证可能由 NAS 直接进行，也可能是 NAS 间接进行认证过程。在后面那种情形中，认证发生在请求者与认证服务器之间，认证服务器可以是策略服务器的一部分，也可以由策略服务器直接进行访问。

认证过程服务于多种途径。它可以对请求者声称的身份进行验证，根据验证结果，策略服务器决定请求者是否具有访问权限，以及具有什么级别的访问权限。一旦 AR 被认证通过，具有访问企业网络的权限，NAS 就会允许 AR 与企业网络中的资源进行交互。

（3）网络访问强制措施

强制措施被施加到 AR 上来管理用户对企业网络的访问。

① IEEE 802.1x：这是一个链接层协议，在一个端口被分配 IP 之前必须强制进行认证。IEEE 802.1x 在认证过程中使用了可扩展认证协议。

② VLAN 在这种方法中，由互连的局域网组成的企业网络被逻辑划分为许多 VLAN，NAC 系统根据设备是否需要安全修复，是否只是访问互联网，对企业资源进行何种级别的网络访问，以决定将网络中的哪一个虚拟局域网分配给 AR。

③ 防火墙：通过允许或者拒绝企业主机与外部用户的网络流量来提供网络访问控制。

④ 动态主机配置协议（Dynamic Host Configuration Protocol，DHCP）管理：DHCP 是一个能为主机动态分配 IP 地址的互联网协议。DHCP 服务器拦截 DHCP 请求，分配 IP 地址。因此，基于子网及 IP 分配，NAC 强制措施会在 IP 层出现。

2. 可扩展认证协议

可扩展的身份验证协议（Extensible Authentication Protocol，EAP），在 RFC3748 中定义，它在网络访问及认证协议中充当了框架的作用。EAP 提供了一组协议信息，这些协议信息封装了许多在客户端和认证服务器之间使用的认证方法。

EAP 支持多种认证方法，如图 6-13 所示，这就是 EAP 被称为可扩展的原因。EAP 为客户端系统与认证服务器之间交换认证信息提供了一种通用传输服务。通过使用在 EAP 客户端与认证服务器上都安装的特殊的认证协议和方法，基本的 EAP 传输服务功能得以扩展。

3. 云安全

云计算是一种按使用量付费的模式，这种模式提供可用的、便捷的、按需的网络访问，进入可配置的计算资源共享池（资源包括网络，服务器，存储，应用软件，服务），这些资源能够被快速提供，而只需投入很少的管理工作，或与服务供应商进行很少的交互。

如今，云计算正在不断改变组织使用、存储和共享数据、应用程序，以及工作负载的方式。但是与此同时，它也引发了一系列新的安全威胁和挑战。为了让企业了解云安全问题，针对云端采用安全策略做出明智的决策，云安全联盟（Cloud Security Alliance，CSA）发布了《12 大顶级云安全威胁：行业见解报告》。报告反映了 CSA 安全专家当前就云计算中最重要的安全问题所达成的共识。

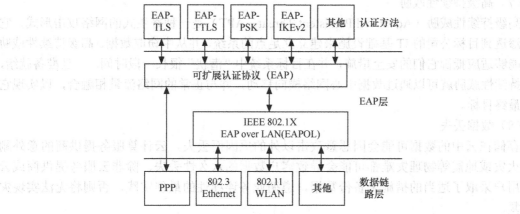

图 6-13　EAP 层级结构

（1）数据泄露

数据泄露可能是有针对性攻击的主要目标，也可能是人为错误、应用程序漏洞或安全措施不佳所导致的后果。数据泄露的风险始终是云计算用户需要首要考虑的因素。

（2）身份、凭证和访问管理不足

恶意行为者会通过伪装成合法用户、运营人员或开发人员来读取、修改和删除数据；获取控制平台和管理功能；在传输数据的过程中进行窥探，或释放看似来自于合法来源的恶意软件。因此，身份认证不足、凭证或密钥管理不善都可能会导致未经授权的数据访问的行为发生，由此可能对组织或最终用户造成灾难性的损害。

（3）安全的接口和应用程序编程接口

云服务提供商会公开一组客户使用的软件用户界面（User Interface，UI）或应用程序编程接口（Application Programming Interface，API）来管理和与云服务进行交互。其配置、管理和监控都是通过这些接口执行的，一般来说，云服务的安全性和可用性也都取决于 API 的安全性。它们需要被设计用来防止意外和恶意的绕过安全协议的企图。

（4）系统漏洞

操作系统组件中存在的漏洞，使得所有服务和数据的安全性都面临重大的安全风险。随着云端多租户形式的出现，来自不同组织的系统开始呈现彼此靠近的局面，且允许在同一平台/云端的用户都能够访问共享内存和资源，这也导致了新的攻击面的出现，扩大了安全风险。

（5）账户劫持

如果攻击者获得了对用户凭证的访问权限，他们就能够窃听用户的活动和交易行为，操纵数据，返回伪造的信息并将客户重定向到非法的钓鱼站点中。账户或服务实例可能成为攻击者的新基础。由于凭证被盗，攻击者经常可以访问云计算服务的关键区域，从而危及这些服务的机密性、完整性，以及可用性。

（6）恶意的内部人员

虽然内部人员造成的威胁程度是存在争议的，但不可否认的是，内部威胁确实是一种实实在在的威胁。一名怀有恶意企图的内部人员能够访问潜在的敏感信息和更重要的系统，并最终访问到机密数据。

（7）高级持续性威胁

高级持续性威胁（Advanced Persistent Threat，APT）是一种寄生式的网络攻击形式，它通过渗透到目标公司的 IT 基础设施来建立立足点的系统，并从中窃取数据。高级持续性威胁通常能够适应抵御它们的安全措施，并在目标系统中"潜伏"很长一段时间。一旦准备就绪，高级持续性威胁就可以通过数据中心网络横向移动，并与正常的网络流量相融合，以实现它们的最终目标。

（8）数据丢失

存储在云中的数据可能会因恶意攻击以外的原因而丢失。云计算服务提供商的意外删除、火灾或地震等物理灾难都可能会导致客户数据的永久性丢失，除非云服务提供商或云计算用户采取了适当的措施来备份数据，遵循业务连续性的最佳实践，否则将无法实现灾难恢复。

（9）尽职调查不足

当企业高管制定业务战略时，必须充分考虑、评估云技术和服务提供商，制定一个良好的路线图和尽职调查清单对于获得最大的成功机会至关重要。而在没有执行尽职调查的情况下，就急于采用云计算技术并选择提供商的组织势必将面临诸多安全风险。

（10）滥用和恶意使用云服务

云服务部署不充分，免费的云服务试用，欺诈性账户登录，将使云计算模式暴露于恶意攻击之下。恶意行为者可以利用云计算资源来定位用户、组织或其他云服务提供商。滥用云端资源的例子有启动分布式拒绝服务攻击（Distributed Denial of Service，DDoS）、垃圾邮件和网络钓鱼攻击等。

（11）拒绝服务

拒绝服务（Denial of Service，DoS）攻击旨在防止服务的用户访问其数据或应用程序。拒绝服务（DoS）攻击可以通过强制目标云服务消耗过多的有限系统资源（如处理器能力，内存，磁盘空间或网络带宽），来帮助攻击者降低系统的运行速度，并使所有合法的用户无法访问服务。

（12）共享的技术漏洞

云计算服务提供商通过共享基础架构、平台或应用程序来扩展其服务。云技术将"即服务"（as a Service）产品划分为多个产品，而不会大幅改变现成的硬件/软件。构成支持云计算服务部署的底层组件，可能并未设计成为"多租户"架构或多客户应用程序提供强大的隔离性能。这可能会导致共享技术漏洞的出现，并可能在所有交付模式中被恶意攻击者滥用。

4. 云安全即服务

安全即服务（Security as a Service，SecaaS）意味着由安全提供商提供一系列安全服务，提供的典型服务有认证、杀毒、反恶意软件/间谍软件、入侵检测，以及安全事件管理。在云计算的环境下，云安全即为服务，即 SecaaS，是 SaaS 的一部分，该服务由 CP 提供。

云安全联盟定义 SecaaS 是通过云提供安全应用及服务，它既可以为云基础设施及软件提供服务，也可以为从云端到消费者的预置系统之间提供服务。

云安全联盟定义的 SecaaS 服务类型（如图 6-14 所示）包括：

- 身份识别和访问管理；
- 数据丢失防护；
- Web 安全；
- 电子邮件安全；
- 安全评估；
- 入侵管理；
- 安全信息和事件管理；
- 加密；
- 业务连续性和灾难恢复；
- 网络安全。

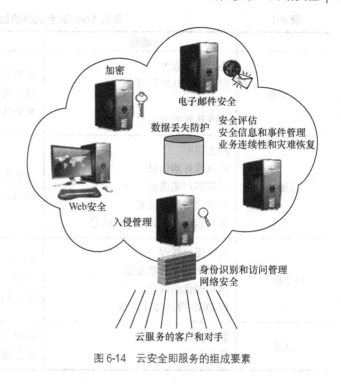

图 6-14 云安全即服务的组成要素

6.3.3 Web 安全

1. Web 安全需求

万维网（World Wide Web，WWW）从根本上说是一个运行于互联网和 TCP/IP 上的客户端/服务器应用系统，并且 Web 提出了一系列与一般计算机和网络安全不太相同的新挑战。

（1）互联网是双向的。电子发布系统使得 Web 服务器容易受到互联网的攻击。

（2）Web 日益成为商业合作和产品信息的出口及处理商务的平台。如果 Web 服务器遭到破坏，则可能会造成企业信誉的损害和经济损失。

（3）Web 底层软件极其复杂。这种复杂的软件中可能会隐藏很多潜在的安全缺陷。在 Web 短暂的历史中，各种新的和升级的系统容易受到各种各样的安全攻击。

（4）Web 服务器可以作为公司或机构的整个计算机系统的核心。这种情况下，一旦 Web 服务器遭到破坏，攻击者就不仅可以访问 Web 服务，而且可以获得与之相连的整个本地站点服务器的数据和系统的访问权限。

（5）基于 Web 的各种服务的客户一般都是临时性的或未经训练（在安全问题方面）的用户，对存在的安全缺乏警觉感，也没有对这些安全风险有效防范的工具和知识。

2. Web 安全威胁

表 6-4 提供了使用 Web 面临的安全威胁类型的总结。被动攻击包括在浏览器和服务器之间通信时，窃听和获取 Web 站点上受限访问信息的访问权。主动攻击包括用户假冒、在客户和服务器之间的传输过程中替换消息和更改 Web 站点上的信息等。

3. Web 安全解决方案

Web 安全的一种解决方案是使用 IPSec（如图 6-15（a）所示）。IPSec 提供了两种安全机制：认证（采用 IPSec 的 AH）和加密（采用 IPSec 的 ESP）。使用 IPSec 的好处是它对终端用户和应用透明，能提供通用的解决方案。

另一种解决方案是仅在 TCP 上实现安全（如图 6-15（b）所示）。这种解决方案最典型的例子是 SSL 和被称为第二代互联网标准的传输层安全。SSL 可以嵌入到特殊的软件包，大部分 Web 服务器也都实现了该协议。

表 6-4   各类 Web 安全威胁的比较

	威胁	后果	对策
完整性	用户数据修改 特洛伊木马浏览器 内存修改 更改传输中的消息	丢失消息 设备受损 易受其他威胁	密码校验和
机密性	网上窃听 窃取服务器信息 窃取客户端信息 窃取网络配置信息 窃取客户与服务器通话信息	信息丢失 秘密丢失	加密 Web 委托代理
拒绝服务	破坏用户线程 用假消息使机器溢出 填满硬盘或内存 用 DNS 攻击孤立机器	中断 干扰 阻止用户完成任务	难以防止
认证	假冒合法用户 伪造数据	用户错误 相信虚假信息	密码技术

特定安全服务在特定的应用中得以体现，如图 6-15（c）所示，针对特定需求进行定制。

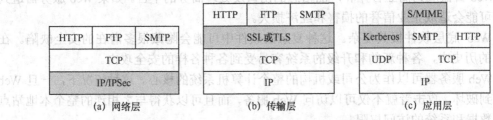

(a) 网络层   (b) 传输层   (c) 应用层

图 6-15 TCP/IP 协议栈中的安全设施的相对位置

4. 安全套接字层安全

Netscape 发明的安全套接字层（SSL）使用 TCP 提供一种可靠的端对端的安全服务，由两层协议组成，如图 6-16 所示。SSL 记录协议对各种更高层协议提供基本的安全服务。HTTP 在 SSL 的顶层运行。SSL 定义了 3 个较高层协议：握手协议、密码变更规格协议和报警协议。用这些 SSL 协议规范来管理 SSL 的交换。

5. HTTPS

HTTPS 是指用 HTTP 和 SSL 的结合来实现网络浏览器和服务器之间的安全通信，如图 6-17 所示。HTTPS 和 HTTP 的区别表现在 URL 地址分别开始于"https://"和"http://"，默认端口分别为 443 和 80。使用 HTTPS 时，通信过程中的以下元素被加密。

（1）要求文件的 URL。

（2）文件的内容。

（3）浏览器表单的内容（由浏览器的使用者填写）。

（4）浏览器和服务器间发送的 Cookie。

（5）HTTP 报头的内容。

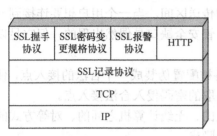

图 6-16　SSL 协议栈

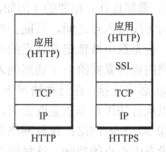

图 6-17　HTTP 和 HTTPS

6. SSH

SSH（Secure Shell）是一个相对简单和经济的网络信息安全通信协议。SSH 客户端和服务器适用于大多数操作系统。它已经成为远程登录和 X 隧道的选择方式之一，并且普遍应用于嵌入式系统之外的加密技术的应用程序中。

SSH 由 3 个通信协议组成，通常运行在 TCP 之上，如图 6-18 所示。

（1）传输层协议：提供服务器身份验证、数据保密性、带前向安全的数据完整性。传输层会有选择地提供压缩。

（2）用户身份验证协议：验证服务器的用户。

（3）连接协议：在一个单一、基础的 SSH 连接上复用多个逻辑的通信信道。

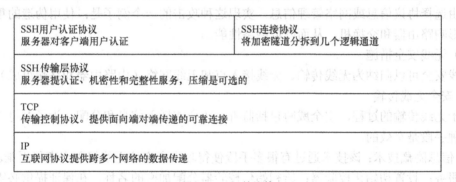

图 6-18　SSH 协议栈

6.3.4　无线网络安全

1. 无线安全

无线网络及使用无线网络的移动设备，引入了一系列新的安全问题。

（1）严重威胁无线网络安全的关键因素

① 信道：典型的无线网络包括广播通信，与有线网络相比，更易受监听和干扰的影响。

② 移动性：无线设备，相较有线设备，更具有移动性和便捷性。

③ 资源：一些无线设备，如智能手机和平板电脑，具有复杂的操作系统，但只有有限的存储空间和资源去抵抗诸如拒绝服务和恶意软件的攻击。

④ 易接近性：一些无线设备经常被单独放置在遥远的或者敌方的环境中，大大增加了受

到物理攻击的可能性。

（2）无线网络安全威胁

① 偶然连接：相邻的（例如，在同一个或相邻建筑物之间）无线局域网或连接到有线局域网的无线接入点之间，可能会产生互相重叠的传送区间。当一个用户想要连接到一个局域网时，会无意中被锁定在邻近的无线接入点。尽管安全缺口是偶然出现的，但它足以将这个局域网的资源暴露给一个偶然闯入的用户。

② 恶意连接：在这种情况下，一个无线设备被配置伪装成一个合法的接入点，使得攻击者可以从合法用户那里盗取密码，然后再使用盗取的密码侵入合法接入点。

③ Ad hoc 网络：这种网络是不包含接入点的、无线计算机之间的、对等方式的网络。由于没有中心点的控制，这种网络可能存在安全隐患。

④ 非传统型网络：非传统型网络和链接，如个人网络蓝牙设备、条形码识别器和手持型PDA，面临着被监听和欺诈的安全隐患。

⑤ 身份盗窃（MAC 欺诈）：这种威胁发生在攻击者可以通过网络权限监听网络信息流通量，并认证计算机的 MAC 地址的时候。

⑥ 中间人攻击：这种攻击是使用户和接入点都相信它们在直接对话，然而实际上这种交流是通过一个中间设备进行的。无线网络尤其容易受这种方式攻击。

⑦ 拒绝服务（DoS）：在无线网络环境中，DoS 攻击发生于攻击者连续使用大量的各种各样消耗系统资源的协议信息，来轰炸无线接入点或者其他可访问的无线端口。无线环境适于进行这种攻击，因为对于攻击者而言，直接对目标叠加无线信息非常容易。

⑧ 网络注入：网络注入攻击的目标是暴露于未过滤的网络信息流之中的无线接入点，例如，路由选择协议信息或网络管理信息。实现这种攻击的一个例子是：使用伪造的重配置命令，以影响路由器和交换机，从而降低网络性能。

（3）无线安全措施

无线安全可以归纳为无线传输、无线接入点和无线网络（由路由器和终端组成）。

① 安全无线传输

对于无线传输的过程，安全威胁包括监听、改变或插入信息和分配。为了对付监听，有以下两种手段是有效的。

● 信息隐藏技术：该技术通过有很多手段使得攻击者定位无线接入点变得更难。包括取消广播服务；设置初始化校验器；给初始化校验器分配加密的名称；在保证提供必需的覆盖率的情况下，将信号强度降到最低水平；将无线接入点定位在建筑物内部，远离窗户和外墙。为了达到更好的效果，要使用定向天线和信号屏蔽技术。

● 加密：对所有无线传输，加密可以有效防御监听，前提条件是密钥是安全的。加密和认证协议是抵抗替换和插入信息的标准解决方法。

② 安全的无线接入点

无线接入点的主要安全威胁包括网络的未认证入侵。防止此类入侵的主要方法是 IEEE802.1x 标准，可以阻止不好的接入点和其他未经认证的设备成为不安全后门。该标准对基于端口的网络访问进行控制，为想要连接到无线局域网或无线网络的设备提供了一套认证机制。

③ 安全的无线网络

使用下列技术以保证无线网络安全。

- 使用加密手段。无线路由器具有典型的内置加密机制，以完成路由器间的信息流通。
- 使用杀毒软件、反间谍软件和防火墙。这些软件可以在所有无线网络终端上应用。
- 关闭标识符广播。无线路由器通常会广播发送验证信号，使得在临近范围的认证设备可以知道这个路由器的存在。关闭此功能后可以防御攻击者。
- 改变路由器的标识符，不使用默认值。这种手段可以抵御使用路由器默认标识符来访问无线网的攻击者。
- 改变路由器的预设置密码。这是另一个需要慎重使用的步骤。
- 只允许专用的计算机访问无线网络。将路由器配置为只与允许的 MAC 地址通信。

2. 移动安全

移动设备需要附加的、专门的保护措施。移动设备安全策略的主要组成元素可以归纳成 3 类：设备安全、用户/服务器数据流安全和屏障安全，如图 6-19 所示。

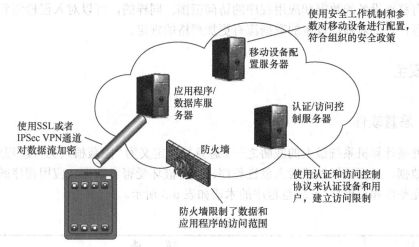

图 6-19　移动设备安全组成元素

（1）设备安全

必须使用以下安全控制对移动设备进行配置。

① 开启自动锁定。

② 开启密码或 PIN 码保护。

③ 避免用户名和密码的自动保存。

④ 开启远程擦除。

⑤ 如果支持，则启用 SSL。

⑥ 保证软件（包括操作系统和应用程序）是实时更新的。

⑦ 安装杀毒软件。

⑧ 对于敏感信息，要么禁止存储在移动设备上，要么加密。

⑨ **IT** 员工要有远程访问设备、擦除设备上的所有数据的能力，要有设备丢失或被盗窃时禁用设备的能力。

⑩ 可以禁止所有的第三方软件的安装，列出黑名单以禁止不被允许的应用程序的安装，或实现安全沙箱将组织的数据和应用程序与移动设备上的数据和应用程序隔离开来。任何被

允许的应用程序都必须具有合法机构的数字签名和公钥证书。

⑪ 明确应该限制哪些设备可以同步和使用云端存储。

⑫ 为了解决不可信内容带来的威胁，对全体员工就不可信内容固有的风险进行安全培训，并且禁止企业移动设备使用照相机功能。

⑬ 为了对抗定位服务被恶意使用而造成的威胁，应禁止所有移动设备使用此类服务。

（2）数据流安全

数据流安全基于常规的加密和认证机制。所有数据流都必须加密而且使用安全方式传输，例如，SSL 或者 IPv6。可以对 VPN 进行配置，使移动设备和组织网络之间所有的数据流都通过 VPN。使用认证协议限制设备获取组织资源，可以采用两层认证机制，包括先认证设备和再认证使用设备的用户。

（3）屏障安全

安全机制用来保证能拦截不合法的访问，如专门针对移动数据流的防火墙。防火墙策略可以限制所有移动设备的数据和应用程序的访问范围。同样的，可以对入侵检测和入侵预防系统进行配置，以便对移动设备的数据流有更加严格的规定。

6.4 系统安全

6.4.1 恶意软件

恶意软件是计算机系统最大的威胁之一。恶意软件定义为"隐蔽植入另一段程序的程序，它企图破坏数据，运行破坏性或者入侵性程序，或者破坏受害者数据、应用程序或操作系统的机密性、完整性和可用性"。恶意程序的术语如表 6-5 所示。

表 6-5 恶意程序的术语

名 称	描 述
病毒	当执行时，向可执行代码传播自身副本的恶意代码；传播成功时，可执行程序被感染。当被感染代码执行时，病毒也执行
蠕虫	可独立执行的计算机程序，并可以向网络中的其他主机传播自身副本
逻辑炸弹	入侵者植入软件的程序。逻辑炸弹潜藏到触发条件满足为止，然后该程序激发一个未授权的动作
特洛伊木马	貌似有用的计算机程序，但也包含能够规避安全机制的潜藏恶意功能，有时利用系统的合法授权引发特洛伊木马程序
后门/陷门	能够绕过安全检查的任意机制；允许对未授权的功能访问
可移动代码	能够不变地植入各种不同平台，执行时有相同语义的程序
漏洞利用	针对某一个漏洞或者一组漏洞的代码
下载者	可以在遭受攻击的机器上安装其他条款的程序。通常，下载者是通过电子邮件传播的
自动路由程序	用于远程入侵到未被感染的机器中的恶意攻击工具
病毒生成工具包	一组用于自动生成新病毒的工具

续表

名 称	描 述
垃圾邮件程序	用于发送大量不必要的电子邮件
洪流	用于占用大量网络资源对网络计算机系统进行攻击从而实现 DoS 攻击
键盘日志	捕获被感染系统中的用户按键
Rootkit	当攻击者进入计算机系统并获得低层通路之后使用的攻击工具
僵尸	活跃在被感染的机器上并向其他机器发起攻击的程序
间谍软件	从一个计算机上收集信息并发送到其他系统的软件
广告软件	整合到软件中的广告。结果是弹出广告或者指向购物网站

1. 计算机病毒检测与防范技术

（1）计算机病毒定义

计算机病毒，是指编制或者在计算机程序中插入的破坏计算机功能、毁坏数据、影响计算机使用，并能自我复制的一组计算机指令或者程序代码。"计算机病毒"的生命周期包括开发期、传染期、潜伏期、发作期和消亡期，并且由上述几个步骤组成一个循环。

计算机病毒的核心特性归纳起来有：传播性、隐蔽性、潜伏性、破坏性、针对性、衍生性、寄生性和不可预见性。是否具有传播性是判别一个程序是否为计算机病毒的最重要条件。

（2）计算机病毒检测

① 比较法。用原始备份与被检测引导扇区或文件作比较。看长度，内容变化。简便，不需专用软件。但无法确认病毒的种类名称。

② 综合对比法。先将每个程序的文件名、大小、时间、日期及内容，综合为一个检查码，附于程序后；再利用此追踪记录、对比每个程序的检查码，判断是否感染病毒。

③ 搜索法。用每一种病毒体含有的特定字符串对被检测的对象进行扫描。如果在对象内部发现了某一种特定字节串，就表明发现了该字节串所代表的病毒。

④ 分析法。分为静态分析和动态分析。利用反汇编工具和 DEBUG 等调试工具进行防病毒是专业的病毒剖析方法。可发现新病毒，提取特征字串，制定防杀措施方案。

⑤ 人工智能陷阱技术和宏病毒陷阱技术。该技术是监测计算机行为的常驻式扫描技术。它将所有病毒所产生的行为归纳起来，一旦发现内存中的程序有任何不当的行为，系统就会警告使用者。优点是速度快、操作简便，可侦测到各式病毒；缺点是程序设计难，且不易考虑周全。宏病毒陷阱技术（MacroTrap）是结合了搜索法和人工智能陷阱技术，依靠行为模式侦测已知及未知的宏病毒。

⑥ 软件仿真扫描法。专门对付多态变形病毒。该病毒在每次传染时，都将自身以不同的随机数加密于每个感染的文件中，传统搜索法根本无法找到它。软件仿真技术则是成功地仿真 CPU 执行，在虚拟机下伪执行病毒程序，安全并确实地将其解密，使其显露本来的面目，再加以扫描。

⑦ 先知扫描法。将现有病毒特征分析归纳成专家系统和知识库，再利用软件模拟技术伪执行新的病毒，超前分析出新病毒代码，对付以后的病毒。

2. 网络黑客攻防技术

（1）黑客攻击的工具

① 扫描器

在 Internet 安全领域，扫描器是最出名的破解工具。所谓扫描器，实际上是自动检测远程或本地主机安全性弱点的程序。通过扫描器可以发现远程服务器的各种 TCP 端口，以及提供的服务和相应的软件版本。扫描器通过选用 TCP/IP 不同的端口和服务，并记录目标机的回答，以此获得关于目标机各种有用的信息，如是否能匿名登录，是否有写的 FTP 目录，是否支持 TELNET 等。理解和分析这些信息，就可能发现破坏目标机安全性的关键因素。

② 口令攻击器

口令攻击器是一种程序，它能将口令解析出来，或者让口令保护失效。口令攻击器一般并不是真正地去解码（事实上很多加密算法是不可逆的）。大多数口令破解器采用字典穷举法进行攻击。

③ 特洛依木马程序

"特洛伊木马程序"是黑客常用的攻击手段之一。它通过在目标主机系统隐藏一个会在系统启动时自动运行的程序，采用服务器/客户机的运行方式，从而达到在上网时控制目标主机的目的。黑客利用它窃取目标主机的口令，浏览驱动器，修改文件，登录注册表等。

④ 网络嗅探器

网络嗅觉器用来截获网络上传输的信息，用在以太网或其他共享传输介质的网络上。它既可以是硬件，也可以是软件。放置网络嗅觉器，可使网络接口处于广播状态，从而截获网上传输的信息。利用网络嗅觉器可截获口令、秘密的和专有的信息，用来攻击相邻的网络。

⑤ 系统破坏者

常见的破坏装置有邮件炸弹和病毒等。邮件炸弹实质上就是发送地址不详，容量庞大的邮件垃圾。由于邮件信箱都是有限的，当庞大的邮件垃圾到达信箱时，就会把信箱挤爆。同时，由于它占用了大量的网络资源，常常导致网络塞车，使其无法接收有用信息。另外，邮件炸弹也可以导致邮件服务器拒绝服务。

（2）黑客防范技术

人们采用许多安全技术来提高网络的安全性，最具代表性的安全技术有：数据加密、容错技术、端口保护与主体验证，以及防火墙技术。

网络安全防范技术主要从网络访问和网络协议入手，核心是密码技术、访问控制技术、身份认证技术、安全审计、安全监控技术和安全漏洞检测技术等。

目前网络安全产品市场上的主流产品有防火墙、VPN 和入侵检测系统等，它们的功能及对相关攻击的防范措施各不相同。

6.4.2　入侵检测

入侵检测技术是为保证计算机系统的安全，而设计与配置的一种能够及时发现并报告系统中未授权或异常现象的技术，用于检测计算机网络中违反安全策略行为。违反安全策略的行为有：入侵指非法用户的违规行为；滥用指合法用户的违规行为。

入侵检测系统的应用，能在入侵攻击对系统发生危害前检测到入侵攻击，并利用报警与防护系统驱逐入侵攻击，减少入侵攻击所造成的损失。在被入侵攻击后，收集入侵攻击的相关信息，作为防范系统的知识，添加到知识库内，以增强系统的防范能力。

1. 入侵检测系统类型

（1）基于网络的入侵检测

基于网络的入侵检测系统（Network Intrusion Detection System，NIDS）放置在比较重要的网段内，不停地监视网段中的各种数据包，对每一个数据包或可疑的数据包进行特征分析。如果数据包与内置的某些规则吻合，入侵检测系统就会发出警报甚至直接切断网络连接。目前，大部分入侵检测产品是基于网络的。典型的网络入侵检测系统有 Snort、NFR、Shadow 等。

（2）基于主机的入侵检测

基于主机的入侵检测系统（Host Intrusion Detection System，HIDS）通常是安装在被重点检测的主机之上，主要是对该主机的网络实时连接以及系统审计日志进行智能分析和判断。如果其中主体活动十分可疑（特征或违反统计规律），入侵检测系统就会采取相应措施。

（3）混合入侵检测

基于网络的入侵检测产品和基于主机的入侵检测产品都有不足之处，单纯使用一类产品会造成主动防御体系不全面。如果这两类产品能够无缝结合起来部署在网络内，构成一套完整立体的主动防御体系，既可发现网络中的攻击信息，也可从系统日志中发现异常情况。

（4）文件完整性检查

文件完整性检查系统检查计算机中自上次检查后文件变化情况。文件完整性检查系统保存每个文件的信息摘要数据库，每次检查时，重新计算文件的信息摘要并将它与数据库中的值相比较，如果不同，则文件已被修改；若相同，文件则未发生变化。

文件的信息摘要通过 Hash 函数计算得到。通常采用安全性高的 Hash 算法，如 MD5、SHA 时，两个不同的文件几乎不可能得到相同的 Hash 结果。

2. 入侵检测技术分析

（1）技术分类

入侵检测系统所采用的技术可分为特征检测与异常检测两种。

① 特征检测

特征检测假设入侵者活动可以用一种模式来表示，系统的目标是检测主体活动是否符合这些模式。它可以检查已有的入侵方法，但对新的入侵方法无能为力。难点在于如何设计出相关模式，既能够刻画"入侵"现象，又不会包含正常的活动。

② 异常检测

异常检测假设入侵者活动异常于正常主体的活动。根据这一理念建立主体正常活动的"活动简档"，将当前主体的活动状况与"活动简档"相比较，当违反其统计规律时，认为该活动可能是"入侵"行为。异常检测的难题在于如何建立"活动简档"，以及如何设计统计算法，从而不把正常的操作作为"入侵"或忽略真正的"入侵"行为。

（2）常用检测方法

入侵检测系统常用的检测方法有特征检测、统计检测和专家系统。

① 特征检测

特征检测对已知的攻击或入侵的方式做出确定性的描述，形成相应的事件模式。当被审计的事件与已知的入侵事件模式相匹配时，即报警。原理上与专家系统相仿。其检测方法与计算机病毒的检测方式类似。目前，基于对包特征描述的模式匹配应用较为广泛。该方法预报检测的准确率较高，但对于无经验知识的入侵与攻击行为无能为力。

② 统计检测

统计模型常用异常检测，在统计模型中常用的测量参数包括：审计事件的数量、间隔时间、资源消耗情况等。统计方法的最大优点是它可以"学习"用户的使用习惯，从而具有较高检出率与可用性。但是它的"学习"能力也可使入侵者通过逐步"训练"使入侵事件符合正常操作的统计规律，从而透过入侵检测系统。

③ 专家系统

专家系统针对的是有特征的入侵行为，使用规则匹配的方法。专家系统的建立依赖于知识库的完备性，知识库的完备性又取决于审计记录的完备性与实时性。入侵的特征抽取与表达，是建立入侵检测专家系统的关键。在系统实现中，将有关入侵的知识转化为 if-then 结构（也可以是复合结构），条件部分为入侵特征，then 部分是系统防范措施。

3. 审计记录

入侵检测的一个基本工具就是审计记录。对用户当前行为的记录可以用作入侵检测系统中的输入参量以检测攻击行为是否发生。一般来说，有以下两种审计记录。

（1）原始审计记录：事实上所有的多用户操作系统都包含了收集用户活动信息的账户统计软件。使用这些信息的优点是不需要额外的收集软件，缺点是原始审计记录并不包含所需要的信息或者包含的信息格式不便于直接应用。

（2）面向检测的审计记录：这是一种收集工具，只生成入侵检测系统所需信息的审计记录。这种方法的优点是它采用第三方的审计记录收集机制，适用于多种类型的系统。其缺点在于需要额外的处理开销，系统内部要同时运行两种账户统计工具包。

6.4.3　防火墙

1. 防火墙定义

网络防火墙是指在两个网络之间加强访问控制的一整套装置，即构造在一个可信网络（一般指内部网）和不可信网络（一般指外部网）之间的保护装置，强制所有的访问和连接都必须经过这道保护层，并在此进行连接和安全检查，只有合法的流量才能通过此保护层。

构建网络防火墙的主要目的和作用有以下几个。

（1）限制访问者进入一个被严格控制的点。

（2）防止进攻者接近防御设备。

（3）限制访问者离开一个被严格控制的点。

（4）检查、筛选、过滤和屏蔽信息流中的有害信息和服务，防止对系统进行蓄意破坏。

（5）有效收集和记录 Internet 上的活动和网络误用情况。

（6）有效隔离网络中的多个网段，防止一个网段的问题传播到另一网段。

（7）防止不良网络行为发生，能执行和强化网络的安全策略。

2. 网络防火墙的类型

从所采用的技术上看，防火墙有 6 种基本类型：包过滤型、代理服务器型、电路层网关、混合型防火墙、应用层网关和自适应代理技术。

（1）包过滤型防火墙

包过滤型防火墙中的包过滤器一般安装在路由器上，工作在网络层。它基于单个包实施网络控制，根据所收到的数据包的源地址、目的地址、TCP/UDP、源端口号及目的端口号、包出入接口、协议类型和数据包中的各种标志位等参数，与用户预定的访问控制表进行比较，决定数据是否符合预先制定的安全策略，决定数据包的转发或丢弃，即实施信息过滤。

包过滤型防火墙的优点是简单、方便、速度快、透明性好，对网络性能影响不大，但它缺乏用户日志和审计信息，缺乏用户认证机制，不具备审核管理功能，且过滤规则的完备性难以得到检验，复杂过滤规则的管理也比较困难。因此，包过滤性防火墙的安全性较差。

（2）代理服务器型防火墙

代理服务器型防火墙通过在主机上运行代理的服务程序，直接面对特定的应用层服务，因此也称为应用型防火墙。其核心是运行于防火墙主机上的代理服务进程，该进程代理用户完成 TCP/IP 功能，实际上是为特定网络应用而连接两个网络的网关。对每种不同的应用都有一个相应的代理服务。外部网络与内部网络之间想要建立连接，必须先通过代理服务器的中间转换，内部网络只接收代理服务器提出的要求，拒绝外部网络的直接请求。代理服务可以实施用户认证、详细日志、审计跟踪和数据加密等功能和对具体协议及应用的过滤。

代理服务器型防火墙能完全控制网络信息的交换，控制会话过程，具有灵活性和安全性，但可能影响网络的性能，对用户不透明，实现起来比较复杂。

（3）其他类型的防火墙

① 电路层网关

电路层网关在网络的传输层上实施访问控制策略，是在内、外网络主机之间建立一个虚拟电路进行通信，相当于在防火墙上直接开了个口子进行传输，不像应用层防火墙那样能严密地控制应用层的信息。

② 混合型防火墙

混合型防火墙把包过滤和代理服务等功能结合起来，形成新的防火墙结构，所用主机称为堡垒主机，负责代理服务。各种类型的防火墙，各有其优缺点。当前的防火墙产品，已不是单一的包过滤型或代理服务型防火墙，而是将各种安全技术结合起来，形成一个混合的多级的防火墙系统，以提高防火墙的灵活型和安全性。

③ 应用层网关

应用层网关使用专用软件来转发和过滤特定的应用服务，是一种代理服务。代理服务器接受外来的应用连接请求，进行安全检查后，再与被保护的网络应用服务器连接，使得外部服务器在受控制的前提下使用内部网络提供的服务。应用层网关具有登记、日志、统计和报告等功能，并有很好的审计功能和严格的用户认证功能。

④ 自适应代理技术

自适应代理技术根据用户定义的安全策略，动态适应传送中的分组流量。如果安全要求较高，则安全检查应在应用层完成，以保证代理防火墙的最大安全性；一旦代理明确了会话的所有细节，其后的数据包就可以直接到达速度快得多的网络层。该技术兼备了代理技术的安全性和其他技术的高效率。

在实际应用中，需要对防火墙所保护的系统的安全级别做定性和定量的评估，从系统的成本、安全保护的实现、升级、改造和维护的难易程度考虑，决定防火墙的类型和拓扑结构。

第 7 章 数据库基础

数据库技术是数据管理的技术，是专门研究如何科学地组织和存储数据，如何高效地获取和处理数据的技术。

7.1 数据库系统

7.1.1 数据库技术的产生和发展

1. 信息

信息是人脑对现实世界事物的存在方式、运动状态，以及事物之间联系的抽象反映。信息是客观存在的，人类有意识地对信息进行采集并加工、传递，从而形成了各种消息、情报、指令、数据及信号等。

信息具有以下特征。

（1）信息源于物质和能量。信息不可能脱离物质而存在，信息的传递需要物质载体，信息的获取和传递要消耗能量。

（2）信息是可以感知的。人类对客观事物的感知，可以通过感觉器官，也可以通过各种仪器仪表和传感器等，不同的信息源有不同的感知形式。

（3）信息是可存储、加工、传递和再生的。人们用大脑存储信息，叫作记忆。计算机存储器、录音、录像等技术的发展，进一步扩大了信息存储的范围。借助计算机，还可对收集到的信息进行整理。

2. 数据

（1）数据的定义。数据是由用来记录信息的可识别的符号组成的，是信息的具体表现形式。这些符号已被赋予特定的语义，具有传递信息的功能。

数据和它的语义不可分割。例如，对于数据：（赵亦，计算机），可以赋予它一定的语义，它表示"赵亦"所在系为"计算机"系。如果不了解其语义，则无法对其进行正确解释。

（2）数据的表现形式。可用多种不同的数据形式表示同一信息，而信息不随数据形式的不同而改变。如"扩招 30%"，其中的数据改为"百分之三十"后表达的信息是一致的。

早期的计算机系统主要用于科学计算，处理的数据主要是整数、浮点数等数字。在现代计算机系统中，数据的表现形式不仅包括数字，还包括文字、图形、图像和声音等。

3. 数据与信息的联系

信息与数据之间存在着固有的联系：数据是信息的符号表示或载体；信息是数据的内涵，是对数据的语义解释。数据表示了信息，信息通过数据形式表示出来才能被人们理解和接受。

4. 数据处理

数据处理是将数据转换成信息的过程，包括对数据的收集、管理、加工、利用，乃至信息输出的演变与推导等一系列活动。其目的之一是从大量的原始数据中抽取和推导出有价值的信息，作为决策的依据；目的之二是借助计算机科学地保存和管理大量复杂的数据，以便人们充分利用这些信息资源。在数据处理过程中，数据是原料，是输入，而信息是产出，是输出结果。"信息处理"的真正含义是为了产生信息而处理数据。

5. 数据管理

数据管理是指数据的收集、分类、组织、编码、存储、维护、检索和传输等操作，这些操作是数据处理业务的基本环节。数据处理是与数据管理相联系的，数据管理技术的优劣，将直接影响数据处理的效率。通用、高效、使用方便的管理软件，可以有效地管理数据。

随着计算机硬件和软件的发展，数据管理经历了人工管理、文件系统和数据库系统 3 个发展阶段。数据库技术正是应数据管理任务的需要而产生、发展的。

6. 人工管理阶段

在 20 世纪 50 年代中期以前，计算机主要用于科学计算。受当时硬件、软件的限制，为程序提供完成科学计算和数据处理的数据（如图 7-1 所示）必须手工来完成。这样的数据管理方式为人工管理数据，特点如下：

（1）数据不保存在计算机内；

（2）系统没有专用的软件对数据进行管理；

（3）数据不能共享；

（4）数据不具有独立性。

7. 文件系统阶段

在 20 世纪 50 年代后期至 60 年代中期，计算机不仅用于科学计算，还大量用于信息管理。在硬件、软件发展的基础上，操作系统中有了专门管理数据的软件。数据管理进入文件系统阶段，特点为：数据以文件形式长期保存；由文件系统管理数据；程序与数据间有一定独立性，如图 7-2 所示；文件的形式已经多样化；数据具有一定的共享性。

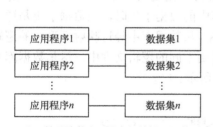

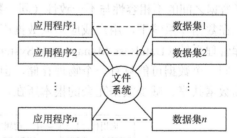

图 7-1　人工管理阶段应用程序与数据之间的对应关系　　　图 7-2　文件系统阶段应用程序与数据间的对应关系

文件系统阶段对数据的管理仍存在一些根本性问题，主要表现在以下几方面。

（1）数据共享性差、冗余度大。文件面向特定应用程序。即使不同的应用程序所使用的数据具有共同部分，也必须分别建立自己的数据文件，这就导致数据不能共享。

（2）数据存在不一致性。这通常是由数据冗余造成的。由于相同数据在不同文件中的重复存储、各自管理，在对数据进行更新操作时，不但浪费时间，也容易造成数据的不一致。

（3）数据独立性差。在文件系统阶段，程序与数据之间有一定的独立性，主要是指设备独立性，还未能彻底体现用户观点下的数据逻辑结构独立于数据在外部存储器的物理结构要求。在文件系统中，一旦改变数据的逻辑结构，必须修改相应的应用程序，修改文件结构的定义。而应用程序发生变化，也将引起文件的数据结构的改变。

（4）数据间的联系弱。文件之间是独立的，它们之间的联系必须通过程序来构造。

8. 数据库系统阶段

20 世纪 60 年代后期，为解决多用户、多个应用程序共享数据的需求，数据库技术应运而生，出现了统一管理数据的专门软件系统，即数据库管理系统。计算机技术的发展、数据管理的需求迫切性，共同促进了数据库技术的诞生。

20 世纪 60 年代末期的 3 件事标志着以数据库系统为基本手段的数据管理新阶段的开始。

第一件事：1968 年，美国 IBM 公司推出了商品化的信息管理系统。该系统支持层次数据模型，也就是使用层次结构来表示数据与数据之间的联系。

第二件事：1969 年，美国数据系统语言协会下属的数据库任务组发布了一系列研究数据库方法的 DBTG 报告，该报告建立了数据库技术的很多概念、方法和技术。其中，DBTG 提出的网状数据模型，可以表示任意数据之间的联系，突破了已有层次模型的限制。

第三件事：1970 年起，美国 IBM 公司的研究员 E.F.Codd 连续发表文章，提出了数据间的联系用数学上的"关系"来表示，即提出了数据库的关系模型，开创了数据库关系方法和关系数据理论的研究，为关系数据库的发展和理论研究奠定了基础，该模型一直沿用至今。

与人工管理和文件系统相比，数据库系统阶段管理数据的特点如下。

（1）结构化的数据及其联系的集合。在数据库系统中，将各种应用的数据按一定的结构形式（即数据模型）组织到一个结构化的数据库中。数据库中的数据是面向全组织的，既描述了数据本身，也描述数据间的有机联系，较好地反映了现实事物间的自然联系。

在数据库系统中，结构化数据的存取方式很灵活，可以存取数据库中的某一个数据项、一组数据项、一个记录或一组记录。而在文件系统中，数据的最小存取单位是记录。

（2）数据共享性高、冗余度低。数据共享是指数据库中的一组数据集合可为多个应用和多个用户服务。由于数据库系统从整体角度看待和描述数据，数据是全盘考虑所有用户的数据需求、面向整个应用系统，同一数据可供多个用户或应用共享，减少了不必要的数据冗余，避免了数据之间的不相容性与不一致性（同一数据在数据库中重复出现且具有不同值的现象）。

在数据库系统下，用户或应用从数据库中存取其中的数据子集时，该数据子集是通过数据库管理系统（DataBase Management System，DBMS）从数据库中经过映射而形成的逻辑文件。同一个数据可能只有一个物理存储，但可以映射到不同的逻辑文件中，这是数据库系统提高数据共享、减少数据冗余的根本所在，如图 7-3 所示。

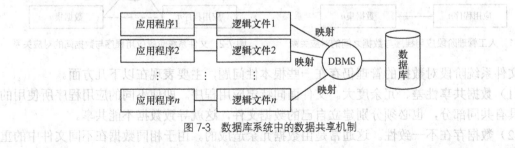

图 7-3 数据库系统中的数据共享机制

（3）数据独立性高。所谓数据的独立性是指数据库中的数据与应用程序间相互独立，即数据的逻辑结构、存储结构，以及存取方式的改变不影响应用程序。

在数据库系统中，整个数据库的结构可分成 3 级：用户的逻辑结构、整体逻辑结构和物理结构。数据独立性分两级：物理独立性和逻辑独立性。

数据的物理独立性：当数据的物理结构（如存储结构、存取方式、外部存储设备等）改变时，通过修改映射，使数据库整体逻辑结构不受影响，用户的逻辑结构及应用程序不用改变。

数据的逻辑独立性：当数据库的整体逻辑结构（如修改数据定义、增加新的数据类型、改变数据间的关系等）发生改变时，通过修改映射，使用户的逻辑结构及应用程序不用改变。

数据独立性把数据的定义从程序中分离出去，加上数据的存取是由 DBMS 负责，从而简化了应用程序的编制，大大减少了应用程序的维护和修改。

（4）有统一的数据管理和控制功能。在数据库系统中，数据由数据库管理系统进行统一管理和控制。为确保数据库数据的正确、有效和数据库系统的有效运行，数据库管理系统提供下述 4 个方面的数据控制功能。

① 数据的安全性控制：防止不合法使用数据库造成数据的泄露和破坏，使每个用户只能按规定对某些数据进行某种或某些操作和处理，保证数据的安全。

② 数据的完整性控制：系统通过设置一些完整性规则等约束条件，确保数据的正确性、有效性和相容性。

- 正确性是指数据的合法性，如年龄属于数值型数据，就不能含字母或特殊符号。
- 有效性是指数据是否在其定义的有效范围，如月份只能用 1~12 的正整数表示。
- 相容性是指表示同一事实的数据应相同，否则就不相容，如一个人只有一个性别。

③ 并发控制：多个用户同时存取或修改数据库时，系统可防止由于相互干扰而提供给用户不正确的数据，并防止数据库受到破坏。

④ 数据恢复：由于计算机系统的硬件故障、软件故障、操作员的误操作，以及其他故意的破坏等原因，造成数据库中的数据不正确或数据丢失时，系统有能力将数据库从错误状态恢复到最近某一时刻的正确状态。

7.1.2 数据模型

数据库是模拟现实世界中某应用环境所涉及的数据的集合，不仅要反映数据本身的内容，还要反映数据之间的联系。这种模拟是通过数据模型来进行的。

1. 数据模型的定义

数据模型是一种模型，是用来描述数据、组织数据和对数据进行操作的。

数据模型是数据库的框架，描述了数据及其联系的组织方式、表达方式和存取路径，是数据库系统的核心和基础，各种机器上实现的 DBMS 软件都是基于某种数据模型，它的数据结构直接影响到数据库系统的其他部分的性能，也是数据定义和数据操纵语言的基础。

2. 数据模型的分类

根据模型应用的不同目的，将这些模型划分为两类，它们分属于两个不同的抽象级别。

第一类模型是概念模型，也称为信息模型，它是按用户的观点对数据和信息建模，是对现实世界的事物及其联系的第一级抽象，它不依赖于具体的计算机系统，不涉及信息在计算机内如何表示、如何处理等问题，只是用来描述某个特定组织所关心的信息结构。因此，概念模型属于信息世界中的模型，不是一个 DBMS 支持的数据模型，而是概念级的模型。

第二类模型是逻辑模型（或称数据模型）和物理模型。逻辑模型是属于计算机世界中的模型，这一类模型是按计算机的观点对数据建模，是对现实世界的第二级抽象，有严格的形式化定义，以便于在计算机中实现。任何一个 DBMS 都是根据某种逻辑模型来设计的，逻辑模型主要用于 DBMS 的实现。

物理模型是对数据最底层的抽象，它描述数据在存储器上的存储方式和存取方法，是面向计算机系统的。

3. 数据模型的组成要素

数据模型是现实世界中的事物及其联系的一种模拟和抽象表示，是一种形式化描述数据、数据间联系，以及有关语义约束规则的方法，这些规则规定数据如何组织及允许进行何种操作。数据模型通常由数据结构、数据操作和数据的完整性约束 3 个要素组成。

（1）数据结构

数据结构或数据组织结构，描述了数据库的组成对象及对象间的联系，也就是数据对象的类型、内容、性质等之间的联系。因此，数据结构描述的是数据库的静态特性，是数据模型中最基本的部分，不同的数据模型采用不同的数据结构。

（2）数据操作

数据操作是指对数据库中的各种数据允许执行的操作的集合，包括操作及相应的操作规则，描述了数据库的动态特性。数据库有查询和更新（包括插入、删除和修改）两类操作。数据模型必须定义这些操作的确切含义、操作符号、操作规则，以及实现操作的语言。

（3）数据的完整性约束

数据的完整性约束条件是给定的数据模型中数据及其联系所具有的制约和依存规则，用以限定符合数据模型的数据库状态及状态的变化，以保证数据的正确、有效、相容。

数据模型应该反映和规定本数据模型必须遵守的、基本的、通用的、完整性约束条件，还应该提供定义完整性约束条件的机制，以反映具体应用的数据必须遵守的特定的语义约束条件。

4. 概念模型的 E-R 表示方法

概念模型是对现实世界及其联系的抽象表示，是现实世界到计算机的一个中间层次，也称作信息模型，是数据库设计时用户和数据库设计人员之间交流的工具。在概念模型中，比较著名的是由 E.E.Chen 于 1976 年提出的实体联系模型，简称 E-R 模型。E-R 模型利用 E-R 图来表示实体及其之间的联系，基本成分包含实体型、属性和联系。

（1）实体型：用矩形框表示，框内标注实体名称，如图 7-4（a）所示。

（2）属性：用椭圆形框表示，框内标注属性名称，通过无向边与实体相连，如图 7-4（b）所示。

（3）联系：联系用菱形框表示，框内标注联系名称，并用无向边与有关实体相连，如图 7-4（c）所示，同时在无向边旁标上联系的类型，即 1∶1、1∶n 或 m∶n。

两个实体之间的联系，有一对一（1∶1），一对多（1∶n）和多对多（m∶n）3 种联系类型，如图 7-5 所示。例如，系主任领导系、学生属于某个系、学生选修课程，这里"领导""属于""选修"表示实体间的联系，可以作为联系名称。

现实世界的复杂性导致实体联系的复杂性。E-R 图的基本形式如图 7-5、图 7-6、图 7-7 所示。

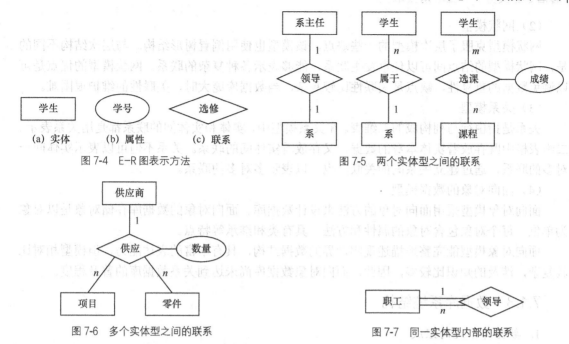

(a) 实体　　　(b) 属性　　　(c) 联系

图 7-4　E-R 图表示方法

图 7-5　两个实体型之间的联系

图 7-6　多个实体型之间的联系

图 7-7　同一实体型内部的联系

① 两个实体型之间的联系，如图 7-5 所示。

② 两个以上实体型间的联系，如图 7-6 所示。

③ 同一实体集内部各实体之间的联系，例如，一个部门内的职工有领导与被领导的联系，即某一职工（干部）领导若干名职工，而一名职工（普通员工）仅被另外一名职工直接领导，这就构成了实体内部的一对多的联系，如图 7-7 所示。

因为联系本身也是一种实体型，所以联系也可以有属性。如果一个联系具有属性，则这些联系也要用无向边与该联系的属性连接起来。例如，学生选修的课程有相应的成绩。这里的"成绩"既不是学生的属性，也不是课程的属性，只能是学生选修课程的联系的属性，如图 7-5 所示。

E-R 图的基本思想是分别用矩形框、椭圆形框和菱形框表示实体型、属性和联系，使用无向边将属性与其相应的实体连接起来，并将联系分别和有关实体相连接，注明联系类型。图 7-8 是一个描述学生与课程联系的完整的 E-R 图。

5. 4 种数据模型

常用的数据模型有 4 种：层次模型（Hierarchical Model）、网状模型（Network Model）、关系模型（Relational Model）和面向对象的数据模型（Object-Oriented Model）。

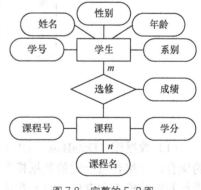

图 7-8　完整的 E-R 图

（1）层次模型

层次模型类似倒置树形的父子结构，它构成层次结构。

一个父表可以有多个子表，而一个子表只能有一个父表。层次模型的优点是数据结构类似金字塔，不同层次之间的关联性直接且简单；缺点是由于数据纵向发展，横向关系难以建立，数据可能会重复出现，造成管理维护的不便。

（2）网状模型

网状模型克服了层次模型的一些缺点。该模型也使用倒置树形结构。与层次结构不同的是，网状模型的结点间可以任意发生联系，能够表示各种复杂的联系。网状模型的优点是可以避免数据的重复性，缺点是关联性比较复杂，当数据库庞大时，关联性的维护很困难。

（3）关系模型

关系是指由行与列构成的二维表。在关系模型中，实体和实体间的联系都是用关系表示。二维表格中既存放着实体本身的数据，又存放着实体间的联系。关系不但可以表示实体间一对多的联系，通过建立关系间的关联，也可以表示多对多的联系。

（4）面向对象的数据模型

面向对象模型采用面向对象的方法来设计数据库。面向对象的数据库存储对象是以对象为单位，每个对象包含对象的属性和方法，具有类和继承等特点。

面向对象模型能完整地描述现实世界的数据结构，具有丰富的表达能力，但模型相对比较复杂，涉及的知识比较多，因此，面向对象数据库尚未达到关系数据库的普及程度。

7.1.3 数据库系统结构

1. 数据库系统的组成

数据库系统（DataBase System，DBS）是指在计算机系统中引入数据库后的系统。它主要由数据库、数据库用户、计算机硬件系统和计算机软件系统等几部分组成，如图 7-9 表示。

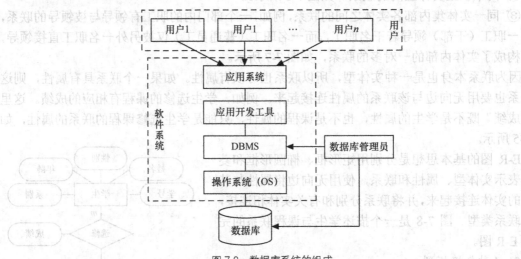

图 7-9　数据库系统的组成

（1）数据库（DataBase，DB）是存储在计算机内、有组织的、可共享的数据和数据对象的集合，该集合按一定的数据模型（或结构）组织、描述并长期存储，并以安全可靠的方法进行数据的检索和存储，具有集成性和共享性。

（2）用户是指使用数据库的人，他们可对数据库进行存储、维护和检索。用户分为 3 类：最终用户、应用程序员、数据库管理员（Database Administrator，DBA）。DBA 的职责如下。

① 参与数据库设计的全过程，决定整个数据库的结构和信息内容。

② 决定数据库的存储结构和存取策略，以获得较高的存取效率和存储空间利用率。

③ 帮助终端用户使用数据库系统，如培训终端用户、解答终端用户遇到的问题等。

④ 定义数据的安全性和完整性约束条件，负责分配各个用户对数据库的存取权限、数据的保密级别和完整性约束条件。

⑤ 监控数据库的使用和运行。DBA 负责定义和实施适当的数据库后备和恢复策略，当数据库受到破坏时，在最短时间内将数据库恢复到正确状态；当数据库的结构需要改变时，完成对数据结构的修改。

⑥ 改进和重组重构数据库。DBA 利用数据库系统提供的监视和分析实用程序等方式对运行情况进行记录、统计分析，并根据实际情况不断改进数据库的设计，提高系统的性能；另外，还要不断根据用户需求情况的变化，对数据库进行重新构造。

（3）软件系统主要包括数据库管理系统（DBMS）及其开发工具、操作系统和应用系统等。DBMS 借助操作系统完成对硬件的访问和对数据库的数据进行存取、维护和管理。数据库系统的各类人员、应用程序等对数据库的各种操作请求，都必须通过 DBMS 完成。DBMS 是数据库系统的核心软件。

（4）硬件系统指存储和运行数据库系统的硬件设备。包括 CPU、内存、大容量的存储设备、输入/输出设备和外部设备等。数据库系统在整个计算机系统中的地位，如图 7-10 所示。

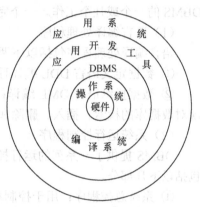

图 7-10　数据库在计算机系统中的地位

2. DBMS 的主要功能

数据库管理系统是对数据进行管理的大型系统软件，它是数据库系统的核心组成部分，用户在数据库系统中的一切操作，都是通过 DBMS 进行的。

（1）数据定义功能

DBMS 提供数据定义语言（Data Define Language，DDL）定义数据的模式、外模式和内模式 3 级模式结构，定义外模式/模式和模式/内模式二级映像，定义有关的约束条件。例如，为保证数据库安全而定义用户口令和存取权限，为保证正确语义而定义完整性规则等。结构化查询语言提供 Create、Drop、Alter 等语句可分别用来建立、删除和修改数据库。

用 DDL 定义的各种模式需要通过相应的模式翻译程序转换为机器内部代码表示形式，保存在数据字典（Data Dictionary，DD）（或称为系统目录）中。数据字典是 DBMS 存取数据的基本依据。因此，DBMS 中应包括 DDL 的编译程序。

（2）数据操纵功能

DBMS 提供数据操纵语言（Data Manipulation Language，DML）实现对数据库的基本操作，包括检索、更新等。在 DBMS 中也应包括 DML 的编译程序或解释程序。DML 有两类：一类是自主型的或自含型的，这一类属于交互式命令语言，语法简单，可独立使用；另一类是宿主型的，它把对数据库的存取语句嵌入在高级语言中，不能单独使用。

（3）数据库运行管理功能

对数据库的运行进行管理是 DBMS 运行的核心部分。DBMS 通过对数据库的控制以确保数据正确有效和数据库系统的正常运行。DBMS 对数据库的控制主要通过 4 个方面实现：数据的安全性控制、数据的完整性控制、多用户环境下的并发控制和数据库的恢复。

（4）数据库的建立和维护功能

数据库的建立包括数据库的初始数据的装入与数据转换等，数据库的维护包括数据库的转储、恢复、重组织与重构造、系统性能监视与分析等，分别由各个实用程序来完成。

（5）数据通信接口

DBMS 提供与其他软件系统进行通信的功能。一般地，DBMS 提供了与其他 DBMS 或文件系统的接口，使该 DBMS 能够将数据转换为另一个 DBMS 或文件系统能够接受的格式，或者可接收其他 DBMS 或文件系统的数据，实现用户程序与 DBMS、DBMS 与 DBMS、DBMS 与文件系统之间的通信。通常这些功能要与操作系统协调完成。

（6）数据组织、存储和管理

DBMS 负责对数据库中需要存放的各种数据（如数据字典、用户数据、存取路径等）的组织、存储和管理工作，确定以何种文件结构和存取方式物理地组织这些数据，以提高存储空间利用率和对数据库进行增、删、改、查的效率。

3. DBMS 的组成

DBMS 是由许多程序所组成的一个大型软件系统，每个程序都有自己的功能，共同完成 DBMS 的一个或几个工作。一个完整的 DBMS 通常应由以下部分组成。

（1）语言编译处理程序

语言编译处理程序包括以下两个程序。

① 数据定义语言 DDL 编译程序。它把用 DDL 编写的各级源模式编译成各级目标模式。

② 数据操纵语言 DML 编译程序。它将应用程序中的 DML 语句转换成可执行程序，实现对数据库的检索、插入、删除和修改等基本操作。

（2）系统运行控制程序

DBMS 提供了一系列的运行控制程序，负责数据库系统运行过程中的控制与管理，主要包括以下几部分。

① 系统总控程序：用于控制和协调各程序的活动，它是 DBMS 运行程序的核心。

② 安全性控制程序：防止未被授权的用户存取数据库中的数据。

③ 完整性控制程序：检查完整性约束条件，确保进入数据库中的数据的正确性、有效性和相容性。

④ 并发控制程序：协调多用户、多任务环境下对数据库的并发操作，保证数据的一致性。

⑤ 数据存取和更新程序：实施对数据库数据的检索、插入、修改和删除等操作。

⑥ 通信控制程序：实现用户程序与 DBMS 间的通信。

此外，还有文件读写与维护程序、缓冲区管理程序、存取路径管理程序、事务管理程序、运行日志管理程序等。所有这些程序在数据库系统运行过程中协同操作，监视着对数据库的所有操作，控制、管理数据库资源等。

（3）系统建立、维护程序

系统建立、维护程序，主要包括以下几部分。

① 装配程序：完成初始数据库的数据装入。

② 重组程序：当数据库系统性能降低时，需要重新组织数据库，重新装入数据。

③ 系统恢复程序：当数据库系统受到破坏时，将数据库系统恢复到以前某个正确的状态。

（4）数据字典

数据字典（Data Dictionary，DD）用来描述数据库中有关信息的数据目录，包括数据库的 3 级模式、数据类型、用户名和用户权限等有关数据库系统的信息，起着系统状态的目录表的作用，帮助用户、DBA 和 DBMS 本身使用和管理数据库。

4. 数据库系统模式的概念

数据库中的数据是按一定的数据模型（结构）组织起来的。在数据模型中有"型"（Type）和"值"（Value）的概念。"型"是指对某一类数据的结构和属性的说明，而"值"是"型"的一个具体赋值。例如，在描述学生基本情况的信息时，学生基本情况可用学生记录表示，学生记录定义为（学号，姓名，性别，年龄，系别），称为记录型，而（001101，张立，男，20，计算机）则是该记录型的一个记录值。

模式（Schema）是数据库中全体数据的逻辑结构和特征的描述，仅涉及型的描述，而不涉及具体的值。模式的一个具体值称为模式的一个实例（Instance）。同一个模式可以有很多实例。

模式相对稳定不变，而实例则由于数据库中数据的不断更新而相对易变。模式反映的是数据的结构及其关系，而实例反映的是数据库某一时刻的状态。

5. 数据库系统的 3 级模式结构

数据库系统内部的体系结构从逻辑上分为外模式、模式和内模式 3 级抽象模式结构和 2 级映像功能。对用户而言可以对应地分为一般用户级模式、概念级模式和物理级模式，它们分别反映了看待数据库的 3 个角度。3 级模式结构和 2 级映像功能如图 7-11 所示。

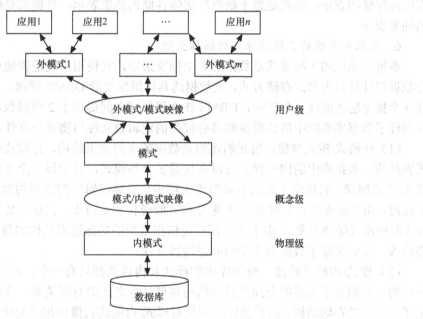

图 7-11　数据库系统的 3 级模式结构和 2 级映像功能示意图

（1）模式（Schema）。也称为逻辑模式（Logical Schema）或概念模式（Conceptual Schema），是数据库全体数据的逻辑结构和特征的描述。模式处于 3 级结构的中间层，不涉及数据的物理存储细节和硬件环境，与具体的应用程序、所使用的应用开发工具及高级程序设计语言无关。

一个数据库只有一个模式。模式是整个数据库数据在逻辑上的视图，是将现实世界某个应用环境的所有信息按一种数据模型，综合考虑所有用户的需求而形成的一个逻辑整体。

DBMS 提供模式定义语言来定义模式。定义模式时不仅要定义数据的逻辑结构（如数据记录由哪些数据项构成，数据项的名字、数据类型、取值范围等），还要定义数据间的联系，定义与数据有关的安全性、完整性要求等。

（2）外模式（External Schema）。又称为子模式（Subschema）或用户模式（User Schema），外模式是3级结构的最外层，是数据库用户能看到并允许使用的那部分局部数据的逻辑结构和特征的描述，是与某一应用有关的数据的逻辑表示，也是数据库用户的数据视图，即用户视图。

外模式是模式的子集。一个数据库可以有多个外模式。不同用户的需求不同，他们对应的外模式的描述也可能不同。另外，同一外模式也可以为某一用户的多个应用系统所使用。

各个用户可根据系统所给的外模式，用查询语言或应用程序去操作数据库中所需要的那部分数据，这样每个用户只能看到和访问所对应的外模式中的数据，数据库中的其余数据对他们来说是不可见的。所以，外模式是保证数据库安全性的一个有力措施。

（3）内模式（Internal Schema）。又称存储模式（Storage Schema）或物理模式（Physical Schema），是3级结构中的最内层，也是靠近物理存储的一层，即与实际存储数据方式有关的一层。它是对数据库存储结构的描述，是数据在数据库内部的表示方式。例如，记录以什么存储方式存储、索引按照什么方式组织、数据是否压缩、是否加密等。但不涉及任何存储设备的特定约束，如磁盘磁道容量和物理块大小等。

在数据库系统中，外模式可有多个，而模式、内模式只能各有一个。内模式是整个数据库实际存储的表示，模式是整个数据库实际存储的抽象表示，外模式是概念模式的某一部分的抽象表示。

6. 数据库系统的2级映像与数据独立性

数据库系统的3级模式是数据的3个抽象级别，它使用户能逻辑地处理数据，而不必关心数据在计算机内部的存储方式，把数据的具体组织交给DBMS管理。为了能够在内部实现这3个抽象层次的联系和转换，DBMS在3级模式之间提供了2级映像功能。正是这2级映像保证了数据库系统中的数据能够具有较高的逻辑独立性与物理独立性。

（1）外模式/模式映像。模式描述的是数据的全局逻辑结构，外模式描述的是数据的局部逻辑结构。数据库中的同一模式可以有任意多个外模式，对于每一个外模式，都存在一个外模式/模式映像。它确定了数据的局部逻辑结构与全局逻辑结构之间的对应关系。在模式发生变化时，由数据库管理员对各个外模式/模式映像作相应改变，保证了数据的局部逻辑结构不变（即外模式保持不变）。由于应用程序是依据数据的局部逻辑结构编写的，所以应用程序不必修改，从而保证了数据与程序间的逻辑独立性。

（2）模式/内模式映像。数据库中的模式和内模式都只有一个，所以模式/内模式映像是唯一的。它确定了数据的全局逻辑结构与存储结构之间的对应关系。存储结构变化时，如采用了更先进的存储结构，由数据库管理员对模式/内模式映像作相应变化，使其模式仍保持不变，即把存储结构变化的影响限制在模式之下，通过映像功能保证数据存储结构的变化不影响数据的全局逻辑结构的改变，从而不必修改应用程序，即确保了数据的物理独立性。

7. 数据库系统的3级模式与2级映像的优点

数据库系统的3级模式结构与2级映像使数据库系统具有以下优点。

（1）保证数据的独立性。将模式和内模式分开，保证了数据的物理独立性；将外模式和模式分开，保证了数据的逻辑独立性。

（2）简化了用户接口。按照外模式编写应用程序或输入命令，而不需了解数据库内部的存储结构，方便用户使用系统。

（3）有利于数据共享。在不同的外模式，多个用户共享系统中数据，减少了数据冗余。

（4）有利于数据的安全保密。在外模式下根据要求进行操作，只能对限定的数据操作，保证了其他数据的安全。

7.2 关系型数据库

关系数据库系统是支持关系模型的数据库系统。按照数据模型的 3 个要素，关系模型由关系数据结构、关系操作集合和关系完整性约束 3 部分组成。

7.2.1 关系模型

关系模型的数据结构非常简单，只包含单一的数据结构：关系。在关系模型中，无论是实体还是实体之间的联系均由单一的结构类型即关系来表示。

1. 域

域是一组具有相同数据类型的值的集合，又称为值域（用 D 表示）。

域中所包含的值的个数称为域的基数（用 m 表示）。在关系中就是用域来表示属性的取值范围的。例如：域 D_1={李力，王平，刘伟}，基数 m_1=3；域 D_2={男，女}，基数 m_2=2。

2. 笛卡儿积

给定一组域 D_1，D_2，…，D_n（它们可以包含相同的元素，既可以完全不同，也可以部分或全部相同），则 D_1，D_2，…，D_n 的笛卡儿积为：

$D_1×D_2×\cdots×D_n$= {$(d_1, d_2, \cdots, d_n) | d_i∈D_i, i=1, 2, \cdots, n$}。

由定义可以看出，笛卡儿积也是一个集合。其中：

（1）每一个元素（d_1, d_2, …, d_n）中的每一个值 d_i 叫作一个分量（Component），分量来自相应的域（$d_i∈D_i$）。

（2）每一个元素（d_1, d_2, …, d_n）叫作一个 n 元组（n-Tuple），简称元组（Tuple）。但元组不是分量 d_i 的集合，元组的每个分量（d_i）是按序排列的。

（3）若 D_i（i=1, 2, …, n）为有限集，D_i 中的集合元素个数称为 D_i 的基数，用 m_i（i=1, 2, …, n）表示，则笛卡儿积 $D_1×D_2×\cdots×D_n$ 的基数 M（即元素（d_1, d_2, …, d_n）的个数）为所有域的基数的累乘之积，即 $M = \prod_{i=1}^{n} m_i$。

例如：$D_1×D_2$= {（李力，男），（李力，女），（王平，男），（王平，女），（刘伟，男），（刘伟，女）}，其中，李力、王平、刘伟、男、女都是分量，（李力，男）（李力，女）等是元组，其基数 $M=m_1×m_2$=3×2=6，元组的个数为 6，如表 7-1 所示。

表 7-1   **D_1 和 D_2 的笛卡儿积**

姓　　名	性　　别
李力	男
李力	女
王平	男
王平	女
刘伟	男
刘伟	女

（4）笛卡儿积可用二维表的形式表示，如表 7-1 所示。可以看出，笛卡儿积实际是一个二维表，表的框架由域构成，表的任意一行就是一个元组，表中的每一列来自同一个域，如第一列来自 D_1，第二列来自 D_2。

3. 关系

笛卡儿积 $D_1 \times D_2 \times \cdots \times D_n$ 的任一子集称为定义在域 D_1，D_2，$\cdots$，D_n 上的 n 元关系（Relation），可用 R（D_1，D_2，$\cdots$，D_n）表示。其中，R 表示关系的名字，n 是关系的目或度（Degree）。例如，关系 T_1 是 $D_1 \times D_2$ 笛卡儿积的某个子集，如表 7-2 所示。

表 7-2　　　　　　　　　　　　关系 T_1

姓　　名	性　　别
李力	男
王平	女
刘伟	男

在关系模型中，关系可进一步定义为：定义在域 D_1，D_2，$\cdots$，D_n（不要求完全相异）上的关系由关系头和关系体组成。

关系头由属性名 A_1，A_2，$\cdots$，A_n 的集合组成，每个属性 A_i 对应一个域 D_i（$i=1$，2，$\cdots$，n）。关系头（关系框架）是关系的数据结构的描述，它是固定不变的。

关系体是指关系结构中的内容或者数据，它随元组的建立、删除或修改而变化。

4. 关系的性质

关系与二维表格、传统的数据文件非常类似，但又有着重要的区别。严格地说，关系是规范化了的二维表中行的集合。在关系模型中，对关系做了种种限制。关系具有如下性质。

（1）列是同质的，即每一列中的分量必须来自同一个域，必须是同一类型的数据。

（2）不同的列可来自同一个域，每一列称为属性，不同的属性必须有不同的名字。

（3）列的顺序可以任意交换。但交换时，应连同属性名一起交换，否则将得到不同的关系。

（4）关系中元组的顺序（即行序）可任意调整。因为关系是一个集合，而集合中的元素是无序的，所以作为集合元素的元组也是无序的。根据关系的这个性质，可以改变元组的顺序使其具有某种排序，然后按照顺序查询数据，这样可以提高查询速度。

（5）关系中不允许出现相同的元组。因为数学上集合中没有相同的元素，而关系是元组的集合，所以作为集合元素的元组应该是唯一的。

（6）关系中每一分量必须是不可分的数据项，即所有属性值都是原子的，是一个确定的值，而不是值的集合。属性值可以为空值，表示"未知"或"不可使用"，但不可"表中有表"。满足此条件的关系称为规范化关系，否则称为非规范化关系。

5. 关系模式

在数据库中要区分型和值。关系数据库中，关系模式是型，关系是值。

首先，由于关系是笛卡儿积的子集，该子集中的每一个元素是一个元组，即关系也是元组的集合。因此，关系模式必须指出这个元组集合的结构，即它由哪些属性构成，每个属性的名称是什么，这些属性来自哪些域，以及属性与域之间的映像关系。

其次，一个关系通常是由赋予它的元组语义来确定。凡是笛卡儿积集合中的所有符合元组语义的那部分元素的全体构成了该关系模式的关系，但是，现实世界的许多事实限定了关系模式所有可能的关系必须满足一定的完整性约束条件。这些约束条件或者通过属性取值范围的限定，或者通过属性值间的相互关联来反映。关系模式应当刻画出这些完整性约束条件。

因此，关系的描述称为关系模式（Relation Schema），一个关系模式应当是一个五元组。它可以形式化地表示为：R（U，D，DOM，F）。

其中，R 为关系名；U 为组成该关系的属性名集合；D 为属性组 U 中属性所来自的域；DOM 为属性向域的映像集合；F 为属性间数据的依赖关系集合。在书写过程中，一般用下划线表示出关系中的主键。

关系模式通常还可简记为：R（U）或 R（A_1，A_2，…，A_n）。

其中，R 为关系名；U 为属性名的集合；A_1，A_2，…，A_n 为各属性名。

由定义可以看出，关系是关系模式在某一时刻的状态或内容。关系模式是型，即关系头，是对关系结构的描述，它是静态的、稳定的；关系是它的值，即关系体，是动态的、随时间不断变化的，它是关系模式在某一时刻的状态或内容。

6. 关系数据库与关系数据库模式

在关系模型中，实体及实体间的联系都用关系表示。在一个给定的应用领域中，所有实体及实体之间联系所对应的关系的集合构成一个关系数据库。关系数据库有型和值之分。

关系数据库的型称为关系数据库模式，是对关系数据库的描述，它包括若干域的定义及在这些域上定义的若干关系模式。因此，关系数据库模式是对关系数据库结构的描述。

关系数据库的值也称为关系数据库，是这些关系模式在某一时刻对应的关系的集合。与关系数据库模式对应的数据库中的当前值就是关系数据库的内容，称为关系数据库的实例。

7.2.2 关系的完整性

1. 候选键

能唯一标识关系中元组的一个属性或属性集，称为候选键，也称候选关键字或候选键。候选键的形式化定义如下。

设关系只有属性 A_1，A_2，…，A_n，其属性集 K=（A_i，A_j，…，A_k），当且仅当满足下列条件时，K 被称为候选键。

（1）唯一性，关系 R 的任意两个不同元组，其属性集 K 的值是不同的。

（2）最小性，组成关系键的属性集（A_i，A_j，…，A_k）中，任一属性都不能从属性集 K 中删掉，否则将破坏唯一性的性质。

2. 主键

如果一个关系中有多个候选键，可以从中选择一个作为查询、插入或删除元组的操作变量，被选用的候选键称为主键，或称为主关系键、关系键、关键字等。每个关系必须选择一个主键，选定以后，不能随意改变。每个关系有且仅有一个主键，因为关系的元组无重复，至少关系的所有属性的组合可作为主键，通常用较小的属性组合作为主键。

3. 主属性与非主属性

包含在主键中的各个属性称为主属性。不包含在任何候选键中的属性称为非主属性。

4. 外键

如果关系 R_2 的一个或一组属性 X 不是 R_2 的主键，而是另一关系 R_1 的主键，则该属性或属性组 X 称为关系 R_2 的外键（Foreign key）或外部关系键，并称关系 R_2 为参照关系

（Referencing Relation），关系 R_1 为被参照关系（Referenced Relation）。

由外键的定义可知，被参照关系的主键和参照关系的外键必须定义在同一个域上。

5. 关系的完整性

为了维护关系数据库中数据与现实世界的一致性，对关系数据库的插入、删除和修改操作有一定的约束条件，任何关系在任何时刻都要满足这些语义约束。

关系模型中，有 3 类完整性约束，即实体完整性、参照完整性和用户自定义的完整性。其中，实体完整性和参照完整性是关系模型必须满足的完整性约束条件，被称作关系的两个不变性。任何关系数据库系统都应该支持这两类完整性。除此之外，不同的关系数据库系统由于应用环境的不同，往往还需要一些特殊的约束条件，这就是用户自定义完整性，用户自定义完整性体现了具体领域中的语义约束。

6. 实体完整性

实体完整性规则：若属性 A 是基本关系 R 的主属性，则属性 A 不能取空值。

例如，在关系"SAP（SUPERVISOR，SPECIALITY，POSTGRADUATE）"中，"研究生姓名"POSTGRADUATE 属性为主键（假设研究生不会重名），则"研究生姓名"不能取空值。

例如，学生选课关系"选修（学号，课程号，成绩）"中，"学号、课程号"为主键，则"学号"和"课程号"两个属性都不能取空值。

7. 参照完整性

关系模型的实体及实体间的联系都是用关系来描述，自然存在着关系与关系间的引用。

例如，学生实体和专业实体可以用下面的关系表示，其中主键用下划线标识。

学生（<u>学号</u>，姓名，性别，专业号，年龄）

专业（<u>专业号</u>，专业名）

这两个关系之间存在着属性的引用，即学生关系引用了专业关系的主键"专业号"。学生关系的"专业号"属性与专业关系的主键"专业号"相对应，因此"专业号"属性是学生关系的外键。这里专业关系是被参照关系，学生关系为参照关系。

例如，学生、课程、学生与课程之间的多对多联系可以用如下 3 个关系表示。

学生（<u>学号</u>，姓名，性别，专业号，年龄）

课程（<u>课程号</u>，课程名，学分）

选修（<u>学号，课程号</u>，成绩）

这 3 个关系之间存在着属性的引用。选修关系的"学号"属性与学生关系的主键"学号"相对应，"课程号"属性与课程关系的主键"课程号"相对应，因此"学号"和"课程号"属性是选修关系的外键。这里学生关系和课程关系均为被参照关系，选修关系为参照关系。

同一关系内部属性间也可能存在引用关系，下面分析学生 2 的这个关系。

例如，学生 2（<u>学号</u>，姓名，性别，专业号，年龄，班长）中，"学号"属性是主键，"班长"属性表示该学生所在班级的班长的学号，它引用了本关系"学号"属性，即"班长"必须是确实存在的学生的学号。"班长"属性与本身的主键"学号"属性相对应，因此"班长"是外键。这里学生 2 关系既是参照关系也是被参照关系。

参照完整性规则：设属性组 A 是关系 R 的外键，且 A 与关系 S 的主键对应，则对于 R 中每一个元组在属性 A 上的值必须为空值（A 中每个属性都为空值）或者等于 S 中某元组的主键值。

外键并不一定要与相应的主键同名。不过，在实际应用中，为了便于识别，当外键与相应的主键属于不同关系时，往往给它们取相同的名字。

参照完整性规则就是定义外键与主键之间的引用规则。

实体完整性和参照完整性是关系模型必须满足的完整性约束条件，它由关系数据库管理系统（Relational Database Management System，RDBMS）自动支持。

8. 用户自定义的完整性

这是针对某一具体数据的约束条件，由应用环境决定。用户定义的完整性是具体应用涉及数据必须满足的语义要求。系统提供定义和检验这类完整性的统一处理方法，应用程序不再承担这项工作，即由 RDBMS 提供定义和检查这类完整性约束的机制。

7.2.3　关系运算

1. 关系操作的特点

关系模型给出了关系操作的能力，但不对 RDBMS 语言给出具体的语法要求。关系模型中常用的关系操作如下。

（1）选择（Select）、投影（Project）、连接（Join）、除（Divide）、并（Union）、交（Intersection）、差（Difference）等查询（Query）操作。

（2）增加（Insert）、删除（Delete）、修改（Update）等操作。

关系操作的特点是集合操作方式，即操作的对象和结果都是集合，是一次一集合（set-at-a-time）的方式。非关系数据模型的数据操作方式为一次一记录（record-at-a-time）的方式。

2. 关系操作的分类

早期的关系操作能力通常用代数方式或逻辑方式表示，分别称为关系代数和关系演算。关系代数是用对关系的运算来表达查询要求。关系演算是用谓词来表达查询要求。关系演算又可按谓词变元的基本对象是元组变量还是域变量分为元组关系演算和域关系演算。关系代数、元组关系演算和域关系演算均是抽象的查询语言，在表达能力上是完全等价的。

这些抽象的语言与具体的 DBMS 中实现的实际语言并不完全一样，但它们能用作评估实际系统中查询语言能力的标准。实际的查询语言除了提供关系代数或关系演算的功能外，还提供了许多附加功能，如聚集函数、关系赋值、算术运算等。

3. 非过程化语言

关系语言是一种高度非过程化的语言，用户不必请求 DBA 为其建立特殊的存取路径，存取路径的选择由 DBMS 的优化机制来完成。用户不必求助于循环结构就可以完成数据操作。

这些关系数据语言的共同特点是，语言具有完备的表达能力，是非过程化的集合操作语言，功能强，能够嵌入高级语言中使用。

7.3　关系型数据库标准语言 SQL

1. 结构化查询语言

结构化查询语言（Structured Query Language，SQL）是介于关系代数和关系演算之间的语言。SQL 具有丰富的查询功能，还具有数据定义和数据控制功能，是关系数据库的标准语言。

（1）综合统一

SQL 集数据查询（Data Query）、数据操纵（Data Manipulation）、数据定义（Data Definition）和数据控制（Data Control）功能于一体，语言风格统一，可以独立完成数据库生命周期中的全部活动，这就为数据库应用系统的开发提供了良好的环境。用户在数据库系统投入运行后，还可根据需要逐步修改模式，且并不影响数据库的运行，从而使系统具有良好的可扩展性。

（2）高度非过程化

非关系数据模型的数据操纵语言是面向过程的语言，用其完成某项请求，必须指定存取路径。用 SQL 进行数据操作，只要提出"做什么"，而无须指明"怎么做"，存取路径的选择及 SQL 语句的操作过程由系统自动完成。这样大大减轻了用户负担，有利于提高数据独立性。

（3）面向集合的操作方式

非关系数据模型采用的是面向记录的操作方式，操作对象是一条记录。SQL 采用集合操作方式，操作对象、查找结果是元组的集合。

（4）以同一种语法结构提供两种使用方式

SQL 既是自含式语言，又是嵌入式语言。作为自含式语言，它能够独立地用于联机交互，用户可以在终端上直接用 SQL 命令对数据库进行操作；作为嵌入式语言，SQL 语句能够嵌入到高级语言程序中，供程序员设计程序时使用。这两种使用方式中的 SQL 语法结构基本上是一致的，提供了极大的灵活性与方便性。

（5）语言简捷，易学易用

SQL 功能极强，但由于设计巧妙，语言简洁，完成核心功能只用了 9 个英语动词，如表 7-3 所示。

表 7-3 SQL 语言的动词

SQL 功能	动词
数据定义	CREATE，DROP，ALTER
数据查询	SELECT
数据操纵	INSERT，UPDATE DELETE
数据控制	GRANT，REVOKE

（6）支持 3 级模式结构

标准 SQL 支持 3 级模式结构，能对数据库中数据进行有效组织和管理。

2. SQL 语言的基本概念

（1）基本表。基本表也称为关系或表，是数据库中独立存在的表，由 CREATE TABLE 命令创建。为了提高对基本表的查询速度，可以对一个基本表建立若干索引，这些索引都依附于该基本表且存放在数据库文件中。

（2）属性和属性名。基本表中的每一列称为一个属性，它规定每列数据的性质；每列第一行的字符串称为列名或属性名，有时也简称属性。

（3）表结构和元组。基本表属性名的集合称为表结构。基本表中除表结构以外的每一行称为一个元组或数据行。一个基本表由表结构和许多元组构成。

（4）属性值。基本表中每个元组的一个数据称为一个属性值。

（5）视图。视图是从基本表导出的表，由 CREATE VIEW 命令创建。数据库中只存放视图的定义而不存放视图对应的数据，这些数据仍存放在导出视图的基本表中，因此视图是一个虚表。视图在概念上与基本表等同，用户可以在视图上再定义视图。

（6）存储文件。存储文件也称为数据库文件，它由若干个基本表组成。存储文件的物理结构是任意的，对用户是透明的。

7.3.1　数据定义

关系数据库系统支持 3 级模式结构，其模式、外模式和内模式中的基本对象有表、视图和索引。因此 SQL 的数据定义功能包括定义表、定义视图和定义索引，如表 7-4 所示。

表 7-4　　　　　　　　　　　　　　　SQL 的数据定义语句

操作对象	操作方式		
	创建	删除	修改
数据库	CREATE DATABASE	DROP DATABASE	
模式	CREATE SCHEMA	DROP SCHEMA	
表	CREATE TABLE	DROP TABLE	ALTER TABLE
视图	CREATE VIEW	DROP VIEW	
索引	CREATE INDEX	DROP INDEX	

视图是基于基本表的虚表，索引是依附于基本表的。SQL 通常不提供修改视图定义和修改索引定义的操作。用户如果想修改视图定义或索引定义，可以先删除，再重建。

1. 定义、删除与修改基本表

（1）定义基本表

SQL 使用 CREATE TABLE 语句定义基本表，其一般格式如下：

CREATE TABLE <表名> （　　　　　　　　　　　<表名>是所要定义的基本表的名字，
<列名> <数据类型> [列级完整性约束]　　　基本表由一个或多个属性（列）组成。建表
[,<列名> <数据类型> [列级完整性约束]]　的同时可以定义与该表有关的完整性约束
…　　　　　　　　　　　　　　　　　　　条件。如果完整性约束条件涉及该表的多个
[, 表级完整性约束]）;　　　　　　　　　　属性列，则必须定义为表级完整性约束。

（2）修改基本表

SQL 用 ALTER TABLE 语句修改基本表，其一般格式如下：

ALTER TABLE <表名>　　　　　　　　　　　<表名>是要修改的基本表，ADD 子
[ADD <新列名> <数据类型> [完整性约束]]　句用于增加新列和新的完整性约束条件，
[DROP <完整性约束名>]　　　　　　　　　DROP 子句用于删除指定的完整性约束条
[MODIFY <列名> <数据类型>];　　　　　　件，MODIFY 子句用于修改原有的列定义。

（3）删除基本表

使用 DROP TABLE 语句将其删除。其一般格式如下：

DROP TABLE <表名>;

基本表定义一旦删除，表中的数据、此表上建立的索引和视图都将自动被删除掉。

2. 建立与删除索引

索引是为了加速对表中数据行的检索而创建的一种分散的存储结构。索引是针对表而建立的，它是由数据页面以外的索引页面组成的，每个索引页面中的行都会含有逻辑指针，以便加速检索物理数据。

（1）建立索引

在 SQL 中，建立索引使用 CREATE INDEX 语句，其一般格式如下：

CREATE [UNIQUE] INDEX <索引名>

ON <表名>（<列名>[<次序>][, <列名>[<次序>]]…）；

其中，<表名>是要建索引的基本表的名字。索引可以建立在该表的一列或多列上，各列名之间用逗号分隔。每个<列名>后面还可以用<次序>指定索引值的排列次序，可选 ASC（升序）或 DESC（降序），缺省值为 ASC。

UNIQUE 表明此索引的每一个索引值只对应唯一的数据记录。

（2）删除索引

索引一经建立，就由系统使用和维护它，不需用户干预。建立索引是为了减少查询操作的时间，但如果数据增加、删改频繁，系统会花费许多时间来维护索引。这时，可以删除一些不必要的索引。

在 SQL 中，删除索引使用 DROP INDEX 语句，其一般格式如下：

DROP INDEX <索引名>；

删除索引时，系统会同时从数据字典中删去有关该索引的描述。

7.3.2 查询

查询是数据库的核心操作。SQL 提供了 SELECT 语句进行数据库的查询，其一般格式如下：

SELECT [ALL|DISTINCT] <目标列表达式>[, <目标列表达式>]…

FROM <表名或视图名> [, <表名或视图名>]…

[WHERE <条件表达式>]

[GROUP BY <列名 1> [HAVING<条件表达式>]]

[ORDER BY <列名 2> [ASC| DESC]]；

整个 SELECT 语句的含义是，根据 WHERE 子句的条件表达式，从 FROM 子句指定的基本表或视图中找出满足条件的元组，再按 SELECT 子句中的目标列表达式，选出元组中的属性值形成结果表。如果有 GROUP 子句，则将结果按<列名 1>的值进行分组，该属性列值相等的元组为一个组。通常会在每组中使用聚集函数。如果 GROUP 子句带 HAVING 短语，则只有满足指定条件的组才可输出。如果有 ORDER 子句，则结果表要按<列名 2>的值的升序或降序排序。

SELECT 语句既可以完成简单的单表查询，也可以完成复杂的连接查询和嵌套查询。

1. 单表查询

单表查询是指仅涉及一个表的查询。

（1）选择表中的若干列

选择表中的全部列或部分列，这就是投影运算。

① 查询指定列。可以通过在 SELECT 子句的<目标列表达式>中指定要查询的属性。

② 查询全部列。可以有两种方法：在 SELECT 关键字后面列出所有列名；如果列的显示顺序与其在基表中的顺序相同，也可以简单地将<目标列表达式>指定为"*"。

③查询经过计算的值。SELECT 子句的<目标列表达式>可以是表达式。

（2）选择表中的若干元组

① 消除取值重复的行。两个本来并不完全相同的元组，投影到指定的某些列上后，可能变成相同的行了。如果想去掉结果表中的重复行，必须指定 DISTINCT 短语。

② 查询满足条件的元组。查询满足指定条件的元组可以通过 WHERE 子句实现。WHERE子句常用的运算符如表 7-5、表 7-6、表 7-7 所示。

表 7-5   关系运算符

关系运算符	含义
=	等于
<	小于
>	大于
!= （或<>）	不等于
>=	大于等于
<=	小于等于
!>	不大于
!<	不小于

表 7-6   逻辑运算符

逻辑运算符	含义
=not	非（否）
and	与
or	或

表 7-7   特殊运算符

特殊运算符	含义
%	通配符，代表零个或多个字符。通常与 like 配合使用
_	通配符，代表严格的一个字符。'_xx'将匹配以 xx 结尾的所有 3 个字母的字符串。通常与 like 配合使用
[xyz]	字符集合。匹配所包含的任意一个字符。"[abc]"可以匹配"plain"中的"a"
[^xyz]	负值字符集合。匹配未包含的任意字符。"[^abc]"可以匹配"plain"中的"plin"
[a-z]	字符范围。匹配指定范围内的任意字符。"[a-z]"可以匹配"a"到"z"范围内的任意小写字母字符
[^a-z]	负值字符范围。匹配任何不在指定范围内的任意字符。"[^a-z]"可以匹配任何不在"a"到"z"范围内的任意字符
between	定义一个取值范围区间，使用 and 分开。between 开始值与 and 结束值
like	字符串匹配。例如：like '_xx'、like 'xx%'等

续表

特殊运算符	含义
in	一个字段的值是否在一组定义的值之中
exists	子查询有结果集返回（则子查询返回 True）
not exists	子查询没有结果集返回（则子查询返回 True）
is null	字段是否为 null
is not null	字段是否不为 null

③ 对查询结果排序。可以用 ORDER BY 子句对查询结果按照一个或多个属性列的升序（ASC）或降序（DESC）排序，缺省值为升序。

④ 使用聚集函数。为了进一步方便用户，增强检索功能，SQL 提供了许多集聚函数。

COUNT（[DISTINCT|ALL]*）　　　　　　统计元组个数

COUNT（[DISTINCT|ALL]（列名））　　　统计一列中值的个数

SUM（[DISTINCT|ALL]（列名））　　　　计算一列值的总和（此列必须是数值型）

AVG（[DISTINCT|ALL]（列名））　　　　计算一列值的平均值（此列必须是数值型）

MAX（[DISTINCT|ALL]（列名））　　　　求一列值中的最大值

MIN（[DISTINCT|ALL]（列名））　　　　求一列值中的最小值

如果指定 DISTINCT 短语，则表示在计算时要取消指定列中的重复值。如果不指定 DISTINCT 短语或指定 ALL 短语（ALL 为缺省值），则表示不取消重复值。

⑤ 对查询结果分组。GROUP BY 子句将查询结果按某列或多列值分组，值相等的为一组。

对查询结果分组的目的是为了细化聚集函数的作用对象。如果未对查询结果分组，聚集函数将作用于整个查询结果。之后，可以使用 HAVING 短语指定筛选条件，对组进行筛选。

2. 连接查询

若一个查询同时涉及两个以上的表，则称为连接查询。连接查询包括等值连接、自然连接、非等值连接查询、自身连接查询、外连接查询和复合条件连接查询。

（1）不同表之间的连接查询

连接查询中用来连接两个表的条件称为连接条件或连接谓词，其一般格式如下。

[<表名 1>.]<列名 1> <比较运算符> [<表名 2>.]<列名 2>

此外，连接谓词还可以使用下面形式。

[<表名 1>.]<列名 1> BETWEEN [<表名 2>]<列名 2> AND [<表名 2>.] <列名 3>

当连接运算符为“=”时，称为等值连接。使用其他运算符称为非等值连接。

从概念上讲，DBMS 执行连接操作的过程是：首先在表 1 中找到第 1 个元组，然后从头开始扫描表 2，逐一查找满足连接条件的元组，找到后就将表 1 中的第 1 个元组与该元组拼接起来，形成结果表中一个元组。表 2 全部查找完后，再找表 1 中第 2 个元组，然后从头开始扫描表 2，逐一查找满足连接条件的元组，找到后就将表 1 中的第 2 个元组与该元组拼接起来，形成结果表中一个元组。重复上述操作，直到表 1 中的全部元组都处理完毕为止。

（2）自身连接

除了在两个表之间，连接操作也可以是一个表与其自己进行连接，称为表的自身连接。

（3）外连接

在通常的连接操作中，只有满足连接条件的元组才能作为结果输出。例如，查询某门课程的选修情况，如果某个学生没有选修这门课，那么他自然不会出现在查询结果表中。但是有时想以学生表为主体列出每个学生的基本情况及其选课情况，若某个学生没有选课，只输出其基本情况信息，其选课信息为空值即可，这时就需要使用外连接（Outer Join）。

（4）复合条件连接

WHERE 子句中可以有多个连接条件，称为复合条件连接。

3. 嵌套查询

在 SQL 中，一个 SELECT-FROM-WHERE 语句称为一个查询块。将一个查询块嵌套在另一个查询块的 WHERE 子句或 HAVING 短语的条件中的查询称为嵌套查询。

嵌套查询一般的求解方法是由里向外处理。即每个子查询在上一级查询处理之前求解，子查询的结果用于建立其父查询的查找条件。

嵌套查询可以用多个简单查询构成复杂的查询，从而增强 SQL 的查询能力。以层层嵌套的方式来构造程序正是 SQL "结构化"的含义所在。

（1）带有 IN 谓词的子查询

在嵌套查询中，子查询的结果往往是一个集合，谓词 IN 是嵌套查询中最经常使用的谓词。

（2）带有比较运算符的子查询

带有比较运算符的子查询是指父查询与子查询之间用比较运算符进行连接。当用户能确切知道内层查询返回的是单值时，可以用>、<、=、>=、=、!=或<>等比较运算符。

（3）带有 ANY 或 ALL 谓词的子查询

使用 ANY 或 ALL 谓词的子查询必须同时使用比较运算符。其语义如下。

>ANY	大于子查询结果中的某个值
>ALL	大于子查询结果中的所有值
<ANY	小于子查询结果中的某个值
<ALL	小于子查询结果中的所有值
>=ANY	大于等于子查询结果中的某个值
>=ALL	大于等于子查询结果中的所有值
<=ANY	小于等于子查询结果中的某个值
<=ALL	小于等于子查询结果中的所有值
=ANY	等于子查询结果中的某个值
=ALL	等于子查询结果中的所有值（通常没有实际意义）
!=（或）<>ANY	不等于子查询结果中的某个值
!=（或）<>ALL	不等于子查询结果中的任何一个值

（4）带有 EXISTS 谓词的子查询

EXISTS 代表存在量词。使用存在量词 EXISTS 后，若内层查询结果非空，则外层的 WHERE 子句返回真值 "true"，否则返回假值 "false"。这类子查询的查询条件依赖于外层父查询的某个属性值，称这类查询为相关子查询（Correlated Subquery），其他子查询为不相关子查询。

求解不相关子查询时，一次将子查询求解出来，然后求解父查询。

求解相关子查询时，内层查询由于与外层查询有关，因此必须反复求值。从概念上讲，相关子查询的一般处理过程是：首先取外层查询中表的第 1 个元组，根据它与内层查询相关的属性值处理内层查询，若 WHERE 子句返回值为真，则取此元组放入结果表；然后取表的下一个元组。重复这一过程，直至外层表全部检查完为止。

与 EXISTS 谓词相对应的是 NOT EXISTS 谓词。使用存在量词 NOT EXISTS 后，若内层查询结果为空，则外层的 WHERE 子句返回真值，否则返回假值。

4. 集合查询

SELECT 语句的查询结果是元组的集合，所以多个 SELECT 语句的结果可进行集合操作。集合操作主要包括并操作 UNION、交操作 INTERSECT 和差操作 MINUS。

7.3.3　数据更新

SQL 中数据更新包括插入数据、修改数据和删除数据 3 条语句。

1. 插入数据

SQL 的数据插入语句 INSERT 通常有两种形式：一种是插入一个元组，另一种是插入子查询结果。后者可以一次插入多个元组。

（1）插入单个元组

插入单个元组的 INSERT 语句的格式为：

INSERT

INTO <表名> [（<属性列 1>[, <属性列 2>]…）]

VALUES（<常量 1>[, <常量 2>]…）；

新记录属性列 1 的值为常量 1，属性列 2 的值为常量 2，等等。INTO 子句中没有出现的属性列，新记录在这些列上将取空值。若 INTO 子句中没有指明任何列名，则新记录必须在每个属性列上均有值。

（2）插入子查询结果

子查询不仅可以嵌套在 SELECT 语句中，用以构造父查询的条件，也可以嵌套在 INSERT 语句中，用以生成要插入的批量数据。

插入子查询结果的 INSERT 语句的格式为：

INSERT INTO<表名>[（<属性列 1>[，<属性列 2>]…）]子查询；

2. 修改数据

修改操作语句的一般格式为：

UPDATE <表名>

SET <列名>=<表达式>[, <列名>=<表达式>]…

[WHERE<条件>]；

其功能是修改指定表中满足 WHERE 子句条件的元组。SET 子句给出<表达式>的值用于取代相应的属性列值。如果省略 WHERE 子句，则修改表中的所有元组。

3. 删除数据

删除语句的一般格式为：

DELETE FROM <表名>

[WHERE<条件>]；

DELETE 语句的功能是从指定表中删除满足 WHERE 子句条件的所有元组。如果省略 WHERE 子句，表示删除表中全部元组，但表的定义仍在字典中。

7.3.4　视图

视图是关系数据库系统提供给用户以多种角度观察数据库中数据的重要机制。

视图是从一个或几个基本表（或视图）导出的表，与基本表不同，视图是一个虚表。数据库中只存放视图的定义，而不存放视图对应的数据，这些数据仍存放在原来的基本表中。

因此，基本表中的数据发生变化，从视图中查询出的数据也就随之改变了。从这个意义上讲，视图就像一个窗口，透过它可以看到数据库中自己感兴趣的数据及其变化。

视图一经定义，就可以和基本表一样被查询、被删除，也可以在一个视图之上再定义新的视图，但对视图的更新（如增加、删除、修改）操作则有一定的限制。

1. 定义视图

（1）建立视图

用 CREATE VIEW 命令建立视图，其一般格式为：

CREATE VIEW <视图名> [（<列名>[，<列名>]…）] 　　　其中，子查询可以是任意复杂的
AS <子查询>　　　　　　　　　　　　　　　　SELECT 语句，但通常不允许含有
[WITH CHECK OPTION]；　　　　　　　　　ORDER BY 子句和 DISTINCT 短语。

WITH CHECK OPTION 表示对视图进行 UPDATE、INSERT 和 DELETE 操作时要保证更新、插入或删除的行满足视图定义中的谓词条件（即子查询中的条件表达式）。

组成视图的属性列名或者全部省略，或者全部指定，没有第 3 种选择。如果省略了视图的各个属性列名，则隐含该视图由子查询中 SELECT 子句目标列中的诸字段组成。

（2）删除视图

该语句的格式为：DROP VIEW <视图名>；

视图删除后，视图的定义将从数据字典中删除。但是由该视图导出的其他视图定义仍在数据字典中，不过该视图已失效，用户使用时会出错，要用 DROP VIEW 语句将它们一一删除。

就像基本表删除后，由该基本表导出的所有视图（定义）没有被删除，但均已无法使用了一样。删除这些视图（定义）需要显式地使用 DROP VIEW 语句。

2. 查询视图

视图定义后，用户就可以像对基本表一样对视图进行查询了。

DBMS 执行对视图的查询时，先进行有效性检查，检查查询的表、视图等是否存在。如果存在，则从数据字典中取出视图的定义，把定义中的子查询和用户的查询结合起来，转换成等价的对基本表的查询；然后执行修正了的查询。这一转换过程称为视图消解（View Resolution）。

3. 更新视图

更新视图是指通过视图来插入（INSERT）、删除（DELETE）和修改（UPDATE）数据。由于视图是不实际存储数据的虚表，因此对视图的更新，最终要转换为对基本表的更新。

为防止用户通过视图对数据进行增加、删除、修改时，对不属于视图范围内的基本表数据进行操作，可在定义视图时加上 WITH CHECK OPTION 子句。这样，在视图上增、删、改数据时，DBMS 会检查视图定义中的条件，若不满足条件，则拒绝执行该操作。

一般地，行列子集视图是可更新的。除行列子集视图外，还有些视图理论上是可更新的，但它们的确切特征还是尚待研究的课题。还有些视图从理论上是不可更新的。

目前，各个关系数据库系统一般都只允许对行列子集视图进行更新，而且各个系统对视图的更新还有更进一步的规定，由于各系统实现方法上的差异，这些规定也不尽相同。

7.3.5 数据控制

由 DBMS 提供统一的数据控制功能是数据库系统的特点之一。SQL 中数据控制功能包括

事务管理功能和数据保护功能，即完整性控制、并发控制、安全性控制和数据库的恢复。

SQL 定义完整性约束主要体现在 CREATE TABLE 语句和 ALTER TABLE 中，可以在这些语句中定义码、取值唯一的列、不允许空值的列、外键（参照完整性）及其他一些约束条件。

1. 事务管理功能

（1）数据库的并发性

数据库的最大特点之一是数据资源是共享的，多用户环境下，为了充分利用数据库资源，很多时候数据库用户都是对数据库系统并行存取数据，这样就会发生多个用户并发存取同一数据的情况，如果对并发操作不加控制可能会产生不正确的数据，破坏数据的完整性。并发控制就是要解决这类问题，以保持数据库中数据的一致性。

（2）事务

事务是数据库系统中执行的一个工作单位，它是由用户定义的一组操作序列。一个事务可以是一组 SQL 语句、一条 SQL 语句或整个程序，一个应用程序可以包括多个事务。

事务的开始与结束可以由用户显式控制。如果用户没有显式地定义事务，则由 DBMS 按照缺省规定自动划分事务。在 SQL 中，定义事务的语句有以下 3 条。

① BEGIN TRANSACTION：表示事务的开始。

② COMMIT：表示事务的提交，即将事务中所有对数据库的更新写回到磁盘上的物理数据库中，此时事务正常结束。

③ ROLLBACK：表示事务的回滚，即在事务运行的过程中发生了某种故障，事务不能继续执行，系统将事务中对数据库的所有已完成的更新操作全部撤销，再回滚到事务开始时的状态。

事务是由有限的数据库操作序列组成，但并不是任意的数据库操作序列都能成为事务，为了保护数据的完整性，一般要求事务具有以下 4 个特征。

① 原子性

一个事务是一个不可分割的工作单位，事务在执行时，应该遵守"要么不做，要么全做"（Nothing or All）的原则，即不允许完成部分的事务。

② 一致性

事务对数据库的作用是数据库从一个一致状态转变到另一个一致状态。所谓数据库的一致状态是指数据库中的数据满足完整性约束。事务的一致性与原子性是密切相关的。

③ 隔离性

如果多个事务并发地执行，应像各个事务独立执行一样，一个事务的执行不能被其他事务干扰。即一个事务内部的操作及使用的数据对并发的其他事务是隔离的。并发控制就是为了保证事务间的隔离性。

④ 持久性

持久性指一个事务一旦提交，它对数据库中数据的改变就应该是持久的，即使数据库因故障而受到破坏，DBMS 也应该能够恢复。

2. 数据保护功能

某个用户对某类数据具有何种操作权力是个政策问题而不是技术问题。数据库管理系统的功能是保证这些决定的执行。为此 DBMS 必须具有以下功能。

（1）把授权的决定告知系统，这是由 SQL 的 GRANT 和 REVOKE 语句来完成的。

（2）把授权的结果存入数据字典。

（3）当用户提出操作请求时，根据授权情况进行检查，以决定是否执行操作请求。

授权和收回权限的语句格式如下。

（1）授权

SQL 用 GRANT 语句向用户授予操作权限，GRANT 语句的一般格如下。

GRANT <权限>[, <权限>]…

[ON <对象类型><对象名>] TO <用户>[, <用户>]…

[WITH GRANT OPTION];

其语义为：将对指定操作对象的指定操作权限授予指定的用户。

（2）收回权限

授予的权限可以由 DBA 或其他授权者用 REVOKE 语句收回，REVOKE 语句的一般格式如下。

REVOKE <权限>[, <权限>]…

[ON<对象类型><对象名>]

FROM<用户>[, <用户>];

SQL 提供了非常灵活的授权机制。DBA 拥有对数据库中所有对象的所有权限，并可以根据应用的需要将不同的权限授予不同的用户。

7.4 其他数据库应用技术

计算机领域中其他新兴技术的发展对数据库技术产生了重大影响，数据库技术与其他相关技术的结合是当前数据库技术发展的重要特征。

7.4.1 分布式数据库

1. 分布式数据库的定义

分布式数据库是一组结构化的数据集合，它们在逻辑上属于同一系统，而在物理上分布在计算机网络的不同节点上。网络中的各个节点（也称为"场地"）一般都是集中式数据库系统，由计算机、数据库和若干终端组成。数据库中的数据不是存储在同一场地，这就是分布式数据库的"分布性"特点，也是与集中式数据库的最大区别。

表面上看，分布式数据库的数据分散在各个场地，但这些数据在逻辑上却是一个整体，如同一个集中式数据库。因而，在分布式数据库中有了全局数据库和局部数据库两个概念。所谓全局数据库就是从系统的角度出发，逻辑上的一组结构化的数据集合或逻辑项集；而局部数据库是从各个场地的角度出发，物理节点上的各个数据库，即子集或物理项集。这是分布式数据库的"逻辑整体性"特点，也是与分散式数据库的区别。

2. 分布式数据库的特点

分布式数据库可以建立在以局域网连接的一组工作站上，也可以建立在广域网（或称远程网）的环境中。但分布式数据库系统并不是简单地把集中式数据库安装在不同的场地，而是具有自己的性质和特点。

（1）自治与共享。分布式数据库有集中式数据库的共享性与集成性，但它更强调自治及可控制的共享。这里的自治是指局部数据库可以是专用资源，也可以是共享资源。这种共享资源体现了物理上的分散性，这是由一定的约束条件划分而形成的。因此，要由一定的协调机制来控制以实现共享。

（2）冗余的控制。在研究集中式数据库技术时强调减少冗余，但在研究分布式数据库时允许冗余，即物理上的重复。这种冗余（多副本）增加了自治性，即数据可以重复地驻留在常用的节点上以减少通信代价，提供自治基础上的共享。冗余不仅改善系统性能，同时也增加了系统的可用性，即不会由于某个节点的故障而引起全系统的瘫痪。但这无疑增加了存储代价，也增加了副本更新时的一致性代价，特别是当有故障发生时，节点重新恢复后保持多个副本一致性的代价。

（3）分布事务执行的复杂性。逻辑数据项集实际上是由分布在各个节点上的多个关系片段（子集）组成的。一个项可以物理上被划分为不相交（或相交）的片段，也可以有多个相同的副本且存储在不同的节点上。所以，分布式数据库存取的事务是一种全局性事务，它是由许多在不同节点上执行对各局部数据库存取的局部子事务组成的。如果仍保持事务执行的原子性，则必须保证全局事务的原子性；当多个全局事务并发时，则必须保持全局可串行性。也就是说，这种全局事务具有分布执行的特性。分布式数据库的状态一致性和可恢复性是面向全局的。所有子事务提交后全局事务才能提交；不仅要保证子事务的可串行化，而且应该保证全局事务的可串行化。

（4）数据的独立性。数据库技术的一个目标是使数据与应用程序间尽量独立，相互之间影响最小。也就是数据的逻辑和物理存储对用户是透明的。在分布式数据库中，数据的独立性有更丰富的内容。使用分布式数据库时，应该像使用集中式数据库时一样，即系统要提供一种完全透明的性能，具体包括以下内容。

① 逻辑数据透明性。某些用户的逻辑数据文件改变时，或者增加新的应用使全局逻辑结构改变时，对其他用户的应用程序没有或有尽量少的影响。

② 物理数据透明性。数据在节点上的存储格式或组织方式改变时，数据的全局结构与应用程序无须改变。

③ 数据分布透明性。用户不必知道全局数据如何划分。

④ 数据冗余透明性。用户无须知道数据重复，即数据子集在不同节点上冗余存储的情况。

7.4.2 MPP 数据库

1. 什么是 MPP

MPP 即大规模并行处理（Massively Parallel Processor），是一种海量数据实时分析架构。

在数据库非共享集群中，每个节点都有独立的磁盘存储系统和内存系统，业务数据根据数据库模型和应用特点划分到各个节点上，每台数据节点通过专用网络或者商业通用网络互相连接，彼此协同计算，作为整体提供数据库服务。这样的系统是由许多松耦合的处理单元组成的，这种结构最大的特点在于不共享资源。

MPP 架构数据库的特征包括任务并行执行、数据分布式存储（本地化）、分布式计算、私有资源、横向扩展、Shared Nothing 架构。横向扩展是 MPP 数据库的主要设计目标。

MPP 数据库的核心包括支持严格的关系模型；支持事务、保证数据强一致性；数据存储格式和存储分布优化；深度优化的分布式、单节点 SQL 优化器。

2. 设计 MPP 数据库要解决的问题

MPP 数据库所解决的问题包括提升数据处理性能、提升数据处理量、提升海量数据处理的 TCO，以及降低处理每一个 TB 的整体成本。此外，在设计 MPP 架构的新型数据库时，需要考虑并解决 3 个主要问题，即木桶效应问题、Domino 效应问题，以及数据倾斜问题。

7.4.3 非关系型数据库

1. NoSQL 基本概念

NoSQL（NoSQL = Not Only SQL），意即"不仅仅是 SQL"，是一项全新的数据库革命性运动。NoSQL 用于指代那些非关系型的、分布式的，且一般不保证遵循 ACID 原则的数据存储系统。

非关系型数据库由于具有很少的约束，不能够提供像 SQL 所提供的 where 这种对于字段属性值情况的查询，也难以体现设计的完整性。

2. 非关系型数据库分类

依据结构化方法及应用场合的不同，非关系型数据库主要分为以下几类。

（1）键值（Key-Value）存储数据库

这类数据库以键值对存储，且结构不固定，主要会使用到一个哈希表，这个表中有一个特定的键和一个指针指向特定的数据，每一个元组可以有不一样的字段，每个元组可以根据需要增加一些自己的键值对，这样就不会局限于固定的结构，可以减少一些时间和空间的开销。为了获取用户的不同信息，这类数据库不需要像关系型数据库中，要对多表进行关联查询，仅需要根据 Key 取出相应的 Value 就可以完成查询。Key/Value 模型的优势在于简单、易部署。

（2）列存储数据库

这类数据库通常是用来应对分布式存储的海量数据。键仍然存在，但是它们的特点是指向了多个列。这些列是由列家族来安排的。

（3）文档型数据库

文档型数据库的数据模型是半结构化的文档，以特定的格式存储。文档型数据库可以看作是键值数据库的升级版，允许嵌套键值。文档型数据库比键值数据库的查询效率更高。

（4）图形（Graph）数据库

图形数据库存储顶点和边的信息，有的支持添加注释。图形数据库可用于对事物建模，如社交图谱、真实世界的各种对象。

图形数据库的查询语言一般用于查找图形中断点的路径，或端点之间路径的属性。图形结构的数据库使用灵活的图形模型，并且能够扩展到多个服务器上。

由于 NoSQL 数据库没有标准的查询语言，因此进行数据库查询需要制定数据模型。许多 NoSQL 数据库都有 REST 式的数据接口或者查询 API。

3. 非关系型数据库的共同特征

对于 NoSQL 并没有一个明确的范围和定义，但是都普遍存在下面一些共同特征。

（1）不需要预定义模式：不需要事先定义数据模式，预定义表结构。数据中的每条记录都可能有不同的属性和格式。当插入数据时，并不需要预先定义它们的模式。

（2）无共享架构：相对于将所有数据存储的存储区域网络中的全共享架构，NoSQL 往往将数据划分后，存储在各个本地服务器上。因为从本地磁盘读取数据的性能往往好于通过网络传输读取数据的性能，从而提高了系统的性能。

（3）弹性可扩展：可以在系统运行的时候，动态增加或者删除节点。不需要停机维护，数据可以自动迁移。

（4）分区：相对于将数据存放于同一个节点，NoSQL 数据库需要将数据进行分区，将记录分散在多个节点上面。这样既提高了并行性能，又能保证没有单点失效的问题。

（5）异步复制：和 RAID 存储系统不同的是，NoSQL 中的复制，往往是基于日志的异步复制。这样，数据就可以尽快地写入一个节点，而不会被网络传输引起延迟。缺点是并不总是能保证一致性，这样的方式在出现故障时，可能会丢失少量的数据。

（6）BASE：BASE 是最终一致性和软事务，即 Basically Available（基本可用），Soft-state（软状态/柔性事务），Eventually Consistent（最终一致性）。BASE 模型牺牲高一致性，获得可用性和分区容错性。相对于事务严格的 ACID 特性，NoSQL 数据库保证的是 BASE 特性。

随着互联网应用的发展，信息交互随之增强，全球数据正在以爆炸式的速度增长，企业对数据的依赖度也越来越高。如何有效、经济地存储和管理数据，确保数据的完整性和有效性，已成为企业运作中必须解决的问题。当今，数据存储已不再简单地作为计算机系统的附属功能存在，而是已经发展成为相对独立且自成体系的庞大行业系统。

8.1 数据存储概念

目前，数据存储已经渗透到企业运作的各个领域，数据存储系统也已成为企业的重要信息基础设施。

8.1.1 数据与数据存储

数据存储是根据不同的应用环境，通过采取合理、安全和有效的方式将数据保存到某些介质上，并能保证有效的访问。数据存储包含两个方面的含义：一方面，它是数据临时或长期驻留的物理介质；另一方面，它是保证数据完整、安全存放的方式或行为。数据存储把这两个方面结合起来，向客户提供一套数据存放的解决方案。

计算机系统中，数据存储要解决的基本问题是连接、存储和文件组织。其中，连接是计算设备与存储设备或存储设备与其他设备连接的相关技术。存储依赖于实际的存储介质和存储设备。存储包括物理成分和逻辑成分两方面内容。物理成分包括磁盘、固态盘、磁带和磁带库等。逻辑成分包括磁盘阵列、镜像、卷管理、存储虚拟化等。文件组织是指在存储设备实际存储数据时数据的组织方法。

8.1.2 数据表示与存储器

计算机系统的程序和数据都是用二进制数的形式表示的。

在计算机系统中，人们通常用一个具有两种稳定状态，并且在一定条件下状态可以相互转换的物理器件表示二进制数码 0 和 1，而这种器件称为存储元件。存储元件可能比较简单，如半导体器件中的一个触发器、磁盘表面上的一个磁性材料块或光盘表面的一个凹坑等。存储元件也可能比较复杂，如半导体静态随机存储器的一个存储元件由 6 个晶体管组成。由若干个存储元件组成一个存储单元。一个存储单元可存储一串二进制代码，人们把这串二进制代码称为一个存储字，这串二进制代码的位数称为存储字长。存储字长通常是 8 位、16 位或

32 位等。一般地，对每个存储单元进行编号，这个编号就是存储单元的地址。存储单元中存储的那个二进制位串称为存储单元的内容。

若干个存储单元组成一个存储器。存储器的主要技术指标是存储容量、存储速度和存储带宽。

存储容量是指存放二进制代码的总位数，即

$$存储容量=存储单元个数×存储字长$$

存储容量也可用字节数来表示，即

$$存储容量=存储单元个数×存储字长/8$$

存储速度是由存取时间和存取周期表示的。存取时间又称存储器的访问时间，是指启动一次存储器操作到完成该操作所需的全部时间。存取时间分读出时间和写入时间两种。读出时间是从存储器接收到有效地址开始，到产生有效输出所需的全部时间。写入时间是从存储器接收到有效地址开始，到数据写入被选中单元为止所需的全部时间。存取周期是指存储器进行连续两次独立的存储器操作所需的最小间隔时间。通常存取周期大于存取时间。

与存取周期密切相关的指标是存储带宽，它表示单位时间内存储器存取的信息量，单位用字/秒或字节/秒或位/秒（bit/s）表示。如存取周期为 500ns，每个存取周期可访问 16bit，则它的带宽为 32Mbit/s。带宽是衡量数据传输速率的重要技术指标。

8.1.3 存储器的分类

计算机系统使用多种不同的存储器。根据存储材料、性能和使用方法不同，存储器有多种不同的分类方法。

（1）按存储介质分类：半导体存储器、磁表面存储器、光盘存储器。

（2）按存储器在计算机系统中的作用分类：主存储器、高速缓冲存储器、辅助存储器。

（3）按存取方式分类：随机存取存储器、顺序存取存储器、直接存取存储器。

（4）按读写功能分类：只读存储器、随机（读写）存储器。

（5）按数据保持时间分类：易失性存储器、非易失性存储器。

8.1.4 存储系统层次结构

计算机系统有多种类型的存储器，一般会根据存储容量、存取速度和性价比的不同，将它们按照一定的体系结构组织起来，使所存放的程序和数据按照一定的层次分布在各种存储器中，构成多级存储体系。常见的三层存储体系结构如图 8-1 所示。其中主存储器用来存储

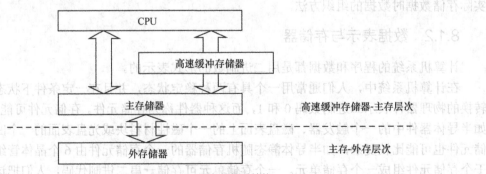

图 8-1 三层存储体系结构

当前正在使用的或经常使用的程序和数据，CPU 可以对它直接访问，存取速度较快。高速缓冲存储器是存在于主存与 CPU 之间的一级存储器，容量比较小但速度比主存储器快得多，接近于 CPU 的速度。高速缓冲存储器和主存储器之间信息的调度和传送是由硬件自动进行的。外存储器通常是磁性介质存储器或光盘，像硬盘、磁带、CD 等，能长期保存信息。外存储器简称外存，主存储器简称内存。外存的存取速度较慢，要用专用的设备来管理。计算机处理外存数据的时候，要先把它们从外存加载到内存，然后才能处理。反过来，当要长期保存数据的时候，计算机则把数据写到外存上。

8.1.5　企业数据存储

早期的存储系统只是计算机系统的一个附属部分，企业的数据分散存储在不同的计算机上。在数据量不大的情况下，这种存储方式可以满足需求，但随着互联网、电子商务等应用的发展，数据量急速增长，原来数据的分散存储不便于管理、维护和利用的缺点凸显，因此企业转向使用专门的数据存储系统集中存储数据。

全球范围内有专门的数据存储解决方案提供商，企业建设自己的数据存储系统时，可以选择他们的产品和服务。目前主流数据存储解决方案提供商有 EMC、NetApp、HDS、IBM、HP 和华为等。这些主流厂商大都向用户提供高端存储系统、中低端存储系统和相应的解决方案。这些厂商既可为企业用户提供存储设备和存储软件，也可为用户提供完整的存储解决方案。

专用数据存储系统有多种不同类型，通常按连接方式的不同进行分类，主要包括直接连接存储（Direct Attached Storage，DAS），网络附加存储（Network Attached Storage，NAS）、存储区域网络（Storage Area Network，SAN）3 种类型。

为了减少对存储的整体投入，企业通常对不同的数据采取不同的存储方式：在线存储（OnStroe）、近线存储（NearStore）和离线存储（OffStore）。在线存储又称联机存储或工作级存储，存储设备和所存储的数据时刻保持"在线"状态，可随时读取。计算平台要求能够对在线存储设备快速访问，因此在线存储系统需要能够快速随机访问。一般在线存储设备为磁盘和磁盘阵列，价格相对较贵，但性能好。离线存储又称脱机存储，主要用于对在线存储的数据进行备份，因此又称备份级存储。由于离线存储的数据是备份数据，廉价就成为离线存储设备要考虑的重要因素，因而离线存储设备多采用顺序访问的磁带或磁带库。近线存储是随着客户存储环境的细化所提出的一个概念。近线存储的外延相对较广泛，主要定位于客户在线存储和离线存储之间的应用。近线存储就是指将那些需要经常访问的数据放在性能较高的存储设备上，而将那些并不是经常用到，或数据的访问量并不大的数据存放在性能较低的存储设备上，同时对这些的设备要求是寻址迅速、传输速率高。有些行业的应用确实需要近线存储方式，如医疗影像存储与传输系统、数字图书馆和电视媒体等。近线存储系统中多采用采用磁盘、磁带、光盘的混合，常用的数据存到磁盘上，不常用的数据存到磁带或光盘上。

为了提高投资利用率，企业通常采用分层存储管理策略，即按照数据价值对数据进行分级管理和存储。通常可以把企业数据划分为 4 个等级。

1. 关键数据

关键数据是在关键事务处理过程中使用的数据，一般占 15% 左右。如果这部分数据无法访问，对企业来说就意味着收益损耗和商务危机。关键数据通常在线存储，一旦丢失，须立即恢复。通常应该对关键数据做镜像存储。

2. 重要数据

重要数据是在普通事务处理过程中使用的数据，一般占 20%左右。在商务运作时重要数据丢失必须加以恢复，但相比于关键数据，其及时性要求不高。重要数据可采用近线存储或离线存储。

3. 敏感数据

敏感数据是在普通事务处理过程中使用的数据，但重要性比重要数据低，一般占 25%左右。可离线备份存储敏感数据或用于重建敏感数据的资源，在敏感数据丢失时恢复敏感数据或重建敏感数据。

4. 不重要数据

不重要数据一般是不重要的存档数据。企业运作过程中的非重要文件，电子邮件文档等都属于不重要数据。不重要数据一般占 40%左右。不重要数据对安全性要求较低，且通常存在副本。一般离线存储不重要数据或重建不重要数据的资源，必要时恢复非关键数据或重建不重要数据。

8.1.6 存储系统的性能评价指标与其他非功能性需求

衡量存储系统性能好坏的评价指标通常有存储容量、吞吐量、每秒 I/O 数和请求响应时间。

1. 存储容量

存储容量是指存放二进制代码的总位数。存储容量通常使用 K、M、G、T、P 表示。不幸的是，像这样的前缀的含义依赖于上下文。对于像与 DRAM 和 SRAM 容量相关的单位，通常是 $K=2^{10}$，$M=2^{20}$，$G=2^{30}$，$T=2^{40}$，$P=2^{50}$。对于像磁盘和网络这样的 I/O 设备，容量相关的单位通常是 $K=10^3$，$M=10^6$，$G=10^9$，$T=10^{12}$，$P=10^{15}$。这也就是为什么厂商标注容量为 500GB硬盘实际存储的二进制位个数约为 465.66GB（$500×10^9×2^{-30}≈465.66$）的原因。并不是硬盘厂商有意欺骗用户，而是厂商在制造硬盘时用的存储元件个数的单位表示与计算机系统常用的二进制数的单位表示不同。在制造存储设备时，用 10^3、10^6、10^9 等表示数量级更符合人们的思维习惯。类似的情况还有通信系统中带宽的表示。

2. 吞吐量

吞吐量是指单位时间内在 I/O 流中传输的数据总量。这个指标在大多数的磁盘性能计算工具中都会显示，如 Windows 文件拷贝的时候会显示传输速率为多少 MB/s。通常情况下，吞吐量只会计算 I/O 包中的数据部分，至于 I/O 包头的数据则会被忽略。

3. 每秒 I/O 数（IOPS）

IOPS 是指单位时间内系统能处理的 I/O 请求数量，一般以每秒处理的 I/O 请求数量为单位，I/O 请求通常为读或写数据操作请求。

对于随机读写频繁的应用，如小文件存储（图片）、OLTP 数据库、邮件服务器，关注随机读写性能，IOPS 是关键衡量指标。对于顺序读写频繁的应用，如电视台的视频编辑，视频点播系统，关注连续大量数据的读写性能，数据吞吐量是关键衡量指标。

4. 响应时间

响应时间是指系统对请求做出响应的时间。实际请求的响应时间受多方面因素影响。首先，存储系统结构会影响请求响应时间。例如，一个具有本地 8MB 缓冲区的磁盘驱动器通常会比具有更小缓冲区的磁盘驱动器具有更短的响应时间。其次，请求自身的特性也会影响实际响应时间。例如，一般在同一系统中，8MB 的请求比 4MB 的请求具有更长的响应时间。再次，请求数据的物理位置也会对响应时间产生较大影响。例如，请求本地磁盘中的数据比请求远程磁盘中的数据具有更小的响应时间。最后，请求的响应时间还依赖于当前存储系统的繁忙程度。

构建大规模存储系统时，除了考虑存储容量和存储带宽等性能指标外，通常还要考虑满足一些其他非功能性需求。通常的非功能性需求包括：可用性、可靠性、可共享性、可扩展性、自适应性和可管理性。

1. 可用性与可靠性

可用性是关于系统可供使用时间的描述，以丢失的时间为驱动（Be Driven By Lost Time）。可靠性是关于系统无失效时间间隔的描述，以发生的失效个数为驱动（Be Driven By Number of Failure）。两者都用百分数的形式来表示。在一般情况下，可用性不等于可靠性，只有在没有宕机和失效发生的理想状态下，两者才是一样的。

可用性最简单的表示形式是：A=Uptime/(Uptime+Downtime)，其中，Uptime 是系统正常运行时间，Downtime 是停机时间。

可靠性最简单的表达式可以用指数分布来表示，它表述了随机失效。

$$R=e^{[-(\lambda * t)]}=e^{[-(t/\Theta)]}$$

其中，t=运行时间（1 天、1 周、1 月、1 年等，可根据要求确定），λ=失效率，$\Theta=1/\lambda$=平均故障时间或平均故障间隔时间。

对存储系统而言，高可用性意味着系统随时可用，而高可靠性意味着系统发生故障概率小。磁盘损毁、存储节点网卡损毁、内存或 CPU 等硬件损毁、存储系统的机架掉电、软件出错等因素都会造成数据不可靠和可用性降低。

2. 可共享性

可共享性是指存储资源和数据可被多个用户或应用共享使用。一方面，存储资源可以在物理上被多个前端异构主机共享使用；另一方面，存储系统中的数据能够被多个应用和大量用户共享。

3. 可扩展性

可扩展性是指系统处理不断增长的大量工作的能力。数据存储系统的可扩展性主要从以下两个方面考虑：数据可扩展，指数据的存储和管理是可扩展的；功能可扩展，指系统体系结构及系统性能是可扩展的，包括容量扩展和性能扩展。

4. 自适应性

自适应性可以看作是系统具有随环境变化智能调节自身特性的反馈控制功能，以使系统能按照一些设定的标准在最优状态工作。就存储系统而言，自适应性意味着能够动态感知工作负载和内部设备能力的变化，使自身的配置和策略与感知的状态相适应，以保证可用性和最佳 I/O 性能。

5. 可管理性

可管理性是指系统通过简单、方便、智能的设计，为用户提供方便的管理系统的手段和工具，以减少人工管理和配置时间。当系统的存储容量、存储设备、服务器，以及网络设备越来越多时，系统的维护和管理变得更为复杂。相应地，存储系统的可管理性成为构建存储系统时要考虑的重要因素。

8.2 数据存储设备

存储设备是用来存放数据的实际物理载体，包括存储介质、控制器及接口等。它们均采用自同步技术、定位和校正技术，以及相似的读写系统。

8.2.1 磁盘

磁盘是目前主流的大容量存储器，虽然磁盘存在可靠性方面的问题，但综合各种性能和价格，磁盘仍然是最主要的存储设备。

磁盘以前几乎与硬盘（Hard Disk Drive，HDD）是同意语，但现在"硬盘"一词所指的范畴更广。现在的"硬盘"一词不仅仅包括传统的使用磁性盘片来存储数据的机械硬盘驱动器（Hard Disk Drive，HDD），还包括采用闪存颗粒来存储数据的固态盘（Solid State Drives，SSD）和把磁性硬盘和闪存集成到一起的混合盘（Hybrid Hard Disk，HHD）。

1. 磁盘的物理结构

磁盘是使用坚硬的旋转盘片为载基的非易失性存储设备，它在平整的磁性表面存储和检索数字数据。磁盘的盘片一般采用铝合金硬质盘片作为基体，而一些新型盘片采用工程塑料、陶瓷、玻璃作为基体。早期的磁盘一般采用电镀工艺在盘片上形成一层很薄的磁层，所用材料为具有矩磁特性的铁镍钴合金。电镀形成的磁层属于连续型非颗粒型材料，又称薄膜介质。后来磁盘中采用溅射工艺形成薄膜磁层，其性能优于镀膜。磁头是实现读/写的关键元件。写入时，将脉冲代码以磁化电流形式加入磁头线圈，使记录介质产生相应的磁化状态，即电磁转换；读出时，磁层中的磁化翻转使磁头的读出线圈产生感应信号，即磁电转换。

厂商销售的磁盘不仅仅是盘片和磁头那么简单，还包括复杂的机械部分和控制电路，因此，完整的名称是"磁盘驱动器"。磁盘驱动器的内部结构包括机械部分和电路部分。

磁盘的机械部分主要由盘片、主轴（电机）、磁头（磁头臂）和音圈电机等几部分组成。

（1）盘片：盘片的材料通常为玻璃，早期采用铝合金。盘片上涂覆有磁记录介质，通过保存磁化方向记录数据。

（2）主轴（电机）：主轴电机带动盘片高速旋转，浮动在盘片表面的磁头感应盘片表面的磁化方向，写入/读出数据。

（3）磁头（磁头臂）：磁头臂由音圈电机驱动，将磁头快速定位到指定磁道，进行磁道的读写。

（4）音圈电机：精密电机，用于驱动磁头臂，可精确控制移动位置，反应迅速。

磁盘的电路部分主要是电路板上的主控芯片（处理器）、电机驱动芯片、缓存芯片、数字信号处理芯片、磁盘的 BIOS 芯片（一般集成在主控芯片中）、晶振、电源控制芯片、三极管、场效应管、贴片电阻电容等，另外在磁盘内部的磁头组件上还有磁头芯片。

2. 磁盘的逻辑结构

读写数据时，需要先确定数据的存放位置，然后才能读写数据。这涉及磁盘的逻辑结构和数据寻址方式。

磁盘与数据存取相关的基本概念包括盘面、磁道、扇区和柱面，如图 8-2 所示。

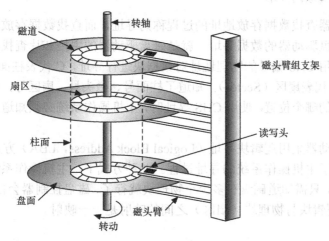

图 8-2 磁盘逻辑结构

（1）盘面：用于记录磁化翻转的盘片上的平面称为盘面。每个磁盘的盘片都有上下两个盘面，每个盘面都能用来记录数据。盘面按从上到下的顺序从 0 开始编号。通常，每个盘面有一个对应的磁头，对盘面进行磁化的写入与读出。相应地，盘面号与磁头号一一对应。

（2）磁道：磁盘在格式化时被划分成许多同心圆，这些同心圆轨道用于记录磁化方向，称为磁道。磁道的编号从外圈开始向内圈顺序编号，最外圈磁道编号为 0。

（3）扇区：每一个圆形磁道被划分成多段圆弧，每段圆弧叫作一个扇区。这些圆弧的角速度一样，但线速度不一样。扇区一般从 1 开始编号。扇区是磁盘的最小读写单位，每个扇区中的数据作为一个单元同时读出或写入。一个扇区最小可存储 512B 的数据。

（4）柱面：所有不同盘面上的同一位置的磁道构成一个圆柱形的轮廓，这个轮廓称为柱面。

早期的磁盘驱动器所有磁道包含的扇区的数目都是一样的。这样，在磁道边缘的扇区弧长大于内部扇区弧长，其存储密度也要比内部磁道的密度小，导致外部磁道的存储空间浪费。后来出现了一种称为 ZBR 区位记录（Zoned-Bit Recording）的一种物理优化磁盘存储空间的方法，此方法通过将更多的扇区放到磁盘的外部磁道而获取更多存储空间。如今的磁盘都使用 ZBR 技术，盘片表面从里向外划分为数个区域，不同区域的磁道扇区数目不同，同一区域内各磁道扇区数相同，盘片外圈区域磁道长扇区数目较多，内圈区域磁道短扇区数目较少，大体实现了等密度，从而获得了更多的存储空间。

3. 低级格式化与数据寻址

刚生产的磁盘像一个"铁砖头"，并没有这些所谓的磁道、柱面、扇区等参数，无法立刻就用来存储数据。出厂前，磁盘厂商往往会对磁盘进行低级格式化。所谓低级格式化，就是将空白的磁盘划分出柱面和磁道，再将磁道划分为若干个扇区，每个扇区又划分出标识部分 ID、间隔区 GAP 和数据区 DATA 等。

需要注意的是，低级格式化和操作系统是没有关系的。在磁盘出现物理故障或逻辑损伤时也要进行低级格式化。如果用户想自己做低级格式化，那么有两种方法，一是通过主板 BIOS 中所支持的功能，但是现在的主板一般都不带有此项功能。二是使用专用的软件进行。低级格式化对磁盘的损耗大，将大大缩短磁盘的使用寿命，因此，一般不要进行低级格式化。

有了磁道、柱面、扇区等参数以后，磁盘驱动器就可以按照特定的方式，以扇区为单位读写数据了。处理器查找数据存放地址的过程称为寻址，而查找数据存放地址的规则称为寻址方式。具体到磁盘驱动器的数据寻址，就是磁盘驱动器的主控芯片查找扇区的规则。

早期的磁盘采用 CHS 编号的物理地址对数据块进行寻址，C 代表柱面（Cylinder），H 代表磁头（Head），S 代表扇区（Sector）。知道了柱面号、磁头号、扇区号，就可以很容易地确定数据保存在磁盘的哪个位置。使用 CHS 寻址时，主机操作系统必须知道每个正在使用的磁盘的几何结构。

现在的磁盘驱动器采用逻辑块寻址（Logical Block Address，LBA）方式。LBA 是一种线性寻址方式，简化了主机操作系统的寻址过程。此种方式下，主机操作系统不再需要知道每个磁盘的几何结构，只需知道磁盘有多少个物理块就行了，磁盘控制器会自动将 LBA 地址转换为 CHS 地址。逻辑块与物理块（扇区）之间的映射是一一映射。

4. 磁盘接口

磁盘接口是磁盘与主机系统间的连接部件，作用是在磁盘缓存和主机内存之间传输数据。不同的磁盘接口决定着磁盘与计算机之间的连接的数据传输速度，在整个系统中，磁盘接口的优劣直接影响着程序运行快慢和系统性能好坏。

从整体的角度上，磁盘接口分为 IDE、SATA、SCSI、SAS 和 FC 5 种，IDE 接口磁盘多用于家用产品中，也部分应用于服务器，SCSI 和 SAS 接口的磁盘则主要应用于服务器市场，而 FC 只用于高端服务器上，价格昂贵。SATA 主要应用于家用市场，有 SATA、SATA II 和 SATA III 等几种。

在 IDE 和 SCSI 的大类别下，又可以分出多种具体的接口类型，又各自拥有不同的技术规范，具备不同的传输速率，比如，ATA100 和 SATA；Ultra160 SCSI 和 Ultra320 SCSI 都代表着一种具体的磁盘接口，各自的速度差异也较大。

（1）电子集成驱动器

电子集成驱动器（Integrated Drive Electronics，IDE）本意是指把"磁盘控制器"与"盘体"集成在一起的磁盘驱动器。IDE 发展分支出更多类型的磁盘接口，比如，ATA、Ultra ATA、DMA、Ultra DMA 等接口都属于 IDE 磁盘。

（2）串行高级技术附件

串行高级技术附件（Serial Advanced Technology Attachment, Serial ATA，SATA）采用串行连接方式，串行 ATA 总线使用嵌入式时钟信号，具备更强的纠错能力，与以往相比，其最大的区别在于能对传输指令（不仅仅是数据）进行检查，如果发现错误会自动矫正，这在很大程度上提高了数据传输的可靠性。串行接口还具有结构简单、支持热插拔的优点。

（3）小型计算机系统接口

小型计算机系统接口（Small Computer System Interface，SCSI）是同 IDE（ATA）完全不同的接口，IDE 接口是普通 PC 的标准接口，而 SCSI 并不是专门为磁盘设计的接口，它是一种广泛应用于小型机上的高速数据传输技术。SCSI 接口具有应用范围广、多任务、高带宽、CPU 占用率低，以及热插拔等优点。

（4）串行连接 SCSI

串行连接（Serial Attached SCSI，SAS）是新一代的 SCSI 技术，和 SATA 磁盘相同，都是采用串行技术以获得更高的传输速率，并通过缩短连接线改善内部空间等。SAS 是并行 SCSI 接口之后开发出的全新接口。此接口的设计是为了改善存储系统的可靠性、可用性和扩充性，并且提供与 SATA 磁盘的兼容性。

（5）光纤通道

光纤通道（Fiber Channel，FC）与 SCSI 接口一样，最初也不是为磁盘设计开发的接口技术，而是专门为网络系统设计的。随着存储系统对速度的需求的提高，光纤通道才逐渐应用到磁盘系统中。光纤通道是为提高多磁盘存储系统的速度和灵活性开发的，它的出现大大提高了多磁盘系统的数据传输速率。光纤通道具有热插拔性、高带宽、远程连接、连接设备数量大等特点。

5. 磁盘数据组织

（1）分区和格式化

所有磁盘厂商在产品出厂前，已经对磁盘进行了低级格式化。

低级格式化以后还需要对磁盘进行分区。分区是把一整块磁盘根据使用需要，分成不同的区域来存放数据，以加快读写数据的时间和方便管理。分区把一个磁盘划分成不同的区域，用来存放不同的文件系统。为磁盘分区时，通常需要指定一个分区为活动分区，用以存放主引导系统。计算机加电后，主板上的 BIOS 程序将启动活动分区上的主引导系统来加载操作系统。有的分区机制还允许把一个物理分区进一步划分成多个逻辑分区。

分区以后，还需要对每个分区进行高级格式化，或称为逻辑格式化，也就是通常所说的格式化。格式化就是在磁盘的所有数据区上写零的操作过程，同时对磁盘介质做一致性检测，并且标记出不可读和坏的扇区。同时，不同的操作系统将把分区格式化成不同的文件系统。因为不同的文件系统具有不同的文件存储格式，所以一般情况下，一个操作系统不能识别其他操作系统格式化的磁盘分区。格式化分区时，还会给分区指定一个分区名。操作系统通过分区名使用该分区。Windows 系统的分区名通常用"盘符"表示，如"C:"、"D:"等。Linux 系统的分区名通常是用"设备名称+分区号"表示，例如，第一块磁盘的第一个分区叫 sda1，第一块磁盘的第二个分区 sda2。

（2）磁盘分区机制

当前有两种主流分区机制：主引导记录（Master Boot Record，MBR）和全局唯一标识分区表（GUID Partition Table，GPT）。

① MBR

MBR 是 PC 架构计算机的传统磁盘分区机制，应用于绝大多数使用 BIOS 引导的 PC 设备。MBR 早在 1983 年 IBM PC DOS 2.0 中就已经提出。之所以叫"主引导记录"，是因为它是存在于驱动器开始部分的一个特殊的启动扇区。这个扇区包含了已安装的操作系统的启动加载器和驱动器的逻辑分区信息。

使用 MBR 分区表时，分区分为主分区、扩展分区、逻辑分区 3 种类型。

● 主分区：主分区也叫引导分区，用以存放主引导系统。要引导操作系统，则磁盘必须至少有一个主分区。主分区是独立的，创建后可以直接使用。

● 扩展分区：除了主分区外，剩余的磁盘空间就是扩展分区了。扩展分区可以有 0 个或 1 个。创建后的扩展分区不可以直接使用，必须在扩展分区上再创建逻辑分区，才能在逻辑分区上存储与读取数据。

● 逻辑分区：在扩展分区上面，可以创建多个逻辑分区。逻辑分区相当于一块存储介质，创建后就可以使用。

有时还会提到活动分区的概念。活动分区是指处于活动状态的主分区。一个磁盘可以有多个主分区，但只能有一个活动分区，也就是当前正在使用的主分区。

MBR 在使用上有一些限制，如主分区与扩展分区的分区数目之和不能超过 4 个，但逻辑分区则没有限制，且最大 MBR 最大支持 2.2TB 磁盘。

② GPT

鉴于 MBR 的磁盘容量和分区数量上的限制，人们后来推出了 GPT 分区机制。

GPT 是一个物理磁盘的分区结构，它是可扩展固件接口（Extensible Firmware Interface, EFI）标准的一部分，用来替代 BIOS（Basic Input/Output System）中的 MBR。EFI 是由 Intel 开发的一种在 PC 系统中替代 BIOS 的升级方案。当前，可扩展固件接口标准已经演进为统一可扩展固件接口（Unified Extensible Firmware Interface, UEFI）。由此可见，GPT 和 UEFI 是相辅相成的，二者缺一不可，要想使用 GPT 分区表则必须是 UEFI 环境。主板为了兼容 MBR 和 GPT，一般会提供 Legacy BIOS 和 UEFI 启动模式选项，如果想用 GPT，主板启动模式选 UEFI；如果想用 MBR，则主板启动模式选 Legacy BIOS。

GPT 分区表头中可自定义分区数量的最大值，也就是说，GPT 分区表的大小不是固定的。GPT 突破了 2.2TB 分区的限制，最大支持 18EB 的分区。而在分区数量上，理论上 GPT 支持无限个磁盘分区，不过在 Windows 系统上由于系统的限制，最多只能支持 128 个磁盘分区，但也基本可以满足所有用户的存储需求。GPT 会为每一个分区分配一个全局唯一的标识符。这个标识符是一个随机生成的字符串，并且可以保证为地球上的每一个 GPT 分区都分配完全唯一的标识符。

在安全性方面，GPT 分区表也进行了全方位改进。在早期的 MBR 磁盘上，分区和启动信息是保存在一起的。如果这部分数据被覆盖或破坏，事情就麻烦了。相对而言，GPT 在整个磁盘上保存多个这部分信息的副本，因此它更为健壮，并可以恢复被破坏的这部分信息。GPT 还为这些信息保存了循环冗余校验码（CRC）以保证其完整和正确——如果数据被破坏，GPT 会发觉这些破坏，并从磁盘上的其他地方进行恢复。

GPT 没有主分区、扩展分区与逻辑分区的概念，所有"分区"都一视同仁。

8.2.2　固态盘

固态盘（Solid State Drives, SSD），简称固盘或 SSD 盘。早期的固态盘采用高性能的 DRAM 芯片作为存储介质，虽然这时的固态盘已经能够取代 14 英寸插卡式磁盘工作，但由于 DRAM 是易失性的，所以由其构成的固态盘也是易失性的。当时为了使固态盘也具有非易失性，就需要设计一个非易失性的后备系统作支持，一旦后备系统不存在，固态盘就会因掉电而丢失数据，变成易失性的固态盘。现在的固态盘采用闪速芯片（Flash Chip）作为存储介质，在不加电的情况下存储的信息可长达 10 年以上，因此就不再需要后备系统作支持了。

1. 固态盘的结构

在硬件层面，固态盘使用半导体的 Flash 芯片作为存储介质，有点类似于内存，允许通过地址直接访问任何一个存储单元。相应地，SSD 不需要 HDD 中的电机、盘片、磁头和磁头臂等机械部件，因而它的存取速度比 HDD 快很多。

从外观上看，固态盘的硬件主要由印制电路版（Printed Circuit Board, PCB）、SSD 控制器（主控芯片）、缓存芯片、Flash 存储阵列和 SSD 接口组成。

从功能上看，固态盘的功能逻辑框图如图 8-3 所示。其中，主机连接接口是与固态盘主机相连接的接口。固态盘内部的主机接口逻辑实现主机命令传送、固态硬盘状态回收、读/写数据传输等功能。SSD 控制器是固态盘控制核心。SSD 控制器中的处理器完成信号处理功能，是固态盘的控制中心；缓存管理器负责读/写数据的临时保存；多路复用器用于控制把数据写入到哪一块闪存芯片，以及从哪一块闪存芯片中读出数据。RAM 是随机存储器，用于保存系统临时信息，如文件块的位置信息等，便于快速访问。ROM 是只读存储器，用于保存闪存芯片的元数据，控制器程序等。闪存芯片封装是存储数据的最终载体。每个闪存芯片的容量和芯片封装总数量决定了固态盘的总容量。

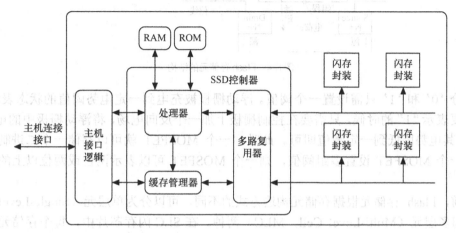

图 8-3　固态盘的逻辑框图

2. 闪存芯片

目前市场上主要有两种非易失闪存技术：NOR Flash 和 NAND Flash。Intel 于 1988 年首先开发出 NOR Flash 技术。它源于传统的 EPROM 器件，具有可靠性高、随机读取速度快的优势，在擦除和编程操作较少而直接执行代码的场合，尤其是纯代码存储的应用中广泛使用，如 PC 的 BIOS 固件、移动电话、硬盘驱动器的控制存储器等场合多有应用。东芝公司于 1989 年发表了 NAND Flash 结构，强调降低每比特的成本，更高的性能，并且像磁盘一样可以通过接口轻松升级。这种结构的闪速存储器适合于纯数据存储和文件存储，主要作为 Smart-Media 卡、Compact-Flash 卡、PCMCIA ATA 卡、固态盘的存储介质，成为闪存硬盘技术的核心。

NOR Flash 的名字源于或非门（NOR gate），NAND Flash 的名字源于与非门（NAND gate，negative-AND gate）。NOR Flash 和 NAND Flash 都使用浮动门晶体管技术（Floating-gate Transistors），更具体些就是浮动门场效应管（Floating-Gate MOSFET）。Flash 的存储元是一个金属—氧化物半导体场效应晶体管（Metal-Oxide-Semiconductor Field-Effect Transistor, MOSFET），它的结构如图 8-4 所示。

MOSFET 中有一个浮置栅极（Floating Gate），数据是以浮置栅极中电荷形式存储的。MOSFET 中还有一个控制栅极，浮置栅极存储电荷的多少取决于 MOSFET 中控制栅极被施加的电压。在如何表示‘0’和‘1’方面，两种 FLASH 是一样的，即向浮置栅极中注入电荷表示写入了‘0’，没有注入电荷表示‘1’。对 Flash 清除数据是写 1 的，这与磁盘正好相反（磁盘是写 0）。如果晶体管的源极接地而漏极接位线，在无偏置电压的情况下，检测晶体管的导通状态就可以获得存储单元中的数据，由于控制栅极在读取数据的过程中施加的电压较小或根本不施加电压，不足以改变浮置栅极中原有的电荷量，所以读取操作不会改变 FLASH 中原有的数据。

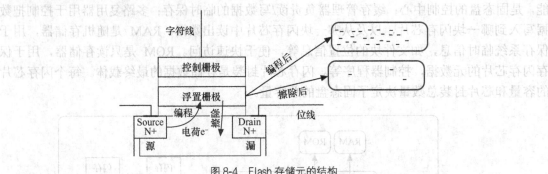

图 8-4　Flash 存储元的结构

区分 '0' 和 '1' 只需设置一个阈值。浮动栅极被充电到一定电势阈值的状态表示"0"，而当需要表示"1"的时候，只需要在控制栅极上加一个反向电场，将浮动栅极中的电子"吸出"，让其电势降低到一定阈值即可。此时，一个 MOSFET 就可以存储一个二进制位。恰当地为一个 MOSFET 设置多组阈值，则一个 MOSFET 可以表示两位或两位以上的二进制信息。

目前，Flash 存储元根据存储元构造方式的不同，可以分为单层元（Single-Level Cell，SLC）和多层元（Multi-Level Cell，MLC）两种。在 SLC 闪存芯片中，每个存储元有两种状态，存储一个比特（bit）。在 SLC 闪存芯片中，每个存储元有 4 种以上的状态，存储多个比特。

3. 固态盘的软件

除了硬件之外，固态盘还需要复杂的软件系统。固态盘软件系统的核心是闪存转换层（Flash Translation Layer, FTL）。固态盘的读写单位为页，而页的大小一般为 4KB 或 8KB，但目前的操作系统读写数据是按磁盘驱动器的扇区尺寸（512B）进行操作的，更麻烦的是闪存擦除以块为单位，而且未擦除就无法写入，这导致现在的操作系统使用的文件系统根本无法管理固态盘。要解决这样的问题，需要更复杂的文件系统，但这会增加操作系统的负担。为了不增加操作系统负担，并且保持固态盘对磁盘驱动器的兼容性，固态盘采用软件的方式把闪存的操作虚拟成磁盘的独立扇区操作，FTL 就是用来实现这些功能的。FTL 存在于文件系统和物理介质（闪存）之间，操作系统只需跟原来一样操作逻辑块寻址（Logical Block Address, LBA）即可，而逻辑块寻址到物理块寻址（Physics Block Address, PBA）的转换工作，全部由 FTL 完成。正因为有了 FTL，NAND Flash 才能被当成硬盘来使用；文件系统才可以直接把 SSD 当成普通块设备来使用。

FTL 的设计相当复杂，包含多个功能模块，实现了系统接口层、顺序流侦测、元数据管理、地址映射、写入策略、垃圾回收、磨损平衡、分区策略、预取策略和替换算法等功能。

由于 FTL 是 SSD 厂商最为重要的核心技术，因此，没有一家厂商愿意透露这方面的技术信息，并且也一直没有业内的技术规范和标准存在。

8.2.3　磁带

磁带是一种柔软的带状磁性记录介质，它由带基和磁表面层两部分组成，带基多为薄膜聚酯材料，磁表面层所用材料多为γ-Fe_2O_3 和 CrO_2 等。

　　磁带存储器是以磁带为存储介质的存储器，属于磁表面存储器。

　　磁带控制器是连接计算机与磁带机的接口设备，一个磁带控制器可以连接多台磁带机。它是计算机在磁带上存取数据用的控制电路设备，可控制磁带机执行写、读、进退文件等操作。

　　磁带机是以磁带为记录介质的数字磁性记录装置，它由磁带传送机构、控制电路、读/写磁头、读/写电路和有关逻辑控制电路等组成。

　　磁带存储器是以顺序方式存取数据的存储器。存储数据的磁带可以脱机保存和互换读出。磁带具有存储容量大、价格低廉、携带方便等特点，它是计算机的重要外围设备之一。

　　根据装带方式的不同，磁带机分为手动装带磁带机和自动装带磁带机，即自动加载磁带机。自动加载磁带机实际上是磁带和磁带机结合组成的，它可以从装有多盘磁带的带匣中拾取磁带并放入驱动器中，或执行相反的过程，自动为每日的备份工作装载新的磁带。小公司可以使用自动加载磁带机来自动完成备份工作。

　　磁带库是像自动加载磁带机一样的基于磁带的备份系统，是一种将多台磁带机整合到一个封闭机构中的箱式磁带备份设备。一般由多个驱动器、多个槽、机械手臂组成，并可由机械手臂自动实现磁带的拆卸和装填。它能够提供同样的基本自动备份和数据恢复功能。它可以多个驱动器并行工作，也可以几个驱动器指向不同的服务器来做备份，存储容量可达 PB级，可实现连续备份、自动搜索磁带等功能，并可在管理软件的支持下实现智能恢复、实时监控和统计等功能。在网络系统中，磁带库可通过 SAN 系统形成网络存储系统，实现远程数据访问、数据备份，或通过磁带镜像技术实现多磁带库备份，为数据仓库、ERP 等大型网络应用提供良好的数据存储。

8.2.4　光盘

　　20 世纪 70 年代初期，荷兰飞利浦公司的研究人员开始研究利用激光来记录和重放信息，并于 1972 年 9 月向全世界展示了长时间播放电视节目的光盘系统 LaserVision，而该系统于 6年后正式投放市场。从此，激光记录技术开始迅速发展起来。继激光视盘之后，又出现了一系列的激光记录产品，如 CD-G、CD-V、Video CD、CD-ROM 等。

　　光盘存储器是（Optical Disk Memory, ODM）是将用于记录数据的薄层涂覆在基体上构成的记录介质。与磁盘盘片不同的是，光盘基体的圆形薄片由热传导率很小、耐热性很强的有机玻璃制成。光盘在记录薄层的表面再涂覆或沉积保护薄片，以保护记录面。记录薄层有非磁性材料和磁性材料两种，前者构成光盘介质，后者构成磁光盘介质。

　　光盘的记录原理由于记录材料的不同而有所区别。

- 磁光盘（Magneto Optical Disc, MOD）：利用磁的记忆特性，借助激光来写入和读出数据。
- 相变光盘（Phase Change Disc, PCD）：利用激光在特殊材料加热前后的反射率不同而记忆"1"和"0"。
- 只读 CD 光盘：通过在盘上压制凹坑的机械办法记录数据。凹坑的边缘记录的是"1"，凹坑和非凹坑的平坦部分记录的是"0"。使用激光束照射，根据反射率的不同而读出数据。

　　对于相变光盘来说，数据是沿着盘面螺旋形状的光轨道以一系列凹坑和非凹坑的形式存储的。当数据写入光盘时，把数据信号串行调制在激光光束上，再转换成光盘上长度不等的凹坑和非凹坑区。凹坑和非凹坑交界的正负跳变沿均代表数码"1"，两个边缘之间代表数码"0"，"0"的个数由边缘之间的长度决定。当从光盘上读出数据时，激光束沿光轨道扫描，当遇到凹坑边缘时反射率发生跳变，表示二进制数字"1"，在凹坑内或非凹坑区上均为二进制数字"0"，通过光学探测器产生光电检测信号，从而读出 0、1 数据。

光盘存储器具有存储密度高、非接触方式读写、信息保存时间长、盘面抗污染能力强、价格低廉、使用方便等特点。

8.3 磁盘阵列

在计算机发展的初期，"大容量"磁盘的价格还相当高，解决数据存储安全性问题的主要方法是使用磁带机等设备进行备份。这种方法虽然可以提高数据存储的安全性，但数据备份和读取工作都相当繁琐。1987 年，加州大学伯克利分校的研究人员发表了题为"A Case of Redundant Array of Inexpensive Disks"的论文，其基本思想就是将多个容量较小的、相对廉价的磁盘驱动器进行有机组合，使其性能超过一只昂贵的大磁盘。这一设计思想很快被业界接受，从此磁盘阵列技术得到了广泛应用，数据存储进入了更快速、更安全、更廉价的新时代。

磁盘阵列的全称是独立磁盘冗余阵列（Redundant Arrays of Independent Disks, RAID）或廉价磁盘冗余阵列（Redundant Arrays of Inexpensive Disks, RAID）。RAID 的基本目的是把多个小型廉价的磁盘驱动器合并成一组阵列来实现大型昂贵的驱动器所无法达到的性能或冗余性。这个驱动器阵列在计算机看来就如同一个单一的逻辑驱动器。

8.3.1 磁盘阵列的组成和实现方式

1. 磁盘阵列的基本思想

RAID 的基本思想包括两方面内容：利用数据条带化提高性能和利用数据冗余提高可靠性。所谓数据条带化，就是把用户数据分割成大小一致的"块"（通常是 32KB 或 64KB），按"块"交错分布存储到多个磁盘上，而不是像原来那样将用户数据顺序存放在单个磁盘上。取数据时，这个进程就会反过来进行。多个驱动器好像是一个大驱动器，这个过程是并行进行的，从而大大提高了数据传输速率。数据冗余是通过牺牲一些存储空间保存校验数据来实现对用户数据的保护。当 RAID 系统的一个磁盘发生故障时，其他磁盘能够通过冗余数据重建该故障磁盘，从而提高了系统的可靠性。在 RAID 系统中，所有这些工作都是由 RAID 控制器完成的，对于操作系统都是透明的。具体来说，RAID 系统最终呈现给用户的是一个大的虚拟磁盘，用户访问 RAID 使用线性地址空间，而将线性地址转换为磁盘物理地址的工作，以及写操作中所涉及的校验数据的定位工作，都由 RAID 控制器负责。

2. 磁盘阵列的系统组成和工作过程

RAID 系统主要由 RAID 控制器、磁盘控制器、磁盘组成，如图 8-5 所示。写入时，数据块经过 RAID 控制器分成条块，并生成校验数据，传送到磁盘控制器并写入各个磁盘。读出时，数据由各个磁盘控制器读出，判断是否正确。如果正确，数据经 RAID 控制器传送到主机；如果有错误，则启动校验过程，恢复错误数据。

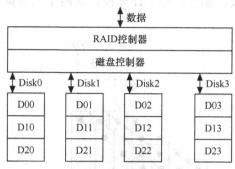

图 8-5 RAID 系统组成

3. 磁盘阵列的数据组织

磁盘阵列的数据组织以分区、分块和分条为基础。

（1）使用分区划分磁盘

磁盘驱动器可以划分成由若干块形成的组，例如，大多数读者都熟悉在 PC 机或工作站上对磁盘驱动器的分区。RAID 磁盘也不例外，可以使用多种方法对之进行分组，以支持各种各样的数据处理的实际需求。组合磁盘分区最常见的方法是阵列。事实上，确切地讲，磁盘并不形成阵列，而是形成分区。

RAID 咨询委员会（RAID Advisory Board，RAB）定义分区概念如下：分区是一组地址连续的成员磁盘存储块，单个的磁盘可以有一个或多个分区。假如在一个磁盘上定义了多个分区，则它们可以有不同的大小。多个可能不连续的分区可以通过虚拟磁盘到成员磁盘的映射，成为同一虚拟磁盘的一部分。分区有时候也称为逻辑磁盘。换而言之，分区在 RAID 成员磁盘上建立了一个个边界，它们将成员磁盘划分为地址相邻的、由若干存储块形成的组。分区形成 RAID 子系统的阵列、镜像和虚拟驱动器。

（2）从分区到分块

成员磁盘上的分区可以进一步细分为更小的段，这些更小的段即单个 I/O 操作的对象，它们被称为分块（Strip）。假如分块属于一个分区，而分区又属于一个阵列，那么分块的长度称为分条（Stripe）深度。为了简化虚拟磁盘块地址到成员磁盘块地址的映射，一个阵列中所有的分块的长度都相同。

分块的大小约为磁盘驱动器上的一个扇区大小，但这样的分块大小和扇区并无关联，一个分块可以保存几个 I/O 操作的内容。RAB 将分块定义为：分块是将一个分区分成一个或多个大小相等的、地址相邻的块，在某些环境下，分块被称为分条的元素。

（3）组合分块成分条

分区和分块是在单个驱动器上进行的，而不是在阵列上，正像分区可以组成阵列一样，分块也可以组合成分条。RAB 将分条定义为：分条是磁盘阵列中的两个或更多分区上的一组位置相关的分块，位置相关意味着，每个分区上的第一分块属于第一分条，每个分区上的第二分块属于第二分条，以此类推。图 8-6 显示了分条、分块和分区三者之间的关系。

描述分条还可以使用另一种方法，即分条以某种方式组合多个分区上的分块，这种排列方式类似于柱面组合磁盘驱动器上的磁道。

应该指出的是：同一磁盘上的分区可以是同一阵列的成员。虽然并不提倡这样做，但它是可能的。这种情况下，需要在分区内部对分块进行相对排列。假如提供给同一阵列中多个分区的磁盘驱动器失败，那么，由于计算校验的两个元素都被丢失，所以将导致数据的丢失。

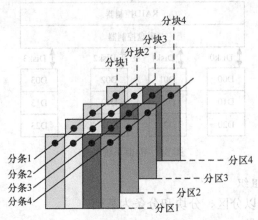

图 8-6　分区、分块、分条三者之间的关系

（4）分块和分条的数据写入顺序

作为设备虚拟化的应用之一，阵列中的分条被映射为虚拟驱动器中连续的块。当主机向虚拟驱动器写入数据时，RAID 控制器将输入的 I/O 请求地址转换为阵列中的分条。首先将对第一个分区的第一个分块进行写，然后对第二个分区的第一个分块执行写，接着对第三个分区的第一个分块执行写，以此类推。从某种意义上说，数据写入分条类似于填充顺序放置的容器。

（5）校验分块数据

镜像具有高安全性、高可读性能，但冗余开销太大。数据条带通过并发性来大幅提高性能，然而对数据安全性、可靠性未作考虑。数据校验是一种冗余技术，它用校验数据来提供数据的安全，可以检测数据错误，并在能力允许的前提下进行数据重构。相对镜像，数据校验大幅缩减了冗余开销，用较小的代价换取了极佳的数据完整性和可靠性。数据条带技术提供高性能，数据校验提供数据安全性，RAID 不同等级往往同时结合使用这两种技术。

采用数据校验时 RAID 要在写入数据同时进行校验计算，并将得到的校验数据存储在 RAID 成员磁盘中。校验数据可以集中保存在某个磁盘或分散存储在多个不同磁盘中，甚至校验数据也可以分块，不同 RAID 等级的数据校验实现方法各不相同。当其中一部分数据出错时，就可以对剩余数据和校验数据进行反校验计算重建丢失的数据。校验技术相对于镜像技术的优势在于节省大量开销，但由于每次数据读写都要进行大量的校验运算，对 RAID 控制器的运算速度要求很高，所以需要数据校验的场合一般使用硬件 RAID 控制器。在数据重建恢复方面，校验技术比镜像技术复杂得多且慢得多。

海明校验码和异或校验是两种最为常用的数据校验算法。

4. 磁盘阵列的实现方式

RAID 技术的可以通过以下 3 种方式实现。

（1）硬件 RAID

硬件 RAID 是利用专门的硬件 RAID 控制器（RAID 处理控制芯片）实现 RAID 功能。现在几乎所有的服务器主板都集成了 RAID 控制器，可以实现诸如 RAID0/1 之类的基本 RAID

模式。如果需要连接更多的磁盘，实现更高速的数据存储和冗余，则需要另外配置 RAID 控制卡，或者购买外置独立式磁盘阵列。

（2）软件 RAID

软件 RAID 是利用操作系统或第三方存储软件开发商的软件实现 RAID 功能。软件 RAID 的性能较低，因为其使用主机的资源。需要加载 RAID 软件以从软件 RAID 卷中读取数据。在加载 RAID 软件前，操作系统需要引导起来才能加载 RAID 软件。在软件 RAID 中无须物理硬件。这种软 RAID 的实现方式成本低，但配置复杂，性能也较低，仅适合小规模的数据存储系统使用。

（3）软硬结合

这种方式虽然采用了 RAID 处理控制芯片，但为了节省成本，芯片处理能力不强，RAID 任务处理大部分还是由软件完成。这是在有限成本之下获得低等级 RAID 功能的一种折中方案。

8.3.2 磁盘阵列分级

组成磁盘阵列的不同方式称为 RAID 级别。每一 RAID 级别代表一种技术。各厂商对 RAID 级别的定义不尽相同。公认的级别 RAID0、RAID1、RAID2、RAID3、RAID4、RAID5、RAID0+1、RAID1+0 等。

需要注意的是，这个"级别"并不代表技术的高低。例如，RAID5 并不高于 RAID2，RAID3 也并不低于 RAID4。选择哪一种 RAID 级别，需要根据用户的操作环境及应用而定。

1. RAID0

RAID0 称为条带化（Striping）存储，将数据分段存储于各个磁盘中，读写均可以并行处理。因此其读写速率为单个磁盘的 N 倍（N 为组成 RAID0 的磁盘个数），但是却没有数据冗余，单个磁盘的损坏会导致数据的不可修复。

2. RAID1

RAID 1 又称为镜像（Mirroring），它将数据完全一致地分别写到工作磁盘和镜像磁盘，它的磁盘空间利用率为 50%。RAID1 在数据写入时，响应时间会有所影响，但是对读数据的时候没有影响。RAID1 提供了最佳的数据保护，一旦工作磁盘发生故障，系统自动从镜像磁盘读取数据，不会影响用户工作。

3. RAID2

RAID2 称为纠错海明码磁盘阵列，RAID0 的改良版，加入了海明码（Hamming Code）错误校验，其设计思想是利用海明码实现数据校验冗余。但是，海明码的数据冗余开销太大，而且 RAID2 的数据输出性能受阵列中最慢磁盘驱动器的限制。再者，海明码是按位运算，RAID2 数据重建非常耗时。由于这些显著的缺陷，再加上大部分磁盘驱动器本身都具备了纠错功能，因此 RAID2 在实际中很少应用，没有形成商业产品，目前主流存储磁盘阵列均不提供 RAID2 支持。

4. RAID3

RAID3 是使用专用校验盘的并行访问阵列，它采用一个专用的磁盘作为校验盘，其余磁盘作为数据盘，数据按位和字节的方式交叉存储到各个数据盘中。RAID3 至少需要 3 块磁盘，不同磁盘上同一带区的数据作 XOR（异或）校验，校验值写入校验盘中。

如果 RAID3 中某一磁盘出现故障，不会影响数据读取，可以借助校验数据和其他完好数据来重建数据。假如所要读取的数据块正好位于失效磁盘，则系统需要读取所有同一条带的数据块，并根据校验值重建丢失的数据，系统性能将受到影响。当故障磁盘被更换后，系统按相同的方式重建故障盘中的数据至新磁盘。

5. RAID4

RAID4 与 RAID3 的原理大致相同，区别在于条带化的方式不同。RAID4 按照块的方式来组织数据，写操作只涉及当前数据盘和校验盘两个盘，多个 I/O 请求可以同时得到处理，提高了系统性能。RAID4 按块存储可以保证单块的完整性，可以避免受到其他磁盘上同条带产生的不利影响。RAID4 提供了非常好的读性能，但单一的校验盘往往成为系统性能的瓶颈。对于写操作，RAID4 只能一个磁盘一个磁盘地写，并且还要写入校验数据，因此写性能比较差。而且随着成员磁盘数量的增加，校验盘的系统瓶颈将更加突出。正是如上这些限制和不足，RAID4 在实际应用中很少见，主流存储产品也很少使用 RAID4 保护。

6. RAID5

RAID5 应该是目前最常见的 RAID 等级，它的原理与 RAID4 相似，区别在于校验数据分布在阵列中的所有磁盘上，而没有采用专门的校验磁盘。对于数据和校验数据，它们的写操作可以同时发生在完全不同的磁盘上。因此，RAID5 不存在 RAID4 中的并发写操作时的校验盘性能瓶颈问题。另外，RAID5 还具备很好的扩展性。当阵列磁盘数量增加时，并行操作量的能力也随之增长，可比 RAID4 支持更多的磁盘，从而拥有更高的容量及更高的性能。RAID5 兼顾存储性能、数据安全和存储成本等各方面因素，它可以理解为 RAID0 和 RAID1 的折中方案，是目前综合性能最佳的数据保护解决方案。RAID5 具有和 RAID0 相近似的数据读取速度，只是多了一个奇偶校验信息，写入数据的速度比对单个磁盘进行写入操作稍慢。同时由于多个数据对应一个奇偶校验信息，RAID5 的磁盘空间利用率要比 RAID1 高，存储成本相对较低。RAID5 基本上可以满足大部分的存储应用需求，数据中心大多采用它作为应用数据的保护方案。

7. 混合 RAID

RAID 0+1：顾名思义，是 RAID0 和 RAID1 的结合。先做条带（0），再做镜像（1）。

RAID 1+0：同上，但是先做镜像（1），再做条带（0）

RAID0+1 和 RAID1+0 非常相似，二者在读写性能上没有什么差别。但是在安全性上 RAID1+0 要好于 RAID0+1。

8.4 文件系统

没有任何结构的一堆二进制"0""1"代码既无意义，也无用处，需要按照一定的数据结构和组织方法，将存储设备上的数据组织起来，才能被用户和应用程序使用。计算机系统中的文件系统负责管理在外部存储设备上的数据组织和存取工作。

8.4.1 文件系统

1. 文件

从应用程序的角度看，文件是具有符号名和一组数据项的有序序列；从数据存储的角度看，文件是存储在外部存储设备上的数据的集合。

2. 文件系统

从计算机系统的角度看，文件系统是对存储器空间进行组织和分配，负责文件存储并对存入的文件进行保护和检索的系统。从操作系统的角度看，文件系统是负责管理和存储文件信息的软件机构。从数据存储的角度看，文件系统是在存储器上存放数据的数据结构和组织方式，如数据存放格式和位置等。

一个磁盘或分区在使用前，需要初始化，并将记录数据结构写到磁盘上，这个过程称为建立文件系统。磁盘或分区和它所包括的文件系统的不同是很重要的，因为大部分程序基于文件系统进行操作，在不同种类文件系统上不能工作。当然，也有少数程序（包括最有理由的产生文件系统的程序）直接对磁盘或分区的原始扇区进行操作，但这可能破坏一个已存在的文件系统。

3. 常见文件系统

微软在 DOS/Windows 系列操作系统中共使用了多种不同的文件系统：FAT12、FAT16、FAT32、NTFS、NTFS 5.0 和 WINFS。除微软文件系统以外，还有 UNIX 的 UFS 文件系统，Linux 的 Ext/Ext2/Ext3/Ext4 文件系统，苹果的 HFS/HFS+，VMware 的 VMFS，CD-ROM 文件系统，网络文件系统 CIFS 等。

8.4.2 分布式文件系统

分布式文件系统是指文件系统管理的物理存储资源不一定直接连接在本地节点上，而是通过计算机网络与节点相连。分布式文件系统的设计基于客户机/服务器模式。一个典型的网络可能包括多个供多用户访问的服务器。另外，对等特性允许一些系统扮演客户机和服务器的双重角色。例如，用户可以"发表"一个允许其他客户机访问的目录，一旦被访问，这个目录对客户机来说就像使用本地驱动器一样。

NFS 和 CIFS 是最为常见的分布式文件系统。NFS 主要用于 UNIX 平台，而 CIFS 主要用于 Windows 平台。

1. NFS

网络文件系统（Network File System，NFS）是 FreeBSD 支持的文件系统中的一种，它允许网络中的计算机之间通过 TCP/IP 网络共享资源。在 NFS 的应用中，本地 NFS 的客户端应用可以透明地读写位于远端 NFS 服务器上的文件，就像访问本地文件一样。

2. CIFS

通用网际文件系统（Common Internet File System，CIFS）是微软在 SMB（Server Message Block）的基础上发展出来并扩展到互联网上的协议，该协议使程序可以访问远程互联网计算机上的文件并要求此计算机提供服务。CIFS 是计算机用户在企业内部网和互联网上共享文件的标准方法。CIFS 通过定义一种与应用程序在本地磁盘和网络文件服务器上共享数据的方式相兼容的远程文件访问协议，使之能够在互联网上进行协作。CIFS 在 TCP/IP 上运行，利用互联网上的全球域名服务系统增强其可扩展性。

8.5 网络存储技术

网络存储是指通过网络存储设备，包括专用数据交换设备、磁盘阵列或磁带库等存储介质及专用的存储软件，利用原有网络，或构建一个存储专用网络为用户提供信息存取和共享服务的技术。

网络存储结构大致分为 3 种：直接直连存储（Direct Attached Storage，DAS）、网络连接存储（Network Attached Storage，NAS）和存储区域网络（Storage Area Network，SAN）。

有很多人讨论 DAS、NAS 和 SAN 的区别，但实际上没必要，因为在存储厂商看来，它们是完全不同的系统。如果非要区别，那么只要记住 SAN 以块存储的方式将裸磁盘空间（物理的或逻辑的）整个映射给数据库服务器或应用服务器使用，而 NAS 则是个文件服务器。

8.5.1 网络存储体系结构

1. SNIA 共享存储模型

网络存储工业协会（Storage Networking Industry Association, SNIA）作为全球存储行业的权威机构，其拟定的共享存储模型在业界广受认同，被称为 SNIA 共享存储模型。此模型有助于更深入、更系统地理解共享存储概念。SNIA 共享存储模型如图 8-7 所示。

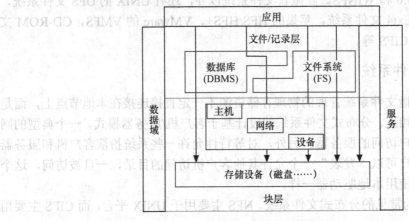

图 8-7　SNIA 共享存储模型

处于顶端的应用层代表的是使用共享存储的应用系统，不属于存储系统的构件，在模型中没有具体的定义。

文件/记录层是存储系统对应用层的服务接口，包括文件系统和数据库。数据库使用记录格式作为存储处理单元，而大多数其他应用则使用文件作为存储处理单元。文件系统的逻辑单元是文件，文件系统将文件映射到下层的数据块。在文件系统看来，磁盘存储设备就是由数据块组成，数据块是存储设备的存储单位。

块层的基础是物理存储设备，数据以最小存储元素块为单位保存在存储介质上。

在块层还存在一个块聚合层子集，其含义是将物理块聚合为逻辑块，再将逻辑块组成连续的逻辑存储空间，这个逻辑空间就是文件系统看到的存储块设备。对于 SCSI 存储总线，以逻辑单元号 LUN 标记。块聚合层还有其他一些功能，如 RAID 条块化，把多个磁盘的块聚合，通过并行读写和磁盘冗余提高存储系统的 I/O 吞吐率和可用性。

在主机通过存储网络连接磁盘存储阵列设备的场景下，块聚合功能可以分别由主机、存储网络和（或）磁盘存储阵列设备实现。如 LUN 可以主要由磁盘存储阵列提供给主机。在另一种方案中也可以由存储网络提供,使用一台被称为虚拟化存储网关的专用存储网络设备。再如 RAID 功能，一般也是由磁盘存储阵列提供，但也可以在主机通过软件实现 RAID，或在磁盘存储阵列 RAID 的基础上实施第二级软件 RAID，提供双层保险。

2. 网络存储系统组成

网络存储系统主要由存储子系统、存储连接和文件组织 3 部分组成。

（1）存储子系统

存储子系统是一组设备的集合，这些设备使用共同的配电源、包装或管理系统策略，存储子系统的例子如 RAID 系统和磁带库。在功能上，存储子系统的范围从简单的产品（把电源和包装盒并入单一的机柜），到复杂的计算机系统（它们拥有如镜像、分条及备份等存储管理功能）。

存储子系统在存储网络上通常拥有一个或多个地址，而存储子系统中的设备则按作为属于它们的 LUN 由存储子系统的主机 I/O 控制器寻址。另一个常见的方法是利用虚拟化技术，将子系统中的设备看作单个的大型设备。这可以通过一个完全分离且独立的 I/O 总线或网络来实现，这些 I/O 总线或网络处于子系统内部，连接所有内部设备。内部总线和网络由一个子系统控制器管理，借此来屏蔽子系统内部设备通信的复杂性。

（2）存储连接

存储连接是用于存储子系统和应用服务器相连接的部件，包括 I/O 总线和通信网络等。

（3）文件组织

文件组织是在存储设备上组织数据的方式。

文件组织形式有两大类：块组织和文件组织。对于块组织，存储设备向应用服务器提供一个线性的、大小固定的记录。应用服务器执行 I/O 操作就是访问一个或多个这样的记录。这种方式具有速度高、延迟小和高可用性等优点。对于文件组织，存储设备向应用服务器提供一个更高层次的创建、管理、修改和删除目录和可变大小文件的机制。文件组织的优点在于容易实现，成本低；不足之处在于速度和延迟，并且许多应用不支持文件共享。

8.5.2　直接直连存储

DAS 是一种将存储设备通过总线适配器或电缆（SCSI 或 FC 等）直接连接到主机的架构。在这种方式中，存储设备通过 I/O 总线附属于它所连接到的主机。

DAS 连接有内部连接和外部连接两种形式。内部连接就是把存储设备（通常是磁盘）放置在主机机箱内部，作为主机的一个组成部分。外部连接就是把存储设备（如磁盘阵列、磁带库）等独立出来，通过 IDE、SCSI，以及 FC 接口或线缆与主机直接相连。

DAS 将存储设备通过 SCSI 接口或 FC 直接连接到一台服务器上。存储设备可以与多个服务器连接，如果一台服务器出现故障，仍可以通过其他服务器来存取数据。这种存储方案中的存储设备都直接连接到服务器，随着存储设备和服务器数量的增加，DAS 存储方式将导致网络中存储孤岛数量的激增，存储资源利用率低，不利于对其进行集中管理。在 DAS 存储方式下，数据共享和存储设备的扩展能力受到了很大的限制。同时，数据存储都由与存储设备相连的服务器来完成，对服务器的性能也造成了一定的影响。

当服务器在地理位置上比较分散，很难通过远程连接进行互连时，DAS 数据存储方案是比较好的解决方案，甚至可能是唯一的解决方案。对于小型网络，由于网络规模较小，数据存储量小，数据访问频率不是太高，对服务器造成的性能下降不明显，DAS 数据存储方式将是一种比较经济的解决方案。在一些特殊的数据库应用和应用服务器上（如 Microsoft Cluster Server 或某些数据库使用的"原始分区"），它们需要直接连接到存储器上，因此需要使用 DAS

数据存储解决方案。

直接连接存储的主要问题和不足如下。

（1）DAS 依赖服务器主机操作系统进行数据的 I/O 读写和存储维护管理，数据备份和恢复要求占用服务器主机资源（包括 CPU、系统 I/O 等），数据流需要回流主机再到服务器连接着的存储设备，数据备份通常占用服务器主机资源 20%～30%。DAS 的数据量越大，备份和恢复的时间就越长，对服务器硬件的依赖性和影响就越大。

（2）DAS 与服务器主机之间的连接通道通常采用 SCSI 连接。随着服务器 CPU 的处理能力越来越强，存储磁盘空间越来越大，阵列的磁盘数量越来越多，SCSI 通道将会成为 I/O 瓶颈；服务器主机的 SCSI 的 ID 资源有限，能够建立的 SCSI 通道连接有限。

（3）无论 DAS 还是服务器主机的扩展，从一台服务器扩展为多台服务器组成的群集，或存储阵列容量的扩展，都会造成业务系统的停机，从而给企业带来经济损失，对于银行、电信、传媒等行业 7×24h 服务的关键业务系统，这是不可接受的。此外，直连式存储设备或服务器主机的升级扩展，只能由原设备厂商提供，往往受原设备厂商限制。

8.5.3 网络连接存储

NAS 是一种将 NAS 设备部署到网络中的架构。NAS 设备是单独为网络数据存储而开发的一种文件服务器，它基于标准网络协议实现数据传输，为网络中的 Windows/Linux/Mac OS/UNIX 等各种不同操作系统的计算机提供文件共享和数据备份服务。

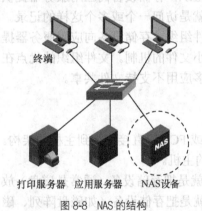

终端

打印服务器 应用服务器 NAS设备

图8-8 NAS 的结构

NAS 提供了一个简单、高性价比、高可用性、高扩展性和总拥有成本低的网络存储解决方案。NAS 的结构如图 8-8 所示。

NAS 设备包括存储器件（如 RAID、CD 或 DVD 驱动器、磁带驱动器或可移动的存储介质等）和集成在一起的简易服务器，可用于实现涉及文件存取及管理的所有功能。简易服务器经优化设计，可以完成一系列简化的功能，例如，文档存储及服务、电子邮件、互联网缓存等。集成在 NAS 设备中的简易服务器可以将有关存储的功能与应用服务器执行的其他功能分隔开。从结构上看，NAS 设备由 NAS 头和存储设备两部分组成。NAS 头由网络接口卡（网卡）、网络文件协议、优化的操作系统和存储接口组成。通常 NAS 头和存储设备之间使用 ATA/SCSI/FC 等连接，并且都做到一个设备中。

NAS 具有以下特点。

（1）NAS 是即插即用产品，且设备内置多个 I/O 接口，可扩展性好。

（2）具有独立的 IP 地址，通过 TCP/IP 连接网络，与应用服务器连接方便。

（3）专用操作系统支持多种不同的文件系统，支持异构系统的文件共享，方便不同系统之间数据传输和数据备份。

（4）NAS 设备物理位置灵活，易于部署、更新和升级。

（5）直接把 NAS 设备接入企业原有网络即可，不需要其他网络设施投入，成本低。

（6）NAS 是基于文件存储的，通过文件共享协议，可以实现多个主机之间的文件共享。

（7）NAS 没有解决与文件服务器相关的一个关键性问题，即备份过程中的带宽消耗。与将备份数据流从 LAN 中转移出去的 SAN 不同,NAS 仍使用业务网络进行备份和恢复。在 NAS 系统中,LAN 除了必须处理正常的用户数据和应用数据传输外,还必须处理包括备份操作的存储磁盘请求的传输。

(8)NAS 设备扩展存储设备的能力有限,即存储空间的扩大有限。

8.5.4 存储区域网络

SAN 是通过专用高速网络将一个或多个网络存储设备和计算机系统连接起来的专用存储系统。由于 SAN 大多采用光纤通道(Fibre Channel,FC)技术,所以 SAN 的另外一种流行的定义是:SAN 是通过 FC 交换机连接存储阵列和服务器主机,建立专用于数据存储的区域网络。

一个 SAN 网络由负责网络连接的通信结构、负责组织连接的管理层、负责数据存储的存储部件,以及计算机系统构成,从而保证数据传输的安全性和效率。典型的 SAN 通常是企业整个计算机网络资源的一部分。一般情况下,SAN 与其他计算资源紧密集群实现远程备份和档案存储过程。此外,SAN 还可以用于合并子网和 NAS。

SAN 本身就是一个存储网络,可以是交换式网络,也可以是共享式网络。SAN 的结构如图 8-9 所示。

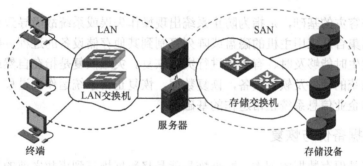

图 8-9 SAN 的结构

目前常见的 SAN 技术主要有两种:早期的 SAN 采用的是 FC 连接技术,即业界所谓的 FC SAN;后来出现了基于 TCP/IP 协议的互联网小型计算机接口(Internet Small Computer System Interface,ISCSI)技术,即业界所谓的 IP SAN。FC SAN 一直以来是构建存储网络的首选,以性能稳定可靠,技术成熟著称,在关键应用领域的高可靠性毋庸置疑。曾经有一段时间 FC 几乎成为了 SAN 的同义语,然而,事实上光纤链路并不是 SAN 的必要组成部分,因为差不多任何网络或串行 SCSI 技术都可以建立 SAN。另外,IP SAN 在近年来也有了较大的发展,很多厂商的 IP SAN 产品都有较好的销路,IP SAN 市场份额有了较大的增长,不过总体来说,目前仍然还是 FC SAN 为主。

SAN 具有以下特点。

(1)解决了存储网络和应用网络争用网络带宽的问题。SAN 解决方案把存储功能从企业计算资源的其他功能中剥离出来,形成了专用的高效存储网络系统。SAN 的核心是将所有的存储设备单独构建一个专用存储网络,实现了服务器通过 SAN 访问数据,而客户端不直接访问存储设备。在 SAN 解决方案中,存储流量主要集中在 SAN 中,而企业其他应用流量集中在 LAN 中,应用流量与数据存储流量互不影响,从而使数据备份操作不会影响应用系统。

（2）实现了有效的数据隔离。在正确的配置环境下，SAN 数据被划分成不同区域。不同客户的数据保存到不同的区域中。分区也可以在 SAN 上将工作负载分离。不仅是将数据分离保护，而且对那些影响应用程序性能的不相关工作负载采取屏蔽。

（3）具有较远的传输距离。SAN 的存储连接距离可达 10 千米。这种距离优势使得企业可以将数据存储到一个独立的位置，从系统服务中脱离出来。

（4）具有较高的传输带宽。由于 SAN 大多采用 FC 技术，所以它具有更高的存储带宽。目前，FC 可提供高达 2Gbit/s～10Gbit/s 的传输带宽。

（5）具有较高的可扩展性。SAN 的磁盘数量可以扩展到数百个。此外，SAN 不需要重新启动就能添加新的磁盘，更换磁盘或配置 RAID 组。

（6）数据具有高可用性。用户可以通过多台服务器访问存储设备，单点故障不影响应用。

（7）SAN 的 I/O 通道大多使用 FC 技术，需要购买光纤通道卡和光纤交换机，成本高。

（8）基于块存储的 SAN 把裸磁盘空间映射给主机，对于主机来说相当于本地盘。此种方式下，主机 A 的本地盘根本不能给主机 B 去使用。此外，操作系统还需要对挂载的裸盘进行分区、格式化后才能使用。格式化之后，不同文件系统间的数据是共享不了的。

8.6 数据保护

数据备份是容灾的基础，是指为防止系统出现操作失误或系统故障导致数据丢失，而将全部或部分数据集合从应用主机的磁盘或阵列复制到其他存储设备的过程。数据备份的目的是在数据灾难发生时能够及时、有效地进行灾难恢复。灾难恢复是指在自然或人为灾难后，重新启用信息系统的硬件及软件设备，恢复数据，恢复正常系统运作的过程。有效的容灾和灾难恢复是保障企业信息系统正常运作的基础。

8.6.1 数据备份与恢复

数据备份就是保存数据的副本。数据恢复就是将数据恢复到事故之前的状态。数据恢复总是与数据备份相对应。备份是恢复的前提，恢复是备份的目的。

1. 备份系统的逻辑结构

从逻辑结构上来说，备份系统包括以下 3 个部分。

（1）备份源系统。用于从特定的系统中提取备份数据。操作系统、数据库和备份任务都需要相应的备份源代理程序获得备份数据。

（2）备份管理器。用于管理和运行备份任务，提供备份用户管理、作业调度管理、备份数据库管理、备份跟踪和审计及数据迁移等功能。备份管理器与备份源系统进行通信，并将来自源系统的数据传送到目标系统。

（3）备份目标系统。负责把备份数据保存到不同备份介质的工作，提供备份设备管理和介质管理等功能。

2. 备份的分类

按照每次备份的数据量的不同，备份可以分为如下 3 种。

（1）完全备份。这种备份策略的优点是当发生数据丢失的灾难时，可以迅速恢复丢失的数据。不足之处是每天都对整个系统进行完全备份，造成备份的数据大量重复。对于业务繁忙、备份时间有限的用户，选择这种备份策略是不明智的。

（2）增量备份。先进行一次系统完全备份，在接下来的时间里只对当天新的或被修改过的数据进行完全备份。这种备份策略的优点是节省了磁盘空间，缩短了备份时间；缺点是当灾难发生时，数据的恢复比较麻烦，备份的可靠性也很差。

（3）差分备份。先进行一次系统完全备份，在接下来的时间里，再将当天所有与备份不同的数据（新的或修改过的）备份到磁盘上。差分备份策略在避免了以上两种策略的缺陷的同时，又具有了其所有优点。首先，它无须每天都对系统做完全备份，因此所需的备份时间短，并节省了磁盘空间。其次，它的灾难恢复也很方便，一旦发生问题，用户只需使用完全备份和发生问题前一天的备份就可以将系统恢复。

3. 数据恢复工作

数据备份的目的是为了恢复，所以这部分功能自然也是备份软件的重要部分。很多备份软件对数据恢复过程都给出了相当强大的技术支持和保证。一些中低端备份软件支持智能恢复技术，用户几乎无须关注数据恢复过程，只要利用备份数据介质，就可以迅速自动恢复数据。而一些高端备份软件，在恢复数据时，支持多种恢复机制，用户可以灵活选择恢复程度和恢复方式，极大地方便了用户。

8.6.2 容灾与灾难恢复

1. 容灾的概念

容灾系统是指在相隔较远的异地，建立两套或多套功能相同的 IT 系统，互相之间可以进行健康状态监视和功能切换，当一处系统因意外（如火灾、地震等）停止工作时，整个应用系统可以切换到另一处，使得该系统功能可以继续正常工作。容灾技术是系统的高可用性技术的一个组成部分，容灾系统更加强调处理外界环境对系统的影响，特别是灾难性事件对整个 IT 节点的影响，提供节点级别的系统恢复功能。

2. 容灾的分类

从其对系统的保护程度来分，可以将容灾系统分为 3 类。

（1）数据级容灾。是指通过建立异地容灾中心，做数据的远程备份，在灾难发生之后要确保原有的数据不会丢失或者遭到破坏，但在数据级容灾这个级别，发生灾难时应用是会中断的。

（2）应用级容灾。是在数据级容灾的基础之上，在备份站点同样构建一套相同的应用系统，通过同步或异步复制技术，保证关键应用在允许的时间范围内恢复运行，尽可能减少灾难带来的损失，让用户基本感受不到灾难的发生，这样就使系统所提供的服务是完整的、可靠的和安全的。

（3）业务级容灾。是全业务的灾备，除了必要的 IT 相关技术，还要求具备全部的基础设施。业务级容灾的很多内容是非 IT 系统（如电话、办公地点等），当大灾难发生后，原有的办公场所都会受到破坏，除了数据和应用的恢复，更需要一个备份的工作场所能够正常地开展业务。

3. 容灾的关键技术

在建立容灾备份系统时会涉及多种技术，如 SAN 或 NAS 技术、远程镜像技术、基于 IP 的 SAN 的互连技术、快照技术等。

4. 衡量容灾备份的两个技术指标

衡量容灾备份的主要技术指标有以下 2 个。

（1）数据恢复点目标（Recovery Point Objective，RPO）。主要指业务系统所能容忍的数据丢失量。

（2）恢复时间目标（Recovery Time Objective，RTO）。主要指所能容忍的业务停止服务的最长时间，也就是从灾难发生到业务系统恢复服务功能所需要的最短时间周期。

RPO 针对的是数据丢失，而 RTO 针对的是服务丢失，二者没有必然的关联性。RTO 和 RPO 的确定必须在进行风险分析和业务影响分析后根据不同的业务需求确定。对于不同企业的同一种业务，RTO 和 RPO 的需求可能也会有所不同。

第 9 章　软件开发基础

互联网的真正价值在于为人们提供了共享信息的基础设施，而互联网共享信息的实现则离不开软件的支持。从通信协议的实现到诸如网络媒体、信息检索、即时通信、网络社区、网络娱乐、电子商务、网络金融、网上教育等互联网应用，都需要软件。对互联网而言，软件同硬件一样，都是必不可少的基本组成部分。

9.1　程序设计基础

一个完整的计算机系统由硬件和软件两部分组成。硬件是指组成计算机的物质实体，如中央处理器、存储器、总线等。软件是指指挥计算机工作的程序、程序运行时所需的数据，以及相关的说明性技术资料。软件开发的工作包括程序设计和文档撰写等工作。

9.1.1　程序与程序设计语言

程序是一组有序的计算机指令，这些指令用来指挥计算机硬件系统进行工作。程序设计语言是用于书写计算机程序的语言。人们通过程序设计语言编写程序来指挥和控制计算机运行。

1. 程序设计语言的演进

计算机程序设计语言的发展经历了从低级语言到高级语言的发展历程。低级语言是指机器语言和汇编语言。它们都是面向机器的语言，缺乏通用性，虽然执行效率较高，但程序编写效率很低。后来产生了高级语言。高级语言是一种与具体的计算机指令系统表面无关，而对问题和问题求解的描述方法更接近人们习惯的自然语言，易于被人们掌握和书写的语言。高级语言的一个语句通常由多条机器指令组成。高级语言具有共享性、独立性和通用性的优点，但执行效率低于低级语言。高级语言包括了结构化程序设计语言、结构化查询语言和面向对象语言等。

（1）机器语言

控制计算机执行特定操作的命令称为指令。一台计算机所能执行的所有指令的集合称为这个计算机的指令系统。现代电子数字计算机处理的都是二进制数，而且程序和数据都以二进制数的形式表示和存储，因此计算机指令都是用二进制数表示的。有时，一个二进制数也称为二进制位模式。在计算机发展的早期，人们直接使用二进制位模式表示的指令编制程序，而这种语言就是机器语言。用机器语言编写的程序能直接被计算机识别和执行，除此之外的其他语言编写的程序都不能被计算机直接执行。

不同型号的计算机的指令系统是不一样的，按一种计算机的机器指令编制的程序，不能在另一种计算机上执行，因此机器语言通用性差。用机器语言编写程序，编程人员要熟记所用计算机的全部指令代码和代码的含义。动手编程时，程序员得自己处理每条指令和每一数据的存储分配和输入/输出，还得记住编程过程中每步所使用的工作单元处在何种状态。这显然是一件十分繁琐的工作，编写程序花费的时间往往是实际运行时间的几十倍或几百倍。而且，编出的程序全是些由"0"和"1"组成的指令代码，直观性非常差，还容易出错。现在，除了计算机生产厂商的专业人员外，绝大多数的程序员已经不再学习和使用机器语言了。

（2）汇编语言

由"0"和"1"组成的机器指令不容易记忆、理解和书写，人们想到用有意义的符号代表机器指令，就出现了汇编语言。汇编语言是符号化的机器语言，它把指令用符号来表示，通常采用英文单词的缩写和符号来表示操作码，如用 ADD 表示加法、用 SUB 来表示减法、用 MOV 表示数据的传送、用 JMP 表示程序的跳转，等等。汇编语言中操作数可以直接用十进制数书写，地址码可以用寄存器名、存储单元的符号地址等表示。用汇编语言编写程序则比用机器语言编写程序方便多了。

用汇编语言编写的程序称作汇编语言源程序。计算机无法直接执行汇编语言源程序，需要把汇编语言源程序翻译成机器语言程序后，计算机才能执行。可以人工翻译，但更常用的方法是用计算机配置好的程序把它翻译成机器语言程序。将汇编语言翻译成机器语言的过程称为汇编过程，而计算机上配置好的用于翻译的程序称为汇编程序。

与机器语言相比，汇编语言便于程序员理解、记忆和使用。但汇编语言仍是一种面向机器的语言，通用性差。它要求程序设计人员对计算机的硬件结构，如计算机的指令系统、CPU中寄存器的结构及存储器单元的寻址方式等有较详细的了解，并且要求程序设计人员具有较高的编程技巧，掌握起来比较困难。

（3）高级语言

尽管汇编语言大大提高了编程效率，但仍然需要程序员在所使用的硬件上花费大部分精力。用符号语言编程也很枯燥，因为每条机器指令都得单独编码。为了提高程序员编程效率，并把注意力从计算机硬件转移到问题解决上来，人们发明了高级语言。

高级语言是以人类日常使用的自然语言为基础的一种编程语言，从而使程序员编写程序更容易，亦有较高的可读性。由于早期计算机的发展主要在美国，因此一般的高级语言都是以英语为蓝本。高级语言实际上是一大类编程语言，如 Pascal、Fortran、C、Java、Python 等都是高级语言。

与汇编语言源程序一样，高级语言源程序同样不能被计算机直接理解和执行。高级语言源程序也必须被翻译成机器语言程序后才能被计算机执行。

2. 常见高级程序设计语言

高级程序设计语言有很多，常见的如下。

- PASCAL 语言：是严紧式结构化语言，适于教学使用的语言。
- FORTRAN 语言：适用于数值计算的高级语言，是最早出现的高级程序设计语言。
- BASIC 语言：是易学易用、适于初学者使用并具有实际使用价值的高级语言。
- C 语言：是适于编写系统软件的高级语言。C 程序设计语言具有数据类型丰富，具有语句精练、灵活、效率高、表达力强，以及可移植性好等许多优点。

- C++语言：C++是 C 语言的继承，它既可以进行 C 语言的过程化程序设计，又可以进行以抽象数据类型为特点的基于对象的程序设计，还可以进行以继承和多态为特点的面向对象的程序设计。C++就适应的问题规模而论，大小由之。

- Java 语言：Java 是一种面向对象编程语言，它摒弃了 C++里难以理解的多继承、指针等概念，因此 Java 语言具有功能强大和简单易用两个特征。Java 语言作为静态面向对象编程语言的代表，极好地实现了面向对象理论，允许程序员以优雅的思维方式进行复杂的编程。

- Python 语言：Python 是一种面向对象的解释型计算机程序设计语言。Python 具有丰富和强大的库。它常被昵称为胶水语言，能够把用其他语言制作的各种模块（尤其是 C/C++）很轻松地联结在一起。常见的一种应用情形是，使用 Python 快速生成程序的原型（有时甚至是程序的最终界面），然后对其中有特别要求的部分，用更合适的语言改写，比如，3D 游戏中的图形渲染模块，性能要求特别高，就可以用 C/C++重写，而后封装为 Python 可以调用的扩展类库。需要注意的是，在使用扩展类库时可能需要考虑平台问题，某些可能不提供跨平台的实现。

3. 程序的翻译与执行

不管是高级语言源程序还是汇编语言源程序，都需要翻译成机器语言程序，计算机才能识别和执行。常见的翻译方式有两种：一种是编译方式，另一种是解释方式。

编译方式是将整段程序进行翻译，把高级语言源程序翻译成等价的机器语言目标程序，然后连接运行。解释方式则不产生完整的目标程序，而是逐句进行的，边翻译、边执行。

（1）源程序

用汇编语言或高级语言编写的程序称作源程序，或叫源代码。源程序必须经过"翻译"处理，汇编语言源程序需要经过汇编、高级语言源程序要经过编译或解释，成为计算机能够"识别"的机器语言程序，才能在计算上执行。

（2）编译方式

编译是把源程序的每一条语句都翻译成机器语言，并把翻译之后的结果保存成二进制文件，程序执行时，计算机就直接以机器语言来运行翻译之后的二进制文件。翻译之后的二进制程序称为目标程序或目标代码。此种方式下，翻译与执行是分开的。由于直接执行翻译之后的机器代码，所以执行速度快。

把高级语言源程序程序翻译成目标代码的程序称为编译程序或编译器。C、Fortran、Pascal 等都是编译型高级语言。

通常，编译程序读取源程序（字符流），对之进行词法和语法的分析，将高级语言指令转换为功能等效的汇编代码，再由汇编程序转换为机器代码。编译器处理过程可以划分为词法分析、语法分析、语义分析、中间代码生成、代码优化（非必需）、目标代码生成等几个阶段。

（3）解释方式

解释是对源程序的语句依次翻译并执行，翻译一句执行一句，不生成可存储的目标代码。由于不存储目标代码，所以程序执行时都要依次对每条语句先翻译再执行，所以速度慢。

用于解释（并执行）源程序的语言处理程序称为解释程序或解释器。解释程序在词法、语法和语义分析方面与编译程序的工作原理基本相同，但在运行用户程序时，它直接加载源程序，然后边解释，边执行程序的语句。解释程序并不产生目标程序，这是它和编译程序的主要区别。

Basic、JavaScript、VBScript、Perl、Python、Ruby、MATLAB 等都是解释型高级语言。

（4）目标代码与可执行文件

编译器对源代码编译后生成的二进制代码称为"机器代码程序"或者"目标程序"。通常，目标程序还不是直接可执行的程序，虽然目标程序代码是二进制机器代码。这是因为目标程序仅包含业务逻辑代码和有关程序各部分要载入何处及如何与其他程序合并的信息，而支持业务逻辑代码的其他代码并没有包括在目标程序中。一般来说，目标代码还需要与支持它运行的其他代码链接到一起之后才形成完整的可执行文件。

（5）链接程序

链接程序把编译器生成的目标程序和系统提供的库文件连接，生成可以装载入内存中运行的可执行文件。各种计算机平台都会提供一些事先编制好的程序代码，实现一些常用功能，为用户程序的运行提供支持，这些代码通常称为库代码。库代码通常被分门别类地放在一些文件中，这些文件称为库文件。除了系统提供的库文件之外，一些应用程序开发工具为了让程序开发者开发程序更方便，也会提供更多的各种各样的库文件。目标程序经过正确链接，就生成了可在计算机上执行的最终代码。

根据链接时间的不同，可把链接分成如下 3 种。

- 编译时静态链接：在程序运行之前，先将各目标代码与它们所需的库代码链接成一个完整的程序，以后不再拆开。

- 装入时动态链接：是指将用户源程序编译后所得到的一组目标代码，在装入内存时，采用边装入边链接的方式。

- 运行时动态链接：是指对某些目标代码的链接，是在程序执行中需要该（目标）代码时，才对它进行的链接。

链接程序往往作为编译程序或运行时系统的一个组成部分存在。

（6）编译—解释

编译方式与解释方式各有利弊。前者程序执行速度快，同等条件下对系统要求较低；后者灵活，对环境适应性强。因此像开发操作系统、大型应用程序、数据库系统等程序时一般都采用编译方式（编译型语言），而像对速度要求不高但对不同系统平台间的兼容性有一定要求的程序则通常使用解释方式（解释型语言）。

传统的编译方式和解释方式可谓泾渭分明，但随着硬件的升级和设计思想的变革，编译和解释之间的界限越来越模糊。一个很好的例子就是 Java 所采用的方案。当初的 Sun 为 Java 定义了一个抽象的计算机，称为 Java 虚拟机（Java Virtual Machine，JVM）。如同真实的计算机那样，JVM 有自己的指令集及各种运行时内存区域。Java 程序开发则分为编译和执行两步。首先，要用 Java 编译器将 Java 源程序编译成二进制代码文件，这个文件称为"字节码"文件。字节码文件在 JVM 中可执行。JVM 只是一个由一组抽象概念说明的虚拟的机器，要把它具体实现出来才能让它真正工作。固然可以用真实的硬件按照 JVM 规范做出机器来，那样就可以直接执行字节码了，但更多的情况是在已有计算机平台上做一个软件 JVM，用软件 JVM 执行字节码文件。软件 JVM 在执行字节码文件时，先把字节码指令翻译成本地计算机平台的指令，然后把翻译之后的指令交给本地计算机平台去执行，而这个翻译过程是解释执行的，即 JVM 从字节码文件中读取一条字节码指令，翻译成本地计算机平台指令并交给本地计算机平台执行，然后类似地处理下一条字节码指令，直到此 Java 程序执行结束。正是由于这个缘故，人们有时也把软件 JVM 叫作 Java 解释器。总之，在次序上，Java 首先编译，接着解释执行。由于这个解释执行，所以 Java 程序的运行速度会慢一些。Java 的方式极大地提高了程序的可移植性，为此，其他一些语言也采取了类似的方案。例如，Python 也采用了类似的模式：先将 Python 程序编译成 Python 字节码，然后由一个专门的 Python 字节码解释器负责解释执行字节码。现在很多语言已经很难清楚地界定编译执行还是解释执行了，当然，也没必要深究它，知道就行。

4. 编程模式

编程模式是一种用编写计算机程序时看待要解决问题的方式。当前的编程模式可分成 4 种：过程式、面向对象式、函数式和说明式。

（1）过程式

过程式采用与计算机硬件执行程序相同的方法编制程序，即按照计算机执行指令的过程一条一条地写语句或指令。过程式编程需要开发者清楚待解决问题的本质，仔细设计数据结构和算法，并谨慎地将算法写成程序代码。

过程化语言中的每条指令要么操作数据项，要么控制下一条执行的指令。过程化语言之所以有时被称为强制性语言，是因为每条指令都是为完成一个特定任务而对计算机系统发出的指令。

Fortran、Basic、C、Pascal 等都是过程式语言。

（2）面向对象式

过程式把密切相关、相互依赖的数据和对数据的操作相互分离，这种实质上的依赖与形式上的分离使得大型程序不但难以编写，而且难以调试和修改。在多人合作中，程序员之间很难读懂对方的代码，更谈不上代码的重用。由于现代应用程序规模越来越大，对代码的可重用性与易维护性的要求也相应提高。面向对象技术便应运而生了。

面向对象式编程以更符合人类的思维方式编程。它是以对象为基础，以事件或消息来驱动对象执行处理的程序设计。它以数据为中心而不是以功能为中心来描述系统，数据相对于功能而言具有更强的稳定性。它将数据和对数据的操作封装在一起，作为一个整体来处理，采用数据抽象和信息隐蔽技术，将数据结构与功能代码整体抽象成一种新的数据类型——类，并且考虑不同类之间的联系和类的重用性。类的集成度越高，就越适合大型应用程序的开发。另一方面，面向对象程序的控制流程由运行时各种事件的实际发生来触发，而不再由预定顺序来决定，更符合实际。

Smalltalk、C++、C#、Java 等都是面向对象式语言。

（3）函数式

在函数式中，程序被看作是一个数学函数。在这里，函数被理解成一个黑盒，完成从一系列输入到输出的映射。

函数式语言主要实现下面功能。

- 函数式语言定义一系列可供任何程序员调用的原始（原子）函数。
- 函数式语言允许程序员通过若干原始函数的组合创建新的函数。

函数式语言相对于过程式语言有两方面优势：它支持模块化编程并允许程序员使用已经存在的函数来开发新函数。

LISP 和 Scheme 是函数式语言。

（4）说明式

说明式语言依据逻辑推理的原则回答查询。逻辑推理是根据已知正确的一些论断（事实），运用逻辑推理的可靠准则推导出新的论断（事实）。逻辑推理通常用一阶谓词演算表述。

说明式编程中，程序员需要学习有关主题领域的知识（知道该领域内所有已知的事实），并且应该精通如何从逻辑上严谨地定义准则，这样程序才能推导并产生新的事实。此外，说明性语言本身也有缺点。这也是为什么说明性程序设计迄今为止只局限于人工智能这样的领域的原因。

Prolog 是说明式语言。

9.1.2　程序设计语言中的基本概念

尽管每种程序设计语言的具体规定各不相同，但它们有一些共同的基本编程概念。

1. 数据定义与运算

（1）标识符

标示符是指用来标识某个实体的一个符号。标识符可能是文字、编号、字母、符号，也可能是由上述元素组合而成。标识符允许给程序中的数据和其他对象命名。

（2）数据类型

数据类型就是一个值的集合，以及在这些值上定义的一组操作的总称。每种数据类型的值的集合称为该数据类型的域。数据类型不但定义了域，还定义了域上的操作。数据类型可以看作是程序设计语言中已经实现的数据结构。

数据类型的出现源于以下 3 方面因素。

- 事物本身的不同。数据表示的概念或物质本身就有不同的类型，有的表示数值、有的表示字母、符号、声音或图像等。

- 计算机硬件的限制。一方面机器字长有限，表示数的范围有限，不可能表示理论数学上的所有的数。另一方面内存空间有限，把数据划分为不同的类型可以更有效地编码数据，并可以更好地利用内存空间。

- 不同数据有不同的运算。划分数据类型意味着约定不同类型的数据都可以进行哪些运算。

大多数语言都定义了以下两类数据类型。

- 简单数据类型。简单数据类型有时也称原子类型、基本类型、标量类型或内建类型，其值不能再分解。简单数据类型通常有整数类型、实数类型、字符类型、布尔类型等。

- 复合数据类型。复合数据类型是一组元素，其中每个元素是简单数据类型或复合数据类型。复合数据类型通常有数组、记录、类、文件等。

（3）变量

高级程序设计语言允许使用描述性的名字指代存储器地址，而不必再使用数字地址，这样的名字称为变量。之所以这样取名，是因为随着程序的执行，只要改变了存放在这个存储单元中的值，那么与该名字联系的值就改变了。

变量在使用前一般要声明。声明变量时一般要指明变量的数据类型和变量的名字。

（4）字面值

字面值（Literal）是程序中要用到的预先定义的值。例如，一个管理机场附近区域空中交通的程序，也许要多次引用一些关于机场的海拔高度的数据。当编写这样一个程序的时候，每次需要用这个数据时，都需要以数字的形式将其引入。例如，645m。这样一个以一种显式形式出现的值就是字面值。

（5）常量

为了让字面值有个有意义的名字，并且使程序易于修改，程序设计语言允许为特定的、不会改变的值分配一个描述性的名字，这个名字被称为常量。例如，在 C++和 C#中，声明语句 const int AirportAlt = 645，将标识符 AirportAlt 与一个固定值 645 联系起来，这个 AirportAlt 就是一个常量，其值在程序运行中永远是 645，不会被改变。

（6）运算符与表达式

运算符是用来完成一个动作的特定语言的语法记号，用于对一个以上操作数进行运算。人们最为熟悉的一些运算符都是从数学中得到的，例如，加、减、乘、除等。

程序设计语言中的表达式是一个或多个明确的值、常量、变量、运算符、函数等的组合，程序设计语言能够根据特定的优先级规则和结合规则，对其进行解释并且计算生成另一个值。计算之后的值称为表达式的值。

除了上述从语法和语义上的定义之外，还可以对表达式做出如下形式化的递归定义。

① 单一的变量或常量都是表达式。

② 用运算符连接起来的表达式依然是表达式。

（7）输入/输出

几乎所有程序都需要输入和（或）输出数据。这涉及计算机和外部输入/输出设备交互，与具体机器和外设密切相关。因此输入/输出不是语言本身提供的功能，而是使用一些预先编写好的代码（与机器紧密相关）实现的。例如，C 语言利用输入/输出库函数实现输入/输出，Java 语言利用系统流类实现输入/输出。

2. 语句与控制结构

程序设计语言的每条语句都使程序执行一个相应的动作，它被直接翻译成一条或多条计算机可执行的指令。一般来说，程序设计语言都定义了许多类型的语句。

（1）赋值语句

赋值语句给变量赋值。

（2）复合语句

复合语句是一个包含 0 个或多个语句的代码单元，也被称为"块"。复合语句使得一组语句成为一个整体。复合语句一般包括一个左大括号、一个可选语句段，以及一个右大括号。

（3）控制语句

在过程式语言中，程序是语句的集合。通常，程序中的语句被逐句执行，但有时需要改变语句的执行顺序。控制语句就是一个可以改变程序中语句执行顺序的命令语句。

结构化程序设计方法推荐使用 3 种程序结构：顺序结构、分支结构和循环结构，如图 9-1 所示。在程序设计中，只需要使用这 3 种结构就能实现所有可计算任务。

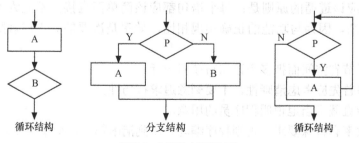

图 9-1 3 种基本程序结构

3. 子程序

为了降低程序开发、管理和维护的难度，人们往往将功能繁杂的大型程序拆分为多个小型的、可控制的单元（代码段），这样的单元通常负责完成某项特定任务，并且具备相对独立性，称为子程序，有时也称程序模块。子程序一般会有输入参数并有返回值，提供对过程的封装和细节的隐藏。

实现要完成任务的主流程的程序称为主程序。主程序在执行过程中如果需要某一子程序，就通过调用指令来调用该子程序，子程序执行完后流程又返回到主程序，继续执行后面的程序段。

子程序概念在不同的语言中有所不同。在 C 和 C++中，子程序被实现为函数；在 Visual Basic 中，子程序被实现为过程；在 Java 中，子程序被实现为方法。此外，从广义上说，面向对象程序设计中的类和对象也是子程序。

4. 程序设计风格

在计算机发展早期的很长一段时间内，人们认为程序是给计算机执行的，而不是供人阅读的，所以只要程序逻辑正确，能被计算机理解并执行就够了，程序可读性无关紧要。但随着软件规模的扩大，复杂性的增加，人们逐渐意识到，在软件测试和维护中，需要经常阅读程序。程序的可读性变得越来越重要。

（1）程序内部的文档

程序内部的文档包括恰当的标识符、适当的注释和程序的视觉组织等。

标识符及符号名，包括模块名、变量名、常量名、子程序名等，应尽可能反映它所代表的实际内容，应尽可能有一定的实际意义，这样有助于对程序的理解。

注释绝不是可有可无的，一些完整的程序文本中，注释行的数量占到整个源程序的 1/3 或 1/2，甚至更多。注释分为序言性注释和功能性注释。序言性注释通常放在每个程序的模块开头，对当前模块给出整体说明。功能性注释潜在源程序代码段中，用以描述其后的语句或对应的程序段是在做什么工作。

程序的视觉组织包括空格、空行和缩进。

（2）数据说明

通常有下列原则应该遵循。

- 数据说明的次序应当规范化，使数据属性容易找到。
- 当多个变量名在一个语句说明时，应当按字母顺序排列这些变量名。
- 如果使用了一个复杂的数据结构，则应该用注释来说明实现这个数据结构的方法，以及此数据结构的特点。

（3）语句结构

构造语句时应该遵循的原则是：每个语句都应该简单而直接，不能为了提高效率而使程序变得过分复杂，因为与功能的正确实现相比，效率是次要的。下述规则有助于语句简单明了。

- 不要为了节省空间而把多个语句写在同一行。
- 程序编写首先应考虑清晰性，不要刻意追求技巧性。
- 程序要能直截了当地说明程序员的用意。
- 除非对效率有特殊要求，否则程序编写要做到清晰第一，效率第二。
- 首先要保证程序正确，然后才要求提高速度。

- 避免过多的循环嵌套和条件嵌套。
- 尽量减少对"非"条件的测试。
- 不要修补不好的程序，要重新编写；也不要一味地追求代码的复用，要重新组织。
- 要模块化，使模块尽可能单一化，要让模块间的耦合能清晰可见。
- 利用信息隐藏，确保每一个模块的独立性。
- 利用括号使逻辑表达式与算术表达式的运算次序清晰直观。
- 对太大程序要分块编写、测试，然后再做集成。

9.1.3 面向对象程序设计中的基本概念

面向对象技术是一种以对象为基础，以事件或消息来驱动对象执行处理的程序设计技术。面向对象的程序设计方法使得程序结构清晰、简单，提高了代码的重用性，有效减少了程序的维护量，提高了软件的开发效率。

1．面向过程程序设计与面向对象程序设计

结构化程序设计主要是面向过程的，其基本思想是：采用自顶向下、逐步求精、分而治之的策略，将一个复杂的系统按功能分解成若干易于控制和处理的子系统，子系统又可以分解为更小的子任务，最后的子任务都可以独立编写成子程序模块。此种方法是以算法为核心，把数据和过程作为相互独立的部分，数据代表问题空间中的实体，程序代码则用于处理数据。把数据和程序的代码作为分离的实体的策略，实际上反映了计算机的观点，因为在计算机内部，数据和程序是分开存放的。

面向过程的结构化程序设计方法在开发中小型软件项目中有效，但在大型软件项目中常常失效，关键原因在于它将数据和处理数据的程序代码分离。为了解决面向过程程序设计的不足，人们提出了面向对象的程序设计方法。面向对象方法的核心思想是：尽可能地运用人类自然思维方式来建立问题空间的模型，构造尽可能直观、自然的表达求解方法的软件系统。在程序空间内，将一组数据和操作该组数据的方法捆在一起，封装在一个程序实体内，从而实现数据封装和信息隐藏。这种方式将数据隐藏在操作后面，通过"操作"作为接口界面实现与外部的交流（消息传递），提高了程序模块的独立性，降低了耦合性，从而提高了程序的健壮性和代码的可重用性。

2．面向对象程序设计中的基本概念

面向对象程序设计是以类和对象为基础的程序设计方法。在面向对象程序设计中，对象是程序的基本组成实体，对象之间可以协同工作完成可计算任务；而类是一种数据类型，作为创建对象的模板使用。

对象（Object）代表现实世界中可以明确标识的一个实体。例如，一个学生、一张桌子、一个圆、一个按钮甚至一笔贷款都可以看作是一个对象。对象也可以是一个抽象的概念，如天气情况。每个对象都有自己独特的标识、状态和行为。

一个对象的状态（State）也称为特征（Property）或属性（Attribute），是指那些具有当前值的数据域（Data Field），用变量（Variable）描述。例如，一个圆对象具有一个数据域 radius，它是标识圆半径的属性。一个矩形对象具有数据域 width 和 height，它们是标识矩形宽和高的属性。

一个对象的行为（Behavior）也称为动作（Action），是由方法（Method）定义的。调用

对象的一个方法就是要求对象完成一个动作。例如，可以为圆对象定义一个名为 getArea() 的方法。调用圆对象的 getArea() 方法就可以计算并返回圆的面积。

同一类的对象具有相同的类别的属性和行为。例如，有两个圆对象——圆对象 A 和圆对象 B，它们都有表示圆半径的属性 radius，尽管它们各自半径的取值可能不同（圆对象 A 的 radius 的值和圆对象 B 的 radius 的值可能是不同的）；它们也都有返回圆面积的方法（圆对象 A 的 getArea() 方法可以返回圆对象 A 的面积，而圆对象 B 的 getArea() 方法可以返回圆对象 B 的面积）。面向对象方法把同一类对象划归为一个类（Class），用类来描述同一类对象所共同具有的那些类别的属性和行为。

从程序组成的角度看，类是一种数据类型，而对象则是相应类（数据类型）的一个具体"值"。通常也把对象称为它所属类的实例（Instance）。而由类创建一个具体对象的过程则称为实例化（Instantiation）。

创建好一个对象之后，一般还要使用构造方法（Constructor）对其初始化。所谓初始化对象就是给对象的每个数据域都赋一个初值，以确定对象的初始状态。对象的状态是由对象持有的所有数据域的取值决定的。如果把对象的所有数据域的值看作是一个向量的话，那么这个向量在某个时刻的值就代表了对象的当前状态。

程序运行时，对象之间通过消息传递协同工作，以便完成特定的计算任务。

3. 面向对象程序设计的基本原则和特征

面向对象程序设计遵循如下基本原则和基本特征。

（1）抽象

抽象是指从事物中舍弃个别的、非本质的特征，而抽取共同的本质特征的做法。

具体如何做抽象，要依据待解决的问题而定。例如，如果问题是：已知圆的半径，计算圆的周长和面积。在这个问题中，平面上的每一个圆看作一个对象。从客观存在的角度看，圆半径、圆心坐标都是圆的属性，但是对于计算圆的周长和面积来说，只有圆半径有用，所以在构建软件模型的时候，把圆的半径抽象出来，作为圆对象的一个属性，而把圆心坐标忽略掉。这就是在构造软件模型时的一种抽象。如果问题是平面上的圆的绘图，则在做问题抽象时就不能忽略圆心坐标了。

（2）分类

分类是按照某种原则划分事物的类别。在面向对象的方法中，分类就是把具有相同属性和相同操作的对象划分为一类，用类作为这些对象所具有的结构和操作的抽象描述。

例如，可以把交通工具划分为机动车和非机动车两类，机动车和非机动车的结构和操作是不同的。在程序中用机动车类和非机动车类分别描述所有机动车和所有非机动车所具有的结构和操作，则构造程序就比较方便。

（3）封装

面向对象中的封装就是用对象把属性和对这些属性的操作包装起来，形成一个独立的实体单元。通过封装，可以把数据之间的关系和对数据处理的细节隐藏在封装体的内部。从外部看是一个封装体，仅仅能够看到一些以方法表示的接口。外部对对象的操作通过调用对象的接口来实现。封装原则是使对象能够集中而完整地描述其对应一个具体的事物，体现了事物的相对独立性。

（4）继承

继承是指特殊类自动地拥有或隐含地复制其一般类的全部属性与操作。

例如，"工作人员"类和"办公室工作人员"类，以及"办公室主任"类可以抽象为如图9-2 所示的继承关系。

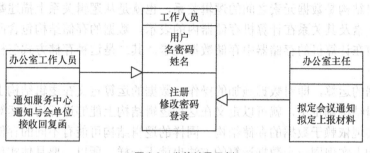

图 9-2　类的继承示例

继承提供了两点好处：一是通过继承的方式定义新的类，可以减少编写代码的工作量。原有类中的代码就不用重新写了。二是可以更好地模拟现实系统，可以更自然地构造系统模型。事实上，继承机制不仅仅是为了少写一些代码，更重要的是可以以更符合客观事物逻辑关系的方式构建系统模型。

（5）多态

多态是指在同一个类内或具有继承关系的类之间可以定义同名的操作或属性，但这些操作或属性具有不同的含义，即表现出不同的行为或具有不同的数据类型。这样，相应的对象可以按不同的行为响应同一消息。

其实，这一点和现实世界中事物的多态是类似的。简单地说，就是对同一消息，事物可以有多种不同的表现形态。现实中，对同一类的不同事物做相同的操作，事物的行为可能是不同的。比如，汽车以 60km/s 的速度正常行驶，驾驶员踩刹车，但不同种类的汽车刹车距离是不同的。这就是对同一操作的多种不同的表现形态。

同继承一样，多态也可以减少代码编写工作量，以更符合现实事物的逻辑构建系统模型。

（6）消息通信

从面向对象的观点来看，所有的面向对象的程序都是由对象来组成的。这些对象是自治的，对象之间可以互相通信、协调和配合，共同完成整个程序的功能和任务。

对象之间通过消息进行通信，实现对象之间的动态联系。具体地说，在面向对象的方法中，对象发出的操作请求称为消息。

例如，当用户选择了屏幕上对话框例的一个命令按钮，按下鼠标，一条消息就发给了对话框对象，通知它命令按钮被按下了。然后对话框对象根据这个消息做进一步的操作。

9.2　数据结构与算法

数据结构与算法是程序设计的核心。

9.2.1　数据结构

在任何问题中，数据元素之间都不会是孤立的，它们之间存在着这样或那样的关系，这种数据元素之间的关系就是数据结构。

1. 数据结构的概念和含义

数据结构指数据之间的相互关系，即数据的组织形式。一般包括3个方面的内容：数据的逻辑结构、数据的存储结构、数据的运算。

数据的逻辑结构是数据元素之间的逻辑关系，也就是从逻辑关系上描述数据。数据的存储结构是数据元素及其关系在计算机存储器内的表示。数据的存储结构包含两方面的含义：其一是讨论如何在计算机的存储器中存储数据元素。其二是这种存储方式怎样表示数据元素之间的关系。

算法是数据的运算，即对数据施加的操作。数据的运算定义在逻辑结构上，也就是说，一旦数据的逻辑结构确定了，就可以定义在这种逻辑结构上能够进行何种运算了。但是，数据运算的具体实现依赖于数据的存储结构。同样的逻辑结构可能有不同的存储结构，那么在不同的存储结构上实现同一个数据运算的方法也就不一样。所以，要具体实现某个运算，还要根据数据的存储结构来确定。

2. 数据逻辑结构的分类

数据的逻辑结构可分为以下3类。

（1）线性结构

线性结构的逻辑特征就是每个数据元素最多只有一个直接前趋，也最多只有一个直接后继。线性结构的典型代表有线性表、栈和队列。

（2）非线性结构

非线性结构的逻辑特征是每个数据元素可能有多个直接前趋或直接后继。非线性结构的典型代表有树和图。

（3）集合结构

集合结构中，数据元素之间除了同属于一个集合关系外，无其他任何关系。集合结构的典型代表有集合和枚举。

3. 数据存储结构的分类

数据存储结构可分为以下4类。

（1）顺序存储方法

就是把逻辑上相邻的节点存储在物理位置上相邻的存储单元中。

（2）链接存储方法

逻辑上相邻的节点可以存储在物理位置上不相邻的存储单元中，而节点之间的逻辑关系可以通过附加的"指针"字段来表示。这里"指针"加了引号，是要广义地理解，它的含义是逻辑上相邻的下一个数据元素存储位置标识。有可能是C语言中的指针，也有可能是Java语言中的引用，还有可能是数组元素下标，等等。总之，通过这个标识可以找到与当前数据元素有逻辑关系的其他元素。

（3）索引存储方法

在存储节点信息的同时，还建立附加的索引表。通过索引表来查找数据元素。

（4）散列存储方法

根据节点的关键字直接计算出该节点的存储地址。

4. 数据类型

数据类型就是一个值的集合及在这些值上定义的一组操作的总称。按"值"是否可分解，可将数据类型划分为两类：原子类型和结构类型。程序设计语言中已定义的数据类型可以看作是程序设计语言中已经实现的数据结构。

5．抽象数据类型

抽象数据类型（Abstract Data Type，ADT）是指一个数学模型以及定义在该模型上的一组操作。它是对数据的逻辑结构及在逻辑结构上定义的抽象操作的描述。ADT 是描述数据集及在该数据集上都可以进行哪些操作的工具。

抽象数据类型描述的一般格式如下。

ADT　抽象数据类型名 {

　　　　　数据对象：<数据对象的定义>

　　　　　数据关系：<数据对象之间逻辑关系的定义>

　　　　　基本操作：<基本操作的定义，但没有操作的实现方法>

}

9.2.2　算法

计算机解题一般可分解成若干操作步骤。通常把对特定问题的求解步骤的描述称为算法。算法的研究是计算机科学的基石。

1．算法的定义

算法是定义一个可终止过程的一组有序的、无歧义的、可执行的步骤的集合。

并非所有问题都有算法，可解问题有算法，不可解问题无算法。

2．算法的基本特性

计算机算法是一系列将输入转换为输出的计算步骤。同时还要满足如下 5 条准则。

（1）确定性。算法的每一种运算必须要有确切的定义，即每一种运算应该执行何种动作必须是相当清楚的、无二义性的。

（2）可行性。指算法中有待实现的运算都是基本运算，每种运算至少在原理上能由人用纸和笔在有限的时间内完成。

（3）输入。具有 0 个或多个输入的外界量，它们是算法开始前，对算法给出的初始量。

（4）输出。一个算法产生 1 个或多个输出，这些输出是同输入有某种特定关系的量。

（5）有穷性。一个算法总是在执行有穷步的运算之后终止。

3．算法的描述

算法的本质是抽象的，但它的表示是有差别的。一个算法可以用多种方式来表示，例如，可以用自然语言、流程图、UML 语言（统一建模语言）、原语、伪代码、程序设计语言等表示。

4．算法的评价

解决同一问题可能存在多种不同的算法，这些算法在性能上可能有差异。衡量算法性能一般有下面几个标准。

（1）正确性

算法首先必须是正确的。这里的"正确性"是指算法要能够正确反映实际需求。对于实际问题能够给出正确解答。

（2）可读性

算法的可读性是指一个算法可供人们阅读的容易程度。

（3）健壮性

健壮性是指一个算法对不合理数据输入的反应能力和处理能力，也可称为容错性。

（4）时间复杂度

算法的时间复杂度是指执行算法所需要的时间。

（5）空间复杂度

算法的空间复杂度是指执行算法需要消耗的内存空间。

人们总是希望选用一个运行时间短，占用存储空间少，而且又易于理解，易于编码，易于调试的算法。而事实上这些要求往往是互相矛盾的，没法同时达到最佳效果。例如，要节省算法的计算时间，往往就要增加存储空间。时间的节省往往是以牺牲存储空间为代价的。反之也是一样。为了节省存储空间，有时不得不以牺牲计算时间为代价。所以，在实际选用算法的时候往往要权衡各个方面的要求，选一个合适的算法。而算法分析往往作为选用算法的依据。

9.3 软件工程

早期的软件开发方法是"经验开发法"，即软件产品的设计和编程实现完全凭开发人员的经验而定。随着软件规模的扩大，原来的经验开发法无法应对大规模软件固有的复杂性。于是，人们开始寻求工程化的软件开发方法，以便以高性价比的方式生产软件，于是便有了"软件工程"。软件工程的初衷是希望软件能像其他工程领域的产品一样进行设计、实现和管理，以避免所设计的软件产品不合格或问题不断。

9.3.1 软件工程基础

"软件工程"这一概念是在 1968 年召开的一个当时被称作"软件危机"的会议上首次提出的。当时软件生产是手工作坊式的，不但生产效率低下，而且产品质量低劣，很多软件产品在开发过程中就不幸夭折，出现了"软件危机"。为解决这种问题，人们提出把工程方法应用到软件开发中，便有了"软件工程"。

1. 软件工程的概念

软件工程是一门工程学科，涉及软件生产的各个方面，从最初的系统描述一直到使用后的系统维护，都属于其学科范畴。

软件工程的关键点在于"工程"一词。所谓工程，就是以某组织设想的目标为依据，应用有关的科学知识和技术手段，通过有组织的一群人将某个（或某些）现有实体（自然的或人造的）转化为具有预期使用价值的人造产品的过程。因此，软件工程不仅涉及软件开发的技术过程，还包括诸如软件项目管理和开发支持软件生产的工具、方法和理论等活动。早期的软件工程致力于寻找指导大型复杂软件系统的开发原则、方法和技巧，随着人们认知的深入，现在的软件工程也还包括软件项目管理和质量保证等内容。

2. 软件生命周期

软件生命周期（Systems Development Life Cycle，SDLC）又称为软件生存周期或系统开发生命周期，是软件从定义、生产、运行直到报废或停止使用的生命周期。

一般来说，软件生命周期由软件定义、软件开发和软件维护 3 个时期组成，每个时期又划分为若干个阶段，各个阶段的任务相互独立。每个阶段结束时会产生一定规格的文档或程序，提交给下一个阶段作为继续工作的依据。软件生命周期基本模型如图 9-3 所示。

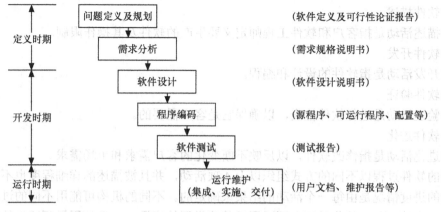

图 9-3 软件生命周期基本模型

（1）问题定义及规划

此阶段，软件开发方与需求方共同讨论，确定软件的开发目标及其可行性，并制定一个开发计划。

（2）需求分析

此阶段，软件开发方要弄清楚客户对软件的全部需求，有疑问的地方，开发方需派代表同客户方进行沟通，尽可能将需求明细化，并编写需求规格说明书和初步的用户手册，进行评审。

（3）软件设计

此阶段，软件开发方要根据需求分析的结果，对整个软件系统进行设计，如系统框架设计，数据库设计等。软件设计一般分为总体设计和详细设计。好的软件设计将为软件程序编写打下良好的基础。

（4）程序编码

此阶段，软件开发方要将软件设计的结果转换成计算机可运行的程序代码。在程序编码中必须要制定统一、符合标准的编写规范，以保证程序的可读性、易维护性，提高程序的运行效率。

（5）软件测试

此阶段，软件开发方要对软件进行严密的测试，以发现软件在整个设计过程和编码过程中存在的问题并加以纠正。在测试过程中需要建立详细的测试计划并严格按照测试计划进行测试，以减少测试的随意性。在实践中，软件测试往往从需求分析阶段就开始了。

（6）运行维护

软件运行和维护是软件生命周期中持续时间最长的阶段。在软件开发完成并投入使用后，由于多方面的原因，软件不能继续适应用户的使用需求。要延续软件的使用寿命，就必须对软件进行维护。软件的维护包括纠错性维护和改进性维护两个方面。

需要说明的是，这种分段法是时间维度的线性划分，随着软件规模、种类、开发方式、开发环境，以及开发时使用的方法论等的不同，具体生存期模型可能与此不同，但它们的本质思想与此处的软件生命周期基本模型是相通的。

3. 软件过程

软件工程中使用的系统化方法有时也被称为软件过程。软件过程是指生产软件产品的一系列活动。所有软件过程都包含以下 4 项基本的活动。

（1）软件描述

软件描述活动是指客户和软件工程师定义要生产的软件及其操作限制。

（2）软件开发

软件开发活动是指软件的设计和编程。

（3）软件验证

软件验证活动是进行软件检查，以确保它是客户需要的。

（4）软件进化

软件进化活动是指修改软件，以反映不断变化的客户需求和市场需求。

不同的软件过程以不同的方式组织以上 4 项活动，并且被描述的详细程度也不尽相同。整个活动的进度情况是由每一个活动的结果来确定的。不同的机构可能用不同的过程生产同一类产品。当然，总有某些过程会更适用于某些类型的应用。一旦使用了不适当的过程，就很可能降低所开发的软件产品的质量和效用。

在实际应用中，软件开发组织把某一类相关活动放在一起，称为一个"过程"。例如，把制定需求计划、需求识别、需求变更管理等相关的活动放在一起，叫作"需求管理过程"。又如，把制定技术评审计划、实施正式技术评审、实施非正式技术评审等活动放在一起，叫作"技术评审过程"。这样，软件开发组织就会有诸多这样的"过程"，通过它们组织软件产品的生产。软件开发组织的所用的软件过程大致可分为以下 3 类。

（1）主生产过程

与软件产品生产直接相关的过程，如需求管理过程、技术预研过程、系统设计过程、软件编码过程、系统测试过程等。

（2）支持过程

支持主生产过程的过程，如配置管理过程、质量保证过程、验证与确认过程、评审过程等。

（3）组织过程

软件组织用于建立和实现构成相关软件生产的基础结构、人事制度等活动，如培训过程、过程改进过程等。

4. 软件过程模型

软件过程模型是从一个特定角度提出的软件过程的简化描述。模型的本质在于简单化。软件过程模型是对被描述的实际过程的抽象，它包括构成软件过程的各种活动、软件产品，以及软件工程参与人员的不同角色。

下面是几种可能建立的软件过程模型。

（1）工作流模型

该模型描述软件过程中各种活动的序列及其输入、输出和相互依赖性。

（2）数据流或活动模型

该模型把软件过程描述成一组活动，其中每个活动都完成一定的数据转换。它同时也说明了过程的输入是如何转换为过程的输出的，比如，一个描述如何转换为一个设计，这个转换可以由人完成，也可以由计算机完成。该模型中的活动比工作流模型中的活动层次要低。

（3）角色/动作模型

该模型描述了参与软件过程的人员的不同角色和它们各自负责的活动。

此外，还有许多软件开发的通用模型或范例，软件开发组织可以以这些通用模型为基础组织自己的具体软件过程。这些通用模型以前叫"软件生命周期模型",而从现在的观点看,叫作"软件过程模型"更妥。比较经典的软件过程模型有以下几种。

- 瀑布模型

瀑布模型是最为经典的软件过程模型。瀑布模型的核心思想是按工序将问题化简,将功能的实现与设计分开,便于分工协作,即采用结构化的分析与设计方法将逻辑实现与物理实现分开。将软件生命周期划分为制定计划、需求分析、软件设计、程序编写、软件测试和运行维护等 6 个基本活动,并且规定了它们自上而下、相互衔接的固定次序,如同瀑布流水,逐级下落。

- 演化模型

演化模型是一种全局的软件(或产品)生产过程模型,属于迭代开发方法。演化模型的核心思想为:根据用户的基本需求,通过快速分析构造出该软件的一个初始可运行版本,这个初始的软件通常称为原型,然后根据用户在使用原型的过程中提出的意见和建议对原型进行改进,获得原型的新版本。重复这一过程,最终可得到令用户满意的软件产品。采用演化模型的开发过程,实际上就是从初始的原型逐步演化成最终软件产品的过程。演化模型特别适用于对软件需求缺乏准确认识的情况。

有 3 种主要的演化模型:原型模型、螺旋模型和协同开发模型。

- 增量模型

增量模型又称为渐增模型,也称为有计划的产品改进模型,它从一组给定的需求开始,通过构造一系列可执行中间版本来实施开发活动。第一个版本纳入一部分需求,下一个版本纳入更多的需求,依此类推,直到系统完成。每个中间版本都要执行必需的过程、活动和任务。

增量模型是瀑布模型和原型进化模型的综合,它对软件过程的考虑是:在整体上按照瀑布模型的流程实施项目开发,以方便对项目的管理;但在软件的实际创建中,则将软件系统按功能分解为许多增量构件,并以构件为单位逐个地创建与交付,直到全部增量构件创建完毕,并都被集成到系统之中交付用户使用。

增量和迭代模型的区别:迭代模型是实现软件的每项功能反复求精的过程,是从模糊到清晰的开发过程。每次迭代是从功能的深度和细化程度来划分的。迭代模型最适合使用与前期需求不稳定,需求多变的项目。增量模型是软件功能的数量逐渐增加的开发过程。每次增量是从功能的数量来划分的。

5. 关键系统开发

对于许多软件控制的系统,其失败会带来很多不便,但它们往往不造成严重的和长期的损害。而有一些系统,其失败可能造成严重的经济损失、人体伤害,甚至危及人的生命。人们把后面这类系统称为关键系统。

可信赖性是关键系统的一个本质属性。可信赖性包含以下 4 个主要维度。

(1)可用性

系统的可用性是指在任何时间都能得到和运行,并能够执行有用服务的可能性。

(2)可靠性

系统的可靠性是指在给定的时间段内,系统能正确提供用户希望的服务的可能性。

(3)安全性

系统的安全性是指判断系统将会对人和系统的环境造成伤害的可能性。

（4）保密性

系统的保密性是指判断系统能抵抗意外或蓄意的入侵的可能性。

高度可信赖性通常只能靠牺牲系统性能来达到。可靠的软件包括额外的，通常是冗余的代码用来执行系统异常状态的必要检查和系统故障恢复。这会降低系统性能和增加软件所需的存储开销。然而，有许多原因表明系统可信赖性总是一种比性能更重要的属性。

（1）通常不使用不可靠的、不安全的或不保密的系统。

（2）系统失败的代价可能是巨大的。

（3）可信赖性是很难改进的。

（4）可能弥补系统性能上的不足。

（5）不可信赖的系统可能引起信息损失。

由于需要附加的设计、实现和验证，所以提高可信赖性将极大地增加开发成本。而要达到 100% 的可信赖性是不可能的，所以需要在提高软件可信赖性和成本之间取得平衡。

软件产品的可信赖性受到整个软件生产过程的影响。一个以弥补缺陷为目标的循环开发过程容易形成一个可靠的系统。然而，在产品和过程质量之间并没有一个简单的关系。遵照一个特别的过程也不可能得到软件产品质量的一个定量评估。

由于关键系统的失败代价是非常高的，所以关键系统通常使用成熟技术而非那些未经广泛实际验证的新技术。有时，一些并不经济的软件工程技术也用于关键系统开发中，如形式化描述和程序的形式化验证的使用。使用这些技术的理由是它们有助于确保系统达到必要的可信赖性要求。

6. 安全开发

软件开发业界所说的"安全开发"通常指"Secure Development"或"Security Development"，即以交付具有较高信息安全等级的软件产品为目标的软件设计和开发。

信息安全是反映系统保护其自身免受外部攻击的能力的属性，外部攻击可能是偶然的，也可能是故意的。信息安全对所有关键系统都是重要的。一个系统如果没有一个合理的信息安全级别，那么当它遭受外部攻击时，其可用性、可靠性和安全性（Safety）都会大打折扣。这是因为所有保证可用性、可靠性和安全性的方法都依赖于系统的完整性，即所操作的系统与本来安装的系统是一致的。如果所安装的系统已经受到某种外部威胁，那么用户所操作的系统就不再是原来所安装的系统了，原来所安装系统中的一些可用性、可靠性和安全性措施就很可能不再有效。此时，系统很可能崩溃或以一种不可预知的方式运行。反之，系统开发中的错误可能导致安全漏洞（Vulnerability），攻击者可能利用这些漏洞进入系统，甚至获得系统控制权。

当前有一些在软件开发过程中提高软件信息安全等级的方法和技术，如威胁建模、最小特权、职责分离、纵深防御、形式化方法、典型安全缺陷及防御措施（如针对 SQL 注入漏洞、缓冲区溢出漏洞、跨站脚本漏洞、跨站请求伪造、加密漏洞等问题防范的程序编码措施等）、软件安全测试、渗透测试等。业界也有一些参考的安全开发模型，如微软的安全开发生命周期（Microsoft Security Development Lifecycle, SDL）模型、IBM 的轻量应用安全过程（Comprehensive, Lightweight Application Security Process , CLASP）等，但尚未有公认的安全开发过程和规范，安全开发的理论、方法、技术和规范还有待发展。

7. 软件工程方法学

软件工程是技术和管理两方面紧密结合所形成的工程学科。管理就是通过计划、组织和控制等一系列活动，合理配置和使用各种资源，以达到若干目标的过程。在软件生命周期中使用的一整套技术方法称为软件方法学，也称为软件开发范型。软件工程方法学包括方法、工具和过程 3 个要素，其中，"方法"是指"怎么做"的问题，是完成软件开发各项任务的技术方法；"工具"是为使用方法而提供的自动化或半自动化的支撑环境；"过程"是使用方法完成软件开发工作所定义的一系列任务框架，它规定了完成各项任务的工作步骤。

目前，广泛使用的软件工程方法有结构化软件方法学和面向对象的软件方法学。

9.3.2 面向过程分析、设计与实现

软件工程中的面向过程方法主要是指结构化方法。以前没有"面向过程"这一术语，有了面向对象方法之后，为了强调不同，才有了"面向过程"这个的术语。

结构化方法是软件工程早期广泛使用的软件开发技术，直到今天依然被许多软件开发组织所使用，因为对有些应用来说，结构化方法比面向对象方法更适用。结构化方法与面向对象方法有各自的适用场景，开发软件时应谨慎选择。

结构化方法学提供了一套严格的、贯通一致的技术方法，用来完成软件开发过程的核心工作，并且该方法在处理现实问题时，在概念上是完备的，即所有软件开发任务都能使用该方法实现。结构化方法主要包括结构化分析、结构化设计和结构化实现 3 个部分。

1. 结构化分析

结构化分析最初是针对普通的数据处理应用而发展起来的方法，主要工作是按照功能分解的原则，自顶向下，逐步求精，直到实现软件功能为止。在分析问题时，为了使系统分析人员方便描述用户需求，且保证分析过程易于学习和掌握，分析结果需要准确、清晰、无二义性。结构化分析方法一般利用图表之类的半形式化方法描述，使用的工具有数据流图、数据字典、问题描述语言、判定表和判定树等。

2. 结构化设计

结构化设计是以结构化分析为基础，将分析得到的数据流图推导为描述系统模块之间关系的结构图。

结构化设计一般分为总体设计和详细设计两个阶段。在总体设计时，结构化设计把结构化分析的结果（如数据流图、数据字典等）作为基本输入信息，按照一定规则，设计软件模块。详细设计需要对总体设计中的模块实现过程做出规范说明，确定应该怎样具体实现所要求的系统，经过这个阶段的设计工作，应该得出对目标系统精确描述，从而在编码阶段可以将这个描述直接翻译成用某种设计语言书写的程序。详细设计不是编写程序，而是设计出程序蓝图。

3. 结构化实现

在结构化分析阶段，系统分析员和用户一起确定软件需求，一般确定软件的数据模型、功能模型和行为模型。在结构化设计阶段，软件设计者根据需求分析的结果，采用适当的设计方法完成数据设计、体系结构设计、接口设计和过程设计等。在结构化实现阶段，程序员根据系统需求分析和系统设计的结果，完成程序代码编写和测试。

结构化方法中的结构化程序实现，对编码也做了严格的规范。1966 年 Böhm 和 Jacopini 证明，只使用 3 种基本控制结构（顺序、分支和循环）就能够实现任何单入口单出口的程序。结构化方法推荐编程时只使用这 3 种程序结构。

9.3.3 面向对象分析、设计与实现

面向过程的结构化方法简单、实用，并可有效地控制系统的复杂度，但不太适用于开发规模较大的软件或需求模糊易变的软件，原因是结构化方法把数据和对数据的操作分离考虑和处理，使得系统设计复杂并难以回溯到需求。事实上，数据和对数据的处理原本是密切相关的，人为地把它们分成两个独立的部分，自然会增加设计、开发和维护的复杂度。为了解决这个问题，人们在传统面向过程方法的基础上提出面向对象方法。

面向对象方法的原则是尽可能模拟人类习惯的思维方式设计和编写程序。这一原则使描述问题的问题空间（问题域）与实现解法的解空间（求解域）在结构上尽可能一致，进而降低软件设计和开发的复杂度。面向对象方法把数据和对数据的操作封装在对象中，以对象为中心构造系统，与面向过程中使用的以数据为中心的结构化方法相比，能更好地应对大规模软件和需求易变软件的设计与开发。

1. 面向对象分析

面向对象分析的关键工作是分析、确定问题域中的对象，以及对象间的关系，并建立问题域的对象模型。

大多数分析模型都不是一次完成的，为了理解问题域的全部含义，必须反复多次地进行分析。因此，分析工作不可能严格按照预定要求的循序进行；分析工作也不是机械地把需求陈述转变为分析模型的过程，分析员必须与用户和领域专家反复交流、多次磋商，及时纠正错误认识并补充缺少的成分。

2. 面向对象设计

面向对象设计，就是用面向对象观点建立求解空间模型的过程，通过面向对象的模型机制和方法描述欲实现系统。通过面向对象分析得出的问题域模型，为建立求解空间模型奠定了基础。分析与设计本质上是一个多次反复迭代的过程，而面向对象分析与面向对象设计的界限尤其模糊。

3. 面向对象实现

同面向过程实现一样，面向对象实现也包括编程和测试两部分。尽管没有标准说明不允许使用面向过程的语言，但选择直接支持面向对象设计方法的面向对象程序语言、开发环境，以及类库，对于面向对象实现来说是非常有益的。

4. 统一建模语言

模型是指对于某个实际问题或客观事物、规律进行抽象后的一种形式化表达方式。

任何模型都是由 3 个部分组成的，即目标、变量和关系。

（1）目标

编制和使用模型，首先要有明确的目标，也就是说，这个模型是干什么用的。只有明确了模型的目标，才能进一步确定影响这种目标的各种关键变量，进而把各变量加以归纳、综合，并确定各变量之间的关系。

（2）变量

变量是事物在幅度、强度和程度上变化的特征。一般要考虑 3 种类型的变量，即自变量、因变量和中介变量。自变量是反映事物本质特征的变量，因变量是随自变量的变化而变化的变量，中介变量又称干扰变量，它会削弱自变量对因变量的影响。中介变量的存在会使自变

量与因变量之间的关系更加复杂。例如，加强现场监督（自变量）会使工人劳动生产率提高（因变量），但还要加上一个条件，即这种效果要视任务的复杂程度而定，而这里的任务复杂程度就是中介变量。

（3）关系

确定了目标及影响目标的各种变量之后，还需要进一步研究各变量之间的关系。在确定变量之间的关系时，对何者为因、何者为果的判断，应持谨慎态度。不能因为两个变量之间存在着统计上的关系，就简单地认为它们之间存在着因果关系。对变量间因果关系的判断不能轻率。现实生活中有许多表面上看来是因果关系的情况，实际上并不一定是真正的因果关系。

在软件开发过程中，经常需要对问题或系统建模。软件开发中的模型是问题或系统的抽象和简化，它能够帮助开发人员更好地理解和设计正在开发的系统。

对模型的描述和表示方法的基本要求是无歧义，这样才能保证所有人的理解是一致的。基于此点，对模型的理想描述方法是形式化方法，但由于形式化方法过于繁杂，所以实际应用中通常用半形式化方法。对模型的描述方法可以是一组有序的求解问题的公式，也可以是一个问题的处理流程（框图或步骤），甚至可以是常用来解决某个实际问题的计算机语言程序模块等。随着面向对象方法的发展，人们开始研究适用于面向对象方法的模型表示法。经过一段时间的研究，人们发展出了统一建模语言（Unified Modeling Language, UML），用于在面向对象方法中描述所建立的模型。

UML 始于 1997 年对象管理组织的（Object Management Group, OMG）一个标准。OMG是一个国际化的、开放成员的、非盈利性的计算机行业标准协会，该协会成立于 1989 年。UML 是一个支持模型化和软件系统开发的图形化语言，为软件开发的所有阶段提供模型化和可视化支持，包括从需求分析到规格，到构造和配置。虽然 UML 独立于软件开发过程，甚至软件开发方法，但它是伴随着面向对象方法的发展而发展的，因此它主要应用于面向对象的分析与设计中。

9.3.4 软件测试

早期的软件开发中，软件规模小、复杂度低，开发过程混乱无序、相当随意，测试的含义也比较窄，开发人员往往将测试等同于"调试"，目的是纠正软件中已经知道的故障，常常由开发人员自己完成这部分的工作。当时对测试的投入极少，测试介入也晚，常常是等到形成代码，软件产品已经基本完成时才进行测试。随着软件趋向大型化、高度复杂化，原来的方法不再适用。这个时候，一些软件测试的基础理论和实用技术开始形成，并且人们开始为软件开发设计了各种流程和管理方法，也相继出现了一些软件测试行业标准。当今，测试不再单纯是一个发现错误的过程，而是成为软件质量保证的重要手段。

1. 软件测试的概念

软件测试的经典定义是：在规定的条件下对程序进行操作，以发现程序错误，衡量软件质量，并对其是否能满足设计要求进行评估的过程。

2. 软件测试的主要内容

软件测试的主要工作内容是验证（Verification）和确认（Validation）。

验证是保证软件正确地实现了一些特定功能的一系列活动，即保证软件以正确的方式完成这个事情。验证包括：

（1）确定软件生存周期中的一个给定阶段的产品是否达到前阶段确立的需求的过程；

（2）程序正确性的形式证明，即采用形式理论证明程序符合设计规约规定的过程；

（3）评审、审查、测试、检查、审计等各类活动，或对某些像处理、服务或文件等是否与规定的需求相一致进行判断和提出报告。

确认（Validation）是一系列的活动和过程，目的是证实在一个给定的外部环境中软件的逻辑正确性，即保证软件做了所期望的事情。确认包括静态确认和动态确认。

（1）静态确认。不在计算机上实际执行程序，通过人工或程序分析来证明软件的正确性。

（2）动态确认。通过执行程序做分析，测试程序的动态行为，以证实软件是否存在问题。

3. 软件测试的对象

软件测试的对象不仅仅是程序，还应该包括整个软件开发期间各个阶段所产生的文档，如需求规格说明、概要设计文档、详细设计文档。当然，软件测试的主要对象还是程序。

4. 软件测试的原则

（1）测试应该尽早进行，最好在需求分析阶段就开始介入，因为最严重的错误不外乎是系统不能满足用户的需求。

（2）程序员应该避免检查自己的程序，软件测试应该由第三方来负责。

（3）设计测试用例时应考虑合法的输入和不合法的输入，以及各种边界条件，特殊情况下还要制造极端状态和意外状态，如网络异常中断、电源断电等。

（4）应该充分注意测试中的群集现象。群集现象的意思是说在软件测试过程中，某个功能部件已发现的缺陷越多，找到它的更多未发现的缺陷的可能性就越大。

（5）对错误结果要进行一个确认过程。一般由 A 测试出来的错误，一定要由 B 来确认。严重的错误可以召开评审会议进行讨论和分析，对测试结果要进行严格地确认，以便明确是否真的存在这个问题及问题的严重程度等。

（6）制定严格的测试计划。一定要制定测试计划，并且要有指导性。测试时间安排尽量宽松，不要希望在极短的时间内完成一个高水平的测试。

（7）妥善保存测试计划、测试用例、出错统计和最终分析报告，为维护提供方便。

9.3.5 软件文档

文档是软件和软件开发项目中不可或缺的必要组成部分。有两方面的文档：其一是最终软件产品的文档，其二是软件开发过程中的文档。

1. 软件文档的概念

在软件工程中，文档常常用来表示对活动、需求、过程或对结果进行描述、定义、规定、报告或评审等任何书面或图示的信息。

2. 软件文档的分类

按文档产生和使用目的的不同，软件文档大致可分为管理文档、开发文档和用户文档 3 种。

（1）管理文档

管理文档是指在软件开发过程中，管理人员用于了解项目安排、进度、使用资源、潜在风险及成果等的一系列文档，如立项文档、项目计划文档、测量分析文档、成本控制文档、进度控制文档、风险控制文档、结项文档等。

（2）开发文档

开发文档是指项目实施过程中，每个阶段产生的与软件产品本身相关的文档，如可行性研究报告、技术预研报告、需求说明书、设计文档、测试文档、项目总结等。

（3）用户文档

用户文档是指为用户了解、使用、操作和维护软件等提供详细资料的文档，如软件安装配置手册、用户操作手册、数据要求说明书等。

3. 编制合理文档的规则

以下 7 条规则有利于编写出合理的文档。

（1）从读者的角度编写文档。

（2）避免出现不必要的重复。

（3）避免歧义。

（4）使用标准结构。

（5）记录基本原理。

（6）使文档保持更新，但频度不要过高。

（7）针对目标的适宜性对文档进行评审。

9.3.6 软件质量保证

人们使用产品，总是对产品质量提出一定的要求。对软件产品同样有质量要求。

1. 软件质量

到目前为止，对于"质量"还没有公认一致的定义。

美国著名的质量管理专家朱兰（J.M.Juran）博士从顾客的角度出发，提出了产品质量就是产品的适用性，即产品在使用时能成功地满足用户需要的程度。用户对产品的基本要求就是适用，适用性恰如其分地表达了质量的内涵。

ISO8402 对"质量"的定义是：质量是反映实体满足明确或隐含需要能力的特性总和。具体反映在以下两点。

（1）在合同环境中，需要是规定的，而在其他环境中，隐含需要则应加以识别和确定。

（2）在许多情况下，需要会随时间而改变，这就要求定期修改规范。

软件质量是软件符合明确叙述的功能和性能需求、文档中明确描述的开发标准，以及所有专业开发的软件都应具有的和隐含特征相一致的程度。

2. 软件质量度量

人们对于什么样的软件是质量好的软件莫衷一是，因为质量是一个复杂且难以琢磨的概念，对于不同的人或不同的应用系统，质量的含义和要求不尽相同。尽管如此，人们还是给出了一些可以参考的软件质量度量模型。目前，主流的软件质量模型分为两类：层次模型和关系模型。比较著名的层次模型包括 McCall 模型、Boehm 模型和 ISO9126 质量模型；比较著名的关系模型包括 Perry 模型和 Gillies 模型。

3. 软件质量保证

软件质量保证（Software Quality Assurance，SQA）是指软件成产过程包含的一系列质量保证活动，其目的是使所开发的软件产品达到规定的质量标准。由于软件产品的质量形成于生产全过程，而不是靠"检测"出来的，因此质量管理活动需要拓展到软件生产的全过程，这体现了软件质量全面控制（Total Quality Control，TQC）的核心思想。TQC 强调"全过程控制"和"全员参与"两层意思。

软件质量保证的一系列活动一般遵循任何质量管理体系都遵循的 PDCA（plan-do-check-act or plan-do-check-adjust）循环所建议的"计划-实施-检测-措施"的顺序。PDCA 循环是美国质量管理专家休哈特博士首先提出的，由戴明采纳、宣传，获得普及，所以又称戴明环。

软件开发组织通常引入软件质量管理体系以提高其软件产品生产和质量保证能力。有两个常见的质量管理体系，一个是能力成熟度模型集成（Capability Maturity Model Integration，CMMI），另一个是 ISO 9000 族标准。

4. 质量保证与质量控制

在软件项目管理中，不少人经常混用质量保证（Quality Assurance，QA）和质量控制（Quality Control，QC）这两个术语，甚至一些实施培训的专业公司也混淆了这两个概念。这种概念混淆，很不利于组织导入 CMMI 或 ISO9000；更进一步说，也不利于提升软件项目管理水平。

实际上 QA 与 QC 的基本职责不同，区别如下。

* QA 是审计过程的质量，保证过程被正确执行，是过程质量审计者。具体到软件产品开发领域，QA 就是按照既定流程来保障软件开发过程的质量，控制开发工作而不是解决具体存在的 BUG。

* QC 的职责是检验产品的质量，保证产品符合客户的需求，是产品质量检查者。具体到软件产品开发领域，QC 的工作就是指测试人员检查开发人员的产品是否满足预期的品质要求，并给出改进建议。

第 10 章　云计算架构与应用

云计算的目标在于通过互联网把无数个节点（即计算实体）整合成一个具有强大计算能力的"巨型机"系统，把强大的计算能力提供给终端用户。

10.1　云计算的架构与关键技术

10.1.1　云计算起源与发展

1．云计算的起源

云计算的出现并非偶然，早在 20 世纪 60 年代，图灵奖得主、人工智能之父麦肯锡就提出把计算能力作为一种像水和电一样的公用事业提供给用户的理念，这成为云计算思想的起源。

亚马逊于 2002 年提供一组包括存储空间、计算能力甚至人工智能等资源的网络服务，即著名的 AWS（Amazon Web Service）业务。随后，亚马逊在云计算方面的研发和商业应用一直在持续。2005 年亚马逊提出了弹性计算云（Elastic Compute Cloud），也称亚马逊 EC2 的 Web Service，允许小企业和私人租用亚马逊的计算机来运行他们自己的应用。

谷歌公司首席执行官埃里克·施密特在 2006 年 8 月的搜索引擎大会上，首次明确提出了"云计算"（Cloud Computing）的概念，此时的 Cloud Computing 特指互联网公司使用的浏览器/服务器架构。2007 年 10 月，谷歌和 IBM 联合与 6 所大学提供在大型分布式计算系统上开发软件的课程和支持服务，帮助学生和研究人员获得开发网络级应用软件的经验。在谷歌/IBM 联合项目中，Cloud Computing 指代的是远程分布式计算能力。

2010 年 7 月，NASA 和 Rackspace、AMD、Intel、戴尔等厂商共同宣布"OpenStack"开放源代码计划，次年思科正式加入 OpenStack，以此为时间节点，云计算技术的内涵逐步丰富，进入产业高速发展阶段。

2．云计算的产业推动

从技术角度看，云计算是分布式计算、并行计算、网格计算、多核计算、网络存储、虚拟化、负载均衡等传统计算机技术发展到一定阶段，和互联网技术融合发展的产物。云计算的目标在于通过互联网把无数个节点（即计算实体）整合成一个具有强大计算能力的"巨型机"系统，把强大的计算能力提供给终端用户。

从产业发展角度来看，互联网的快速发展使得大众可以参与到信息的制造和编辑，从而导致信息出现无限增长的趋势，这是云计算产生的根源。而摩尔定律告诉我们，依靠硬件性能的提升无法解决信息无限增长的问题。怎样低成本、高效、快速地解决无限增长的信息存储和计算问题是一个摆在科学家面前的难题。云计算的出现恰好可以解决这个问题，同时它还使 IT 基础设施可以资源化、服务化，使得用户可以按需定制。

通过不断提高云计算平台的处理能力，减少用户终端的处理负担，使得用户终端可以简化成低配的计算终端，让用户享受到按需使用云计算强大的计算处理能力。云计算不仅改变了网络应用的模式，也将成为带动 IT、物联网、电子商务等诸多产业强劲增长、推动信息产业整体升级的基础。

3. 云计算的定义及特征

云计算的技术、服务模式、理念均在不断演进和发展变化，对于什么是云计算，各人均有自己不同的理解。本书沿用受到业界广泛认可的美国国家标准与技术研究院对云计算的定义："云计算是一种模式，能以泛在的、便利的、按需的方式通过网络访问可配置的计算资源（例如，网络、服务器、存储器、应用和服务），这些资源可实现快速部署与发布，并且只需要极少的管理成本或服务提供商的干预。"

云计算一般具有以下 5 大特征。

（1）按需获得的自助服务。

（2）广泛的网络接入方式。

（3）资源的规模池化。

（4）快捷的弹性伸缩。

（5）可计量的服务。

10.1.2 云计算主要服务模式

云计算具有以下 3 种主要服务模式。

1. SaaS

软件即服务（Software as a Service，SaaS），以服务的方式将应用软件提供给互联网最终用户。开发商将应用软件统一部署在自己的服务器上，客户可以根据自己实际需求，通过互联网向开发商定购所需的应用软件服务，按定购的服务多少和时间长短支付费用，并通过互联网获得服务。

用户无须购买及部署软件，也无须对软件进行维护，所有的数据都存储在开发商的服务器上，用户所需要的只是在任意一台计算机上打开浏览器，登录账号，即可使用相关服务。

典型 SaaS 应用如 Salesforce 的 Sales Cloud（在线 CRM），微软的 Office Online（在线办公系统），用友的在线财务系统等。

2. PaaS

平台即服务（Platform as a Service，PaaS），以服务的方式提供应用程序开发和部署平台。就是指将一个完整的计算机平台，包括应用设计、应用开发、应用测试和应用托管，都作为一种服务提供给客户。

PaaS 服务主要面对应用开发者，在这种服务模式中，开发者不需要购买硬件和软件，只需要利用 PaaS 平台，就能够创建、测试和部署应用和服务，并以 SaaS 的方式交付给最终用户。

典型的 PaaS 服务如谷歌的 AppEngine（应用程序引擎），微软的 Azure 平台等。

3. IaaS

基础设施即服务（Infrastructure as a Service，IaaS），以服务的形式提供服务器、存储和网络硬件，以及相关软件。它是三层架构的最底层，是指企业或个人可以使用云计算技术远程访问计算资源，包括计算、存储，以及应用虚拟化技术所提供的相关功能。

无论是最终用户、SaaS 提供商还是 PaaS 提供商都可以从基础设施服务中获得应用所需的计算能力，但却无须对支持这一计算能力的基础 IT 软硬件付出相应的原始投资成本。

全世界范围内知名的 IaaS 服务有亚马逊的 AWS、微软的 Azure、谷歌的谷歌云等，国内有阿里巴巴的阿里云、腾讯的腾讯云、电信的天翼云等。

在此 3 种基本服务模式以外，又延伸出数据即服务（Data as a Service，DaaS）、桌面即服务（Desktop as a Service，DaaS）、通信即服务（Communications as a Service，CaaS）、数据库即服务（DataBase as a Service，DBaaS）等很多概念，在这里只要求了解即可。

10.1.3 云计算主要部署模式

按照部署方式和服务对象的范围，可以将云计算分为公有云、私有云、行业云和混合云。

1. 公有云

由云服务提供商运营，为各类最终用户提供从应用程序、软件运行环境，到物理基础设施等各种各样的 IT 资源。在该方式下，云服务提供商需要保证所提供资源的安全性和可靠性等非功能性需求，而最终用户不关心具体资源由谁提供、如何实现等问题。

一般而言，公有云的价格是相对最低的，但由于多人共享同一套基础设施，在隐私性、安全性方面会面临一些风险。

2. 私有云

由企业自建自用的云计算中心，相对于传统 IT 架构，私有云可以支持动态灵活的基础设施，降低 IT 架构的复杂度，使各种 IT 资源得以整合、标准化，更加容易地满足企业业务发展需要。

私有云用户完全拥有整个云计算中心的设施（如中间件、服务器、网络及存储设备等），隐私性、安全性是最好的，但建设成本较高。

3. 行业云

行业云就是由行业内或某个区域内起主导作用或者掌握关键资源的组织建立和维护，以公开或者半公开的方式，向行业内部或相关组织和公众提供有偿或无偿服务的云平台。

这种选择往往比公共云贵，但隐私度、安全性和政策遵从都比公有云高。

4. 混合云

基础设施是由上述两种或两种以上的云组成，每种云仍然保持独立，但用标准的或专有的技术将它们组合起来，具有数据和应用程序的互通性及可移植性。

例如，企业常常选择将核心应用部署在私有云上，将安全要求较低的对外服务应用部署在公有云上，从而寻求一种安全性与投资之间的平衡。

10.1.4 云计算关键技术

云计算作为一种新兴的资源使用和交付模式，极大提升了资源利用率，降低了 IT 建设及运维成本，推动了各个行业的信息化发展。支撑云计算的关键技术主要有分布式计算、分布式存储、服务器虚拟化、多租户、存储虚拟化、桌面虚拟化、云管理平台等。

1. 分布式计算

分布式计算是让几个物理上独立的组件作为一个单独的系统协同工作，这些组件可能指多个 CPU，或者网络中的多台计算机。理想情况下，如果一台计算机能够在 5s 内完成一项任务，那么 5 台计算机以并行方式协同工作时就能在 1s 内完成。而实际上，由于协同设计的复杂性，分布式计算的性能并不能随节点数量的增加而线性增长，会有一些损失。

对于分布式计算而言，核心的问题是如何把一个大的应用程序分解成若干可以并行处理的子程序。有两种可能处理的方法，一种是分割计算，即把应用程序的功能分割成若干个模块，由网络上多台机器协同完成；另一种是分割数据，即把数据集分割成小块，由网络上的多台计算机分别计算，然后对结果进行组合得出数据结论。对于海量数据分析等计算密集型问题，通常采取分割数据的分布式计算方法，对于大规模分布式系统则可能同时采取这两种方法。

谷歌提出的分布式编程模型 MapReduce，是分布式计算中应用分割数据的典范，在云计算领域被广泛采用。MapReduce 提供了泛函编程的一个简化版本，与传统编程模型中函数参数只能代表明确的一个数或数的集合不同，泛函编程模型中函数参数能够代表一个函数，这使得泛函编程模型的表达能力和抽象能力更高。它隐藏了并行化、容错、数据分布、负载均衡等复杂的分布式处理细节，提供简单有力的接口来实现自动的并行化和大规模分布式计算，从而在大量通用 PC 服务器上实现高性能计算。

2. 分布式存储

分布式存储是指通过集群应用、网格技术或分布式文件系统等功能，将网络中大量的各种不同类型的存储设备通过应用软件集合起来协同工作，共同对外提供数据存储和业务访问功能的一个系统。其核心是应用软件与存储设备相结合，通过应用软件实现存储设备向存储服务的转变。目前业界最流行的方式是用大量配置多块硬盘的通用 PC 服务器作为存储硬件，配合分布式存储软件来对外提供存储服务。

与传统存储相比，分布式存储具有低成本、高效率，部署灵活、扩展性好，可靠性高等优势；在降低运营成本的同时，可以提升服务质量，并且对上层应用、服务对象，以及用户透明，大大简化应用环节，节省客户建设成本，同时提供更强的存储和共享功能。

分布式存储根据其对外提供的接口又可分为分布式对象存储、分布式文件系统、分布式块存储 3 类。

（1）分布式对象存储

分布式对象存储是一种基于对象的存储系统，具备智能、自我管理能力。通过 Web 服务协议，如：REST、简单对象访问协议（Simple Object Access Protocol，SOAP）实现对象的读写和存储资源的访问。对象存储系统引入了容器和对象两种数据描述，容器和对象都有一个全局唯一的 ID。对象存储采用扁平化结构管理所有数据，用户/应用通过接入码认证后，只需要根据 ID 就可以访问容器/对象及相关的数据、元数据和对象属性。对象存储系统底层基于分布式存储系统实现数据的存取，其存储方式对外部应用透明。这样的存储系统架构具有高可扩展性，支持数据的并发读写。

分布式对象存储的缺点在于只能对各项内容进行增加、删除等操作，而无法对其中某项内容进行修改，且性能相对较低，因此应用场景有限。一般用于对读写性能要求不太高且无须频繁修改，但对成本较为敏感的场景，如网盘、数据备份等。典型的商用对象存储有亚马逊的 S3、苹果的 iCloud、百度云盘等。

（2）分布式文件系统

分布式文件系统采用开放的全软件实现方式，不依赖于任何特定的硬件和操作系统，支持廉价、符合工业标准的存储、网络和计算设备。分布式集群文件系统一般由存储服务器、客户端和存储网关组成，存储服务器负责提供基本的数据存储功能，并处理来自其他组件的数据服务请求，文件数据通过统一的调度策略，以不同的格式（如 EXT3、EXT4、XFS 等）分布在不同的服务器上；客户端利用用户空间文件系统（Filesystem in Userspace，FUSE）模块将存储资源挂载到本地文件系统上，实现可移植操作系统接口（Portable Operating System Interface of UNIX，POSIX）兼容方式访问数据；存储网关提供弹性的存储资源管理和 NFS/CIFS/HTTP 代理访问功能。分布式集群文件系统允许动态增加/减少存储容量，支持线性横向扩展，支持自动复制和修复以保持数据的高可靠性。

目前分布式文件系统一般都与分布式数据库等应用结合较为紧密，典型的如谷歌 GFS，Hadoop HDFS 等。

（3）分布式块存储

分布式块存储系统将多个存储节点的控制器连接起来，形成一个集群系统，通过对底层存储设备中数据块的虚拟化，实现不同存储节点的块设备的统一管理。分布式块存储系统可以利用多路网格模块并行分担存储负荷，并通过细粒度数据分布算法保证数据的均衡分布，不但能提高系统的可靠性、可用性和存取效率，而且易于扩展。

分布式块存储的应用场景最为广泛，一般对外提供互联网小型计算机系统接口（Internet Small Computer System Interface，iSCSI），凡是使用传统磁盘阵列的场景都可以采用分布式块存储，并享受其低成本、高并发 I/O、灵活扩展的特点。

3. 服务器虚拟化

服务器虚拟化也称系统虚拟化，它把一台物理计算机虚拟化成一台或多台虚拟计算机，各虚拟机间通过虚拟机监控器（Virtual Machine Monitor，VMM）的虚拟化层共享 CPU、网络、内存、硬盘等物理资源，每台虚拟机都有独立的运行环境。虚拟机可以看成是对物理机的一种高效隔离复制，要求同质、高效和资源受控。同质说明虚拟机的运行环境与物理机的环境本质上是相同的；高效指虚拟机中运行的软件需要有接近在物理机上运行的性能；资源受控指 VMM 对系统资源具有完全的控制能力和管理权限。

服务器虚拟化架构如图 10-1 所示。

VMM 也就是常说的虚拟化软件（Hypervisor），对应图 10-1 中的虚拟化层。服务器虚拟化又可细分为全虚拟化、半虚拟化、硬件辅助虚拟化等。

（1）全虚拟化

虚拟化软件模拟了完整的底层硬件，包括 CPU、内存、时钟、外设等，使得操作系统及各类应用软件无须进行任何修改就可以在虚拟机中运行，就像在一台普通的硬件服务器上运行一样。

这也是当前应用最广的一种方式，VMware vSphere、Microsoft Hyper-V 是商业化闭源虚拟化软件产品的代表，KVM 和 XEN 是开源虚拟化软件产品的

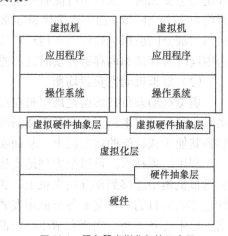

图 10-1 服务器虚拟化架构示意图

代表。

（2）半虚拟化

也称部分虚拟化，虚拟化软件只模拟了部分底层硬件，因此必须对操作系统进行修改才能正常在虚拟机中运行。虽然受到了较多限制，但由于虚拟化软件只需要模拟部分硬件，性能损失相对较小，在特定的环境下也会使用。

（3）硬件辅助虚拟化

硬件辅助虚拟化是指借助硬件（主要指 CPU）的支撑来提供更高效的全虚拟化，常见的有 Intel-VT 和 AMD-V，上述提到的主流全虚拟化软件也都支持硬件辅助虚拟化。

服务器虚拟化是 IaaS 服务的一项非常重要的核心技术，其相关联的技术还有虚拟机迁移、虚拟机动态负载均衡等技术，IaaS 服务的低成本，高可用性，资源动态伸缩，绿色节能等特点就是几项技术综合运用的结果。

下面就对这几项技术进行简单介绍。

（1）虚拟机迁移

虚拟机迁移指将虚拟机从一台宿主机（承载虚拟机的物理服务器）上迁移到另一台宿主机的操作，是服务器虚拟化领域的一项非常重要的技术，一般分离线迁移和在线迁移两种方式。

① 离线迁移

离线迁移是指在虚拟机处于关闭或暂停状态下完成迁移，这种迁移技术实现较为简单，如果两台宿主机使用共享存储，虚拟机数据可被另一台宿主机访问，则在另一台宿主机上重新启动虚拟机即可。如果两台宿主机使用不同存储，则需要先将虚拟机的数据迁移到目标宿主机的存储上，然后再重新启动虚拟机。

② 在线迁移

在线迁移又称为实时迁移，是指在保证虚拟机上服务正常运行的同时，虚拟机在不同的宿主机之间进行迁移，其逻辑步骤与离线迁移几乎完全一致。不同的是，为了保证迁移过程中虚拟机服务不中断，采用了一种内存预拷贝技术。其原理是首先将源 VM 的内存数据整体复制到目标 VM，然后通过一个循环，不断将两者之间的内存增量数据发送至目标 VM，经过多次循环之后，源和目标 VM 之间的内存数据差降到一个极低的数量级时（由于源 VM 内存是动态变化的，永远不可能有完全一致的状态），对源 VM 进行一个极为短暂的停机，然后将内存完全同步。由于这个停机非常短暂，用户感觉不到服务的中断，所以称为在线迁移。目前大部分的虚拟化软件的在线迁移服务都要求源宿主机和目标宿主机之间使用共享存储，否则同时对存储和内存进行实时迁移难度很大。

（2）虚拟机动态负载均衡

虚拟机动态负载均衡是虚拟机在线迁移技术的一种高级应用，可以通过虚拟机管理软件，实时监测各台宿主机上的资源负载情况，在达到预定义门限时，可以将其内的部分虚拟机迁移到其他负载较低的宿主机上，从而实现多台宿主机之间资源使用的平稳。

利用这项技术，可以很方便地实现资源的动态伸缩，在晚间业务普遍空闲时，可以动态将虚拟机集中迁移到部分宿主机上，关闭其余宿主机或使其处于低能耗待机状态，从而达到绿色节能的目的。在某业务全面爆发式增长时，只需要简单地增加虚拟机，资源会自动在各宿主机中达到平衡。当所有宿主机资源均告急时，也只需要简单地增加宿主机即可，操作系统及应用软件均可自动完成部署，无须过多的人工操作。

（3）虚拟化资源池

虚拟化资源池是基于服务器虚拟化软件，把服务器、存储、网络都做成一个虚拟的资源池，通过虚拟化管理工具进行统一管理。上层应用需要的资源可以随时在资源池里抓取，就像在水池中舀水一样便捷。

目前，虚拟化资源池已经成为业界主流的 IT 基础设施，其具有如下优势。

① 资源利用率高：传统物理服务器上由于担心某一应用的峰值对资源的大量占用会影响其余应用，且应用之间也存在数据隔离的要求，因此，同一台服务器上无法部署过多的应用，服务器忙闲不均的情况非常突出，平均利用率一般只有 5% 到 30%，资源浪费严重。

而利用服务器虚拟化技术，将一台物理服务器虚拟成多台虚拟机，在虚拟机在线迁移技术的支持下，不用担心某一应用的爆发式增长会对其余应用产生影响，从而能充分发挥削峰填谷的特性，成倍提高资源的利用率。

② 节约成本、绿色节能：一方面，采用服务器虚拟化技术后，资源利用率成倍增加，服务器采购数量减少带来建设成本降低；另一方面，服务器数量的减少也带来了能耗的降低，并且可以在闲时动态关闭一些服务器，进一步降低了能耗。

③ 提高业务可用性：在虚拟机在线迁移技术的支持下，某一台宿主机的损坏并不会对业务造成影响，非常短暂的停机后虚拟机就会在另一台宿主机上自动启动。如果业务要求具有更高的连续性，还可以采用类似传统 HA 的方式，启用另一台虚拟机作为备机，以满足应用实时切换的要求。

④ 提高业务上线速度：传统的 IT 模式下，新业务的上线首先要进行硬件设备的采购、安装、调试，往往需要几周甚至几个月时间才能实现资源就位。而在资源池模式下，新业务需求只需要提出在线申请，由管理员通过软件进行资源分配，资源只需要几分钟即可就位，极大提高业务上线速度。

4. 多租户

多租户（Multi-tenancy）是支撑 SaaS 的一项核心软件架构技术。用于实现如何在多用户的环境下共用相同的系统或程序组件，仍可确保各用户间数据的隔离性。多租户的技术要点是在共用的数据中心内，以单一系统架构与服务为多个客户端提供相同甚至可定制化的服务，同时保障客户的数据隔离。与虚拟化技术相比，多租户技术更强化在用户应用程序与数据之间的隔离，以维持不同租户间应用程序不会相互干扰。

多租户具有如下特点。

（1）由于多租户技术可以让多个租户共用一个应用程序或运算环境，且租户大多不会使用太多运算资源的情况下，对供应商来说多租户技术可以有效降低环境搭建的成本；

（2）通过不同的数据管理手段，多租户技术的数据可以用不同的方式进行数据隔离，在供应商的架构设计下，数据的隔离方式也会不同，而良好的数据隔离法可以降低供应商的维护成本（包含设备与人力），而供应商可以在合理的授权范围内取用这些数据分析，以作为改善服务的依据；

（3）多租户架构下所有用户都共用相同的软件环境，因此在软件改版时可以只发布一次，就能在所有租户的环境上生效；

（4）多租户架构的应用软件虽可定制，但定制难度较高，通常需要平台层的支持与工具的支持，才可降低定制化的复杂度。

对于多租户技术，业界公认的评价体系包括如下几个级别。

第 1 级：每次新增一个客户，都会新增软件的一个实例。

第 2 级：所有客户都运行在软件的同一个版本上，而且任何的定制化都通过修改配置来实现。

第 3 级：所有的客户都已经可以在软件的同一个版本上运行了，而且都在同一个"实例"上运行。简单的实现模式是用代码控制不同租户之间的隔离，复杂的处理模式上则在从系统集成到代码研发多个层面解决不同租户之间的隔离，但这种解决方案还无法实现大规模数据量下的可扩展性。

第 4 级：通过硬件扩展的方式提升应用和数据处理的性能和可扩展性。

第 5 级：在不同的"实例"上运行不同版本的软件。

目前，大多数 SaaS 应用实际上都仍处在第 3 级别上，部分应用已发展到第 4 级别，但尚无一款应用达到第 5 级别，第 5 级别是未来发展的理想蓝图。

5. 存储虚拟化

存储虚拟化是将存储系统的内部功能从应用、主机或者网络资源上抽象、隐藏或者隔离的技术，其目的是进行与应用和网络无关的存储或数据管理。虚拟化为底层资源的复杂功能提供了简单、一致的接口，使得用户不必关心底层系统的复杂实现。

存储虚拟化可以将多种不同的存储资源虚拟成一个"存储池"，这样做的好处是把许多零散的存储资源整合起来，以最高的效率、最低的成本来满足各类不同应用在性能和容量等方面的需求，从而提高整体利用率，同时降低系统管理成本。与分布式存储中各设备作为一个整体在软件的统一调度下协同工作不同，存储虚拟化只是让多个存储系统对外呈现统一的逻辑接口，只是"看起来"像是一个整体，实际上仍在各行其事。

存储虚拟化主要有以下 3 种实现方式。

（1）基于主机的存储虚拟化

在主机侧操作系统安装代理或存储管理软件，实现多种异构存储的访问与管理。由于这种方法是通过安装在主机上的软件实现的，不需要增加硬件设备，其设备投资成本较低，不过另一方面运行存储管理软件会占用主机处理器资源，影响系统性能。

（2）基于存储设备的存储虚拟化

将不同厂商的存储设备通过 FC/IP 通道进行互连，并推举其中一台存储为主控存储设备，其余所有存储设备都通过主控存储设备进行转接。这种方式在同厂商设备之间比较容易实现，但不同厂商设备之间存在较大兼容性问题，而且扩展性也较差。

（3）基于网络的存储虚拟化

这种方法依赖于在存储网络中添加相应的虚拟化设备，而实现的对存储网络中存储设备的虚拟化。存储网络虚拟化设备可以是特有的虚拟化设备，也可以通过在网络交换机上安装虚拟化软件来实现。这种方式会带来一定的投资增加，但具有较好的扩展性和兼容性。

6. 桌面虚拟化

桌面虚拟化（也称云桌面）是典型的云计算应用，它能够在云中为用户提供远程的计算机桌面服务。云桌面技术通过在数据中心服务器上运行用户所需的操作系统和应用软件，然后采用桌面显示协议将操作系统桌面视图以图像的方式传送到用户端设备上。同时，服务器将对用户端的输入进行处理，并随时更新桌面视图的内容。

本质上看，云桌面是一种将计算机用户使用的个人计算机桌面与物理计算机相隔离的技术，是一种基于网络的 Client-Server 计算模式。在该模式下，物理存在的计算机桌面由远程的服务器提供而并非是用户本地的计算机，所有程序的执行和数据的保存都在服务器中完成，用户可以通过网络对访问虚拟桌面并获得和使用本地计算机桌面接近的体验。

云桌面的底层关键技术主要包括虚拟化方案和远程桌面显示协议。

（1）虚拟化方案

虚拟化方案主要包括虚拟桌面基础架构（Virtual Desktop Infrastructure，VDI）和基于服务器的计算（Server-Based Computing，SBC）两种。

基于 VDI 的云桌面解决方案，其原理是在服务器侧为每个用户准备其专用的虚拟机并在其中部署用户所需的操作系统和各种应用，然后通过桌面显示协议将完整的虚拟机桌面交付给远程的用户使用。因此，这类解决方案的基础是服务器虚拟化。此方案用户之间隔离性较好，但对软硬件资源需求较高。

基于 SBC 的云桌面解决方案，其原理是将应用软件统一安装在远程服务器上，用户通过和服务器建立的会话对服务器桌面及相关应用进行访问和操作，而不同用户之间的会话是通过操作系统内部的机制彼此隔离的。此方案具有较低的软硬件资源需求，可扩展性高，实施难度低，但用户间的安全和性能隔离性较差，部分应用兼容性需要适配。

（2）远程桌面显示协议

远程桌面显示协议负责将用户端设备的各种键盘、鼠标输入信息传递给后端，并将后端的计算结果以屏幕图像的形式反馈给用户端设备；同时负责在用户端设备及后端服务器之间映射打印机、扫描仪、U 盘、读卡器等各种外设，使得连接在用户端的各种外设就像连接在远程服务器上一样可以正常使用。

常用的远程桌面显示协议包括微软的远程显示协议（Remote Display Protocol，RDP）、Citrix 的独立计算体系架构（Independent Computing Architecture，ICA）、VMware 的承载于 IP 网之上的个人计算机（PC over IP，PCoIP）、Redhat 的用于独立计算环境的简单协议（Simple Protocol for Independent Computing Environment，SPICE）、VNC 的远端帧缓存（Remote Frame Buffer，RFB）等。

相对于传统 PC，云桌面主要有以下优势。

① 降低管理维护难度

云桌面的管理是集中化的，维护人员通过控制中心管理成百上千的云桌面系统，所有的数据备份、应用安装、系统更新等都可以批量完成。

② 更加安全可靠

所有的数据及运算都在服务器端进行，客户端只是显示其变化的影像而已，而且可以对客户端的外设使用进行限制，并记录客户端的所有操作行为，从而有效避免了客户端的资料泄漏，更加安全可靠。

③ 更加节能环保

普通 PC 的单机功耗 150W～200W，但云桌面的瘦客户端仅有 5W～10W，加上后端服务器的功耗折算到每用户的 10W～15W，也仅仅 15W～25W，节能效果非常显著。另外，瘦客户端一般采用无风扇设计，无噪声干扰，低辐射，更加绿色健康环保。

目前，云桌面主要应用于呼叫中心、营业厅、酒店、学校等没有太多用户个性化需求的标准场景，发挥其规模管理、便于维护的优势。另外，由于其数据集中后端存储的特点，在研发中心、保密单位等一些安全性要求较高的场景，也有较多应用。

总体而言，随着 Citrix、VMware、微软等各大厂商对远程桌面显示协议的不断优化和对整体解决方案的完善，云桌面技术日趋成熟，性能大大改善，同时移动设备访问桌面系统也有了整体解决方案，较好地解决了云桌面在多种终端设备的访问问题。

7. 云管理平台

本书的云管理平台特指 IaaS 云管理平台。云管理平台作为整个 IaaS 云体系的"大脑"，构建于服务器、存储、网络等基础设施及操作系统、中间件、数据库等基础软件之上，依据策略实现自动化的统一管理、调度、编排与监控。

云管理平台从功能上一般可分为资源管理、服务管理和运营管理 3 个模块，关注重点在于异构环境下的自动化管理和应用的弹性部署能力。其中，资源管理主要包括资产管理、资源封装、资源模板管理、资源部署调度、资源监控等，通过 API 接口适配底层各厂商的专业管理平台并实现资源调用；服务管理主要包括门户管理、用户管理、服务管理、订单管理、客户保障等，通过与资源管理平台之间的接口实现服务部署和底层资源调度；运营管理主要包括计费管理、运维管理、运营分析、安全管理等。

IaaS 云管理平台在实现上既有商业化系统，也有开源系统。商业化系统的典型代表如 VMware vCloud Suite、Microsoft System Center 等；开源系统主要包括 OpenStack、CloudStack、OpenNebula、Eucalyptus（HP Helion），称为开源云管理平台的"TOP 4"。

10.1.5 云计算系统典型架构

以一个现网实际部署的云计算系统为例，其典型架构一般包括虚拟资源池（物理资源与虚拟资源）、基础架构层、PaaS 平台层（SaaS 软件开发、管理与托管运营平台）、运营管理平台层、服务接入与门户层等 5 个层次，贯穿这 5 个层次提供完善的业务活动监控与统一安全管理。如图 10-2 所示。

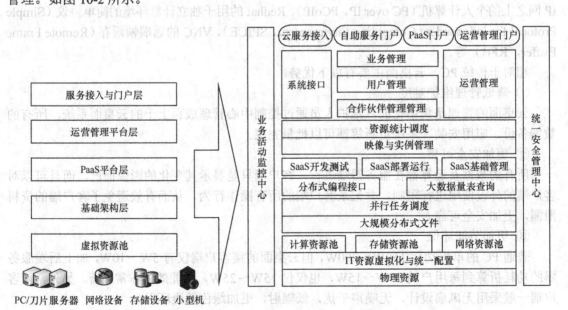

图 10-2 云计算系统典型架构示意图

1. 虚拟资源池

主要实现物理资源与虚拟资源的管理，对资源的池化管理，便于资源的动态分配、再分配和回收，充分体现云计算弹性可伸缩的特点。资源池主要分为计算资源池、存储资源池和网络资源池，同时也包括软件和数据等内容资源池。

2. 基础架构层

体现出云计算自身独特的技术特性，主要表现在数据的存储、组织与管理，并行编程模式，并发控制与管理等方面，这一层包含大规模分布式文件系统、大数据量表查询、分布式编程接口和并行任务调度等功能。

3. PaaS 平台层

提供一个 SaaS 软件开发、管理与托管运行的平台。PaaS 平台层必须依托于云计算基础架构，在云计算基础架构能力之上提供 SaaS 软件开发测试能力、部署运行能力，以及基础管理能力。

4. 运营管理平台层

主要实现映像与实例的全生命周期管理、资源的调度和监控、用户管理、合作伙伴管理、业务管理、平台接口管理、运营管理等功能。

5. 服务接入与门户层

主要实现服务接入、自助服务门户、运营管理门户与 PaaS 平台门户等功能。

10.1.6 云计算系统评价维度

对于云计算用户来说，无论是自建私有云还是租用公有云服务，均会面临一个对云计算系统的评价，一般可以从以下几个维度进行考虑。

1. 总拥有成本

总拥有成本（Total Cost of Ownership，TCO）主要包括建设成本和维护成本两部分，二者之和最低才是用户要追求的目标。影响建设成本的主要有计算、存储、网络等硬件系统，以及虚拟化软件、操作系统软件、云管理平台等软件系统的采购、部署成本。影响维护成本的主要是电费，机房、带宽等租用费，以及维护人员的工资。

2. 高性能

（1）虚拟机 CPU 性能高，虚拟机调度效率相对物理机下降比例小。

（2）磁盘 IOPS、吞吐量高，随机小文件读写性能好。

（3）网络访问时延、丢包、抖动低。

3. 高可靠

（1）系统运行时间和系统运行时间加系统宕机时间的比，越高越好。

（2）故障发生以后的平均恢复时间，越短越好。

（3）是否提供跨机房、异地等容灾方案。

（4）数据备份方式全面，策略可灵活定义。

（5）可提供应用级容灾方案。

4. 弹性伸缩

（1）可根据用户需求或预定义策略动态进行资源的扩容或缩容。

（2）可保障扩容或缩容过程中的业务连续性。

（3）可根据实际资源使用情况进行灵活计费。

5. 高安全

（1）客户敏感信息/数据的隔离性，不丢失、不泄露。

（2）对资源的分权、分域管理能力。

（3）严格的用户认证、鉴权手段及密钥管理机制。

（4）对网络攻击、病毒软件、黑客工具攻击的防护能力。

6. 用户体验

（1）云服务商的客户服务响应速度及故障处理的及时性。

（2）客户自服务界面的友好性及管理工具的易用性等。

（3）客户操作反馈的实时性及稳定性。

10.2 云计算常见软件工具

10.2.1 系统架构 Openstack

Openstack 是目前最为流行的开源云操作系统框架，自 2010 年 6 月首次发布以来，经过数以千计的开发者和数以万计的使用者的共同努力，Openstack 不断成长，日渐成熟。目前，Openstack 功能强大而丰富，已经在私有云、公有云等多个领域，得到了日益广泛的生产应用。

与此同时，Openstack 已经受到了业界几乎所有主流厂商的关注与支持，并催生出大量提供相应产品和服务的创业企业，成为事实上开源云计算领域的主流标准。

1. Openstack 的概念

什么是 Openstack？Openstack 是目前最为流行的开源云操作系统框架，下面围绕开源，云，操作系统框架，这几个关键词进行说明。

（1）云。这里不再详细讨论云的概念，但需明确，Openstack 是用来构建云计算系统的核心软件组件。

（2）云操作系统，是面向云计算的操作系统。

通过操作系统与云操作系统这个概念相比较，来帮助大家理解云操作系统的概念。大家知道，在计算机系统中，操作系统用来管理资源，把各类软硬件整合起来，并为用户提供人机接口，形成一个能够完成各类任务的完整系统。借鉴这个概念，云操作系统就是面向云计算的一个核心软件，它用来管理云计算所用到的各类资源，让系统具备为用户提供服务的能力。具体来说，一个完整的云操作系统，应该具备下面 5 个方面的主要功能：资源接入与抽象；资源分配与调度；应用生命周期管理；系统管理维护；人机交互支持。Openstack 是实现云操作系统的关键组件，或者说，是构建一个完整的云操作系统的框架。

（3）云操作系统框架与云操作系统的区别。

构建一个完整的云操作系统，需要对大量的软件组件进行整合，让它们协同工作，共同提供系统管理员和租户所需的功能与服务。而 Openstack 本身，并不具备一个云操作系统所需的全部能力，而需要由其他软件配合，共同完成上述的云操作系统的 5 项主要功能。因此，可以在 Openstack 的基础上构建一个完整的云操作系统，但是还需要将 Openstack 与其他一些软件组件进行集成，以实现 Openstack 自身并不提供的能力。因此 Openstack 的准确定位是一个云操作系统框架，基于这个框架，可以集成各类不同的组件，构造满足不同场景需要的云操作系统。

（4）开源

开源软件是 Openstack 的一个重要属性。与简单的在网络上公开源代码不同，Openstack 社区遵循的，是一种更为深入、更为彻底的开源理念。在 Openstack 社区中，对于每一个组件，每一个特性，乃至每一行代码，其需求提出，场景分析，方案设计，代码提交，测试执行，代码合入的整个流程，都总体遵循开放原则，对公众可见，并且在最大程度上保证了社区贡献者的监督与参与，正是这种监督与参与的机制，保证了 Openstack 总体上处于一种开放与均衡的状态。避免了少数人或者少数公司组织的绝对控制，由此保障了社区生态的健康与繁荣。同时，Openstack 遵循了对商业最为友好的阿帕奇（Apache）2.0 许可，也保障了企业参与社区的商业利益，从而推动了 Openstack 的产品落地与商业成功。

2. 当前主流的云计算管理平台框架

目前，业界中有 4 种具有影响力的主流开源软件平台，分别是 Openstack、CloudStack、Eucalyptus、OpenNebula。

（1）Openstack。为 Rackspace 与 NASA 共同发起的开源项目，戴尔、Citrix 思科和国内众多厂商也对其做出了重要的贡献。它拥有超高的社区开发人气和庞大的生态系统，已经发布了很多的版本，企业可以很容易地将数据和应用迁移到公共云中，主流的 Linux 操作系统都支持 Openstack，使其在扩展性上有优势。

（2）CloudStack。源于 2008 年成立的 VMOps 公司，2012 年 4 月加入阿帕奇基金会。在进入阿帕奇阵营之前，CloudStack 在商业领域进行了长期的积累，帮助了近百个大规模生产平台，并实现了数十亿美元的运营收入，也提供友好的用户界面和丰富的功能，用户体验好，安装简单。

（3）Eucalyptus。为加里福尼亚大学圣芭芭拉学院研究项目，2009 年成立公司，实现商业化运营，仍对开源项目进行维护和开发。该平台从大学发源，有浓厚的研究风格，全面兼容 Amazon API。已经拥有虚拟化环境的用户能够使用它增强自己的虚拟化环境。

（4）OpenNebula。是欧洲研究学会发起的虚拟基础设施的计划，2008 年发布首个开放源代码版本，2010 年起大力推进开源社区的建设。该项目启动早，一直处于稳步发展状态，但社区规模较小，主要参与者为支持和参与该项目的企业人员及少量用户，用户能够获取的技术支持和交流空间有限。

3. OpenStack 的设计原理和体系结构

OpenStack 遵循以下设计原则。

- 可扩展性和伸缩性是设计的主要目标。
- 任何影响可扩展性和伸缩性的特性必须是可选的。
- 应该是异步的。
- 所有必需的组件必须可水平扩展。
- 使用无共享架构或者分片架构。
- 一切都是分布式的。
- 接收最终一致性，并在适当条件下使用。
- 测试一切。

OpenStack 是由一系列具有 RESTful 接口的 Web 服务实现的，是一系列组件服务的集合。图 10-3 是一个标准的 OpenStack 架构，这是比较典型的架构，但不代表这是其唯一架构，可以选取自己需要的组件项目，搭建适合自己的云计算平台。

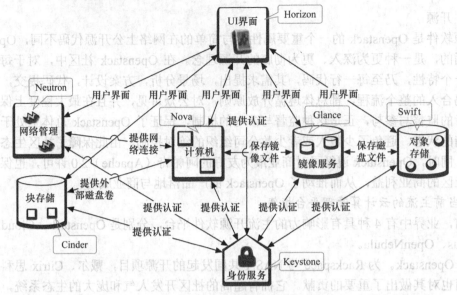

图 10-3　OpenStack 架构示意图

OpenStack 项目并不是单一的服务，其含有子组件，子组件内有模块实现各自的功能，通过消息队列和数据库，各个组件可以相互调用，互相通信，模块间耦合度比较低，可以灵活地根据需要，组合出适合不同用户的需求的架构。

4. OpenStack 的核心项目

OpenStack 覆盖了网络虚拟化操作系统服务器等各个方面，它是一个正在发展中的云计算平台，根据成熟及重要程度的不同，它被分解成核心项目、孵化项目，以及支持项目和相关项目。每个项目都不是一成不变的，可以根据发展的成熟度和重要性，转变为核心项目。下面列出十几个重要的核心项目。

（1）计算：Nova。

Nova 是一套控制器，用于为单个用户或群组管理虚拟机实例的整个生命周期。根据用户需求提供虚拟服务，负责虚拟机的创建、开机、关机、挂起、暂停、调整、迁移、重启、销毁等操作，配置 CPU、内存等信息规格。

（2）对象存储：Swift。

Swift 用在大规模可扩展系统中，通过内置冗余及高容错机制实现对象存储的系统，允许进行存储或者检索文件，可为 Glance 提供镜像存储，为 Cinder 提供卷备份服务。

（3）镜像服务：Glance。

Glance 是一种虚拟机镜像查找及检索系统，支持多种虚拟机镜像格式，有创建镜像、上传镜像、删除镜像、编辑镜像基本信息的功能。

（4）身份服务：Keystone。

Keystone 为 OpenStack 其他服务提供身份认证，服务规则和服务令牌的功能，管理命令、项目、用户、组、角色。

（5）网络管理：Neutron。

Neutron 可提供云计算的网络虚拟化技术，为 OpenStack 其他服务提供网络连接服务，为用户提供接口，可以定义网络、子网、路由器，配置 DHCP、DNS、负载均衡、L3 服务，网络支持 GRE、VLAN。

（6）块存储：Cinder。

Cinder 可以为运行实例提供稳定的数据块存储服务，它的插件驱动架构有利于块设备的创建和管理，如创建卷，删除卷，在实例上挂载和卸载卷。

（7）UI 界面：Horizon。

Horizon 是 OpenStack 中的各种服务的外部管理门户，用于简化用户对服务的操作，例如，启动实例，分配 IP 地址，配置访问控制等。

（8）测量：Ceilometer。

Ceilometer 把 OpenStack 内部发生的几乎所有事件都收集起来，然后为计费和监控及其他服务提供数据支撑。

（9）部署编排：Heat。

Heat 提供一种通过模板定义的协同部署方式，实现云基础设施软件运行环境的自动化部署。

（10）数据库服务：Trove。

使用 Trove，用户可在 OpenStack 环境下，提供可扩展的和可靠的关系和非关系数据库引擎服务。

（11）大数据服务：Sahara。

Sahara 最初的基本定位是基于 OpenStack 提供的简单的 Hadoop 集群创建方式。不过随着项目的不断演进，Sahara 涵盖的范畴也有所扩大，从服务层次看，Sahara 已经开始从利用 OpenStack 的 IaaS 能力，提供简单的大数据工具集群创建和管理服务，扩展到提供分析即服务层面的大数据业务能力。从承载的业务类型看，Sahara 也很有可能会迅速突破单一的 Hadoop 工具范畴，拓展支持其他新兴的大数据工具。

（12）裸机管理：Ironic。

OpenStack 虚拟化管理部分已经很成熟了，Ironic 是裸机（物理机）的管理解决方案。Ironic 可以解决物理机的添加、删除，以及电源管理和安装部署。Ironic 最大的好处是提供了插件的机制，让厂商可以开发自己的驱动器，这使得它支持几乎所有的硬件。

5．OpenStack 入门体验

由于 OpenStack 安装过程时间较长且复杂，并且构建不同的云环境，可以选择各种各样的排列组合方式。为了使初学者尽快了解 OpenStack，通过一个虚拟机创建的过程，使大家对 OpenStack 有初步的体验。

OpenStack 创建虚拟机的流程可以概述如下。

（1）Horizon 通过 Keystone 获取计算组件 NOVA 的访问地址，并获取授权令牌。

（2）获得授权令牌后，Horizon 向 NOVA 发送创建虚拟机指令。

（3）NOVA 通过 glance-api 下载虚拟机镜像，Glance 镜像支持缓存机制，下载分两个阶段。第一个阶段：如果 Base 缓存中没有此次的虚拟机镜像文件，要从 Glance 下载镜像文件到 Base 缓存。第二个阶段：从 Base 缓存中，复制镜像到本地目录。

（4）Glance 检索后端镜像。Glance 后端存储不一定要使用 Swift 存储，也可以是其他的能存放镜像的文件系统。

（5）NOVA 从 Neutron 获取网络信息，决定虚拟机网络模式及建立网络连接。

（6）NOVA 发送启动虚拟机指令。至此，虚拟机创建完成。

10.2.2 虚拟化引擎 VMware/KVM

1. 虚拟化架构的分类

计算虚拟化技术的实现形式，是在系统中加入一个虚拟化层，将下层资源抽象成另一种形式的资源，供上层调用。

计算虚拟化技术的通用实现方案，是将软件和硬件相互分离，在操作系统与硬件之间加入一个虚拟化软件层，通过空间上的分隔、时间上的分时，以及模拟，将物理资源抽象成逻辑资源，向上层操作系统提供一个与它原先期待一致的服务器硬件环境，使得上层操作系统可以直接运行在虚拟环境上，并允许具有不同操作系统的多个虚拟机相互隔离，并发运行在同一台物理机上，从而提供更高的 IT 资源利用率和灵活性。

计算虚拟化软件，模拟出来的逻辑功能，主要为高效独立的虚拟计算机系统，通常称之为虚拟机。在虚拟机中运行的操作系统软件，称之为 Guest-OS。

虚拟化软件层模拟出来的每台虚拟机都是一个完整的系统，它具有处理器、内存、网络设备、存储设备和 BIOS。在虚拟机中运行应用程序及操作系统，与在物理服务器上运行并没有本质区别。

计算虚拟化软件层，通常称之为虚拟机监控器（Virtual Machine Monitor, VMM），又叫 Hypervisor。其常见的软件栈架构方案为两类，即 Type-1 和 Type-2 型。

Type-1 型中，虚拟机监控器直接运行在裸机上。而对于 Type-2 型，则在 VMM 和硬件之间，还有一层宿主操作系统。

根据 Hypervisor 对于 CPU 指令的模拟和虚拟实例的隔离方式，计算虚拟化技术可以细分为 5 个子类。

（1）全虚拟化

全虚拟化是指虚拟机模拟了完整的底层硬件，包括处理器、物理内存、时钟、外设等，使得为原始硬件设计的操作系统或其他系统软件完全不做任何修改，就可以在虚拟机中运行。全虚拟化 VMM 以完整模拟硬件的方式提供全部接口，如果硬件不提供虚拟化的特殊支持，那么这个模拟过程将会十分复杂。一般而言，VMM 必须运行在最高优先级来完全控制主机系统，而 Guest-OS 需要降级运行，从而不能执行特权操作。全虚拟化 VMM 有微软的 Virtual PC、VMware Workstation、Sun Virtual Box 等。

（2）超虚拟化

超虚拟化是一种修改 Guest-OS 部分访问特权的代码，以便直接与 VMM 交互的技术。在超虚拟化的虚拟机中，部分硬件接口以软件的形式提供给客户机操作系统。由于不会产生额外的异常和模拟硬件执行流程，超虚拟化可以大幅度提高性能。比较著名的 VMM 有 Denali，Xen。

（3）硬件辅助虚拟化

硬件辅助虚拟化是指借助硬件支持，实现高效的全虚拟化。例如，VMM 和 Guest-OS 的执行环境可以完全隔离开，Guest-OS 有自己的全套寄存器，可以运行在最高级别。Intel-VT 和 AMD-V 采用的就是硬件辅助虚拟化技术。

（4）部分虚拟化

在这种方式下，VMM 只模拟部分底层硬件，因此客户机操作系统和其他程序需要修改才能在虚拟机中运行。历史上部分虚拟化是通往全虚拟化道路上的重要过程。

（5）操作系统级虚拟化

在传统操作系统中，所有用户的进程本质上是在同一个实例中运行的。操作系统级虚拟化，是一种在服务器操作系统中使用的轻量级的虚拟化技术，内核通过创建多个虚拟的操作系统实例，隔离不同的进程。不同实例中的进程，完全不了解对方的存在。采用这种技术的有 Solaris Container，FreeBSD Jail 和 Open VZ。

2. VMware 虚拟引擎

VMware 是一家来自美国的虚拟软件提供商，也是全球最为著名的虚拟机软件公司，目前为 EMC 公司的全资子公司，成立于 1998 年。VMware 所拥有的产品包括：Vmware-Workstation（Vmware 工作站）、VMwarePlayer、VMware 服务器、VMwareESX 服务器、VMwareESXi 服务器、VMwarevSphere、虚拟中心等。

（1）产品的基本功能

① VMware 工作站是 VMware 公司销售的商业软件产品之一。该工作站软件包含一个用于英特尔 x86 兼容计算机的虚拟机套装，其允许多个 x86 虚拟机同时被创建和运行。用简单术语来描述就是，VMware 工作站允许一台真实的计算机同时运行数个操作系统。其他 VMware 产品帮助在多个宿主计算机之间管理或移植 VMware 虚拟机。

② VMware ESX 服务器及 VMwareESXi 服务器。ESX 服务器使用了一个特定内核，用来在硬件初始化后替换原 Linux 内核，加载 VMkernel 的引导加载程序运行，并提供了各种管理界面（如 CLI、浏览器界面 MUI、远程控制台）。该虚拟化系统管理的方式提供了更少的管理开销，更好的控制和更佳的资源分配粒度，同时增加了安全性，从而使 VMwareESX 成为一种企业级产品。VmwareESXi 是基于 ESX 所提供的免费版本。

③ VMware vSphere。VMware vSphere 是一整套虚拟化应用产品，它包含 VMware ESX Server、VMware Virtual Center、虚拟对称多处理器（VirtualSMP）和 VMotion，以及如 VMwareHA、VMwareDRS 和 VMware 统一备份服务等分布式服务。

④ 虚拟化相关的产品。虚拟中心（VMware Virtual Center）可用来监视和管理多个 ESX 或 GSX 服务器。

VMotion 可以使运行中的虚拟机在服务器间无障碍迁移。

P2V 用物理的服务器为模板生成虚拟机的映像，从而实现用一台虚拟机重现物理机的场景。

（2）在 OpenStack 框架下与计算组件 Nova 的对接

Nova 与 VMware 的对接有两种方式，一种是 Nova 直接对接 ESXi，这种方式与传统的方式无异。这种方式的缺点是，丧失了 VMware 原先具备的许多高级功能，如 FT，DRS，VMotion 等。另外一个方案是 Nova 直接对接 vCenter，为此，VMware 提供了一个新的插件 Driver 给 Nova，以便支持接入 vCenter。此种接入方法的优点是，保留了传统 vSphere 平台所具有的许多高级特性。图 10-4 是 Nova 与 vSphere 对接架构示意图。

3. KVM 虚拟化技术

KVM 是 Kernel-based Virtual Machine 的简写，是一个开源的系统虚拟化软件，基于硬件辅助虚拟化扩展（Intel VT-X 和 AMD-V）和 QEMU 的修改版，是基于硬件的完全虚拟化。

其设计目标是在需要引导多个未改动的 PC 操作系统时支持完整的硬件模拟。KVM 的优点是高性能，稳定，无须修改客户机系统和大量的其他功能。

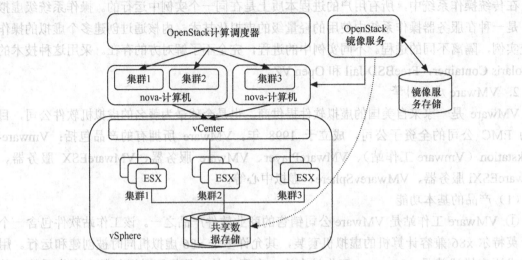

图 10-4 Nova 与 vSphere 对接架构示意图

（1）KVM 基本工作原理

KVM 本身只能提供 CPU 虚拟化和内存虚拟化等部分功能，而其他设备的虚拟和虚拟机的管理工作，则需要依靠 QEMU 来完成。在 KVM 虚拟化环境中，一个虚拟机就是一个传统的 Linux 进程，运行在 QEMU-KVM 进程的地址空间，KVM 和 QEMU 结合，一起向用户提供完整的平台虚拟化。在 KVM 的虚拟化方案中，通过在 Linux 内核中增加虚拟机管理模块，直接使用 Linux 非常成熟和完善的模块和机制，例如，内存管理和进程调度等，从而使 Linux 内核成为能够支持虚拟机运行的 Hypervisor。

KVM 所使用的方法是通过简单地加载内核模块而将 Linux 内核转换为一个系统管理程序。这个内核模块导出了一个名为/dev/kvm 的设备，它可以启用内核的客户模式（除了传统的内核模式和用户模式）。有了/dev/kvm 设备，KVM 虚拟机使用自己完全独立的地址空间。然后 KVM 会通过安装 KVM 内核模块，将 Linux 内核转换成一个用于虚拟机的系统管理程序。使用内核作为一个系统管理程序，就可以启动其他操作系统，例如，另一个 Linux 内核或 Windows 系统。

KVM 是一个轻量级的虚拟化管理程序模块，来自于 Lnux 内核，具有较好的性能和实施的简易性，以及对 Linux 的持续支持，但是目前只支持具有虚拟化功能的 CPU。

（2）在 OpenStack 框架下与 NOVA 的对接

计算组件 NOVA 运行在计算节点上，通过插件形式，对虚拟化监视器（Hypervisor）进行管理，当前版本对各种主流的虚拟化引擎都提供支持，典型的是通过各种插件接口执行虚拟机的创建、终止、迁移等生命周期管理。

KVM 作为基于内核的虚拟机监视器，是通过 Libvirt 插件接口与 NOVA 实现对接，与其他虚拟化引擎对接的方式基本一致。因为 KVM 使用修改的 QEMU 程序启动虚拟机，因此和 NOVA 对接也支持从 QEMU 继承来的磁盘格式。

图 10-5 是 NOVA 和各种异构 Hypervisor 支持架构示意图，KVM 是其中比较常用的一种。

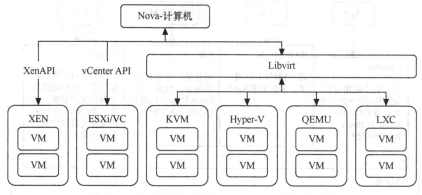

图 10-5 Nova 和各种异构 Hypervisor 支持架构示意图

10.2.3 分布式存储 Ceph

1. Ceph 概述

Ceph 是一种统一的、分布式的存储系统。Ceph 可以同时提供对象存储、块存储和文件系统存储 3 种功能，以便在满足不同应用需求的前提下简化部署和运维。"分布式"在 Ceph 系统中则意味着真正的无中心结构和没有理论上限的系统规模可扩展性。

Ceph 具有很好的性能、可靠性和可扩展性。其核心设计思想，概括为 8 个字："无须查表，算算就好"。

（1）CRUSH 算法

CRUSH 使用 CRUSH 算法完成数据的寻址操作。CRUSH 在一致性哈希基础上很好地考虑了容灾域的隔离，能够实现各类负载的副本放置规则，例如，跨机房、机架感知等。CRUSH 算法有相当强大的扩展性，理论上支持数千个存储节点。

（2）高可用

Ceph 中的数据副本数量可由管理员自行定义，并可以通过 CRUSH 算法指定副本的物理存储位置以分隔故障域，支持数据强一致性；Ceph 可以忍受多种故障场景并自动尝试并行修复。

（3）高扩展性

Ceph 本身没有主控节点，容易扩展。理论上，它的性能会随着磁盘数量的增加而线性增长。

（4）特性丰富

Ceph 支持 3 种调用接口：对象存储，块存储，文件系统挂载。3 种方式可以一同使用。在国内一些公司的云环境中，通常会采用 Ceph 作为 OpenStack 的唯一后端存储来提升数据转发效率。

2. Ceph 系统的基本结构

自下向上，可以将 Ceph 系统分为 4 个层次，如图 10-6 所示。

（1）底层是基础存储系统 RADOS（Reliable Autonomic Distributed Object Store，即可靠的、自动化的、分布式的对象存储）。RADOS 本身也是分布式存储系统，CEPH 所有的存储功能都是基于 RADOS 实现。RADOS 采用 C++开发，所提供的原生 Librados API 包括 C 和 C++两种。

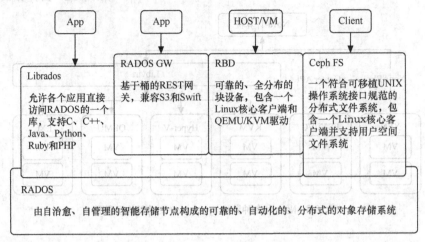

图 10-6　Ceph 系统层次示意图

（2）基础库 Librados：是 RADOS 的基础库接口。上层应用调用本机上的 Librados API，再由后者通过 Socket 与 RADOS 集群中的其他节点通信并完成各种操作。

（3）高层应用接口。包括 3 个部分：RADOS GW（RADOS Gateway）、RBD（Reliable Block Device）和 Ceph FS（Ceph File System）。其作用是在 Librados 库的基础上提供抽象层次更高、更便于应用或客户端使用的上层接口，其中，RADOS GW 是一个提供与 Amazon S3 和 Swift 兼容的 RESTful API 的 Gateway，以供相应的对象存储应用开发使用。RBD 则提供了一个标准的块设备接口，常用于在虚拟化的场景下为虚拟机创建 Volume。目前，Red Hat 已经将 RBD 驱动集成在 KVM/QEMU 中，以提高虚拟机访问性能。Ceph FS 则支持文件系统挂载，提供了 POSIX 接口，用户可直接通过客户端挂载使用。

（4）高层应用。不同的高层应用可以分别通过不同的应用接口或者直接调用基础库接口使用基础存储系统。

3．RADOS 的组件

RADOS 由两个基本组件 OSD、Monitor 和可选组件 MDS 组成。

（1）OSD 数量很多，负责完成数据存储和维护功能。OSD 可以被抽象为两个组成部分，即系统部分和守护进程（OSD Deamon）部分。OSD 的系统部分本质上就是一台安装了操作系统和文件系统的计算机，其硬件部分至少包括一个单核的处理器、一定数量的内存、一块硬盘，以及一张网卡。在上述系统平台上，每个 OSD 拥有一个自己的 OSD Deamon。这个 Deamon 负责完成 OSD 的所有逻辑功能，包括与 Monitor 和其他 OSD（事实上是其他 OSD 的 Deamon）通信以维护更新系统状态，与其他 OSD 共同完成数据的存储和维护，与 Client 通信完成各种数据对象操作等。

（2）另一种则是若干个负责完成系统状态检测和维护的 Monitor。监控整个集群的状态，维护集群的 Cluster MAP 二进制表，保证集群数据的一致性。Cluster MAP 描述了对象块存储的物理位置，以及一个将设备聚合到物理位置的桶列表。OSD 和 Monitor 之间相互传输节点状态信息，共同得出系统的总体工作状态，并形成一个全局系统状态记录数据结构，即所谓的 Cluster MAP。这个数据结构与 RADOS 提供的特定算法相配合，便实现 Ceph "无须查表、算算就好" 的核心机制及若干优秀特性。

（3）元数据服务器（Metadata Server，MDS）（可选）。为 Ceph 文件系统提供元数据计算、缓存与同步。在 Ceph 中，元数据也是存储在 OSD 节点中的，MDS 类似于元数据的代理缓存服务器。MDS 进程并不是必须的进程，只有需要使用 Ceph FS 时，才需要配置 MDS 节点。

4. Ceph 中的数据存储

Ceph 系统中用户存储数据时的过程如图 10-7 所示。

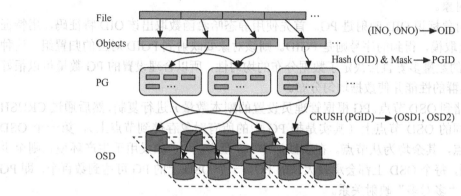

图 10-7　Ceph 系统用户存储数据过程示意图

几个概念解释如下。

• File：用户需要存储或者访问的文件。对于一个基于 Ceph 开发的对象存储应用而言，这个 File 也就对应于应用中的"对象"，也就是用户级定义的"对象"。

• Object：RADOS 级定义的"对象"。Object 与上面提到的 File 的区别是，Object 的最大 Size 由 RADOS 限定，以便实现底层存储的组织管理。

• PG（Placement Group）：归置组。顾名思义，PG 的用途是对 Object 的存储进行组织和位置映射。具体而言，一个 PG 负责组织若干个 Object（可以为数千个甚至更多），但一个 Object 只能被映射到一个 PG 中，即 PG 和 Object 之间是"一对多"映射关系。同时，一个 PG 会被映射到 n 个 OSD 上，而每个 OSD 上都会承载大量的 PG，即 PG 和 OSD 之间是"多对多"映射关系。在实践当中，n 至少为 2，如果用于生产环境，则至少为 3。一个 OSD 上的 PG 则可达到数百个。事实上，PG 数量的设置牵扯到数据分布的均匀性问题。

OSD：即对象存储设备，用来实现 Ceph 系统的物理存储功能。

存储过程如下。

• 数据切割：无论使用哪种存储方式（对象、块、挂载），存储的数据都会被切分成对象。注意，这里的对象是 RADOS 级别的对象，与平常说的用户级的对象不是一个概念。RADOS objects 的大小可以由管理员调整，通常为 2MB 或 4MB。每个对象都会有一个唯一的标识 OID，由 INO 与 ONO 组成，INO 即是文件的 File ID，而 ONO 则是分片的编号。比如：一个文件 FileID 为 A，它被切成了两个对象，一个对象编号 0，另一个编号 1，那么这两个对象的 OID 则为 A0 与 A1。Oid 的好处是可以唯一标示每个不同的对象，并且存储了对象与文件的从属关系。由于 Ceph 的所有数据都虚拟成了整齐划一的对象，所以在读写时效率都会比较高。

• 对象归置组。由于对象的 Size 很小，在一个大规模的集群中可能有几百到几千万个对象。如果直接对这些对象直接遍历寻址，速度将会很缓慢；并且如果将对象直接通过某种固定映射的哈希算法映射到 OSD 上，当这个 OSD 损坏时，对象无法自动迁移至其他 OSD 上面（因为映射函数不允许）。为了解决这些问题，Ceph 引入了归置组的概念，即 PG。

PG 是一个逻辑概念，它在数据寻址时类似于数据库中的索引：每个对象都会固定映射进一个 PG 中，所以当要寻找一个对象时，只需要先找到对象所属的 PG，然后遍历这个 PG 就可以了，无须遍历所有对象。而且在数据迁移时，也是以 PG 作为基本单位进行迁移，Ceph 不会直接操作对象。

对象通过对象标识 OID 映射进 PG。首先使用静态哈希函数取出该 OID 特征码，用特征码与 PG 的数量取模，得到的序号则是 PGID。则该对象要映射到 PGID 对应的归置组。这种设计方式，PG 的数量多寡直接决定了数据分布的均匀性，所以合理设置的 PG 数量可以很好地提升 Ceph 集群的性能并使数据均匀分布。

* PG 存储到 OSD 节点。PG 根据管理员设置的副本数量 n 进行复制，然后通过 CRUSH 算法存储到不同的 OSD 节点上（其实是把 PG 中的所有对象存储到节点上），第一个 OSD 节点即为主节点，其余均为从节点。在实践当中，n 至少为 2，如果用于生产环境，则至少为 3。另一方面，每个 OSD 上都会承载大量的 PG，一个 OSD 上的 PG 可达到数百个。即 PG 和 OSD 之间是"多对多"映射关系。

5. 在 OpenStack 中使用 Ceph

Ceph 底层是存储集群 RADOS，然后是 Librados，这是一个可以访问 RADOS 的库。用户利用这个库开发自己的客户端应用。Ceph 提供 RADOS GW、RBD、Ceph FS 等接口，也就是基于这个库完成的。

在 OpenStack 中使用 Ceph 块设备，必须首先安装 QEMU，Libvirt 和 OpenStack。图 10-8 描述了 OpenStack 和 Ceph 技术层次。Libvirt 配置了 Librbd 的 QEMU 接口，通过它可以在 OpenStack 中使用 Ceph 块设备。可以看出 OpenStack 通过 Libvirt 中的接口调用 QEMU，QEMU 去调用 Ceph 的块存储库 Librbd，从而完成在 OpenStack 中的 Ceph 使用。

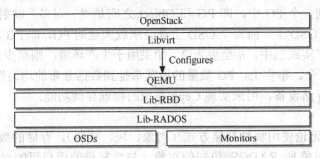

图 10-8　OpenStack 和 Ceph 技术层次

10.2.4　容器开源软件 Docker/Kubernetes/Mesos

1. 容器技术基本原理

Docker 是基于容器技术的轻量级虚拟化解决方案。Docker 是容器引擎，它把 Linux 的 cgroup、namespace 等容器底层技术进行封装抽象，为用户提供了创建和管理容器的便捷界面。Docker 是一个开源项目，诞生于 2013 年初，是基于谷歌公司推出的 go 语言实现的。Docker 技术的出现和迅猛发展，已成为云计算产业新的热点，容器技术也逐步得到接受与认同。与虚拟机技术相比，容器技术具有轻量化、性能高、节省资源、可跨平台，以及细粒度等技术特点，得到了广泛关注。

（1）基本概念

为了了解容器技术，首先理解其 3 大基本概念，如图 10-9 所示。

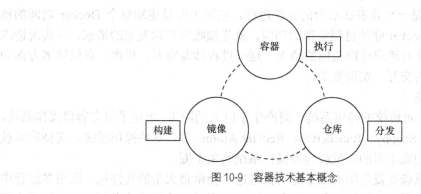

图 10-9 容器技术基本概念

镜像：Docker 镜像，类似于虚拟机的模板，但是更轻量。例如，一个镜像可以包含一个完整的 Linux 操作系统环境，其中仅安装了 Tomcat 或用户需要的其他应用程序。镜像可以用来创建容器。

容器：等同于利用模板创建的虚拟机实例。容器是从镜像创建的运行实例，它可以被创建、启动、停止、删除。容器都是相互隔离的，可以保证安全的独立平台。可以把容器看作是一个简易版的 Linux 环境和运行在其中的应用程序。一个镜像可以生成多个不同的容器。

仓库及仓库注册服务器：仓库是集中存放镜像文件的场所，而仓库注册服务器上往往存放着多个仓库，每个仓库中又包含了多个镜像。每个镜像有不同的标签，仓库分为公开仓库和私有仓库两种形式，可以上传镜像到仓库，也可以从仓库取出镜像。

（2）Docker 总体架构

可以用 Docker 的技术堆栈来阐述 Docker 技术的架构。图 10-10 是 Docker 的总架构图。

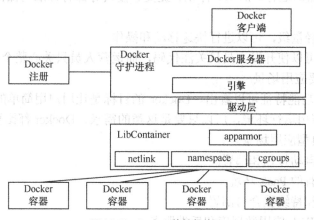

图 10-10 Docker 的总架构图

可以看到，用户可以从 Docker 客户端建立与 Docker 守护进程的通信连接，发送容器的管理请求。这些请求首先被 Docker 服务器接收，转而交给引擎处理。

而在系统调用方面，Docker 是通过更底层的工具 LibContainer 与内核交互。LibContainer 是真正的容器引擎，是容器管理的解决方案，涉及大量的 Linux 内核方面特性，如 namespace、cgroups、apparmor 等。LibContainer 很好地抽象的这些特性，提供接口给 Docker 守护进程。

用户执行启动容器的命令后，一个 Docker 容器的实例就运行了，这个实例拥有隔离的运行环境、网络空间及配置好的受限资源。

Docker 守护进程是一个常驻在后台的系统进程，实际上就是驱动整个 Docker 功能的核心引擎。简单地说，Docker 守护进程实现的功能，就是接收客户端发来的请求，并实现请求所要求的功能，同时针对请求返回相应的结果。这个进程涉及容器、镜像、存储等多方面的内容，以及多个模块的交互，实现复杂。

（3）容器操作系统

Docker 发布以来，对传统的操作系统厂商产生了巨大的冲击，出现了很多容器操作系统，包括 CoreOS、Ubuntu Snappy、RancherOS、RedHat Atomic 等。这些操作系统，支持容器技术，作为主要卖点，构成了新的轻量级容器操作系统的生态圈。

传统 Linux 操作系统及发行版本出于通用性考虑，会附带大量的软件包，而很多运行中的应用并不需要这些外围包，例如，在容器中运行 Java 程序，容器中安装了 JRE，而对容器外的环境不会产生任何依赖。除系统需要支持的 Docker 运行时的环境之外，无用的外围包可以省略掉，这可以减少一些磁盘空间开销。同样的，运行在后台的服务，如果没有封装在 Docker 容器中，也可以认为是多余的。减少这样的服务，也可以减少内存的开销。

因此，全面面向容器的操作系统，就这样诞生了，与其他 OS 相比，这些容器操作系统更小巧，占用资源更少，运行的速度更快。

（4）Docker 主要功能特征

- 内容无关性：可以封装任何有效负载及其依赖项。
- 硬件无关性：使用操作系统基元，几乎可以在任何平台上运行，包括虚拟机、裸机、OpenStack、公共 Iaas 等，并且无须修改。
- 内容隔离和交互：资源、网络和内容隔离，避免相互依赖。
- 自动化：容器的运行、启动、停止、提交、搜索等都有标准的操作，非常适合自动扩展和各种混合云。
- 高效：资源轻量级，可以进行快速移动和操作。
- 职责分离：可以使开发人员只关注代码，而运营人员只关心整个基础环境。

（5）Docker 主要应用场景

由 Docker 主要功能特征可以看出，Docker 的目标是让用户用简单的集装箱方式，快速部署大量的标准化应用运行环境，所以只要是这类的需求，Docker 都比较适合。

下面是常见的典型应用场景。

- 对应用进行自动打包和部署。
- 创建轻量私有的 PaaS 环境。
- 自动化测试和持续整合与部署。
- 部署和扩展 Web 应用数据库和后端服务。

2. Docker 容器资源管理调度和应用编排

前面介绍了 Docker 基本原理。有人认为 Docker 等同于容器，这样理解是片面的。就像传统的集装箱运输体系一样，集装箱只是其中一个最核心的部件，用它来代表整个以集装箱为核心的运输体系。同样，Docker 也是以容器为核心的 IT 交付与运行体系，它除了包括 Docker 引擎（负责容器的运行管理）、Docker 仓库（负责容器的分发管理）之外，还有相关的一系列 API 接口，构成了一套以容器为核心的创建、分发和运行的标准化体系。

当前主要有 3 种容器集群资源管理调度和应用编排的不同选择，称之为生态，分别是 Mesos 生态、Kubernetes 生态和 Docker 生态。

（1）Mesos 生态

Mesos 生态的核心组件，包括 Mesos 容器集群资源管理调度，以及不同的应用管理框架。典型的应用管理框架包括 Marathon 和 Chronos。其中，Marathon 用来管理长期运行的服务，如 Web 服务，Chronos 用来管理批量任务。

Mesos 的工作原理可以用图 10-11 表示。

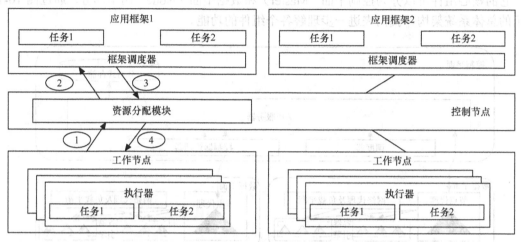

图 10-11 Mesos 生态的工作原理

整个 Mesos 生态，包括资源管理和分配框架，以及应用框架两部分，其中资源管理和分配框架采用主从模式，Master 节点（控制节点）负责集群资源信息的收集和分配，Slave 节点（工作节点）负责上报资源状态，并执行具体的计算任务。

资源管理和分配过程，可以描述如下。

① 工作节点 1 向控制节点上报空闲资源状态。

② 控制节点根据资源分配策略，决定应该向哪个应用框架提供资源及提供多少。

③ 应用框架的调度器，决定是否接受控制节点发送的资源提供，应用框架同时负责接收和调度具体的工作任务。假设应用框架 1 接收资源提供，并把两个任务调度到工作节点 1 上，则可以返回相应的响应信息。

④ 最后，控制节点把上述的响应信息，发送给工作节点 1，工作节点 1 为应用框架 1 的执行器分配所需资源，执行器启动工作任务。

（2）Kubernetes 生态

Kubernetes 是谷歌公司在 2014 年 6 月宣布开源的容器资源管理和应用编排引擎。

① 基本概念

- 集群：是物理机或者虚拟机的集合，是应用运行的载体。

- 节点：可以用来创建容器级的一个特定的物理机或者虚拟机。

- 容器集（POD）：是最小的资源分配单位，一个 POD 是一组共生容器的集合。共生指的是一个 POD 中的容器只能在同一节点上。

- 服务：是一组 POD 集合的抽象，比如，一组 Web 服务器。服务具有一个固定的 IP

或者 DNS，从而使服务的访问者，不用关心服务后面具体 POD 的 IP 地址。

- 复制控制器（Replication Controller，RC）：通过 RC 确保一个 POD 在任何时候都维持在期望的副本数，当 POD 期望的副本数和实际运行的副本数不符时，调用接口进行创建或者删除 POD。
- 标签：与一个资源关联的键值，方便用户管理和选择资源，资源可以是集群、节点、POD 及 RC 等。

② 总体系统架构

它的核心组件可以分为控制平面（Master）和数据平面（Node）两个部分。通过图 10-12 所示的总体系统架构，我们来进一步理解各个组件的功能。

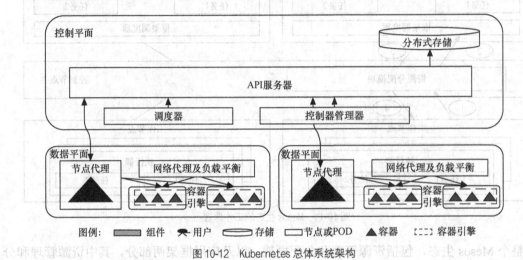

图 10-12　Kubernetes 总体系统架构

控制平面包括 API 服务器（API Server）、调度器（Scheduler）、控制器管理器（Controller Manager）和分布式存储等几个组件。数据平面则包含节点代理（Kubelet）、网络代理及负载均衡（Kube-Proxy）和容器集。下面分别进行简单的介绍。

- API 服务器：主要提供 Kubernetes API，提供对 PODs、Services、ReplicationController 等对象的生命周期管理，处理 REST 操作。
- 调度器：负责容器集 PODs 在各个节点上的分配，它是插件式，可用户自定义。
- 控制器管理器：所有其他的集群级别的功能，目前由控制器管理器提供。Endpoints 对象由端点控制器创建和更新，节点控制器发现、管理和监控节点。
- 分布式存储：所有的持久性状态都保存在分布式存储中，它支持 Watch，这样组件很容易得到系统状态的变化，从而快速响应和协调工作。
- 节点代理：接受 API 服务器的指令，管理 POD 生命周期，以及 POD 的容器、镜像、卷等。
- 网络代理及负载均衡：负责简单的网络代理和负载均衡。

③ Kubernetes 容器调度

Kubernetes 调度器是 Kubernetes 众多组件的一部分，独立于 API 服务器之外。调度器和 API 服务器是异步工作的，它们之间通过 http 通信。调度器通过和 API 服务器建立连接，以获取调度过程中需要的集群状态信息，例如，节点的状态、Service 的状态、Controller 的状态、所有未调度和已经被调度的 POD 的状态等。

调度器工作步骤具体如下：

- 从待调度的 POD 队列中取出一个 POD；
- 依次执行调度算法中配置的过滤函数，得到一组符合 POD 基本部署条件的节点的列表；
- 对上一步骤中得到的节点列表中的节点，依次执行打分函数，为各个节点进行打分。每个打分函数输出一个 0 到 10 之间的分数，最终一个节点的得分是各个打分函数输出分数的加权值；
- 对所有节点的得分由高到低排序，把排名第一的节点作为 POD 的部署节点，创建一个名为 Binding 的 API 对象，通知 API 服务器将被调度 POD 的节点，部署到计算得到的节点。

（3）Docker 生态

Swarm 项目是 Docker 公司用来提供容器集群服务的，它可以更好地帮助用户管理多个 Docker 引擎，方便用户使用。下面，首先介绍 Swarm 的架构。

① Swarm 架构

Swarm 容器集群由两部分组成，分别是 Manager 和 Agent，由下面简化的 Swarm 架构（如图 10-13 所示）可以看到，在每个节点上会运行一个 Swarm 代理，而管理节点上则主要包含调度器和服务发现模块。

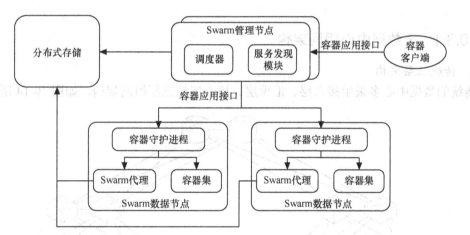

图 10-13　Swarm 架构

各个模块的具体作用如下。

- 调度器模块：主要实现调度功能，在通过 Swarm 创建容器时，会经过调度模块选择出一个最优节点。它包含两个子模块，分别用来过滤节点，根据最优策略选择节点。
- 服务发现模块：用来提供节点发现功能。
- Swarm 代理：在每一个节点上，都会有一个 Swarm 代理，用来连接服务发现模块，上报 Docker 守护进程（Daemon）的 IP 端口等信息。
- 分布式存储：相关的所有持久性状态信息都保存在这里。

② Swarm 容器调度

用户容器创建时，会经过调度模块，选择一个最优节点，在选择最优节点过程中，分为两个阶段，即过滤和策略。

过滤：调度的第一个阶段是过滤，根据条件过滤出符合要求的节点。过滤器有以下 5 种。

- 约束过滤器：可以根据当前操作系统类型、内核版本、存储类型等条件进行过滤，当然也可以自定义约束。
- 亲和型过滤器：支持容器亲和性和镜像亲和性，比如，一个 Web 服务，如果想将数据库容器和 Web 容器放在一起，就可以通过这个过滤器实现。
- 依赖过滤器：如果在创建容器时，使用了某个容器，则创建的容器会和依赖的容器在同一个节点上。
- 健康过滤器：会根据节点状态进行过滤，去除故障节点。
- 端口过滤器：会根据端口的使用情况过滤。

策略：调度的第二个阶段是根据策略选择一个最优节点，其有以下策略。

- Binpack 策略：在同等条件下选择资源使用最多的节点。通过这个策略，可以将容器聚集起来。
- Spread 策略：在同等条件下选择资源使用最少的节点。通过这个策略，可以使容器均匀分布在每一个节点上。
- Random 策略：随机选择一个节点。

10.3 云数据中心网络

10.3.1 云数据中心组网架构

1. 传统三层架构

传统的数据中心多采用接入层、汇聚层、核心层的三层组网架构，如图 10-14 所示。

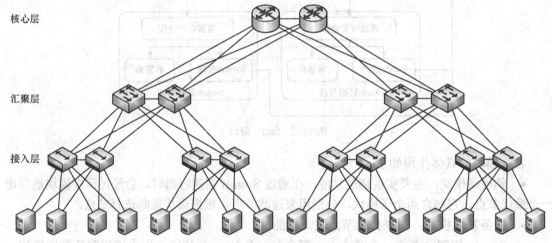

图 10-14 云数据中心传统三层组网架构

在这种架构下，跨区域的数据交换都需要经过核心层进行转发。交换机之间的链路保护多通过 STP、VRRP 等协议实现，存在收敛慢、链路利用率低（只有 50%的链路能够传送数据）等问题。

2. Leaf-Spine 架构

传统数据中心的流量以南北向流量（客户与数据中心之间的流量）为主，东西向流量（数据中心内部不同系统之间的流量）较小。但在云数据中心时代，虚拟机迁移、分布式应用的同步，以及跨数据中心的容灾备份需求，导致了大量的东西向流量。

传统三层架构在面临网状分布、不确定性高的服务器间东西向流量时，会产生跳数多、时延增加、组网灵活性低、易阻塞等问题。这种情况下，经典的无阻塞多级交换架构在云数据中心得到推荐和使用，该架构通过多级小型交换机阵列构建大的无阻塞网络，一般认为其适用于 DC 内东西向流量较大的场景，并在实际部署中采用叶脊（Leaf-Spine）两级架构。叶脊架构也称为分布式核心网络，包括两种节点：Leaf 叶节点实现架顶设备与服务器的连接；Spine 脊节点实现交换机间的连接。

典型的 Leaf-Spine 组网架构如图 10-15 所示。

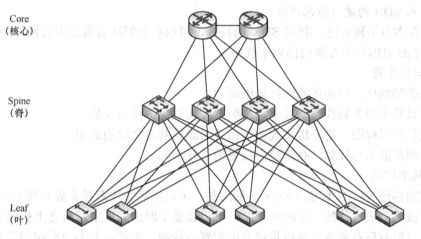

图 10-15 云数据中心 Leaf-Spine 架构架构

叶脊架构可以实现任意端口之间延迟较低的无阻塞性能，通过合适的端口收敛比/超配比实现大规模服务器集群的高速转发。在这种架构下，所有的接入交换机（Leaf）都跟所有的汇聚交换机（Spine）建立链路，数据中心内部的数据交换效率更高。且用多连接透明互联协议（TRansparent Interconnect of Lots of Links，TRILL）、最短路径桥（Shortest Path Bridge，SPB）等协议在实现多路径的同时，还使得链路利用率极大提高（所有链路都能同时传送数据）。

10.3.2　云数据中心组网面临的问题

随着云数据中心的规模越来越大，以及客户个性化需求的日趋强烈，网络已经成为制约云数据中心发展的最大瓶颈，主要体现在以下几个方面。

1. 网络配置的复杂度极大提升

内部设备众多，特别是计算资源虚拟化后，虚拟机的数量更是增长了数十倍，且各类业务特性各异，导致网络配置的复杂度大大增加，基于传统点到点手工配置的模式，难以满足业务快速上线的要求。

2. 无法有效进行拓扑展现

现有的网管系统均是基于传统网络环境的，在虚拟化环境下，由于虚拟机与网络设备端口并不是一一对应的，因此无法很好地呈现业务系统与网络资源之间的对应关系，导致运维复杂，极易出现问题。

3. 无法很好地实现多租户网络隔离

在云计算环境下，各业务系统共用同一套核心交换机、路由器、防火墙、负载均衡器等设备。目前的传统网络技术很难有效地实现多个系统之间的有效隔离，在满足云 IDC 对 IP 地址、VLAN、安全等网络策略统一规划的前提下，又能很好支撑各系统的个性化要求。

4. 无法实现动态的资源调整

不同业务系统的流量、安全策略等均有所不同，传统的网络技术无法动态感知各业务属性，从而灵活进行适应性的资源调整，容易造成资源的浪费或过载。

10.3.3　基于 SDN 的云数据中心网络

1. 引入 SDN 构建智能化网络

SDN 在本节不再赘述。利用 SDN 的特性，可以有效解决云数据中心网络面临的问题，构建智能化的 SDN，主要体现出以下优势。

（1）自动配置

- 提供精细化，自动化的网络运维能力。
- 可以基于业务属性自动发下网络配置，实现业务快速发放。
- 提供全局视图，更好地实现业务系统与底层网络之间的适配。
- 将网络能力与计算、存储能力很好地进行协同。

（2）网络扩展

- 突破传统 VLAN 数量（4 096）的限制，可以灵活实现海量业务系统之间的隔离。
- 打破虚拟机迁移的二层网络限制，可以在基于路由的三层网络之上构建大二层网络。
- 可以针对任意业务系统提供独立的配置、管理、维护，并不会影响到其余系统。

（3）业务感知

- 可以自动感知业务属性，并完成相匹配的安全、性能策略。
- 业务迁移时可自动携带网络属性，为业务迁移提供更好的保障，提高业务、网络的可用性。

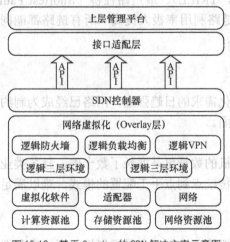

图 10-16　基于 Overlay 的 SDN 解决方案示意图

2. 基于 Overlay 的 SDN 实现方案

由于目前 SDN 的标准化还存在一些问题，不同厂商的网络设备之间 SDN 互通还存在较大困难，现阶段多采用基于 Overlay 的软件 SDN 实现方案。如图 10-16 所示。

方案的特点是以现有的物理网络为基础，在其上建立软件实现的 Overlay 层，全面屏蔽底层物理网络设备，所有的网络能力均以软件虚拟化的方式提供。优势是不依赖于底层网络设备，可灵活实现业务系统的安全、流量、性能等策略，实现多租户模式，基于可编程能力实现网络自动配置。缺点是一定程度上增加了网络架构复杂度，且通用服务器架构与传统的专用网络设备相比存在一定的性能缺失。

3. Overlay SDN 关键技术

（1）VxLAN

IETF 在 Overlay 领域有 VxLAN、NVGRE、STT 等三大二层 Overlay 技术路线，其主要思路均是将二层以太网报文通过隧道方式通过三层 IP 网络进行转发。本节仅介绍目前应用最广、支持厂商数量最多的 VxLAN 技术。

VxLAN 使用 MAC in UDP 的方式进行封装，其报文结构如图 10-17 所示。

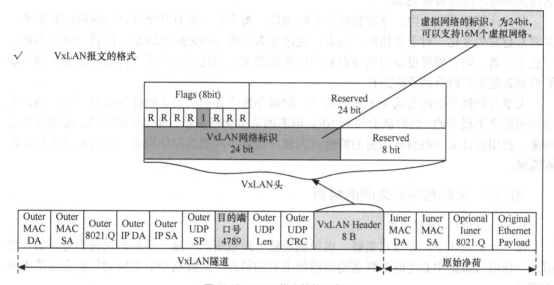

图 10-17　VxLAN 报文结构示意图

其中，最重要的是 8B 的 VxLAN Header，目前使用的是 Flags 的一个 8bit 标识位及 24bit 的 VxLAN 网络标识（VxLAN Network Identifier，VNI），其余部分没有定义，但是在使用时必须设置为 0x0000。由于其使用了 24bit 的网络标识，因此，可支持 16M 个虚拟网络，在数量上远远多于传统 VLAN 的 4 096 个。

建立 VxLAN 隧道时，隧道两端各有一个 VTEP（VxLAN Tunnel End Point）用来完成 VxLAN 报文的封装和解封装。VTEP 与底层物理网络相连，分配有物理网络的 IP 地址。数据报经过 VTEP 封装后就可以在传统网络上传播，对端 VTEP 接收到数据报后，对其进行解封，然后按照一定的规则交付给后端的设备。

（2）vSwitch

vSwitch 指通过软件方式实现的虚拟化交换机，工作在二层数据网络，有时也实现部分三层网络功能。vSwitch 的出现最早是因为在云计算环境下，虚拟机迁移后其网络配置在传统网络设备上的相关策略无法随之自动进行调整，因为服务器虚拟化厂商就在其虚拟化软件中内置了 vSwich 的功能，由 vSwitch 取代原来的物理交换机执行基本的二层转发和接入策略执行功能。

虚拟化软件中集成的 vSwitch 可以很好地接受虚拟化管理平台的统一管理，执行其下发的策略，快速实现各种新的转发技术，从而满足云数据中心中各种网络快速配置，配置自动迁移等需求。

最著名的虚拟化交换机是开源的 Open vSwitch，也使用 VxLAN 作为封装协议，内置 VTEP

来封装和终结 VxLAN 隧道。在较大规模的云数据中心，多使用分布式的 vSwitch，vSwitch 分散部署在每一台虚拟化宿主机上，通过集中的控制器进行统一的协调和管控，解决了 vSwitch 的性能和扩展性问题。

（3）NFV

网络功能虚拟化（Network Function Virtualization，NFV）主要目的是使得以往通过专有硬件设备实现的网络功能，可以通过承载在 x86 通用性服务器上的软件实现，从而在提高灵活性的同时，降低设备成本。

在云计算数据中心内，存在数量众多的租户，每个租户均有其个性化的网络配置需求，并常常会发生变化。对于交换机的需求，通过分布式的 vSwitch 来满足，但租户对路由器、负载均衡器、防火墙等设备也同样有着个性化的需求，并且要求在更改自己配置的时候不能影响到其他租户网络的正常运行。

大型云数据中心内有成千上万的租户，给每个租户各购买一套硬件路由器、防火墙、负载均衡器是不现实的，这时就会用到 NFV 形态的虚拟化路由器、虚拟化防火墙、虚拟化负载均衡。利用云计算动态负载均衡的特性，为租户提供不同的虚拟化设备，以满足其个性化配置需求。

10.3.4　云数据中心之间的组网

1. 云数据中心互联需求

在云计算模式下，分布式集群、虚拟机迁移、跨域资源调度、异地容灾备份等新的业务需求，使得云数据中心之间的联系变得前所未有的紧密，云数据中心之间的数据交互需求急剧增长。

云计算的规模发展使得数据中心的流量也产生爆发式的增长，数据中心成为网络架构新的中心，以 DC 为中心的组网模式得到了越来越多的认可，DC 间的流量也越来越大。

对于分散在各地的云数据中心，要能够进行全局、高效、灵活的网络资源调度和管理，并有效解决以下问题。

（1）各数据中心资源利用率不均衡

为保证业务质量，传统数据中心一般采用最近服务原则。由于地区性差异，各数据中心的资源利用率也存在较大差异。常常出现：客户在 A 中心的系统需要扩容，但 A 中心剩余资源不足，B 中心有充足的资源但客户不愿意/应用不支持跨中心部署业务的情况。

（2）数据中心之间的数据容灾备份

数据中心之间的链路需求并不是一成不变的，例如，在白天对网络的需求是较低带宽，但更高 QoS，夜间大量进行数据容灾备份时则需要临时性地提升网络带宽，对 QoS 则没有太高要求。

（3）跨数据中心的高可用集群和虚拟机迁移

由于传统二层网络的规模和扩展性受限，数据中心之间的网络均为三层网络，而高可用集群和虚拟机迁移需要在二层网络下进行，跨数据中心环境下难以实现。

（4）用户跨数据中心的资源访问

用户在近端数据中心 A 中未找到所需资源时，以往必须通过数据中心外部的广域网络，访问远端数据中心 B 内的资源，而数据中心外部广域网络情况复杂，服务质量难以得到有效保障。如果网络能够智能判断数据中心之间的链路情况，在合适时利用数据中心之间的网络疏导用户的访问流量，则能有效提升用户感知。

（5）数据中心之间链路利用率不均衡

由于资源分布和用户访问需求的差异性，以往通过人工分配资源和带宽的方式无法有效对业务进行感知并随之进行调整，数据中心之间的网络利用率总是存在较大差异性，平均利用率偏低。

2. 基于 SDN 的云数据中心互联网络

基于 SDN 集中控制、网络虚拟化、开放化的特点，配合云操作系统及管理平台，能够较好地契合数据中心互联的需求，将物理分散的多个数据中心，以及其内原本彼此独立和割裂的服务器、网络、存储资源统一整合为规模更大的逻辑数据中心。

通过新型的逻辑数据中心运营管理系统，应用虚拟化、自动化部署等技术，构建可伸缩的虚拟化基础架构，采用集中管理、分布服务模式，可以向用户提供一点受理、全网服务的基础 IT 设施方案与服务。将资源虚拟化成逻辑数据中心后，客户和管理员均无须关心资源的具体物理位置，由管理平台自动进行协调和分配。

具体技术实现方式是利用 SDN 技术，基于 VxLAN 隧道构建 Overlay 的广域大二层网络，从而在不影响数据中心之间底层网络的情况下，通过其上的逻辑网络解决数据中心间组网面临的各种问题，并动态感知上层业务需求，实时对网络资源进行相应调整。

除 vDC 场景外，还可以扩展到企业分支机构之间的组网、企业私有云与公有云之间的灵活组网等应用模式。

3. 利用 SDN 优化数据中心之间流量

传统的数据中心网络受限于分布式的路由计算，以及不全面的资源收集、分配手段，链路带宽利用率不均衡且总体偏低。引入 SDN 技术后，可以通过集中部署的 SDN 控制器收集上层业务需求，并结合全网资源的分布情况进行统一的计算和实时调度，实现带宽的灵活按需分析，最大程度优化网络，提升资源利用率。

世界上最著名、最有影响力的基于 SDN 技术的商用网络毫无疑问要算 Google 的 B4 网络。Google 在全球有多个数据中心，但各数据中心之间网络的带宽利用率一直维持在 30%～35%，难以提升，每年要为此额外付出大量的网络使用费。

谷歌采用了自己开发的 SDN 交换机，还基于 OpenFlow 开发了开放的路由协议栈。在每个站点部署了多台交换机设备，保证可扩展性和高容错率。站点之间通过 OpenFlow 交换机实现通信，并通过 OpenFlow 控制器实现网络调度。多个控制器的存在就是为了确保不会发生单点故障。在这个广域网矩阵中，建立了一个集中的流量工程模型。这个模型从底层网络收集实时的网络利用率和拓扑数据，以及应用实际消耗的带宽。有了这些数据，谷歌计算出最佳的流量路径，然后利用 OpenFlow 协议写入程序中。如果出现需求改变或者意外的网络事件时，模型会重新计算路由路径，并写入程序中。全部部署后，网络利用率从原先的 30%～35%提升到 95%，效果非常显著。

10.4 云安全架构与应用

云安全涉及数据的机密性、完整性和真实性，也关乎信息的所有权。在云计算时代，要使用系统工程的方法建立和完善云计算体系的安全，这就是端到端云安全架构。

10.4.1 端到端云安全架构

1. 云计算中主要安全威胁

云计算体系可能遭受的威胁来自多个层次。

（1）网络层次

① 数据传输过程中的数据私密性与完整性存在威胁。目前多数用户仍使用 HTTP 方式（未加密），而非 HTTPS 方式（加密）访问云资源，一些敏感信息，如密码可能被窃取。

② 更容易遭受网络攻击。云计算必须基于随时可以接入的网络，便于用户通过网络接入，方便使用云计算资源。云计算资源的分布式部署使路由、域名配置更加复杂，更容易遭受网络攻击，比如，DNS 攻击和 DDoS 攻击。

③ 资源共享风险。云计算的共享计算资源带来更大的风险，包括隔离措施不当造成的用户数据泄露，用户遭受相同物理环境下的其他恶意用户的攻击；网络防火墙 IPS 虚拟化能力不足，导致已建立的静态网络分区与隔离模型不能满足，动态资源共享需求等。

（2）虚拟化层次

① Hypervisor 的安全威胁。Hypervisor 运行在比操作系统特权还高的最高优先级上，一旦被攻击破解，那么 Hypervisor 上的所有虚拟机将无任何安全保障，直接处于攻击之下。

② 虚拟机的安全威胁。虚拟机动态地被创建、被迁移，那么虚拟机的安全措施也必须适应这种动态性。否则容易导致接入和管理虚拟机的密钥被盗，未及时打补丁的服务遭受攻击，弱密码或者无密码的账号被盗用，没有主机防火墙保护的系统遭受攻击等威胁。

（3）数据与存储威胁

① 静态数据的安全威胁。静态数据是否通过加密存储在云中，未加密的数据将直接面临风险。

② 数据处理过程中的安全威胁。数据在云中处理时是不加密的，可能被其他用户管理员或者操作员获取。

③ 剩余数据保护。用户退出虚拟机后，该用户的数据就变成剩余数据，存放剩余数据的空间可能被释放给其他用户。如果没有经过处理，其他用户可能获得原来用户的私密信息。

（4）身份认证与接入管理

云计算支持海量的用户认证与接入，对用户的身份认证和接入管理必须完全自动化。为提高认证接入的体验，需要简化用户的认证过程，比如，提供云内所有业务统一的单点登录与权限管理。整个过程的简化和安全性的高要求，必须进行均衡，否则整个网络的安全都会受到严重影响。

2. 端到端安全架构

结合云计算环境中所面临的各种威胁，要考虑整合云计算各个环节中的安全措施，组成端到端的云安全架构。这些措施是否采用，是与企业或组织对安全级别的要求相关的，要求越高，则这个安全架构应该更严格地被落实，以降低安全风险。

结合云计算的风险，端到端云计算安全架构，如图 10-18 所示，有以下几个核心部分。

（1）终端安全：是对用户终端采取的安全措施。终端安全的目标，就是让对安全可能构成威胁的操作基本都被禁止。可以采用 USB 端口策略管控，禁止直接访问内置存储，补丁和升级关联等。这些措施，可以防止用户终端被侵袭，从而造成对网络的威胁，以及本地数据的泄露。

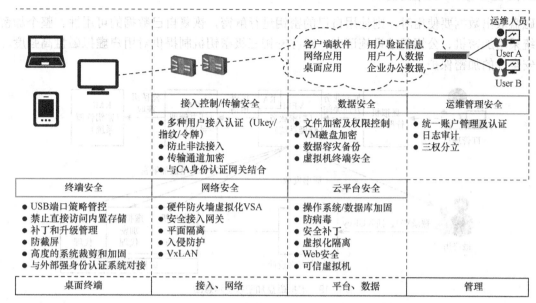

图 10-18　端到端云安全架构示意图

（2）管道安全：管道安全包括接入过程的控制，传输安全和网络本身的安全。接入和传输安全包括：多种方式的接入认证、防非法接入、传输通道加密等；网络安全包括防火墙的控访问控制、安全接入网关、网络平面的隔离、网络入侵防护、网络 VLAN 划分等。

（3）平台和数据安全：云端数据安全是云计算需要重点考虑的内容。云数据安全的解决方案包括文件加密及权限控制、虚拟机的磁盘加密、数据的容灾备份、虚拟机终端安全等；云平台安全，包括云操作系统和数据库的安全加固、防病毒、安全补丁、虚拟化隔离、Web 安全、可信虚拟机等。

（4）管理安全：管理安全包括统一账号管理及认证、日志审计、三权分立等内容。

10.4.2　云数据安全

数据是云计算的核心，数据安全包括数据的机密性保护、完整性保护、数据操作审计等内容。

1．云存储加密保护

云计算用户最大的担心就是个人数据安全，由于云计算将数据集中管理，数据不再由用户自己管控，而是被云计算运营企业、云计算管理员控制，所以如何保证这些用户的数据不被偷看泄密，如何保证用户数据不会在不同用户间交叉造成泄密是必须要解决的问题。数据加密是其中最可信的解决方案。

虚拟磁盘加密系统，可以采用密钥的方式，对用户的虚拟磁盘进行加密。从密码理论上讲，只要用户的密钥没泄露，即使数据丢失也能保障信息不外泄。图 10-19 是虚拟磁盘加密系统示意图。

可以看到，采用整个虚拟机数据盘加密的方案，将增加数据的加解密过程，系统效率将有所降低。

在虚拟机监视器之上要增加相关的加密业务管理系统，负责证书的发放及加密代理的分配与管理。加密代理利用用户公钥对数据进行加密后，再存入相应的虚拟磁盘。而用户从虚拟磁盘取出数据要使用时，则使用自己的密钥进行解密，恢复自己数据的可用性。整个加密系统采用加密机、公钥基础设施证书、对称密钥三级密钥机制提供对用户虚拟磁盘高强度、高安全性的加密保护。

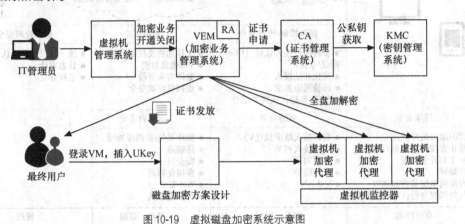

图 10-19 虚拟磁盘加密系统示意图

2. 用户数据的安全防护

为了保证用户的数据安全，需要从数据隔离，访问控制等多个方面采取措施。

（1）用户卷访问控制：系统对每个卷定义不同的访问策略，没有访问该卷权限的用户不能访问，只有真正使用者才可以访问。卷与卷之间是相互隔离的。

（2）存储节点接入认证：存储节点采用标准的 iSCSI 进行访问，并且支持询问握手认证协议（Challenge Handshake Authentication Protocal，CHAP）认证功能。CHAP 协议，可通过 3 次握手，周期性校验对端的身份。CHAP 认证可在初始链路建立时、完成时，以及在链路建立之后重复进行。通过递增改变的标识和可变的询问值，可防止来自端点的重放攻击，限制暴露于单个攻击的时间。CHAP 认证功能可以提高应用服务器访问存储系统的安全性。存储系统启用 CHAP 认证之后，应用服务器侧也必须启用 CHAP 认证，同时在存储系统中把应用服务器的信息加入到存储系统的合法 CHAP 用户，只有经过 CHAP 认证通过后的用户，才能连接到存储系统并存取数据。

（3）剩余数据删除：当用户把卷卸载释放后，系统在该卷进行重新分配之前，要对该卷进行数据格式化，以保证该卷上的用户数据的安全性。存储的用户文件、对象删除后，对应的存储区要进行完整的数据擦除，并标识为"只写"，以保证不被非法恢复。

（4）数据备份：云数据中心的数据存储采用多重备份机制，每一份数据都可以有一个或者多个备份，当数据存储载体出现故障的时候，不会引起数据的丢失，也不会影响系统的正常使用。系统对存储数据按位或字节的方式进行数据校验。当一个数据盘损坏时，系统可以根据其他数据块和对应的校验信息重构损坏的数据。

（5）保险箱技术：存储系统遭遇意外掉电时，采用数据保险箱技术保证数据的安全性和完整性。数据保险箱技术要从数据系统中的某几块硬盘上划分出一定区域，用来专门存放因突然掉电而尚未及时写入硬盘的 Cache 数据和一些系统配置信息。当系统外部供电中断时，则通过内置电池或外置 UPS 供电，使得 Cache 中的数据能够写入数据保险箱。当外部电力恢复时，控制器再将数据从数据保险箱中读回到 Cache 中，以继续完成对数据的处理。

10.4.3 云安全管理

云计算带来了成本降低、效率提高等一系列好处的同时，由于计算存储的集中，对管理维护，提出了更高的安全要求，以保障基础设施的安全运行。

1. 日志管理

系统支持集中的日志收集和存储，满足各种审计要求，如分级保护等，一般的云计算平台均支持以下三类日志。

（1）操作日志

操作日志记录了操作人员在管理节点进行的管理维护操作，包括用户、操作类型、客户端 IP、关键参数、操作时间，操作结果等内容，存放在管理节点的数据库中。审计人员可通过 OMS Portal 导出和查看操作日志，定期审计操作人员在管理节点进行操作活动，可及时发现不当或恶意的操作。操作日志也可作为相关调查的证据。

（2）运行日志

运行日志记录各节点的运行情况，分为 Bug、Info、warning、Error 4 个级别，优先级依次递增，可由日志级别来控制日志的输出。

各节点的运行日志，通过日志管理组件统一汇总，过滤成高级别日志和完整日志。高级别日志定期汇总到日志服务器统一存放，完整日志在本地存放，并支持脚本方式上载指定节点、时间段的完整日志到日志服务器。

运行日志，包括级别、线程名称、运行信息等内容，维护人员可通过查看运行日志，了解和分析系统的运行状况，及时发现和处理异常情况。

（3）黑匣子日志

黑匣子日志记录系统严重故障时的定位信息，主要用于故障定位和故障处理，便于快速恢复业务。其中，计算节点产生的黑匣子日志汇总到日志服务器统一存放，而管理节点、存储节点产生的黑匣子日志，在本地存放。

云计算系统通过在各节点部署日志收集客户端，实时收集本地产生的运行日志、黑匣子日志，通过配置日志收集服务器，实现将日志数据过滤成高级别日志和完整日志，对于这些日志，需要进行如下类别的管理。

（1）安全告警管理

安全告警是指当系统侦测到违反安全策略的事件行为时，将与安全事件相关的一些信息上报给安全告警管理。管理员根据这些信息对违背安全策略的行为进行及时处理，排除安全隐患。

（2）日志分类管理

通过查看日志，可以了解系统的运行情况和操作记录，用于用户行为审计和问题定位。

（3）日志备份

系统需要定期备份操作日志，并提供定时周期性备份方式备份操作日志。日志备份成功后，系统会自动删除已备份的日志。

2. 账户和密码安全

硬件设备及系统存在初始默认的账号和密码，主要是用于维护硬件设备及系统。建议管理员首次登录就修改默认密码，且修改时需满足密码复杂度要求。同时建议管理员定期修改密码，确保密码不泄露。

系统中各类账户的密码加密、设置和修改，都要严格遵守相关原则和策略。

3. 分权分域管理

通过对管理员区分权限，对被访问的数据区分权限，限制管理员访问系统的范围，保证系统的安全。管理员分权分域管理模型，可遵循美国国家标准与技术研究院标准的基于角色的访问控制模型。

（1）三权分立

底层采用强制访问控制措施，在系统启动时就自动产生系统管理员，审计员和操作员三类角色，而且每类角色可以延伸新的角色。系统管理员不能删除其他角色，其行为将会被审计员所审计。

（2）分权

"分权"指区分操作权限，它由"角色"进行控制。一个"角色"可以拥有一个或多个不同的操作权限，一个用户可以拥有一个或多个不同的"角色"。通过绑定用户和"角色"，实现用户和操作权限的绑定。如果一个用户拥有多个角色，其拥有的操作权限是多个角色拥有的操作权限的并集。产品支持灵活的设置角色，并灵活赋予角色拥有的权限。

（3）分域

分域是指区分数据管理范围。即某一个角色管理的数据，应该只是数据集中的一个子集。

10.4.4 云计算服务法律风险及应对措施

云计算技术从诞生之日起，就伴随着法律上的争议。大多数国家对于该事物还处于理解、观望和探讨的阶段。由于云计算概念本身的模糊和复杂，特别是虽然云计算通过互联网整合成一个整体，但其内部仍是按照分层次模式管理，因不同的层次均有自己的技术规则，相对应的法律规则也存在差异。作为中国通信行业的从业人员，必须从云计算服务提供商的法律性质、司法管辖、数据保护，以及云安全、知识产权、消费者保护等方面，树立一定的法律意识和风险意识。重点需要考虑下列的问题。

1. 云计算是否应该受电信法律的监管

大体上可以将云计算服务提供者分为3类，即云计算服务提供商、云计算基础设施提供商和网络连接服务提供商。在这3类服务提供者之间，很明显网络连接服务提供商受电信法律的管辖，但云计算服务提供商和云计算基础设施提供商，是否也要受电信法律的管辖，当前法律并不明确。目前云计算产业尚未发展到足以认定为通用的普遍接入服务的阶段，没有足够正当的理由将其纳入电信法律的管辖范围。对于云服务提供商来说，当它的规模做大之后，就需考虑潜在的来自监管机构的要求。云服务提供商需要提前做好应对监管机构用传统电信业务规范来约束云服务的可能，以防止在毫无防备的情况下被迫使用新的行业规则。

2. 司法管辖权的问题

由于云计算的技术特征即分布式计算和存储，一旦发生法律纠纷，涉及的数据位置难以确定，因此会产生管辖上的困难。这对消费者和云服务提供商都是潜在的危险。因为国际司法管辖适用的一个基本原则为：适用密切关系地的法律或管辖。若云服务提供商或用户的关键数据所在地，被认定为密切关系地，甚至是经营场所所在地，受该地法律管辖，而上述主体对该地法律的特殊要求并不知晓，就可能导致因无知而违反法律规定。此外，云环境下的数据可能是受多地法律管辖，多个管辖地的法律，可能不仅与消费者或云服务提供商住所地或经营地不同，甚至相互之间可能存在难以调和的矛盾与差异。这些矛盾与差异，进一步加剧了管辖的不确定性。

3. 数据保护

云计算被普遍认为将成为 IT 产业继 PC、互联网之后的第三次革命浪潮。在云计算技术的推动之下，数据存储、处理和传输的成本大幅下降。但数据和隐私保护的成本和难度，却因数据共享硬件资源及数据物理位置难以确定，而直线上升。各种数据丢失或数据泄露的案例屡见不鲜。因此作为云服务提供商，要特别注意，其云服务面向的市场地的差异性规定，在遵从数据保护相关法律和规章制度的前提下，部署于业务和提供云服务。

4. 云安全

云安全的问题与数据保护问题相关，但不完全相同。可以从两个维度来理解云安全问题。首先用户会担心他们的数据和资源能否随时使用，其次，希望数据不会被未授权获取或接触。显然，云安全一部分取决于公共网络的安全和可靠性，一部分有赖于用户自身的安全保障措施。但是监管机构还是倾向于从云服务提供商是否遵从相关安全保障义务，来确定"云安全事故"的责任承担。因此，云服务提供商必须考虑理应由网络提供商和用户承担的安全保障义务。而在云服务领域，对于此种安全保障义务，主要源于两个方面的要求：一为行业标准，二为特定法律规范的要求。

5. 知识产权

总体而言，云计算服务中可能存在的知识产权问题，主要体现在两个方面：一是与云计算服务提供商相关的知识产权问题；二是与使用云计算解决方案相关，或与存储在云计算平台的硬件上的数据相关的知识产权问题。

6. 消费者保护问题

云计算领域消费者保护可能引起的法律风险，现在已知的有这样几种。

（1）云服务提供商：对本身技术能力的乐观，有可能会产生误导消费者的宣传。

（2）用户锁定问题：由于云服务会产生数据存储的问题，消费者一旦与服务商解除合同，其原有数据能否以适当方式回收，并顺利迁移到另一个云计算服务商？这个过程如果处理不当，可能被认定为不正当竞争。

（3）格式合同问题：云计算服务商的商业模式的本质，要求在于限制定制化合同条款。在这种情况下，客户无法协商合同条款。因此，云服务提供商应注意其服务所在地关于格式合同生效和解释的原则，避免格式合同中的条款被判定为无效条款，从而造成新的损失和风险。

第 11 章　大数据技术及应用

大数据，或称巨量数据、海量数据，是指所涉及的数据量规模巨大到无法通过人工，在合理时间内达到截取、管理、处理，并整理为人类所能解读的信息。在许多领域，由于数据量过度庞大，在分析处理这些数据时，必须使用数十、数百甚至数千台服务器，即便如此，有些业务仍然无法完成。同时，随着计算机硬件价格的不断下降，大数据也具备了产生的硬件基础。

11.1　大数据基本概念

随着大数据被越来越多地被提及，有些人惊呼大数据时代已经到来。在商业、经济及其他领域中，决策将日益基于数据分析，而并非基于经验和直觉。

11.1.1　大数据定义

最早提出"大数据"时代到来的是全球知名咨询公司麦肯锡，麦肯锡称："数据，已经渗透到当今每一个行业和业务职能领域，成为重要的生产因素。人们对于海量数据的挖掘和运用，预示着新一波生产率增长和消费者盈余浪潮的到来。""大数据"在物理学、生物学、环境生态学等领域，以及军事、金融、通信等行业中的存在已有时日，却因为近年来互联网和信息行业的发展而引起人们关注。

亚马逊（全球最大的电子商务公司）的大数据科学家 John Rauser 给出了一个简单的定义：大数据是任何超过了一台计算机处理能力的数据量。

维基百科中只有短短的一句话："巨量资料（Big Data），或称大数据，指的是所涉及的资料量规模巨大到无法通过目前主流软件工具，在合理时间内达到撷取、管理、处理并整理成为帮助企业经营决策更积极目的的资讯。"

大数据是一个宽泛的概念，见仁见智。上面几个定义，无一例外地都突出了"大"字。诚然"大"是大数据的一个重要特征，但远远不是全部。

11.1.2　大数据特征

IBM 提出大数据的 4V 特征得到了业界的广泛认可。第一，数量，即数据巨大，从 TB 级别跃升到 PB 级别；第二，多样性，即数据类型繁多，不仅包括传统的格式化数据，还包括来自互联网的网络日志、视频、图片、地理位置信息等；第三，速度，即处理速度快；第四，真实性，即追求高质量的数据。

1. 大容量

伴随着各种随身设备、物联网和云计算等技术的发展，人和物的所有轨迹都可以被记录，数据因此被大量生产出来。

移动互联网的核心网络节点是人，不再是网页，人人都成为数据制造者，短信、微博、照片、录像都是其数据产品；数据来自无数自动化传感器、自动记录设施、生产监测、环境监测、交通监测、安防监测等；来自自动流程记录、刷卡机、收款机、电子不停车收费系统、互联网点击、电话拨号等设施，以及各种办事流程登记等。

大量自动或人工产生的数据通过互联网聚集到特定地点，包括电信运营商、互联网运营商、政府、银行、商场、企业、交通枢纽等机构，形成了大数据之海。

2. 多样性

随着传感器、智能设备及社交协作技术的飞速发展，组织数据也变得更加复杂，因为它不仅包含传统的关系型数据，还包含来自网页、互联网日志文件（包括点击流数据）、搜索索引、社交媒体论坛、电子邮件、文档、主动和被动系统的传感器数据等原始、半结构化和非结构化数据。

在大数据时代，数据格式变得越来越多样，涵盖了文本、音频、图片、视频、模拟信号等不同的类型；数据来源也越来越多样，不仅产生于组织内部运作的各个环节，也来自组织外部。

发掘这些形态各异、快慢不一的数据流之间的相关性，是大数据做前人之未做、能前人所不能的机会。大数据不仅是处理巨量数据的利器，更为处理不同来源、不同格式的多元化数据提供了可能。

3. 快速度

在数据处理速度方面，有一个著名的"1 秒定律"，即要在秒级时间范围内给出分析结果，超出这个时间，数据就失去价值了。

一是数据产生得快。有的数据是爆发式产生，例如，欧洲核子研究中心的大型强子对撞机在工作状态下每秒产生 PB 级的数据；有的数据是涓涓细流式产生，但是由于用户众多，短时间内产生的数据量依然非常庞大，例如，点击流、日志、射频识别数据、GPS（全球定位系统）位置信息。

二是数据处理得快。正如水处理系统可以从水库调出水进行处理，也可以处理直接对涌进来的新水流。大数据也有批处理（"静止数据"转变为"正使用数据"）和流处理（"动态数据"转变为"正使用数据"）两种范式，以实现快速的数据处理。

4. 真实性

数据的重要性在于对决策的支持，数据的规模并不能决定其能否为决策提供帮助，数据的真实性和质量才是获得真知和思路最重要的因素，是制定成功决策最坚实的基础。

追求高数据质量是一项重要的大数据要求和挑战，即使最优秀的数据清理方法也无法消除某些数据固有的不可预测性，例如，人的感情和诚实性、天气形势、经济因素，以及未来世界。

在处理这些类型的数据时，数据清理无法修正这种不确定性，然而，尽管存在不确定性，数据仍然包含宝贵的信息。必须承认、接受大数据的不确定性，并确定如何充分利用这一点，例如，采取数据融合，即通过结合多个可靠性较低的来源创建更准确、更有用的数据点，或者通过鲁棒优化技术和模糊逻辑方法等先进的数学方法。

11.2 大数据技术

大数据的采集、存储和处理会用到各种复杂技术，大数据技术不是指其中的一种技术，而是这些技术的合集。

11.2.1 技术体系

大数据的技术体系如图 11-1 所示。

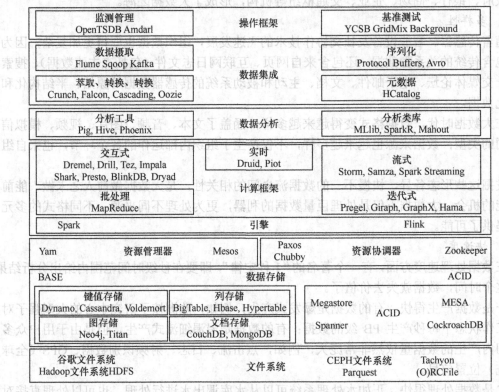

图 11-1 大数据处理的关键架构层

文件系统层：在这一层中，分布式文件系统需具备存储管理、容错处理、高可扩展性、高可靠性和高可用性等特性。

数据存储层：由于目前采集到的数据，十之有七八为非结构化和半结构化数据，数据的表现形式各异，有文本的、图像的、音频的、视频的，等等，因此常见的数据存储也要对应有多种形式，有基于键值的，有基于文档，还有基于列和图表的。

资源管理器和资源协调器层：这一层是为了提高资源的高利用率和吞吐量，以到达高效的资源管理与调度目的。在本层的系统，需要完成对资源的状态、分布式协调、一致性和资源锁实施管理。

计算框架层：在本层的计算框架非常庞杂，有很多高度专用的框架包含于其内，有流式的、交互式的、实时的、批处理和迭代图等。

数据分析层：在这一层里，主要包括数据分析（消费）工具和一些数据处理函数库。这些工具和函数库，可提供描述性的、预测性的或统计性的数据分析功能及机器学习模块。

数据集成层：在这一层里，不仅包括管理数据分析工作流中用到的各种适用工具，除此之外，还包括对元数据（Metadata）管理的工具。

操作框架层：这一层提供可扩展的性能监测管理和基准测试框架。

11.2.2　文件系统

目前要存储的数据量越来越大，但是一台计算机的存储能力是有限的，尽管可以通过提高某台计算机的存储能力来解决这个问题，但是这是无法根本解决这个问题，所以经常会通过很多台廉价的计算机分布式存储这些数据。简单说，就是把要存的文件分割成一份一份存到许多台计算机上。

谷歌文件系统（Google File System，GFS）是谷歌为了满足迅速增长的数据处理需求，设计并实现的 文件系统。它是由几百甚至几千台普通的廉价设备组装的存储机器。

GFS 架构设计采用主/从模式，一个 GFS 包括一个 Master 服务器和多个 Chunk 服务器。当然这里的一个 Master 是指逻辑上的一个，物理上可以有多个。可以把客户端及 Chunk 服务器放在同一台机器上。结构如图 11-2 所示。

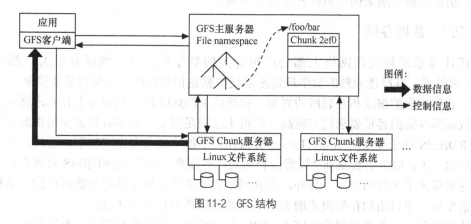

图 11-2　GFS 结构

GFS Master 是单独节点，管理 GFS 所有元数据（如名字空间、访问控制权限等）。

GFS Chunkserver 是数据存储节点，文件被分割为固定大小的 Chunk，每个 Chunk 被唯一标识，默认情况下，Chunk 存储为 3 个副本。

GFS Client：实现 GFS 的 API 接口函数。

正如前面所述，大数据会被切分，并且单位大小是 64MB，所以在 GFS 中，存储的文件会被切分成固定大小的 Block，每当一个 Block 被创建的时候都会由 Master 为它分配一个全球固定的标识。Chunk 服务器把 Block 以 Linux 文件存储的形式存储在本地系统。为了保证可靠性，每块 Block 可能会复制成多份存放在不同的机器节点上，并且 Master 服务器存储着文件与 Block 之间的位置映射以及其他一些元数据信息。

单点 Master 下的读取过程如图 11-3 所示。

（1）客户端向 Master 发送请求，请求信息为（文件名、块索引）。

（2）Master 使用心跳信息监控块服务器的状态，并向其发送指令。

（3）块服务器需要周期性地返回自己的状态给 Master，以确保能够接收 Master 的请求。

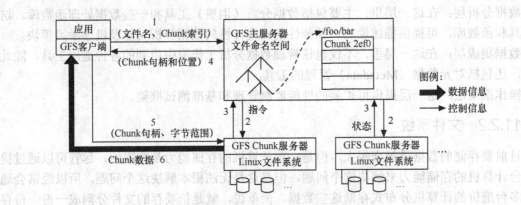

图 11-3 GFS 单点 Master 读取过程

（4）Master 将（块句柄、块位置）这一信息返回给客户端。

（5）客户端使用文件名和块索引作为 Key 进行信息缓存。然后，客户端发送请求到其中的一个副本中，该请求包括（块句柄、字节范围）。对这个块的后续操作，客户端无须再与 Master 进行通信，除非缓存信息过期或者文件被重新打开。

（6）块服务器将所需的块数据发送给客户端。

11.2.3 数据存储

现代计算系统每天在网络上都会产生庞大的数据量。这些数据有很大一部分是由 RDBMS 来处理，其严谨成熟的数学理论基础使数据建模和应用程序编程更加简单。

但随着信息化的浪潮和互联网的兴起，传统的 RDBMS 在一些业务上开始出现问题。首先，对数据库存储的容量要求越来越高，单机无法满足需求，很多时候需要用集群来解决问题，而 RDBMS 由于要支持 Join、Union 等操作，一般不支持分布式集群。其次，在大数据大行其道的今天，很多的数据都"频繁读和增加，不频繁修改"，而 RDBMS 对所有操作一视同仁，这就带来了优化的空间。另外，互联网时代业务的不确定性导致数据库的存储模式也需要频繁变更，不自由的存储模式增大了运维的复杂性和扩展的难度。

在这种背景下，非关系型数据库 NoSQL 开始发展。这类数据库主要有这些特点：非关系型的、分布式的、开源的、水平可扩展的。

1. NoSQL 的优点

（1）易扩展

NoSQL 数据库种类繁多，但是有一个共同的特点，就是去掉了关系型数据库的关系型特性。数据之间无关系，这样就非常容易扩展。无形间在架构的层面上带来了可扩展的能力。

（2）大数据量，高性能

NoSQL 数据库都具有非常高的读写性能，尤其在大数据量下，同样表现优秀。这得益于它的无关系性，数据库的结构简单。一般 MySQL 使用 Query Cache，每次表更新 Cache 就失效，是一种大粒度的 Cache，针对 Web2.0 交互频繁的应用，Cache 性能不高。而 NoSQL 的 Cache 是记录级的，是一种细粒度的 Cache，所以 NoSQL 在这个层面上来说性能就要高很多了。

（3）灵活的数据模型

NoSQL 无须事先为要存储的数据建立字段，随时可以存储自定义的数据格式。而在关系型数据库中，增删字段是一件非常麻烦的事情。如果是非常大数据量的表，增加字段简直就是一个噩梦。这点在大数据量的 Web2.0 时代尤其明显。

（4）高可用

NoSQL 在不太影响性能的情况下，可以方便地实现高可用的架构。比如，Cassandra、HBase 模型，通过复制模型也能实现高可用。

2．NoSQL 的缺点

（1）没有标准

由于没有对 NoSQL 数据库定义的标准，所以没有两个 NoSQL 数据库是平等的。

（2）没有存储过程

NoSQL 数据库中大多没有存储过程。

（3）不支持 SQL

NoSQL 大多不提供对 SQL 的支持：如果不支持 SQL 这样的工业标准，将会对用户产生一定的学习和应用迁移上的成本。

（4）支持的特性不够丰富，产品不够成熟

现有产品所提供的功能都比较有限，不像 MS SQL Server 和 Oracle 那样能提供各种附加功能，比如，BI 和报表等。大多数产品都还处于初创期，与关系型数据库几十年的完善不可同日而语。

3．NoSQL 数据库的分类

（1）键值对（Key-Value）存储数据库

这一类数据库主要会使用到一个哈希表，这个表中有一个特定的键和一个指针指向特定的数据。Key/Value 模型对于 IT 系统来说的优势在于简单、易部署。但是如果 DBA 只对部分值进行查询或更新的时候，Key/Value 就显得效率低下了，如 Tokyo Cabinet/Tyrant、Redis、Voldemort、Oracle BDB 等。

（2）列存储数据库

这部分数据库通常是用来应对分布式存储的海量数据。键仍然存在，但是它们的特点是指向了多个列。这些列是由列家族来安排的，如 Cassandra、Hbase、Riak。

（3）文档型数据库

文档型数据库的灵感是来自于 Lotus Notes 办公软件，而且它同第一种键值存储相类似。该类型的数据模型是版本化的文档，半结构化的文档以特定的格式存储，比如，JSON。文档型数据库可以看作是键值数据库的升级版，允许之间嵌套键值，而且文档型数据库比键值数据库的查询效率更高，如 CouchDB、MongoDB。国内也有文档型数据库 SequoiaDB，已经开源。

（4）图形（Graph）数据库

图形结构的数据库同其他行列及刚性结构的 SQL 数据库不同，它是使用灵活的图形模型，并且能够扩展到多个服务器上。NoSQL 数据库没有标准的查询语言，因此进行数据库查询需要制定数据模型。许多 NoSQL 数据库都有 REST 式的数据接口或者查询 API，如 Neo4J、InfoGrid、Infinite Graph。

表 11-1 所示为上述数据库比较。

表 11-1 数据库比较

分类	Examples 举例	典型应用场景	数据模型	优点	缺点
键值	Tokyo Cabinet/Tyrant、Redis、Voldemort、Oracle BDB	内容缓存，主要用于处理大量数据的高访问负载，也用于一些日志系统等	Key 指向 Value 的键值对，通常用 Hash table 来实现	查找速度快	数据无结构化，通常只被当作字符串或者二进制数据
列存储数据库	Cassandra、Hbase、Riak	分布式的文件系统	以列族式存储，将同一列数据存在一起	查找速度快，可扩展性强，更容易进行分布式扩展	功能相对局限
文档型数据库	CouchDB、MongoDb	Web 应用（与 Key-Value 类似，Value 是结构化的，不同的是数据库能够了解 Value 的内容）	Key-Value 对应的键值对，Value 为结构化数据	数据结构要求不严格，表结构可变，不需要像关系型数据库一样需要预先定义表结构	查询性能不高，而且缺乏统一的查询语法
图形数据库	Neo4J、InfoGrid、Infinite Graph	社交网络，推荐系统等。专注于构建关系图谱	图结构	利用图结构相关算法。比如，最短路径寻址，N 度关系查找等	很多时候需要对整个图做计算才能得出需要的信息，而且这种结构不太好做分布式的集群方案

11.2.4 数据分析

越来越多的应用涉及大数据，这些大数据的属性，包括数量、速度、多样性等都呈现了大数据不断增长的复杂性，所以，大数据的分析方法在大数据领域就显得尤为重要，可以说是决定最终信息是否有价值的决定性因素。

大数据分析的 6 个基本方面如下。

（1）预测性分析能力

数据挖掘可以让分析员更好地理解数据，而预测性分析可以让分析员根据可视化分析和数据挖掘的结果做出一些预测性的判断。

（2）数据质量和数据管理

数据质量和数据管理是一些管理方面的最佳实践。通过标准化的流程和工具对数据进行处理，可以保证一个预先定义好的高质量的分析结果。

（3）可视化分析

不管是对数据分析专家还是普通用户，数据可视化是数据分析工具最基本的要求。可视化可以直观地展示数据，让数据自己说话，让观众听到结果。

（4）语义引擎

由于非结构化数据的多样性带来了数据分析的新的挑战，需要一系列的工具去解析、提取、分析数据。语义引擎需要被设计成能够从"文档"中智能提取信息。

（5）数据挖掘算法

可视化是给人看的，数据挖掘就是给机器看的。集群、分割、孤立点分析还有其他的算法深入数据内部，挖掘价值。这些算法不仅要处理大数据的量，也要处理大数据的速度。

（6）数据仓库

数据仓库是为了便于多维分析和多角度展示，数据按特定模式进行存储所建立起来的关系型数据库。在商业智能系统的设计中，数据仓库的构建是关键，是商业智能系统的基础，承担对业务系统数据整合的任务，为商业智能系统提供数据抽取、转换和加载，并按主题对数据进行查询和访问，为联机数据分析和数据挖掘提供数据平台。

大数据处理过程如下。

（1）大数据采集

大数据的采集是指利用多个数据库接收发自客户端的数据，并且用户可以通过这些数据库进行简单的查询和处理工作。比如，电商会使用传统的关系型数据库 MySQL 和 Oracle 等存储每一笔事务数据，除此之外，Redis 和 MongoDB 这样的 NoSQL 数据库也常用于数据的采集。

在大数据的采集过程中，其主要特点和挑战是并发数高，因为同时有可能会有成千上万的用户进行访问和操作，比如，火车票售票网站和淘宝，它们并发的访问量在峰值时达到上百万，所以需要在采集端部署大量数据库才能支撑。并且如何在这些数据库之间进行负载均衡和分片，的确需要进行深入的思考和设计。

（2）大数据导入和预处理

虽然采集端本身会有很多数据库，但是如果要对这些海量数据进行有效的分析，还是应该将这些来自前端的数据导入到一个集中的大型分布式数据库，或者分布式存储集群，并且可以在导入基础上做一些简单的清洗和预处理工作。也有一些用户会在导入时使用来自 Twitter 的 Storm 对数据进行流式计算，以满足部分业务的实时计算需求。

导入与预处理过程的特点和挑战主要是导入的数据量大，每秒的导入量经常会达到百兆，甚至千兆级别。

（3）大数据统计和分析

统计与分析主要利用分布式数据库，或者分布式计算集群对存储于其内的海量数据进行普通的分析和分类汇总等，以满足大多数常见的分析需求，在这方面，一些实时性需求会用到 EMC 的 GreenPlum、Oracle 的 Exadata，以及基于 MySQL 的列式存储 Infobright 等，而一些批处理，或者基于半结构化数据的需求可以使用 Hadoop。统计与分析这部分的主要特点和挑战是分析涉及的数据量大，其对系统资源，特别是 I/O 会有极大的占用。

（4）数据挖掘

与前面统计和分析过程不同的是，数据挖掘一般没有什么预先设定好的主题，主要是在现有数据基础上进行基于各种算法的计算，从而达到预测的效果，实现一些高级别数据分析的需求。比较典型的算法有用于聚类的 K-Means、用于统计学习的 SVM 和用于分类的 Naive Bayes，主要使用的工具有 Hadoop 的 Mahout 等。该过程的特点和挑战主要是用于挖掘的算法很复杂，并且计算涉及的数据量和计算量都很大。

11.2.5 数据可视化

大数据可视化，是指将结构或非结构数据转换成适当的可视化图表，然后将隐藏在数据中的信息直接展现于人们面前。数据可视化的优势在于相比传统的用表格或文档展现数据的方式，可视化能将数据以更加直观的方式展现出来，使数据更加客观、更具说服力。在各类报表和说明性文件中，用直观的图表展现数据，显得简洁、可靠。在可视化图表工具的表现形式方面，图表类型表现得更加多样化，丰富化。除了传统的饼图、柱状图、折线图等常见图形，还有气泡图、面积图、省份地图、词云、瀑布图、漏斗图等酷炫图表，甚至还有 GIS 地图。

最常见的数据可视化方法如下所述。

（1）2D 区域，此方法使用的地理空间数据可视化技术，往往涉及事物在特定表面的位置。2D 区域的数据可视化例子包括点分布图，可以显示诸如在一定区域内犯罪情况。

（2）时态，时态可视化是数据以线性的方式展示。最为关键的是时态数据可视化有一个起点和一个终点。时态可视化的一个例子可以是连接的散点图，显示诸如某些区域的温度信息等。

（3）多维，可以通过使用常用的多维方法展示二维或高维度的数据。多维可视化的一个例子可能是一个饼图，它可以显示诸如政府开支等数据。

（4）分层，分层方法用于呈现多组数据。这些数据可视化通常展示的是大群体中的小群体。分层数据可视化的例子包括树形图，可以显示语言组。

（5）网络，在网络中展示数据间的关系，它是一种常见的展示大数据量的方法。网络数据可视化方法的一个例子是冲积图，可以显示医疗业变化的信息。

在技术上，数据可视化最简单的理解，就是数据空间到图形空间的映射。如图 11-4 所示。

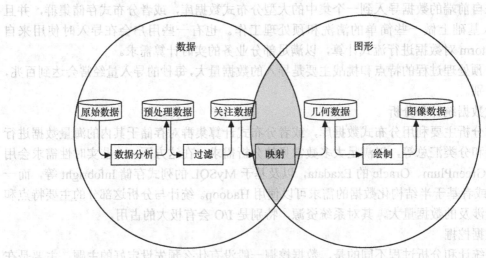

图 11-4　数据空间到图形空间的映射

根据数据类型和性质的差异，数据可视化分为以下几种类型。

（1）统计数据可视化：用于对统计数据进行展示、分析。统计数据一般都是以数据库表的形式提供，常见的统计可视化类库有 HighCharts、ECharts、G2、Chart.js 等，都是用于展示、分析统计数据。

（2）关系数据可视化：主要表现为节点和边的关系，比如，流程图、网络图、UML 图等。常见的关系可视化类库有 mxGraph、JointJS、GoJS、G6 等。

（3）地理空间数据可视化：地理空间通常特指真实的人类生活空间，地理空间数据描述了一个对象在空间中的位置。在移动互联网时代，移动设备和传感器的广泛使用，使得每时每刻都产生着海量的地理空间数据。常见类库如 Leaflet、Turf、Polymaps 等。

11.3 Hadoop 技术架构

Hadoop 是一个能够对大量数据进行分布式处理的软件框架，由 Apache 基金会开发。用户可以在不了解分布式底层细节的情况下，开发分布式程序，充分利用集群的优势高速运算和存储。它以一种可靠、高效、可伸缩的方式处理数据。Hadoop 是可靠的，因为它假设计算元素和存储会失败，因此它维护多个工作数据副本，确保能够针对失败的节点重新分布处理。Hadoop 是高效的，因为它以并行的方式工作，通过并行处理加快处理速度。Hadoop 还是可伸缩的，能够处理 PB 级数据。此外，Hadoop 依赖于社区服务器，并且设计部署在低廉的硬件上。因此它的成本比较低，任何人都可以使用。

11.3.1 Hadoop 生态系统

Apache Hadoop 软件库是一个允许在集群计算机上使用简单的编程模型进行大数据集的分布式任务的框架。它支持从单服务器扩展到上千台机器，每个机器提供本地的计算和存储。相比依赖硬件实现高可用，由于该库自己设计检查和管理应用部署的失败情况，因此是在集群计算机之上提供高可用的服务，每个节点都有可能失败。

图 11-5 所示为 Hadoop 生态结构。

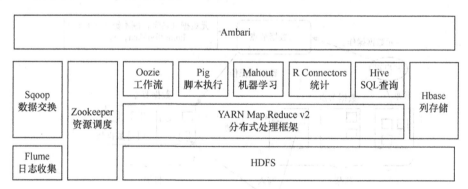

图 11-5　Hadoop 生态结构

该项目包括以下模块。

Hadoop Common：通用的工具支持其他的 Hadoop 模块。

Hadoop Distributed File System（HDFS）：一个提供高可用获取应用数据的分布式文件系统。

Hadoop YARN：Job 调度和集群资源管理的框架。

Hadoop MapReduce：基于 YARN 系统的并行处理大数据集的编程模型。

其他 Hadoop 相关的项目如下。

Sqoop：连接 Hadoop 与传统数据库之间的桥梁，它支持多种数据库。

Flume：是一个分布式、可靠和高可用的海量日志聚合的系统。

ZooKeeper：是一种应用于分布式应用的高性能的协调服务。

Oozie：是一个用于管理 Hadoop Job 的工作流调度平台。

Pig：是一个支持并行计算的、高级的数据流语言和执行框架。

Mahout：基于 Hadoop 的机器学习和数据挖掘的分布式计算框架。

R Connectors：基于 R 语言的统计工具。

Hive：一个提供数据概述和 AD 组织查询的数据仓库。

Hbase：一个可扩展的分布式数据库，支持大表的结构化数据存储。

Ambari：基于 Web 的工具，用来管理和监测 Apache Hadoop 集群。

11.3.2 HDFS

Hadoop 分布式文件系统（Hadoop Distributed File System，HDFS）被设计成适合运行在通用硬件上，具有高度容错性的分布式文件系统，HDFS 能提供高吞吐量的数据访问，非常适合大规模数据集上的应用。

1. HDFS 架构

HDFS 是一个主/从（Mater/Slave）体系结构，从最终用户的角度看，它就像传统的文件系统一样，可以通过目录路径对文件执行 CRUD（Create、Read、Update、Delete）操作。但由于分布式存储的性质，HDFS 集群拥有一个 NameNode 和一些 DataNode。NameNode 管理文件系统的元数据，DataNode 存储实际的数据。客户端通过同 NameNode 和 DataNodes 的交互访问文件系统。客户端联系 NameNode 以获取文件的元数据，而真正的文件 I/O 操作是直接和 DataNode 进行交互的。HDFS 架构如图 11-6 所示。

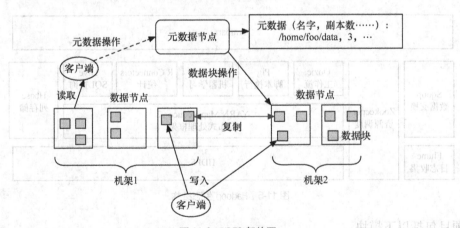

图 11-6　HDFS 架构图

HDFS 体系结构中有两类节点，一类是 NameNode，又叫"元数据节点"；另一类是 DataNode，又叫"数据节点"。这两类节点分别承担 Master 和 Worker 具体任务的执行节点。

NameNode 是一个中心服务器，负责管理文件系统的命名空间，以及客户端对文件的访问。NameNode 将所有的文件和文件夹的元数据保存在一个文件系统树中。这些信息也会在硬盘上保存为以下文件：命名空间镜像及修改日志，另外还保存了一个文件包括哪些数据块分布在哪些数据节点上。然而这些信息并不存储在硬盘上，而是在启动的时候由数据节点上报到 NameNode。

　　NameNode 可以看作是分布式文件系统中的管理者，主要负责管理文件系统的命名空间、集群配置信息和存储块的复制等。NameNode 会将文件系统的元数据存储在内存中，这些信息主要包括文件信息、每一个文件对应的文件块的信息，以及每一个文件块在 DataNode 的信息等。

　　DataNode 是文件系统中真正存储数据的地方，DataNode 负责处理文件系统客户端的读写请求。在 NameNode 的统一调度下进行数据块的创建、删除和复制。客户端或者 NameNode 可以向 DataMode 请求写入或者读出数据块。DataNode 周期性地向 NameNode 节点汇报其存储的数据块信息。DataNode 是文件存储的基本单元，它将 Block 存储在本地文件系统中，保存了 Block 的元数据，同时周期性地将所有存在的 Block 信息发送给 NameNode。

　　客户端是 HDFS 文件系统的客户端，应用程序通过该模块与 NameNode、DataNode 交互，进行实际的文件读写。

　　2. HDFS 数据块复制机制

　　HDFS 设计成能可靠地在集群中机器之间存储大量的文件，它以块序列的形式存储文件。文件中除了最后一个块，其他块都有相同的大小。默认 128MB 一个数据块，如果一个文件小于一个数据块的大小，并不占用整个数据块存储空间。为了容错，文件的所有数据块都会有副本，每个文件的数据块大小和副本系数都是可配置的。块的大小和复制数是以文件为单位进行配置的，应用可以在文件创建时或者之后修改复制因子。HDFS 中的文件是一次写的，并且任何时候都只有一个写操作。

　　NameNode 负责处理所有与块复制相关的决策。它周期性地接受集群中数据节点的心跳和块报告。一个心跳的到达表示这个数据节点是正常的。一个块报告包括该数据节点上所有块的列表。

　　HDFS 数据块复制机制如图 11-7 所示。

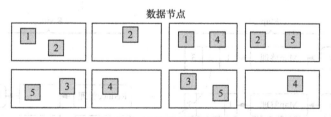

图 11-7　HDFS 数据块复制图

　　块副本存放位置的选择严重影响 HDFS 的可靠性和性能。副本存放位置的优化是 HDFS 区分于其他分布式文件系统的特征，这需要精心的调节和大量的经验。机架敏感的副本存放策略是为了提高数据的可靠性、可用性和网络带宽的利用率。目前副本存放策略的实现是这个方向上比较原始的方式。短期的实现目标是要把这个策略放在生产环境下验证，了解更多它的行为，为以后测试研究更精准的策略打好基础。

　　HDFS 运行在跨越大量机架的集群之上。两个不同机架上的节点是通过交换机实现通信的，在大多数情况下，相同机架上机器间的网络带宽优于在不同机架上的机器。

在开始的时候，每一个数据节点自检它所属的机架 ID，然后在向名字节点注册时告知它的机架 ID。HDFS 提供接口以便很容易地挂载检测机架标示的模块。一个简单但不是最优的方式是将副本放置在不同的机架上，这就防止了机架故障时数据的丢失，并且在读数据时可以充分利用不同机架的带宽。这个方式均匀地将复制分散在集群中，简单地实现了组建故障时的负载均衡。然而这种方式增加了写的成本，因为写的时候需要跨越多个机架传输文件块。

默认的 HDFS Block 放置策略，在最小化写开销和最大化数据可靠性、可用性，以及总体读取带宽之间进行了一些折中。一般情况下，复制因子为 3，HDFS 的副本放置策略是将第一个副本放在本地节点，将第二个副本放到本地机架上的另外一个节点，而将第三个副本放到不同机架上的节点。这种方式减少了机架间的写流量，从而提高了写的性能。机架故障的几率远小于节点故障。这种方式并不影响数据可靠性和可用性的限制，并且它确实减少了读操作的网络聚合带宽，因为文件块仅存于两个不同的机架，而不是三个。文件的副本不是均匀地分布在机架中，1/3 在同一个节点上，1/3 副本在同一个机架上，另外 1/3 均匀地分布在其他机架上。这种方式提高了写的性能，并且不影响数据的可靠性和读性能。

为了尽量减小全局的带宽消耗导致读延迟，HDFS 尝试返回给一个读操作离它最近的副本。假如在读节点的同一个机架上就有这个副本，就直接读这个，如果 HDFS 集群是跨越多个数据中心，那么本地数据中心的副本优先于远程的副本。

11.3.3 MapReduce

1. MapReduce 计算模型

MapReduce 计算模型主要由 3 个阶段构成：Map、Shuffle、Reduce。

Map 是映射，负责数据的过滤分发，将原始数据转化为键值对；Reduce 是合并，将具有相同 Key 值的 Value 进行处理后再输出新的键值对作为最终结果。为了让 Reduce 可以并行处理 Map 的结果，必须对 Map 的输出进行一定的排序与分割，然后再交给对应的 Reduce，而这个将 Map 输出进行进一步整理并交给 Reduce 的过程就是 Shuffle。整个 MR 的大致过程如图 11-8 所示。

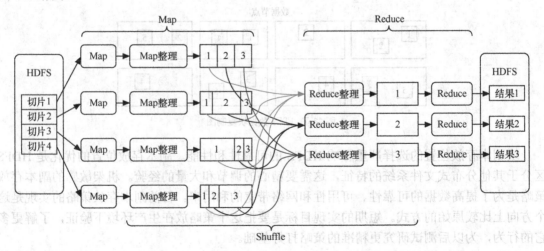

图 11-8 MapReduce 过程

　　Map 和 Reduce 操作需要自己定义相应 Map 类和 Reduce 类，以完成所需要的化简、合并操作，而 Shuffle 则是系统自动实现的，了解 Shuffle 的具体流程能帮助用户编写出更加高效的 MapReduce 程序。

　　Shuffle 过程包含在 Map 和 Reduce 两端，即 Map Shuffle 和 Reduce Shuffle。

2. Map Shuffle

　　在 Map 端的 Shuffle 过程是对 Map 的结果进行分区、排序、分割，然后将属于同一分区的输出合并在一起并写在磁盘上，最终得到一个分区有序的文件，分区有序的含义是 Map 输出的键值对按分区进行排列，具有相同 Partition 值的键值对存储在一起，每个分区中的键值对又按 Key 值进行升序排列，其流程大致如图 11-9 所示。

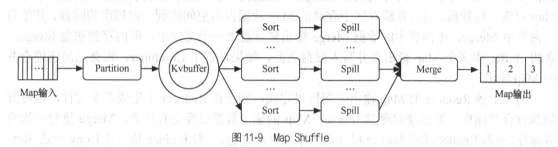

图 11-9　Map Shuffle

（1）Partition

　　对于 Map 输出的每一个键值对，系统都会定一个 Partition，Partition 值默认是通过计算 Key 的哈希值后对 Reduce Task 的数量取模获得。如果一个键值对的 Partition 值为 1，意味着这个键值对会交给第一个 Reducer 处理。

（2）Collector

　　Map 的输出结果由 Collector 处理，每个 Map 任务不断地将键值对输出到在内存中构造的一个环形数据结构 Kvbuffer 中。使用环形数据结构是为了更有效地使用内存空间，在内存中放置尽可能多的数据。

（3）Spill

　　Kvbuffer 的默认大小为 100MB，如果输出结果超出 Kvbuffer 的上限，就把数据从内存刷到磁盘上再接着往内存写数据，把 Kvbuffer 中的数据刷到磁盘上的过程就叫 Spill，内存中的数据满了就自动地 Spill 到具有更大空间的磁盘上。

（4）Sort

　　当 Spill 触发后，SortAndSpill 先把 Kvbuffer 中的数据按照 Partition 值和 Key 两个关键字升序排序，移动的只是索引数据，排序结果是 Kvmeta 中数据按照 Partition 为单位聚集在一起，同一 Partition 内的按照 Key 有序。

　　Map 任务总要把输出的数据写到磁盘上，即使输出数据量很小在内存中全部能装得下，在最后也会把数据刷到磁盘上。

（5）Merge

　　Map 任务如果输出数据量很大，可能会进行好几次 Spill，Out 文件和 Index 文件会产生很多，分布在不同的磁盘上，最终通过 Merge 把这些文件进行合并。

3. Reduce Shuffle

　　在 Reduce 阶段，Shuffle 主要分为复制 Map 输出、排序合并两个阶段。

（1）Copy

Reduce 任务通过 HTTP 向各个 Map 任务拖取它所需要的数据。Map 任务成功完成后，会通知父 TaskTracker 状态已经更新，TaskTracker 进而通知 JobTracker（这些通知在心跳机制中进行）。所以，对于指定作业来说，JobTracker 能记录 Map 输出和 TaskTracker 的映射关系。Reduce 会定期向 JobTracker 获取 Map 的输出位置，一旦拿到输出位置，Reduce 任务就会从此输出对应的 TaskTracker 上复制输出到本地，而不会等到所有的 Map 任务结束。

（2）Merge Sort

Copy 过来的数据会先放入内存缓冲区中，如果内存缓冲区中能放得下这次数据的话就直接把数据写到内存中，即内存到内存 Merge。Reduce 向每个 Map 去读取数据，在内存中每个 Map 对应一块数据，当内存缓存区中存储的 Map 数据占用空间达到一定程度的时候，开始启动内存中 Merge，把内存中的数据 Merge 输出到磁盘上一个文件中，即内存到磁盘 Merge。在将 Buffer 中多个 Map 输出合并写入磁盘之前，如果设置了 Combiner，则会化简压缩合并的 Map 输出。

当属于该 Reducer 的 Map 输出全部拷贝完成，则会在 Reducer 上生成多个文件，这时开始执行合并操作，即磁盘到磁盘 Merge，Map 的输出数据已经是有序的，Merge 进行一次合并排序，所谓 Reduce 端的 Sort 过程就是这个合并的过程。一般 Reduce 是一边 Copy 一边 Sort，即 Copy 和 Sort 两个阶段是重叠而不是完全分开的。最终 Reduce Shuffle 过程会输出一个整体有序的数据块。

11.3.4 YARN

YARN 是 Hadoop 集群的资源管理系统。Hadoop2.0 对 MapReduce 框架做了彻底的设计重构。YARN 的基本设计思想是将 JobTracker 拆分成两个独立的服务：一个全局的资源管理器（Resource Manager，RM）和每个应用程序特有的应用服务器（Application Master，AM）。其中，RM 负责整个系统的资源管理和分配，而 AM 负责单个应用程序的管理。

1. YARN 基本架构

YARN 总体上仍然是 Master/Slave 结构，在整个资源管理框架中，RM 为 Master，节点管理（Node Manager，NM）为 Slave，RM 负责对各个 NM 上的资源进行统一管理和调度。当用户提交一个应用程序时，需要提供一个用以跟踪和管理这个程序的 AM，它负责向 RM 申请资源，并要求 NM 启动可以占用一定资源的任务。由于不同的 AM 被分布到不同的节点上，因此它们之间不会相互影响。

YARN 主要由 RM、NM、AM（如图 11-10 所示，图中给出 MapReduce 和 MPI 两种计算框架的 AM，分别为 MR AppMstr 和 MPI AppMstr）和资源容器等几个组件构成。YARN 的基本组成结构如图 11-10 所示。

（1）RM

RM 是一个全局的资源管理器，负责整个系统的资源管理和分配。它主要由两个组件构成：调度器（Scheduler）和应用程序管理器（Applications Manager，ASM）。

调度器根据容量、队列等限制条件（如每个队列分配一定的资源，最多执行一定数量的作业等），将系统中的资源分配给各个正在运行的应用程序。调度器是一个"纯调度器"，它不再从事任何与具体应用程序相关的工作。调度器仅根据各个应用程序的资源需求进行资源分配，而资源分配单位用一个抽象概念"资源容器"（Resource Container，简称 Container）

表示，Container 是一个动态资源分配单位，它将内存、CPU、磁盘、网络等资源封装在一起，从而限定每个任务使用的资源量。此外，该调度器是一个可插拔的组件，用户可根据自己的需要设计新的调度器。

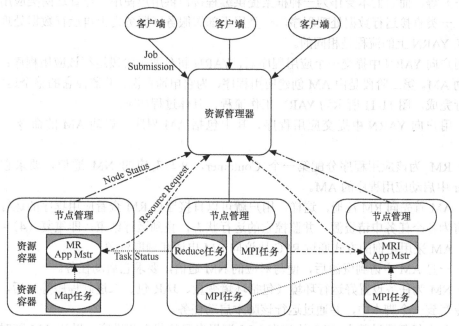

图 11-10 YARN 基本架构

应用程序管理器负责管理整个系统中所有应用程序，包括应用程序提交、与调度器协商资源以启动 AM、监控 AM 运行状态并在失败时重新启动它等。

（2）AM

用户提交的每个应用程序均包含一个 AM，主要功能如下。

- 与 RM 调度器协商以获取资源（以 Container 表示）。
- 将得到的任务进一步分配给内部的任务。
- 与 NM 通信以启动/停止任务。
- 监控所有任务运行状态，并在任务失败时重新为任务申请资源以重启任务。

（3）NM

NM 是每个节点上的资源和任务管理器。一方面，它定时向 RM 汇报本节点的资源使用情况和 Container 运行状态；另一方面，它接受并处理来自 AM 的 Container 启动/停止等各种请求。

（4）Container

Container 是 YARN 中的资源抽象，它封装了某个节点上的多维资源，如 CPU、内存、磁盘、网络等。当 AM 向 RM 申请资源时，RM 向 AM 返回的资源便是用 Container 表示的。YARN 会为每个任务分配一个 Container，且该任务只能使用该 Container 中描述的资源。Container 是一个动态资源划分单位，是根据应用程序的需求自动生成的。目前，YARN 仅支持 CPU 和内存两种资源。

2．YARN 工作流程

运行在 YARN 上的应用程序主要分为两类：短应用程序和长应用程序。其中，短应用程序是指一定时间内可运行完成并正常退出的应用程序，如 MapReduce 作业、Spark DAG 作业等。长应用程序是指不出意外，永不终止运行的应用程序，通常是一些服务，比如，Storm Service（包括 Nimbus 和 Supervisor 两类服务）、HBase Service（包括 HMaster 和 RegionServer 两类服务）等，而它们本身作为一种框架提供编程接口供用户使用。尽管这两类应用程序作业不同，一类直接运行数据处理程序，一类用于部署服务（服务之上再运行数据处理程序），但运行在 YARN 上的流程是相同的。

当用户向 YARN 中提交一个应用程序后，YARN 将分两个阶段运行该应用程序：第一阶段是启动 AM。第二阶段是由 AM 创建应用程序，为它申请资源，并监控它的整个运行过程，直到运行完成。图 11-11 所示为 YARN 工作流程，具体过程如下。

（1）用户向 YARN 中提交应用程序，其中包括 AM 程序、启动 AM 的命令、用户程序等。

（2）RM 为该应用程序分配第一个 Container，并与对应的 NM 通信，要求它在这个 Container 中启动应用程序的 AM。

（3）AM 首先向 RM 注册，这样，用户就可以直接通过 RM 查看应用程序的运行状态，然后它将为各个任务申请资源，并监控它的运行状态，直到运行结束，即重复（4）~（7）。

（4）AM 采用轮询的方式通过 RPC 协议向 RM 申请和领取资源。

（5）一旦 AM 申请到资源后，便与对应的 NM 通信，要求它启动任务。

（6）NM 为任务设置好运行环境（包括环境变量、JAR 包、二进制程序等）后，将任务启动命令写到一个脚本中，并通过运行该脚本启动任务。

（7）各个任务通过某个 RPC 协议向 AM 汇报自己的状态和进度，以让 AM 随时掌握各个任务的运行状态，从而可以在任务失败时重新启动任务。

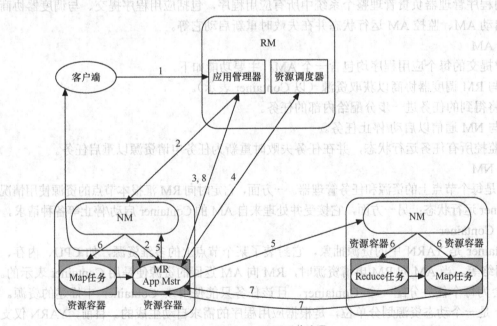

图 11-11　YARN 工作流程

运行完成后，AM 向 RM 注销并关闭自己。

11.4 大数据应用发展

11.4.1 大数据应用发展现状

大数据是信息化发展的新阶段。全球范围内，运用大数据推动经济发展、完善社会治理、提升政府服务和监管能力正成为趋势。世界各国都把推进经济数字化作为实现创新发展的重要动能，在前沿技术研发、数据开放共享、隐私安全保护、人才培养等方面做了前瞻性布局。

许多发达国家高度重视大数据产业发展，自 2012 年以来，相继制定实施大数据战略性文件，密集出台多项专门政策，大力推动大数据发展和应用。从各国举措来看，国外政府从数据、技术和应用 3 方面推进大数据发展。其一是开放公共数据资源；其二是增加前沿及共性技术研发投入；其三是推动政府和公共部门大数据应用。

我国大数据产业发展的宏观政策环境也日益完善，促进企业和行业大数据创新应用不断深化，大数据应用发展在推动经济转型发展、提升政府治理能力和增强国家竞争力等方面发挥重要作用。

1．宏观政策环境

2012 年以来，科学技术部、国家发展和改革委员会、工业和信息化部等部委在科技和产业化专项陆续支持了一批大数据相关项目，在推进技术研发方面取得了积极效果。

2015 年 7 月，国务院发布《关于运用大数据加强对市场主体服务和监管的若干意见》，制定了二十六项重点任务分工及进度安排，提升政府大数据运用能力，推动简政放权和政府职能改变，提高政府服务水平和监管效率，构建政府和社会全方位的市场监管体系。

2015 年 8 月，国务院发布《促进大数据发展行动纲要》，制定了实施国家大数据基础性战略文件，提出大数据发展的指导思想和总体目标，确定了促进大数据发展的"三大任务、十项工程"，推动大数据未来 5～10 年的发展和应用。

2016 年 3 月，《中华人民共和国国民经济和社会发展第十三个五年规划纲要》发布，提出实施国家大数据战略，将大数据作为基础性战略资源，全面实施推进大数据发展行动，加快推动数据资源共享开放和开发应用，助力产业转型和社会治理创新。

近年来，地方政府积极推动大数据发展，陆续出台了推进计划。总体上看，各地大数据发展政策各有侧重，形成了不同的模式。模式一是强调研发及公共领域应用；模式二是强调以大数据引领产业转型升级；模式三是强调建立大数据基地，吸纳企业落户。

2．企业大数据应用

目前，我国企业内部数据依然是大数据应用的基础，企业将内部业务平台数据、客户数据和管理平台数据作为大数据应用最主要的数据来源，数据类型以传统结构化数据库表为主，大部分企业数据量在 50TB～500TB 之间。企业大数据应用的建设模式分为自建平台和购买云服务。国内企业大数据应用的建设模式以自建私有云为主，采购公共云服务为辅，企业大数据集群规模较小。企业希望政府资助更多大数据领域的科研项目，开放更多政府公共信息资源和促进数据流通交易。

3．行业大数据应用

现阶段，全球的大数据应用处于发展初期，大数据产业日趋活跃，技术演进和应用创新加速发展，中国大数据应用才刚刚起步，大数据应用呈现"阶梯式"发展格局。

互联网行业是大数据应用的发源地，互联网行业大数据应用主要包括搜索引擎、定向广告、个性推荐、互联网金融、趋势预测、网站预警和防护、语音搜索、图像搜索等，大型互联网企业已成为当前大数据应用的领跑者。我国互联网领域的部分大数据应用较成熟，且应用不断丰富，与领先国家同步。

大数据应用起源于互联网，正在向以数据生产、流通和利用为核心的各个产业渗透，加速向零售、金融、电信、政府、医疗、制造、交通、物流、能源等传统行业拓展。我国传统行业开始积极地探索和布局大数据应用，但大数据行业应用总体落后于领先国家。

11.4.2 大数据应用存在问题

当前，我国在大数据发展和应用方面已具备一定基础，拥有市场优势和发展潜力，但大数据应用还处于初级发展阶段，未形成普遍应用的局面，对大多数企业，特别是传统领域的企业而言，还未找到有效的应用模式。从大数据应用发展角度，主要在数据来源、技术应用和应用创新方面存在以下问题。

（1）从数据源看，大数据的应用以内部数据为主，各行业大数据应用最多的仍然是企业内部的交易数据和日志数据，数据的开放和交易尚未形成市场的主流形态。大数据应用需要推动各行业间数据共享开放，逐步从单一内部的小数据，向多源内外交融的大数据方向发展。

（2）从技术角度看，与传统数据分析相比，多数应用只是采用云存储和云计算技术，扩大了数据来源、增加了数据量、提高了数据处理效率。在实际应用过程中，非结构化数据在压缩、清洗和结构化后，仍然采用传统的 ETL 和分析流程，缺乏应用模式创新。大数据应用需要从传统简单的描述性分析向关联性、预测性分析演进，最终向决策性分析技术阶段发展，推动大数据应用持续创新，促进大数据应用阶段不断升级。

（3）从应用效果看，目前的大数据应用以延续改善现有业务和产品为主，缺乏突破性创新应用，不能完全满足企业改善客户服务、流程优化、精准营销和削减成本等各种个性化需求。大数据应用需要使数据分析成为核心业务系统的有机组成部分，满足在各种经济社会活动中基于数据的决策。

11.4.3 大数据应用发展趋势

（1）大数据成为企业资产

大数据作为信息时代生产要素，成为企业和社会关注的焦点，并已成为企业争夺的重要战略资源。企业为了及时抢占市场先机，在竞争中处于有利位置，纷纷开展大数据战略布局。

（2）大数据与云计算、物联网深度融合

云计算为大数据存储、分析和处理提供强大的技术支撑，物联网将成为大数据的重要来源，大数据则为云计算和物联网提供了广阔的发展空间，以满足各种创新应用需求。

（3）开源软件促进大数据技术创新

自主创新和开源相结合成为大数据技术创新的显著特点，形成"互联网公司原创—开源扩散—IT 厂商产品化—企业使用"的大数据技术创新格局。

（4）快速迭代推动大数据应用发展

丰富的数据和强大的平台成为大数据创新的基础条件，通过研发和应用一体化组织方式，实现应用快速不断的迭代，支撑大数据应用效果的持续提升。

（5）数据生态系统复合化程度加强

大数据产业链各参与者共同构建的生态系统基本雏形已经形成，生态系统未来发展趋向市场细分、商业模式创新、技术创新应用、竞争环境变化等，从而使数据生态系统复合化程度逐渐加强。

（6）大数据加剧产业垂直整合趋势

产业链上下游借助大数据技术，在产业链中占据优势地位，以收购兼并方式在产业内开展垂直整合，产业链上的战略节点逐渐向消费者迁移，形成以消费者为中心的产业格局。

（7）泛互联网化发挥大数据价值

未来不同形态、不同类型的各类终端都将集成网络功能，不断积累数据资产，形成以互联网为中心的泛互联网化数据社会，企业将利用大数据挖掘技术充分发挥数据资产的商业价值。

（8）大数据重塑企业内部价值链

大数据将颠覆传统价值链，实现由生产驱动转向需求驱动，以消费者为中心的价值链模式将驱动企业在研发和设计、生产、供应、营销、售后服务等价值链环节向智能化和柔性化方向发展。

11.5 大数据产业生态

11.5.1 大数据产业链构成

随着大数据技术不断演进和应用持续深化，以数据为核心的大数据产业链正在加速构建。广义来看，大数据的产业链贯穿数据的整个生命周期，即从产生、采集到存储、管理，再到分析和处理，直至最终的呈现与应用。狭义来看，大数据的产业链主要涵盖数据存储与管理、数据安全、数据分析、数据呈现、应用算法、数据应用等环节。

大数据业务涉及包括硬件、软件和信息技术服务在内的几乎完整的信息产业体系。从实践情况看，大数据产业链中主要包括大数据解决方案提供商、大数据处理服务提供商、数据资源提供商 3 个角色，分别向大数据应用者提供解决方案、数据服务和数据资源。大数据应用者利用数据分析和加工的结果，实现面向个人、政府、企业和行业的大数据应用。大数据产业链构成如图 11-12 所示（来源：工业和信息化部电信研究院《大数据白皮书（2014）》）。

1. 大数据解决方案提供商

面向企业用户提供大数据软硬件部署方案，包括数据中心、服务器、存储、网络、数据库、分析软件、安全软件等软硬件基础设施，以及技术服务、运维支持。其中，大数据基础软件和应用软件是大数据解决方案中的重点内容。

大数据解决方案提供商主要包括传统 IT 厂商和新兴的大数据创业公司。

（1）国外传统 IT 厂商主要有 IBM、HP 等解决方案提供商，以及甲骨文、Teradata 等数据分析软件商，国内传统 IT 厂商主要有华为、联想、浪潮、曙光等。传统 IT 厂商大多在原有 IT 解决方案的基础上，融合 Hadoop 开源项目提供大数据解决方案。

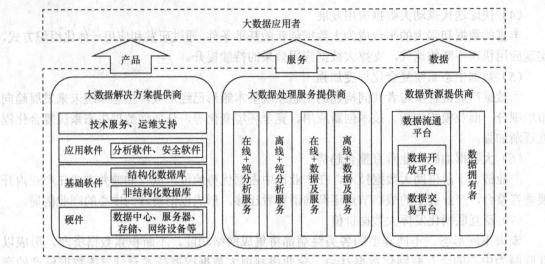

图 11-12 大数据产业链示意图

（2）新兴创业公司包括 Cloudera、Hortonworks、MapR 等，主要基于 Hadoop 开源项目，开发 Hadoop 商业版本和基于 Hadoop 的大数据分析工具，单独或者与传统 IT 厂商合作提供企业级大数据解决方案。

2．大数据处理服务提供商

以 SaaS 和 PaaS 云服务方式为企业和个人用户提供大数据海量数据分析能力和大数据价值挖掘服务。按照服务模式进行划分，大数据处理服务提供商可以分为以下四类。

（1）在线纯分析服务提供商。此类服务商主要是互联网企业、大数据分析软件商和新创企业等，通过 SaaS 或 PaaS 云服务形式为用户提供服务。

（2）既提供数据又提供分析服务的在线提供商。此类服务商主要是拥有海量用户数据的大型互联网企业，主要以 SaaS 形式为用户提供大数据服务，以自有大数据资源服务支撑。

（3）单纯提供离线分析服务的提供商。此类服务商主要为企业提供专业、定制化的大数据咨询服务和技术支持，主要集中为大数据咨询公司、软件商等。

（4）既提供数据又提供离线分析服务的提供商。此类服务商主要集中在信息化水平较高、数据较为丰富的传统行业。

3．数据资源提供商

数据资源提供商为大数据供应和流通提供服务，包括数据拥有者和流通平台。

（1）数据拥有者可以是企业、公共机构或者个人。数据拥有者通常直接以免费或有偿的方式为其他有需求的企业和用户提供原数据或者处理过的数据。

（2）流通平台是多家数据拥有者和数据需求方进行数据交换流通的场所，按平台服务目的不同，可分为政府数据开放平台和数据交易市场。其中，政府数据开放平台主要提供政府和公共机构的非涉密数据开放服务，属于公益性质；数据交易市场以电子交易为主要形式，通过搭建数据交易平台，为大数据的供需双方提供数据交易及相关增值服务。

11.5.2 大数据商业模式

随着大数据相关技术的不断发展，传统的商业模式将被颠覆，新的商业生态将形成，而且随着价值链各方对业务模式和盈利模式的创新，新的商业生态将在不断演化中完善。不同的产业，不同的数据资产利用方式，可以衍生出不同的商业模式。在大数据产业链上，围绕采集、整理、分析和决策支持等各个环节衍生出 6 种主要的业务模式。

（1）租售数据模式

将产业定位在大数据采集和整理阶段，通过收集、整理、过滤、校对、打包、发布等一系列流程后，实现数据的增值，这就是租售数据模式。租售数据模式对于数据提供商来说具有极大的价值，因为这一模式能使其拥有很强的话语权。由于数据的稀缺性，数据提供商位于产业链的有利位置，具有较强的议价能力、较强的竞争优势，以及良好的成长空间。这一模式的关键成功因素是大数据的采集和维护，企业要将在经营中接触到的大量实时数据进行汇总记录并校对，加工成客户所需的数据才能销售获利。

（2）租售信息模式

将产业定位在大数据整理和分析阶段，采编各类信息、数据，建设和维护数据平台，并通过各类渠道将信息传递、推广、销售出去，这就是租售信息模式。租售信息模式能够成为企业竞争的法宝，企业结合终端业务比竞争对手更及时、更客观地提供相关信息和资讯给广大用户，可以抢占更多的市场份额。这一模式的关键成功因素是采编各类信息资讯，要做到这一点，企业应建设和维护大型数据平台，并协同多种渠道进行信息和资讯的推广。

（3）数字媒体模式

将产业定位于媒体上，利用数据挖掘技术帮助客户开拓精准营销，企业收入来自客户增值部分的分成，这就是数字媒体模式。这类企业成长非常快，一般擅长数据挖掘分析技术，帮助一些数据大户如银行、运营商等开展新的业务。这一模式的关键成功因素是基于大数据分析和挖掘而积累的互联网知识，而其基于知识模式的经济价值和社会价值还远远没有发掘出来，其发展空间不可估量。

（4）数据使能模式

将产业定位在某一具体行业，通过大量数据支持，对数据进行挖掘分析后预测相关主体的行为，以便开展业务，这就是数据使能模式。数据使能模式依据大数据技术开展高收益、低风险的业务，为企业创造新的盈利模式。未来将会有更多的数据使能型的业务模式出现，它们将具备创新业务的特质。这一模式的关键成功因素是维护数据的真实性和完整性，并适时进行风险分析。数据越完善，风险越低，越有利于保证企业的高收益。

（5）数据空间出租模式

将产业定位于大数据计算基础设施上，通过出租一个虚拟空间，从简单的文件存储，逐步扩展到数据聚合平台，这就是数据空间出租模式。数据空间出租模式给个人和企业用户提供了实用的文件同步、备份、共享工具。另外，也可以很方便地分享给其他人。而自动备份的功能则大大提高了文件的安全性。这一模式的关键成功因素是平台的开发和维护，因为这一模式普遍的运作方式是后台自动备份指定的文件夹内容到云空间上，所以往往需要一个功能十分强大的开发平台来支撑。

（6）大数据技术提供商模式

将产业定位于大数据技术和工具上，围绕 Hadoop 架构开展一系列产品研发、技术服务，或是开发非结构化数据处理技术，这就是大数据技术提供商模式。大数据技术提供商模式迎合了大数据时代对海量数据进行挖掘整合的需求，而且移动互联时代的海量消费数据给其发展带来了巨大的市场空间和成长机会。这一模式的关键成功因素是准确把握技术发展方向并保证提供优质的技术服务。同时，构建清晰的营销网络架构，并且针对不同客户群体提供差异化服务，保证满足重点客户的定制化需求。

11.6 大数据标准化体系

随着大数据相关技术的发展与应用，ISO/IEC、ITU-T 等国际标准化组织，美国国家标准与技术研究院、全国信息技术标准化技术委员会、中国通信标准化协会等国内外标准制定组织相继开展大数据研究和标准化工作。截至目前，各标准化组织已经出台了一系列大数据标准，取得了明显的进展。但就大数据整体技术体系和发展规模而言，当前大数据标准化研究仍处于起步阶段，与产业发展水平和需求仍不相称。

2016 年 5 月，中国电子技术标准化研究院联合全国信息技术标准化技术委员会大数据标准工作组发布了《大数据标准化白皮书（2016 版）》。该白皮书初步构建了我国大数据标准体系框架，并提出了大数据标准化工作重点的建议，为我国标准大数据标准化工作指明了方向。该白皮书中大数据标准体系由 7 个类别的标准组成，分别为：基础标准、数据标准、技术标准、平台和工具标准、管理标准、安全和隐私标准、行业应用标准。大数据标准体系框架如图 11-13 所示（来源：中国电子技术标准化研究院《大数据标准化白皮书（2016 版）》）。

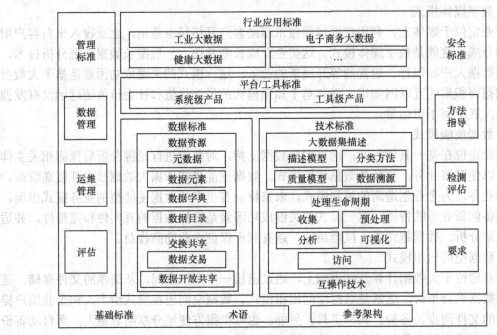

图 11-13　大数据标准体系框架图

目前，我国在数据管理、云计算、信息安全等方面已经发布和在研一些标准，为大数据相关技术标准的制定提供了一定的基础。但是，大数据标准化缺乏整体规划，各大数据技术分支领域的标准研究工作不充分，特别在数据开放共享、数据交易、数据安全、数据分析、系统级产品、管理和评估等方面的标准较为缺乏，大数据标准制定和产业发展关联性较弱，对产业发展的支撑力不强，大数据标准体系仍然处于研发阶段。

结合当前对大数据技术与产业发展需求的分析，我国大数据标准体系研发的重点方向是加快数据共享开放标准，尤其是适用于政府数据开放共享相关标准的研制，以市场应用需求为导向，加强以应用需求为导向的标准研究，提升大数据标准对于大数据产业发展的支撑作用，制定大数据安全和隐私保护标准，建立和完善大数据标准测试和认证体系，促进大数据产业健康有序发展。

11.7 大数据发展面临的挑战和应对措施

11.7.1 大数据发展面临的问题

随着信息技术和人类生产生活交汇融合，互联网快速普及，全球数据呈现爆发增长、海量集聚的特点，大数据与传统产业的深度融合对经济发展、社会治理、国家管理、人民生活都产生了重大影响，我国大数据产业具备良好基础，发展前景广阔。但是，当前大数据发展面临着数据资源不丰富、数据开放共享不足、产业基础薄弱、缺乏顶层设计和统筹规划、技术差距大、创新应用领域不广、法律法规建设滞后等问题。

1. 数据源不够丰富，信息孤岛普遍存在

一方面，由于传统行业受到信息化水平制约，存在数据储量不丰富，已有数据资源标准化、准确性、完整性低，利用价值不高等情况，导致大数据产业发展缺乏丰富的高质量数据资源。另一方面，政府和公共部门汇聚了海量数据，跨部门、跨行业的数据共享仍不顺畅，信息孤岛普遍存在，有价值的公共信息资源和商业数据开放程度低。

2. 技术创新与支撑能力不足

大数据需要从底层芯片到基础软件再到应用分析软件等信息产业全产业链的支撑，我国无论是新型计算平台、分布式计算架构，还是大数据处理、分析和呈现方面与国外均存在较大差距，且缺乏自主原创技术，对开源社区的贡献不足，对开源技术和相关生态系统的影响力较弱，大数据技术创新难以满足各行业大数据应用需求。

3. 数据资源建设和应用水平低

用户普遍不重视数据资源的建设，即使有数据意识的机构也大多只重视数据的简单存储，很少针对后续应用需求进行加工整理。数据资源普遍存在质量差，标准规范缺乏，管理能力弱，数据价值难以被有效挖掘利用的问题。

4. 信息安全和数据管理体系尚未建立

缺乏数据所有权、隐私权等相关法律法规和信息安全、开放共享等标准规范，技术安全防范和管理能力不够，尚未建立起兼顾安全与发展的数据开放、管理和信息安全保障体系，制约了大数据发展。

5. 技术人才队伍建设急需加强

缺乏综合掌握数学、统计学、计算机等相关学科及应用领域知识的综合性数据科学人才，远不能满足大数据产业发展需要，尤其是缺乏既熟悉行业业务需求，又掌握大数据技术与管理的综合型人才。

11.7.2 大数据发展的应对措施

针对目前大数据发展面临的问题，我国应大力实施国家大数据战略，发挥数据的基础资源和创新引擎作用，加快建设数字基础设施，推进资源整合和开放共享，研发大数据共性关键技术，深化大数据行业创新应用，健全大数据标准化体系，完善大数据发展政策环境，保障数据安全和个人隐私，加强大数据技术人才培养，形成以创新为主要引领和支撑的数字经济，更好服务经济社会发展和人民生活改善。

1. 加快政府数据资源开放共享

统筹布局建设国家大数据平台、数据中心等基础设施，加快建设政府数据统一共享交换平台和政府数据统一开放平台，制定政府数据共享开放目录，推动政府跨部门数据资源共享共用，依法推进政府信息系统和公共数据资源向社会开放共享，深化政府数据和社会数据关联分析、融合利用，提高宏观调控、市场监管、社会治理和公共服务精准性和有效性。

2. 研发大数据共性关键技术

加强大数据技术研发方向的前瞻性和系统性，重点突破大数据存储管理、采集挖掘、分析处理、交互式数据可视化、人工智能等关键技术，集聚和引导产学研用形成开源和开放产业生态，参与开源技术的发展，促进大数据技术创新，面向各行业提供成熟的大数据技术解决方案。

3. 深化大数据行业创新应用

深化大数据在各行业的创新应用，探索与传统产业协同发展新业态和新模式。在政务和公共服务领域，重点面向改善民生服务和城市治理，积极推动智慧城市、医疗、教育、交通、旅游、环保等关键领域的大数据整合与集成应用；在跨行业的大数据应用方面，促进互联网、电信、金融等企业与其他行业开展大数据融合与应用创新，带动全社会大数据应用不断深化。

4. 推动大数据标准化体系建设

充分调动和发挥产学研用各方力量，加强大数据标准化顶层设计，健全大数据标准体系；从国家层面制定大数据标准框架体系和标准规范，建立统一的数据标准和技术规范，完善大数据标准应用环境，促进大数据标准规范在重点地区和行业推广和应用，不断推动大数据产业标准化和可持续发展。

5. 健全和完善大数据政策法规

健全和完善大数据领域的相关法律法规和政策制度，为大数据的持续健康发展提供法律制度保障。从法律层面将政府数据开放制度化，推动从政府信息公开到政府数据开放；在数据采集、使用、交易、流转等环节中明确数据权属关系，保障数据交易合法性、规范大数据应用秩序；强化在市场、资金和税收等方面扶持政策，支持产学研用协同创新，鼓励和引导大数据产业各环节创新和服务。

6. 保障数据安全和个人隐私

健全大数据安全保障体系，建立跨境数据流动分级、分类管理制度，对涉及国家秘密、国家安全，以及经济安全的数据进行管理，不断强化网络数据安全保护，加强网络数据安全管理，积极主张国家数据主权，确保大数据时代的国家安全。制定和完善个人信息安全和隐私保护的法律法规，明确公民个人对其信息享有的基本权利，规范企业收集和使用个人信息的行为。

7. 加强大数据技术人才培养

加快开展数据科学和数据工程学科建设，创新人才培养模式，建立健全多层次、多类型的大数据人才培养体系。加强跨学科大数据综合型人才培养，大力培养具有统计分析、计算机技术、经济管理等多学科知识的跨界复合型人才，重点培养专业化数据工程师等大数据专业人才，积极培育大数据技术和应用创新型人才。

第 **12** 章 物联网

物联网是继计算机、互联网与移动通信网之后的第三次信息革命浪潮。世界各国都非常重视物联网技术。物联网是在现有各种网络基础上进行延伸和扩展形成的功能更强大的网络；网络功能延伸和完善后使得用户端扩展到物体上，让任何物体都能够进行信息交换和通信。因此，物联网可理解为"物物相连的网络"。

12.1 物联网的定义和特征

12.1.1 物联网的定义

物联网是指通过传感器、射频识别技术、全球定位系统等技术，实时采集任何需要监控、连接、互动的物体或过程，采集其声、光、热、电、力学、化学、生物、位置等各种需要的信息，通过各种可能的网络接入，实现物与物、物与人的泛在链接，实现对物品和过程的智能化感知、识别和管理。

物联网的核心和基础仍然是互联网，是在互联网基础上延伸和扩展的网络；其用户端延伸和扩展到了任何物品与物品之间，进行信息交换和通信。通过物联网实现：每一个物品都可以寻址，每一个物品都可以控制，每一个物品都可以通信。

通俗地讲，物联网是指将无处不在的末端设备和设施，如贴上 RFID 的各种资产、携带无线终端的个人与车辆等"智能化物件或动物""智能尘埃"，通过各种无线或有线的长距离或短距离通信网络实现互联互通（M2M），应用大集成及基于云计算的 SaaS 营运等模式，在内网、专网、互联网环境下，采用适当的信息安全保障机制实现对"万物"的"高效、节能、安全、环保"的"管、控、营"一体化运营。

12.1.2 物联网的特征

物联网有 3 个主要特征：全面感知，可靠传输，智能处理。

物联网要将大量物体接入网络并进行通信活动，对各物体的全面感知是十分重要的。全面感知是指物联网随时随地获取物体的各种信息，包括环境信息及物体本身的状态信息，例如，物体所处环境的温度、湿度、位置、物体的运动速度等信息。物联网通过 RFID（Radio Frequency Identification，RFID）、传感器、二维码等感知设备对物体各种信息进行感知获取。

可靠传输对整个网络的高效、正确运行起到重要的作用。可靠传输是指物联网通过对无线网络与互联网的融合，将物体的信息实时、准确地传递给智能处理系统或用户，并将相关的控制信息向下传递到物体，以控制物体的动作或状态改变。

在物联网系统中，智能处理部分将收集来的数据进行处理运算，然后做出相应的决策，来指导系统进行相应的改变，它是物联网应用实施的核心。智能处理指利用各种人工智能、云计算等技术对海量的数据和信息进行分析和处理，对物体实施智能化监测和控制。

12.2 物联网技术架构

12.2.1 物联网层次结构

物联网形式多样，技术复杂，涉及面广。根据信息生成、传输、处理和应用的原则，物联网可分为 3 层：感知层、传输层、应用层。如图 12-1 所示。

图 12-1 物联网基本架构

图 12-1 展示了物联网 3 层基本架构以及相关技术。

感知层：主要实现物理世界信息的采集、自动识别和智能控制。包括传感器、RFID 等数据采集设备，也包括在数据传送到接入网关之前的小型数据处理设备和传感器网络。感知层是物联网发展的关键环境和基础部分。

传输层：将感知层获取的各种不同信息传递到处理中心进行处理。传输层是基于既有的通信网络和互联网建立的，包括各种无线、有线网络，接入网，核心网，主要实现感知层数据和控制信息的双向传递、路由和控制。

应用层：物联网应用涉及行业众多，涵盖面宽泛，总体可分为身份相关应用，信息汇聚型应用，协同感知类应用和泛在服务应用。物联网通过人工智能、中间件、云计算等技术，为不同行业提供应用方案，包括家居、医疗、城市、环保、交通、农业、物流等方面应用。

12.2.2 感知层

感知识别是物联网的核心技术，是联系物理世界和信息世界的纽带。感知层包括 RFID、无线传感器等信息自动生成设备，也包括各种智能电子产品用来人工生成信息。

RFID 是能够让物品"开口说话"的技术。RFID 标签中存储着规范而具有互用性的信息，通过无线数据通信网络把它们自动采集到中央信息系统，可以实现物品的识别和管理。

无线传感器网络则主要利用各种类型的传感器对物质性质、环境状态、行为模式等信息开展大规模、长期、实时的获取。

近年来，各类可联网电子产品层出不穷并迅速普及，包括智能手机、平板电脑、笔记本电脑等。人们可以随时随地连入互联网分享信息。

信息生成方式的多样化是物联网区别于其他网络的重要特征。

12.2.3 传输层

传输层的主要作用是把感知层数据接入互联网，为上层提供服务。

互联网及下一代互联网（包括 IPv6 等技术）是物联网的核心网络，处在边缘的各种无线网络则提供随时随地的网络接入服务。

无线广域网包括现有的移动通信网络及其演进技术（包括 3G、4G 通信技术），提供广阔范围内连续的网络接入服务。无线城域网包括现有的 WiMAX 技术（802.16 系列标准），提供城域范围（约 100km）的高速数据传输服务。

无线局域网包括现在广为流行的 Wi-Fi（802.11 系列标准），为一定区域内（家庭、校园、餐厅、机场等内）的用户提供网络访问服务。

无线个域网包括蓝牙（802.15.1 标准）、ZigBee（802.15.4 标准）等通信协议。这类网络的特点是低功耗、低传输速率（相比上述无线宽带网络）、短距离（一般小于 10m），一般用作个人电子产品互联、工业设备控制等领域。随着物联网的蓬勃发展，一些新兴的无线接入技术，如 60GHz 毫米波通信、可见光通信、低功耗广域网技术等也开始应用。不同类型的网络适用于不同的环境，合力提供便捷的网络接入，是实现物物互联的重要基础设施。

12.2.4 应用层

物联网应用层主要作用是存储海量数据，并进行智能处理，提供物联网服务和应用。涉及技术包括数据存储技术、云计算技术、大数据技术等。

存储是信息处理的第一步，数据库系统及后续发展起来的各种海量存储技术，包括网络化存储（如数据中心），已广泛应用于 IT、金融、电信、商务等行业。面对海量信息，如何有效地组织和查询数据是核心问题。近两年来，大数据（Big Data）技术是探索和实现超大规模数据的处理和应用的关键技术。云计算作为处理大数据的重要平台，为海量数据的存储和分析提供了强有力的支持和保障。同时，信息安全和隐私保护也日益重要，如何保证数据不被破坏、不被泄露、不被滥用成为物联网面临的重要挑战。

物联网基于以上关键技术，为不同行业提供物联网应用解决方案。网络应用已从早期的以数据服务为主要特征的文件传输、电子邮件，到以用户为中心的万维网、电子商务、视频点播、在线游戏、社交网络等，再发展到物品追踪、环境感知、智能物流、智能交通、智能电网等。网络应用数量激增，呈现多样化、规模化、行业化等特点。

物联网各层之间既相对独立又紧密联系。物联网解决方案中技术的选择应以应用为导向，根据具体的需求和环境，选择合适的感知技术、联网技术和信息处理技术。

12.3 自动识别技术

自动识别技术是物联网感知层的关键技术，用于识别物品，主要包括条形码技术、RFID技术、NFC技术、IC卡技术、生物计量识别技术等。

12.3.1 条形码技术

1. 一维条码

条形码是一种应用广泛的自动识别技术，用以快速识别物品信息。传统条形码（一维条码）是将宽度不等的多个黑条（"条"）和空白（"空"）按照一定的编码规则排列，用以表达一组信息的图形标识符。条码由黑白条空、空白区、字符组成。空白区就是条码的起始和终止部分边缘的外侧。条码中一般包括校验符号，以保证译码后的信息正确无误。

条形码可以标出物品的生产国、制造商、产品名称、生产日期、图案分类等信息。图12-2所示的条形码表示的是物联网的英文名称——Internet of Things。

图12-2 "Internet of Things" 128码规格条码

条形码可利用光电扫描阅读设备识读，并将数据输入计算机。条形码的辨识过程如下：采用条码阅读机对条码进行扫描，得到一组反射光信号，该信号经光电转换后变为一组与线条、空白相对应的电子信号，经解码后还原为相应的文字或数字，再传入计算机。

条码辨识技术已相当成熟，读取错误率约为百万分之一，首读率大于98%，是一种可靠性高、输入快速、准确性高、成本低、应用面广的自动采集技术。

常见的条形码制大约有20种，其中广泛使用的码制包括统一商品条码（Universal Product Code，UPC）、欧洲商品条码（European Article Number，EAN）、国际标准书号（International Standard Book Number，ISBN）、交叉25码、Code 39码、Codabar码、Code 128码及Code 93码等。不同的码制有不同的特点，分别适用于特定的应用领域。

（1）UPC码

UPC码在1973年由美国超市工会推行，是世界上第一套商用的条形码系统，主要应用在美国和加拿大。UPC码包括UPC-A和UPC-E两种系统，UPC只提供数字编码，限制位数（12位和7位），需要校验码，允许双向扫描，主要应用在超市和百货业。

（2）EAN码

1977年，欧洲12个工业国家在比利时签署草约，成立了国际商品条码协会，参考UPC

码制定了与之兼容的 EAN 码。EAN 码仅有数字号码，通常为 13 位，允许双向扫描，缩短码为 8 位码，也主要应用在超市和百货业。EAN 码示例如图 12-3 所示。

EAN13商品条码 　　　　　　EAN8商品条码

图 12-3　EAN 码

（3）ISBN 码

ISBN 码是因图书出版、管理的需要，以及便于国际出版物的交流与统计而出现的一套国际统一的编码制度。每一个 ISBN 码由一组有"ISBN"代号的 13 位数字所组成，用以识别出版物所属国家地区、出版机构、书名、版本，以及装订方式。这组号码也可以说是图书的代码号码，大部分应用于出版社图书管理系统。

（4）交叉 25 码

交叉 25 码的条码长度没有限定，但是其数字资料必须是偶数位，允许双向扫描。交叉 25 条码在物流管理中应用较多，主要用于包装、运输、国际航空系统的机票顺序编号、汽车业及零售业。交叉 25 条码示例如图 12-4 所示。

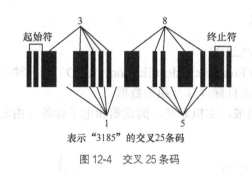

表示"3185"的交叉25条码

图 12-4　交叉 25 条码

2．二维码

一维条码用于商品的标识，多数应用场合依赖于数据库和网络；二维条码应用于商品的描述，可不依赖于数据库和网络而独立应用。

一维条码从一个维度读取数据，二维条码可以从水平与垂直两个维度来获取信息，其包含的信息量远远大于一维条码。二维条码还具备自纠错功能。

二维条码具有以下特点：①存储量大，二维条码可以存储 1100 个字，比起一维条码的 15 个字，存储量大为增加，而且能存储英文、数字、汉字、记号等，尺寸也可以自由选择；②抗损性强，二维条形码采用了故障纠正技术，遭受污染及破损后也能复原，即使条码受损程度高达 50%，仍然能够解读出原数据，误读率为六千一百万分之一；③安全性高，二维条码采用了加密技术；④可传真和影印，一维条码在经过传真和影印后机器就无法进行识读；⑤印刷多样性。二维条码不仅可以在白纸上印刷黑色，还可以进行彩色印刷，印刷机器和印刷对象都不受限制；⑥抗干扰能力强，与磁卡、IC 卡相比，二维条码具有抗磁力、抗静电能力。

二维码可以分为堆叠式/行排式二维码和矩阵式二维码。堆叠式/行排式二维码形态上是由多行短截的一维码堆叠而成。典型的行排式二维码有 CODE49、CODE 16K、 PDF417 等。图 12-5 所示为 PDF417 码。

矩阵式二维码以矩阵的形式组成，在矩阵相应元素位置上用"点"表示二进制"1"，用"空"表示二进制"0"，由"点"和"空"的排列组成代码。矩阵式二维码能够提供更高的信息密度，存储更多的信息，与堆叠式相比具有更高的自动纠错能力，更适合于在条码容易受到损坏的场合。典型的矩阵式二维码有 Code One、Maxi Code、QR Code、Data Matrix 等。图 12-6 所示为 QR Code 码。

图 12-5　堆叠式二维码 PDF417

图 12-6　矩阵式二维码 QR Code "Internet of Things"

堆叠式二维条码可通过线扫描器多次扫描识读；矩阵式二维码仅能通过图像扫描器识读。与一维条码相比，二维条码具有信息容量大、成本低、准确性高、编码方式灵活、保密性强等优点。自 1990 年起，二维条码技术开始广泛应用于国防、公共安全、交通运输、医疗保健、工业、商业、金融、海关及政府管理等领域。

12.3.2　RFID 技术

1. RFID 的定义和系统组成

射频识别技术（Radio Frequency Identification，RFID）是一种非接触式的自动识别技术，它通过无线电信号识别特定目标并读写相关数据。

RFID 系统由 3 部分组成：主机系统、阅读器和电子标签（由芯片和内置天线组成）。如图 12-7 所示。

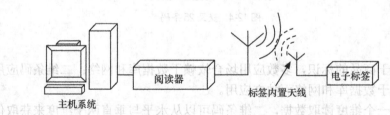

图 12-7　RFID 系统组成

（1）主机系统

主机系统是针对不同行业的特定需求而开发的应用软件系统，它可以有效地控制阅读器对标签信息的读写，并且对收到的目标信息进行集中统计和处理。

（2）阅读器

阅读器又称为读出装置或读写器，负责与电子标签的双向通信。由天线、耦合元件、芯片组成，用于读取或写入电子标签中所保存的数据，可设计为手持式或固定式。通常，阅读器和主机相连，可以对数据进行进一步的分析和处理。

（3）电子标签

电子标签一般保存有约定格式的电子数据，由耦合元件及芯片组成，内置射频天线，用于与阅读器通信。每个电子标签内部都存储有一个唯一的识别码。电子标签附着在物体上之后，电子标签的识别码就与物体建立了一一对应的联系。

2. RFID 系统分类

目前使用最多的 RFID 系统分类有两种分类方式：按频率分类和按标签是否内置电源分类。

（1）根据系统的工作频率不同，可将 RFID 系统分为三大类：低频系统、中频系统和高频系统。

RFID 频率是一个很重要的参数指标，它决定了工作原理、通信距离、设备成本、天线形状和应用领域等各种因素。RFID 应用占用的频段或频点在国际上有公认的划分，即位于工业科学医疗（Industrial Scientific Medical，ISM）波段，如表 12-1 所示。

表 12-1 射频标签的工作频率

分类	典型工作频率	优点	缺点	主要应用
低频系统	125kHz、133kHz、225kHz	标签的成本较低、耗电量低、标签外形多样	标签内保存的数据量较少、阅读距离短且速度较慢、阅读天线方向性不强	门禁系统、家畜识别、资产管理等
高频系统	13.56MHz	标签内保存的数据量较大、阅读距离较远且具有中等阅读速度	标签及阅读器成本较高、阅读天线方向性不强	门禁系统、智能卡
超高频系统	915MHz、2.45GHz、5.8GHz	标签内保存的数据量大、阅读距离远且具有高速阅读速度、适应物体高速运动性能好	标签及阅读器成本较高、超高频频段电波不能通过水、灰尘、雾等悬浮颗粒物质	铁路车辆自动识别、集装箱识别、公路车辆识别

表 12-1 说明了各频率系统的特点。

低频段射频标签，简称低频标签，工作频率范围是 30kHz～300kHz，典型工作频率有 125kHz 和 133kHz。低频标签一般为无源标签，其工作能量通过电感耦合方式从阅读器耦合线圈的辐射近场中获得。低频标签的阅读距离一般情况下小于 1m。低频标签的典型应用包括畜牧业养殖管理系统中的动物识别、容器识别、工具识别、电子闭锁防盗（带有内置应答器的汽车钥匙）、自动停车场收费和车辆管理系统、门禁和安全管理系统等。

中高频段射频标签的工作原理与低频完全相同，即采用电感耦合方式工作，所以宜将其归为低频标签类中。中高频段射频标签的工作频率一般为 3MHz～30MHz，典型工作频率为 13.56MHz。中高频标签的阅读距离一般情况下也小于 1m。典型的应用包括图书馆管理系统、服装生产线和物流系统、三表预收费系统、酒店门锁管理、大型会议人员通道系统、固定资产管理系统、医药物流系统、智能货架的管理等。

超高频与微波频段的射频标签简称为微波射频标签，可分为有源标签和无源标签两类。超高频范围为 300MHz～3GHz，3GHz 以上为微波范围。其典型工作频率为 433MHz、860MHz～960MHz、2.45GHz、5.8GHz，波长在 30cm 左右。通过电磁耦合方式和阅读器通信。通信距离一般大于 1m，典型情况为 4m～6m，最大可超过 10m。超高频阅读器有很高的数据传输速率，在很短的时间内可以读取大量的电子标签。典型的应用包括铁路车辆自动识别、集装箱识别管理、航空包裹管理、铁路包裹管理、公路车辆识别与自动收费系统等。

（2）根据标签是否内置电源可以分为3种类型：被动式标签、主动式标签和半主动式标签。

被动式标签：内部没有电源设备的标签是被动式标签，也称为无源标签。被动式标签内部的集成电路通过接收由阅读器发出的电磁波进行驱动，从而向阅读器发送数据。被动式标签的通信频率可以是高频或超高频。第二代被动式标签采用超高频通信，其通信频段为860MHz～960MHz，通信距离较长，可达3m～5m，并且支持多标签识别。第二代被动式标签是目前应用最为广泛的RFID标签，主要应用于工业自动化、资产管理、货物监控、个人标识和访问控制等领域。

主动式标签：标签内部携带电源，又被称为有源标签。主动式标签比被动式标签体积大、价格昂贵。但通信距离更远，可达上百米。主动式标签有两种工作模式：一种是主动模式，在这种模式下标签主动向四周进行周期性广播，即没有阅读器存在也会这样做；另一种为唤醒模式，为了解决电源并减小射频信号噪声，标签一开始处于低耗电量的休眠状态，阅读器识别时需先广播一个唤醒命令，只有当标签接收到唤醒命令时才会开始广播自己的编码。这种低能耗的唤醒模式通常可以使主动式标签的寿命长达好几年。

半主动式标签：兼有被动式和主动式标签的优点，内部携带电池，能够为标签内部计算提供电源。这种标签可以携带传感器，可用于检测环境参数，如温度、湿度、移动性等。与主动式标签不同的是，标签与阅读器的通信并不通过电池提供能量，而是像被动式标签一样通过阅读器发射的电磁波获取通信能量。

3. RFID技术的特点

与摄像、条码、磁卡、IC卡等自动识别技术相比，RFID技术具有很多突出的优点。

（1）非接触操作，长距离识别。采用自带电池的主动标签时，有效识别距离可达到30米以上。

（2）无机械磨损，寿命长，应用范围广。其无线电通信方式，使其可工作于粉尘、油污等高污染和放射性环境。其封闭式包装使得其寿命大大超过印刷的条形码。

（3）读取方便快捷，识别速度快，可实现批量识别。

（4）安全性好。读写器具有不直接对最终用户开放的物理接口，保证其自身的安全性。可以为标签数据的读写设置密码保护。

（5）数据容量大。标签存储容量可达到数十千字节。

（6）动态实时通信。标签以每秒50～100次的频率与阅读器进行通信，所以只要RFID标签所附着的物体出现在阅读器的有效识别范围内，就可以对其位置进行动态的实时追踪和监控。

因此，RFID标签具有体积小、容量大、寿命长、可重复使用等特点，可支持快速读写、非可视识别、移动识别、多目标识别、定位及长期跟踪管理。它被认为将最终取代如今应用非常广泛的条形码识别，成为物品识别的最有效方式。

12.3.3 NFC技术

NFC（Near Field Communication）即近场无线通信技术，是一种短距离的高频无线通信技术，允许电子设备之间进行非接触式点对点数据传输，在20cm范围内交换数据。它是由非接触射频式射频识别（Radio Frequency Identification，RFID）演变而来，并向下兼容RFID，最早由飞利浦和索尼开发成功，主要用于手机等手持设备中。目前NFC技术在日韩被广泛应

用，内置 NFC 芯片的手机可以用作机场登机验证、大厦的门
禁钥匙、交通一卡通、信用卡、支付卡等。图 12-8 是 NFC
手机刷银联 POS 机实现支付功能的示意图。

图 12-8　NFC 手机支付示意图

1．NFC 的工作原理

NFC 芯片相当于一个天线，与手机后面的芯片接触时，
通过电磁传递能量的原理，将手机上微小的电流传感到介质
的芯片上，然后用电流去驱动芯片上的电流，进而将信号传
输出来。

2．NFC 有 3 种工作模式

（1）卡模式：NFC 设备相当于一张采用 RFID 技术的 IC 卡，可替代 IC 卡应用。如银行
卡、门禁卡、公交卡等。该模式下，卡片通过非接触读卡器的 RF 域供电，即使 NFC 设备（例
如，手机）没电也可以工作。

（2）读卡器模式：NFC 设备作为非接触读卡器使用，可以读写电子标签。

（3）点对点模式：两个具有 NFC 功能的设备之间可进行数据交换，实现点对点的数据传
输。例如，通过 NFC，数码相机、PDA、计算机和手机之间都可以交换数据资料。在手机上，
NFC 技术主要实现名片传送、开锁解锁、信息交换等功能，只要手机支持 NFC 技术，通过
触碰对方的手机就可以将个人联系方式或网址链接等信息传送过去。

3．NFC 的技术特点

（1）与 RFID 相比，NFC 传输距离比 RFID 小，采取了独特的信号衰减技术，具有距离
近、带宽高、能耗低等特点。RFID 应用在生产、物流、跟踪、资产管理上，而 NFC 则适用
于门禁、公交卡、手机支付等领域。

（2）和蓝牙相比，NFC 面向近距离交易，适用于交换财务信息或敏感的个人信息等重要
数据；而蓝牙通信距离比 NFC 稍远，可达 10m，适用于较长距离数据通信。与红外线相比，
NFC 比红外线更快、更可靠简单。

（3）NFC 与现有非接触智能卡技术兼容。

12.3.4　IC 卡技术

IC 卡（Integrated Circuit Card）是集成电路卡，有些国家也称为智能卡（Smart Card）、
智慧卡（Intelligent Card）、微电路卡（Microcircuit Card）。IC 卡实际上是一种数据存储系统，
如必要还可以附加计算能力。1984 年，IC 卡开始作为预付电话费的存储卡使用。

IC 卡是通过嵌入卡中的电擦除式可编程只读存储器集成电路芯片存储数据信息。IC 卡
根据是否带有微处理器可以分为存储卡和 CPU 卡。存储卡仅包含存储芯片而无微处理器，一
般的电话卡属于存储卡。而带有存储芯片和微处理器芯片的大规模集成电路的 IC 卡被称为
CPU 卡，具有数据读写和处理能力，因而具有安全性高、可离线操作等突出优点。所谓离线
操作是相对联机操作而言的，可以在不联网的终端设备上使用。

根据 IC 卡与读卡器的通信方式，可以分为接触式 IC 卡和非接触式 IC 卡。接触式 IC 卡
通过卡片表面多个金属接触点与读卡器进行物理连接来完成通信和数据交换；非接触式 IC
卡通过无线通信方式和读卡器进行通信，不需要与读卡器进行物理连接。

IC 卡已被广泛应用于各个领域，例如，银行卡、公交卡、地铁卡、停车卡、二代身份证、

手机的 SIM 卡等，支持身份识别认证、电子支付等功能。

12.3.5　生物计量识别技术

生物计量识别技术是指通过生物特征的比较来识别不同生物个体的方法，如近年来发展迅猛的语音识别和指纹识别。生物特征包括脸、指纹、手掌纹、虹膜、视网膜、语音、体形、个人习惯等，相应的识别技术有人脸识别、指纹识别、虹膜识别、视网膜识别、语音识别、体形识别、键盘敲击识别、签字识别等。

1. 虹膜识别技术

虹膜是位于眼睛的白色虹膜和黑色瞳孔之间的圆环状部分，总体上呈现一种由内向外的放射状结构，由相当复杂的纤维组织构成。虹膜包含了最丰富的纹理信息，包括很多细节特征结构，这些特征由遗传基因决定，并且终生不变。据称，没有任何两个虹膜是一样的。在所有生物特征识别技术中，虹膜识别应用最为方便和精确，不需要用户与机器发生接触。

虹膜技术已被广泛应用于身份认证。美国新泽西州的肯尼迪国际机场安装了虹膜识别系统，其安全等级从 B+上升到了 A+。中国的 TH-ID 多模生物特征身份识别认证系统也采用了虹膜识别技术，自 2005 年起相继在深圳罗湖口岸、珠海拱北口岸、北京首都机场口岸等地投入使用，通过率达 98%，通关时间小于 5 秒/人。

2. 指纹识别技术

指纹是指人的手指末端正面皮肤上凹凸不平的纹线。这些纹线有规律地排列成不同的形状。每个人的指纹不尽相同，同一个人的 10 个指头也存在明显区别，因此可以将指纹作为生物识别的技术之一。

在 20 世纪 60 年代指纹自动识别系统已开始被美国联邦调查局和法国巴黎警察局用于刑事侦破。今天，指纹识别技术已广泛融入日常生活，很多品牌的笔记本电脑采用指纹识别用于用户登录的身份认证。指纹识别系统是典型的模式识别系统，包括图像采集、图像处理、特征提取和特征比较等模块。

12.4　传感器技术

传感器位于物联网感知层，是物联网系统从外界获取信息的设备，为物联网系统提供自身采集的多元化原始数据。传感器技术是物联网的基础技术之一，直接影响物联网系统特性的优良。

随着传感器技术的发展，人们生活中各种功能的传感器随处可见，例如，电视机、音响、VCD、空调等家用电器的遥控器等所用的是红外线传感器；家庭必备的电冰箱、微波炉、空调等家用电器中用于温度检测和控制的温度传感器；手机摄像头、数码照相机、上网视频聊天等所使用的设备中都包含光电传感器；汽车上的传感器种类更多，如速度、压力、油量、角度线性位移传感器等。

12.4.1　传感器的组成和工作原理

传感器是能感受被测量信息并按照一定规律转换成可用输出信号的器件或装置。传感器一般由敏感元件、转换元件和基本电路组成，如图 12-9 所示。

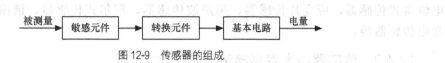

图 12-9 传感器的组成

传感器在工作工程中，敏感元件用于直接感受和采集需要测量的量，并输出与被测量有确定关系的物理量信号；转换元件将敏感元件输出的物理量信号转换为便于测量、可用的电信号，如电压、电感等；基本电路将转换元件输出的电信号进行其他处理，如放大调制等，以获得更好品质特性的电信号，便于后续处理。

12.4.2 传感器的分类

传感器的分类方法有很多，常见的有下列几种。

（1）按输入量分类

可分为三大类：物理量传感器、化学量传感器和生物量传感器。

（2）按输出量分类

可分为四大类：模拟式传感器、数字式传感器、膺数字传感器和开关传感器。

模拟式传感器是指传感器的输出信号为模拟量。数字式传感器是指传感器的输出是数字量。膺数字传感器是指被测量的信号量转换成频率信号或短周期信号的输出。开关传感器是指当一个被量的信号达到某个特点的阈值时，传感器相应地输出一个设定的低电平或高电平信号。

（3）按基本效应分类

根据传感器所蕴含的基本效应，可以将传感器分为物理型、化学型、生物型。

物理型传感器是利用被测量物质的某些物理性质发生明显变化的特性制成的，如水银温度计是利用水银的热胀冷缩现象，把温度变化转换为水银柱的高低变化，从而实现对温度的测量。

化学型传感器是利用能把化学物质的成分、浓度等转化成容易测量、可用输出的电学量的敏感元件制成的，如气敏传感器、湿度传感器等。

生物型传感器是利用各种生物活性材料或生物物质特性结合各种能量转换装置做成的，用以检测和识别生物体内化学成分的传感器。

（4）按工作原理分类

传感器可按其工作原理命名，如振动传感器、湿敏传感器、气敏传感器、磁敏传感器、压电式传感器、热电式传感器等。

（5）按能量转换关系分类

按能量变换关系，可分为能量变换型传感器和能量控制型传感器。能量变换型传感器指将一种形式的能量转换成另一种形式的能量。能量控制型传感器则是指不发生能量转换，只是对能量进行控制。

能量控制型传感器，又称为参量型或无源型传感器。这类传感器在信息变化过程中，其能量需要外电源供给。但被测对象的信号控制着由电源提供给传感器输出量的能量，并将电压或电流作为与被测量呈一定比例关系的输出信号。由于能量控制型传感器的输出能量并不是由自身内部提供的，而是由外加电源供给的，因此传感器输出端的电能可能大于输入端的非电能量。所以这种传感器具有一定的能量放大作用。这类传感器包括电位器式传感器、应变片传感器、超声波传感器、霍尔式传感器、谐振式传感器或某些光电传感器等。

12.4.3 传感器技术发展趋势

传感器的发展正朝着小型化和智能化方向发展，其中最具代表性的是微机电系统（Micro-Electro-Mechanical System，MEMS）传感器和智能传感器。

MEMS 传感器是一种由微电子、微机械部件构成的微型器件，多采用半导体加工，具有体积小、功耗低，便于集成的特点。MEMS 传感器有压力传感器、加速度传感器、微陀螺仪、墨水喷嘴和硬盘驱动头等，在物联网时代应用广泛，体现了传感器小型化发展趋势。

智能传感器是一种具有一定信息处理能力的传感器，目前多采用把传统的传感器与微处理器结合的方式来制造。传统传感器的数据需传输到系统的主机中进行分析处理；而智能传感器可利用其包含的微处理器对采集的信号进行分析处理，然后将处理结果发送给系统中的主机。智能传感器能显著减小传感器与主机之间的通信量，并简化主机软件的复杂程度。此外，智能传感器常常还可进行自检、诊断和校正。传统传感器和智能传感器与系统主机的关系对比如图 12-10 所示。

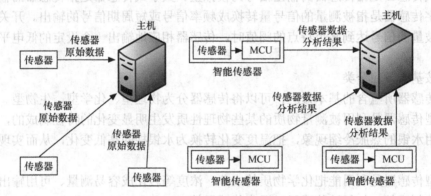

图 12-10　传统传感器和智能传感器与系统主机的关系对比

12.4.4 无线传感网络

1. 无线传感器网络的定义

无线传感器网络（Wireless Sensor Networks，WSN）是一种由独立分布的节点及网关构成的传感器网络，主要以传感器为核心进行数据感知与采集。在 WSN 中，安放在不同地点的传感器节点不断采集外界的环境参数，相互独立的节点之间通过无线网络进行通信。

2. 无线传感网络的组成

无线传感网络结构如图 12-11 所示，该体系包括传感器节点（Sensor Node）、汇聚节点（Sink Node）和任务管理单元。在无线传感器网络中，大量的传感器节点被随机分布在所需要监测的区域内，这一过程是通过飞行器散播、人工埋置和火箭弹射等方式完成。传感器节点以自组织的方式形成网络。传感器节点采集的数据通过路由节点等中间节点最终路由至汇聚节点，各个汇聚节点通过互联网等通信方式将数据传输到任务管理单元，用户可通过任务管理单元对数据进行查看和其他操作，对传感器节点进行配置管理。

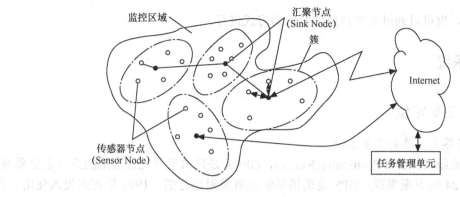

图 12-11 无线传感网络结构

传感器节点的组成一般由传感器模块、处理模块、无线收发模块和能量供应模块 4 部分组成，如图 12-12 所示。

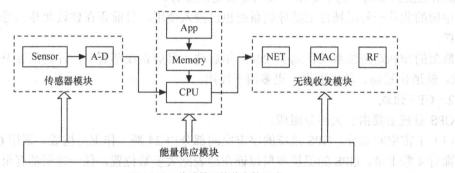

图 12-12 传感器网络节点的组成

其中，传感器模块包括传感器和模/数转换器组成，负责监测区域内信息的采集和数据转换；处理模块由嵌入式系统构成，包括 CPU、存储器、嵌入式操作系统等，负责控制整个传感器节点的操作、存储和处理本身采集的数据，以及其他节点发来的数据；无线收发模块负责与其他传感器节点进行无线通信，交换控制信息和收发采集数据；能量供应模块为传感器节点提供所需的能量，通常采用微型电池。

3．无线传感网络的特点

（1）大规模。为了使感知和采集的信息更为准确，通常会以传感器节点的数量为代价，以增加传感器节点的密集程度来实现大范围高精度的监测。

（2）自组织。对于随意散布的传感器节点，自组织能力能够自主实现传感器对于自身参数的管理和网络配置。

（3）动态性网络。在无线传感器网络使用过程中，随时会出现一些节点由于能量耗尽或环境因素造成失效而脱离网络，也有一些节点为了填充失效节点、增加监测准确度而补充到网络中，这样，节点个数会动态增加或减少，从而使网络拓扑结构发生变化。这就体现了网络的动态性。

（4）以数据为中心的网络。在互联网中，网络设备用网络中唯一的 IP 地址识别，相对于互联网中以地址为中心的特点，无线传感器网络是任务型的网络，是以数据为中心的。

（5）协作方式执行任务。在协作方式下，传感器之间的节点实现远距离通信，可以通过多跳中继转发，也可以通过多节点协作发送的方式进行。

12.5 定位系统

12.5.1 卫星定位

1. 目前世界上主要的卫星系统

全球定位系统（Global Positioning System，GPS）是目前世界上最常用的卫星定位系统，由覆盖全球的 24 颗卫星组成。GPS 是美国研制部署发射运行的，1994 年正式投入使用，为全球用户提供导航、定位、授时等功能。GPS 在军事、民用等方面都有广泛的应用，定位精度可达 20m。

俄罗斯的 GLONASS 全球卫星导航系统，于 1996 年完成部署运行，是 24 颗工作卫星加 1 颗备用卫星的布局，为全球用户提供导航定位服务。

中国的北斗一号区域性卫星导航系统也已投入使用，目前正在建设北斗二号全球卫星导航系统。

欧盟的伽利略定位系统计划于 2003 年启动，目前正在部署中。计划部署卫星数量多达 30 颗，轨道位置高、轨道面少，更多用于民用。

2. GPS 组成

GPS 系统主要由三大部分组成。

（1）宇宙空间部分。GPS 系统的宇宙空间部分由 24 颗工作卫星构成。采用 6 轨道平台，每平面有 4 颗卫星。GPS 的卫星布局保证在地表绝大多数位置，任一时刻都有至少 6 颗卫星在视线之内，可以进行定位。

（2）地面监控部分。GPS 系统的地面监控部分包括 1 个位于美国科罗拉多州空军基地的主控中心，4 个专用的地面天线，以及 6 个专用的监视站。此外，还有 1 个紧急情况下备用的主控中心，位于马里兰州盖茨堡。

（3）用户设备部分。要使用 GPS 系统，用户端必须具备一个 GPS 专用接收机。接收机通常包括一个和卫星通信的专用天线，用于位置计算的处理器，以及一个高精度的时钟。

3. GPS 定位原理

GPS 信号接收机能够捕获到按一定卫星截止角所选择的待测卫星，并跟踪这些卫星的运行。接收机接收到卫星的信号数据，接收机中的微处理计算机就可按定位解算方法进行定位计算，计算出用户所在地理位置的经纬度、高度、速度、时间等信息。

4. GPS 功能和特点

（1）全球性、全天候、连续不断。GPS 能为全球任何地点或近地空间的各类用户提供连续的、全天候的导航能力。

（2）实时导航、定位精度高、数据内容多。利用 GPS 定位时，在 1s 内可以取得几次位置数据，接近实时，同时能为用户提供连续的三维位置、三维速度和准确的时间信息。

（3）抗干扰能力强、保密性好。由于 GPS 系统采用了伪码扩频技术，因而 GPS 卫星所发送的信号具有良好的抗干扰性和保密性。

（4）功能多，用途广泛。

GPS 定位主要有 2 个缺点：一是 GPS 不适于室内定位。当处于室内环境时，由于电磁遮蔽的效应，往往难以接收到 GPS 的信号，因此，GPS 主要用于室外场景定位。另一个缺点是定位速度慢。初次定位时，往往需要好几分钟来搜索当前可用的卫星信号。

由于基站定位速度很快，因此，将 GPS 定位和蜂窝基站定位进行结合，出现了辅助 GPS 定位（Assisted Global Positioning System, A-GPS）。A-GPS 利用基站定位法快速确定当前所处的大致范围，然后利用基站连入网络，通过网络服务器查询到当前位置上方可见的卫星，大大缩短了搜索卫星的速度。在知道哪些卫星可用之后，只需要利用这几颗卫星进行 GPS 定位，就可以得到精确的结果。使用 A-GPS 定位全过程只需要数十秒，并且可以享受到 GPS 的定位精度，目前很多手机中都采用 A-GPS 定位技术。

GPS 典型应用是汽车导航。汽车导航系统利用 GPS 技术，通过在汽车上安装 GPS 接收机，就可以确定自己的位置，再利用内置的地图即可辅助驾驶。在物联网时代，由于可以感知更多信息，例如，道路信息、环境信息、驾驶员的健康状况、驾驶水平等，汽车导航技术可以更智能，将从过去的"以路为本"转变为"以人为本"，更好地改善驾驶质量，提高驾驶体验。

12.5.2 蜂窝基站定位

蜂窝基站定位利用移动通信中的蜂窝网络进行定位，是 GPS 定位的补充。在移动通信网络中，通信区域被划分成一个个蜂窝小区，通常每个小区有一个对应的基站。在进行移动通信时，移动设备始终是和一个蜂窝基站联系的。蜂窝基站定位就是利用这些基站来定位移动设备。

最简单的定位方法是 CoO（Cell of Origin）定位，它是一种单基站定位方法。就是把移动设备所属基站的坐标视为移动设备的范围。这种方法精度很低，其精度取决于基站覆盖的范围。优势在于定位速度快，2s~3s 时间就可完成定位，因此适用于情况紧急的场合。

多基站定位法就是利用多个基站同时测量，可以提高定位精度，包括基于到达时间（Time of Arrival，ToA）的定位和基于到达时间差（Time Difference of Arrival，TDoA）的定位。基于 ToA 的定位方法类似于 GPS 定位方法，但由于这种计算方法对时钟同步精度要求很高，而基站时钟精度远远比不上 GPS 卫星的水平，实际中，用得更多的是基于 TDoA 的定位方法。TDoA 的定位方法：用信号到达不同基站的时间差来建立方程组求解位置，通过时间差抵消掉一大部分不同步带来的误差。

ToA 和 TDoA 测量法都需要至少 3 个基站才能进行定位，如果待定位目标所在区域的基站分布比较稀疏，周围能收到信号的基站只有两个，情况就更加复杂了。这时，可以采用基于信号到达角度（Angle of Arrival，AoA）的定位方法：知道定位目标与两个基站间连线的方位，就可以利用两条射线的交点确定目标的位置。但是，要测量目标到基站间连线的方向并不容易，需配备价格不菲的方向性强的天线阵列。

此外，还有利用信号强度（Received Signal Strength，RSS）的定位方法。

基于信号特征的定位方法是利用信号强度进行定位的，将信号强度看作一个"特征"。假设在一片区域中布置了 N 个参考节点，这些节点向外发送信号，当要定位时，可以测出这 N 个信号的强度，得到一个 N 维的特征向量，这个特征向量被称为 RSS 指纹。由于 RSS 在区域中的分布相对稳定，可以事先测量出区域中每一个位置的 RSS 特征向量，做成一个 RSS 指纹数据库，建立位置与 RSS 指纹的一一对应关系。在定位过程中，一个未知位置的终端将扫描到的 RSS 指纹发送给定位系统，定位系统根据这个 RSS 指纹查询指纹数据库，就可以找到目标所在的位置。

基于信号特征的定位已在世界范围得到广泛应用，例如，谷歌地图、百度地图等在其室内定位模块都采用了这种方法。

北美地区的 E-911（Enhanced 911）系统是目前比较成熟的紧急电话定位系统。在这套系统中，采用了 ToA、TDoA、AoA、RSS、A-GPS 等多种定位方法，实际定位时根据情况择优而用。

12.5.3　无线室内环境定位

在室外环境，GPS 定位、基站定位都可以取得很好的定位效果。但在室内环境中，GPS 信号受到屏蔽，很难使用；基站定位信号受到多径效应的影响，定位效果也不理想。

多径效应的产生是由于波的反射、散射和叠加。电磁波是向四面八方发射出去的，除了沿一条直线传递到接收端以外，还有可能通过别的路径到达接收端。比如，电磁波沿某方向传播，遇到了一堵墙，就会在墙面发生发射，而反射的电磁波就有可能到达接收端。这样接收端就收到了两列电磁波，这两列电磁波叠加在一起，信号发生了混叠，就使信号的强弱发生了变化，甚至产生了变形，这就是多径效应。室内环境障碍物众多，这些障碍物都可能对电磁波起到反射、散射等作用，因此多径效应在室内变得非常显著。

室内环境的众多障碍物还对电磁波有阻碍作用。电磁波的波长决定了电磁波的传播距离和穿透障碍能力。电磁波的波长越长，波的传播距离就越长，但它的穿透能力也越弱；反之，波长越短，波的传播距离也越短，但穿透能力却变强了。在室内环境，为了应付障碍众多的情况，应该选用波长较短的信号进行通信。因此在室内环境应采用短波信号进行通信，采用短波进行定位。

现存大多数室内定位系统都采用基于信号强度 RSS 的定位方法，利用已架设好的网络，如 Wi-Fi、蓝牙，ZigBee、RFID、GSM 等，不需要专门的定位设备，经济实惠。目前室内环境进行短途定位的方法有很多种，包括传统的红外线定位、超声波定位，以及新兴的 Wi-Fi 定位、蓝牙定位、RFID 识别定位、超宽带定位、ZigBee 定位等。由于 Wi-Fi 网络部署广泛，因此 Wi-Fi 定位具有广泛应用的前景。

Wi-Fi 定位技术与蜂窝基站的 CoO 定位技术类似，通过 Wi-Fi 接入点（Access Point, AP）确定目标的位置。在 Wi-Fi 网络中，每个 AP 不断向外广播信息，包括自己的 MAC 地址。一般来说，一个无线 AP 的 MAC 地址可以看作全球唯一的。因此，可以用一个数据库记录下全世界所有无线 AP 的 MAC 地址，以及该 AP 所在的位置，那么通过查询数据库得到附近 AP 的位置，再通过信号强度估算出较精确的位置。可见，Wi-Fi 定位的关键在于如何建立一个庞大而精确的 AP 位置数据库。AP 位置数据库可以用专人路测扫描获得，并需定期重新扫描更新以适应 AP 的变化。此外，还可以由用户主动提交自己周围的 AP 及对应的位置信息，帮助改善数据质量。

实际中，Wi-Fi 定位技术也可以和 GPS 结合使用。当有 GPS 信号时，用 AP 定位辅助 GPS 来提高定位速度，而在没有 GPS 时，通过 AP 定位来得到一个不太精确的结果。

另外，随着传感网，无线网状网等无线自组织网络的兴起，网络定位应运而生。网络定位适用于无中心的网络结构，利用网络节点间距离、方向、相对位置等地理信息，计算节点的地理位置。

12.6 物联网接入技术

12.6.1 M2M 接入技术

1. M2M 的概念

机器对机器的通信（Machine-to-Machine Communication，M2M）是将数据从一台终端传送到另一台终端，可以简单地理解为机器与机器之间的信息交互。M2M 是物联网实现的关键，用于双向通信，例如，远距离收集信息、设置参数、发送指令等，将感知层的数据经过融合处理后传输到物联网的应用层，起着承上启下，融会贯通的作用。M2M 技术跨越了物联网的应用层和感知层，是无线技术和信息技术的整合。

2. M2M 模型及系统架构

M2M 系统分为 3 层：应用层、网络传输层和设备终端层，如图 12-13 所示。

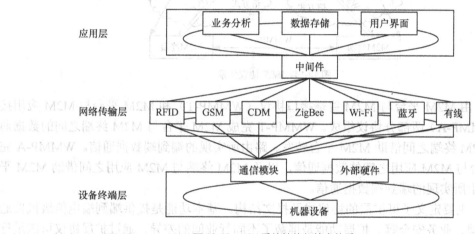

图 12-13 M2M 系统结构与技术体系

（1）设备终端层

设备终端层主要是完成将机器设备的数据通过无线通信技术发送到通信网络，最终传送到服务器和用户。而用户可以通过通信网络和控制系统实现对设备的远程控制和操作。

（2）网络传输层

网络传输层的主要功能在于传输数据。按照通信传输层发送数据时采用的技术可将通信网络分为广域网（无线移动通信网络、卫星通信网络、Internet、公众电话网）、局域网（以太网、WLAN、蓝牙）和个域网（ZigBee、传感器网络）等。

（3）应用层

应用层主要由中间件、业务分析、数据存储、用户界面 4 部分构成。其中，业务分析主要为系统和用户提供信息处理和决策，数据存储主要用于重要数据的存储并方便以后查看，用户界面在系统和用户之间起到桥梁作用，实现用户与系统的交互。

中间件包括两部分：M2M 网关、数据收集/集成部件。网关在 M2M 系统中扮演"翻译官"的角色，其主要功能是完成不同通信协议之间的相互转换。数据收集/集成部件是为了将数据变成有价值的信息，将所需的信息进行收集、加工和处理，并将结果呈现给系统的观察者。

3. WMMP 通信协议

WMMP（Wireless M2M Protocol）是为实现 M2M 业务中 M2M 终端与 M2M 平台之间、M2M 终端之间、M2M 平台与 M2M 应用平台之间的数据通信过程而设计的应用层协议。主要作用是实现推进机器通信协议统一，降低运营成本的目的，其体系如图 12-14 所示。

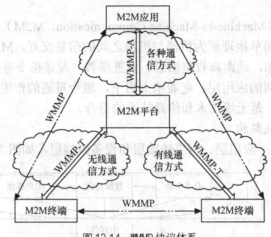

图 12-14 WMMP 协议体系

WMMP 由 M2M 平台与 M2M 终端接口协议（WMMP-T）和 M2M 平台与 M2M 应用接口协议（WMMP-A）两部分协议组成。WMMP-T 完成 M2M 平台与 M2M 终端之间的数据通信，以及 M2M 终端之间借助 M2M 平台转发、路由所实现的端到端数据通信。WMMP-A 完成 M2M 平台与 M2M 应用之间的数据通信，以及 M2M 终端与 M2M 应用之间借助 M2M 平台转发、路由所实现的端到端数据通信。

WMMP 主要定义了可扩展的协议栈及报文结构。基本功能是提供端到端电信级机器通信、终端管理、业务安全等。扩展功能是屏蔽了不同行业间的差异，通过扩展协议可满足行业用户差异化需求。

WMMP 协议规范如下。

（1）基本协议

双方的消息交互采用简单对象访问协议（Simple Object Access Protocol，SOAP）接口。包含 3 个方面：XML-envelop 为描述信息内容和如何处理内容定义了框架；将程序对象编码为 XML 对象的规则；执行远程调用（Remote Procedure Call，RPC）的约定。

（2）接口描述

WMMP 协议支持以下 2 种连接方式。

① 基于 HTTP 的标准 Web Service 方式。应用系统和 M2M 平台采用 WSDL（Web Service Description Language）对接口进行描述。WSDL 是用来定义 Web 服务的属性及如何调用它的一种 XML。一个完整的 WSDL 服务描述由一个服务接口和一个服务实现文档组成。通过查阅 Web 服务的 WSDL 文档，开发者可以知道 Web 提供了哪些方法和如何用正确的参数调用它们。

② 长连接。应用系统可以选择采用长连接和 M2M 平台交互，以提高效率。消息格式的定义和 Web Service 方式一致。

（3）消息格式

所有的协议数据单元（Protocol Data Unit，PDU）由消息头和消息题组成，如表 12-2 所示。

表 12-2　　　　　　　　　　　WMMP PDU 消息格式

PDU 组成	描述
Message Header	消息头
Message BODY	消息体
Message HASH	消息摘要，计算方法为： MD5［消息头+3DES（消息体）+用户名+密码］

消息头和消息体在 XML 中的表现形式如图 12-15 所示。

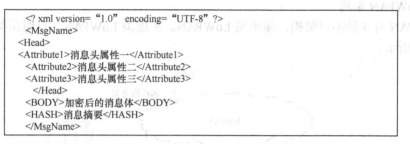

```
<? xml version= "1.0" encoding= "UTF-8" ?>
<MsgName>
<Head>
<Attribute1>消息头属性一</Attribute1>
<Attribute2>消息头属性二</Attribute2>
<Attribute3>消息头属性三</Attribute3>
  </Head>
<BODY>加密后的消息体</BODY>
<HASH>消息摘要</HASH>
</MsgName>
```

图 12-15　XML 形式的消息

（4）消息的安全性

数据安全：采用 3DES 算法对数据进行加密。M2M 平台和应用之间的交互消息均要求携带摘要字段，算法为：MD5[消息头+3DES（消息体）+用户名+密码]。其中用户名和密码由 M2M 平台为应用分配。

应用系统和 M2M 平台的交互包含 2 种密钥。

① 基础密钥：不同的 M2M 应用系统由 M2M 平台分配不同的基础密钥；M2M 平台负责统一分配和保存所有的 M2M 应用系统密钥。基础密钥通过 E-mail 的方式发送。

② 会话密钥：应用系统和 M2M 平台的每次会话均由 M2M 平台分配会话密钥。

基础密钥用于应用向平台登录启动新会话时加密消息体，以及 M2M 平台返回会话密钥时加密消息体。在会话中，双方用会话密钥加密和解密消息体。

消息交互过程如图 12-16 所示。

应用系统首先通过 TAppLoginReq 在 M2M 平台登录，由 M2M 平台分配并返回会话密钥，通过 TAppLoginRsp 返回。在后续的消息交互的数据包（数据包 1，数据包 1 响应，…，数据包 n，数据包 n 响应）中，双方通过会话密钥加密消息体。

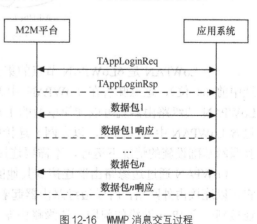

图 12-16　WMMP 消息交互过程

12.6.2 6LoWPAN 技术

1. 6LoWPAN 概述

6LoWPAN（IPv6 over LR_PAN）是使用 IPv6 的低速无线个人局域网，是物联网无线接入中的一项重要技术。该技术结合了 IEEE 802.15.4 无线通信协议和 IPv6 技术的优点，解决了窄带无线网络中的低功率、有限处理能力的嵌入式设备使用 IPv6 的困难，实现了短距离通信到 IPv6 的接入。

6LoWPAN 采用的是 IEEE 802.15.4 规定的物理层和 MAC 层，在网络层采用 IETF 规定的 IPv6，使 IPv6 能够高效地在简单的嵌入式设备的低功耗、低速率无线网络中应用。

IPv6 技术在 6LoWPAN 技术上的应用具有广阔的发展空间，使得大规模 6LoWPAN 的实现成为可能。

2. 6LoWPAN 架构

6LoWPAN 有 3 种不同架构：简单型 LoWPAN、扩展型 LoWPAN、自组织型 LoWPAN。如图 12-17 所示。

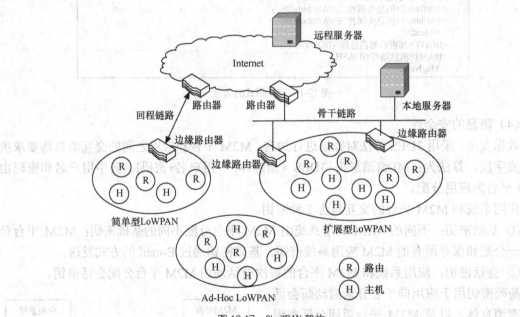

图 12-17 6LoWPAN 架构

一个 LoWPAN 是 6LoWPAN 节点的集合，这些节点具有相同的 IPv6 地址前缀（IPv6 地址中前 64 位），这意味着在 LoWPAN 中无论哪个节点的 IPv6 地址都保持一样。通过一个 LoWPAN 边缘路由器就可以使简单型的 LoWPAN 连接到另一个 IP 网络。扩展型 LoWPAN 包含 LoWPAN 中心（例如，以太网）连接的多边缘路由器。自组织型 LoWPAN 可以在没有互联网基础设施的情况下运行，不需要连接到互联网。

LoWPAN 通过边缘路由器连接到其他的 IP 网络。在进行 6LoWPAN 压缩和邻居发现时，它可以连接内外网络，所以边缘路由器起着非常重要的作用。边缘路由还可以解决 LoWPAN 连接到一个 IPv4 网络的问题。边缘路由器有典型的相关 IT 管理解决方案的管理特性。如果多个边缘路由器共享一个共同的骨干链接，它们能被相同的 LoWPAN 支持。

3. 6LoWPAN 协议栈

6LoWPAN 协议栈的目的是为了实现无线传感器与 IP 网络的无缝互联，其架构如图 12-18 所示。

6LoWPAN 协议栈体系结构分别由 IEEE802.15.4 物理层、IEEE802.15.4 媒体访问层（MAC）、6LoWPAN 适配层、IPv6、6LoWPAN 传输层（UDP、ICMP），以及应用层构成。

6LoWPAN 中的 IPv6 协议栈与普通 IP 协议栈的区别如图 12-19 所示。

IP 协议栈与 6LoWPAN 协议栈的主要区别有以下几点。

图 12-18　6LoWPAN 协议的体系结构

图 12-19　IP 协议栈与 6LoWPAN 协议栈的区别

首先，6LoWPAN 仅支持 IPv6，在 IEEE802.15.4 和 RFC4944 中类似的链路层中，LoWPAN 适配层是定义在 IPv6 之上的优化。嵌入式设备实现 6LoWPAN 协议栈实际上经常同 IPv6 一起对 LoWPAN 进行配置，因此它们作为网络层的一部分展示。

其次，在传输协议方面。最常见的 6LoWPAN 传输协议是用户数据协议（User Datagram Protocol，UDP），它也可以按照 LoWPAN 格式进行压缩。因为性能、效率和复杂性的问题，6LoWPAN 的 TCP 不常用。互联网控制消息协议版本 6（Internet Control Management Protocol Version 6，ICMPv6）用来进行信息控制。

LoWPAN 格式和全 IPv6 之间的转换由边缘路由器完成。这种转换对双向都是透明、高效的。在边缘路由器中的 LoWPAN 转换是 6LoWPAN 网络接口驱动的一部分，并且对 IPv6 协议栈本身通常是透明的。

12.6.3　NB-IoT 技术

1. NB-IoT 技术概念和特点

NB-IoT 是一种 LPWAN 技术。它是一种全新的基于蜂窝网络的窄带物联网技术，是 3GPP 组织定义的国际标准，可在全球范围内广泛部署，聚焦于低功耗广域网，基于授权频谱的运营，可直接部署于 LTE 网络，具备较低的部署成本和平滑升级能力。

NB-IoT 的系统带宽为 200kHz，传输带宽为 180kHz。与传统 LTE、GSM 兼容。NB-IoT 技术的优势主要体现在以下几个方面。

（1）广覆盖。NB-IoT 与 GPRS 或 LTE 相比，最大链路预算提升了 20dB，相当于提升了 100 倍，即使在地下车库、地下室、地下管道等普通无线网络信号难以到达的地方也容易覆盖到。

（2）低功耗。NB-IoT 可以让设备一直在线，但是通过减少不必要的信令、更长的寻呼周期及终端进入 PSM 状态等机制来达到省电的目的，有些场景的电池供电可以高达 10 年之久。

（3）低成本。低速率、低功耗、低带宽降低了终端的复杂度，利于终端做到低成本。同时，NB-IoT 基于蜂窝网络，可直接部署于现有的 LTE 网络，运营商部署成本也比较低。

（4）大连接。NB-IoT 基站的单扇区可支持超过 5 万个 UE 与核心网的连接，比现有 2G、3G、4G 移动网络提升了 50～100 倍的用户容量。

（5）授权频谱。NB-IoT 可直接部署于 LTE 网络，也可利用 2G、3G 的频谱重耕来部署，无论是数据安全和建网成本，还是在产业链和网络覆盖，相对于非授权频谱都具有很强的优越性。

（6）安全性。继承 4G 网络安全的能力，支持双向鉴权和空口严格的加密机制，确保用户终端在发送接收数据时的空口安全性。

2. NB-IoT 网络架构

NB-IoT 网络架构主要分为 5 部分，分别是 NB-IoT 终端、NB-IoT 基站、NB-IoT 核心网、IoT 平台，以及各种物联网垂直行业应用。如图 12-20 所示。

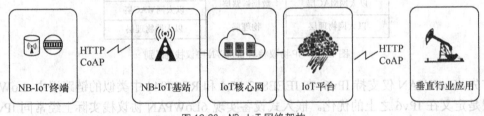

图 12-20 NB-IoT 网络架构

其中，NB-IoT 终端部分包括 NB-IoT 芯片、NB-IoT 模组、NB-IoT UE、传感器等。

NB-IoT 基站实现通道连接功能，目前支持 FDD-LTE 网络部署。

IoT 核心网作用是完成 NB-IoT 用户接入的过程处理。负责移动性、安全、连接管理、支持终端节能特性，支持拥塞控制与流量调度以及计费功能。

IoT 平台包括物联网连接管理平台和物联网业务使能平台。物联网连接管理平台实现开户、计费、实名认证、查询等功能。物联网业务使能平台实现设备管理、数据管理等功能。物联网连接管理平台和物联网业务使能平台相对独立，技术相关性不大，可分别部署，也可配合使用。

物联网垂直行业应用包含各行各业的智能化应用。物联网垂直行业应用提供者包括应用系统集成商、增值服务提供商等。

3. NB-IoT 业务模型

NB-IoT 是一类远距离、低功耗、低带宽的协议，适用于远距离的低功耗数据传输应用，例如，物联网中的智能环境监控。从通信带宽角度看，智能监控的部分场景需要很低的数据量，比如，智能电表，可能几小时甚至几天才产生一个数据；从通信距离角度看，这类数据通常分布在各家各户，传输距离较远；从通信能耗角度看，这类设备一般部署规模大且采用电池供电，由于需要长期工作，而且为了避免大规模更换电池带来的开销，这类设备对能耗有较高的要求。

3GPP TR45.820 定义的蜂窝物联网业务模型如表 12-3 所示。

表 12-3 **NB-IoT 业务模型**

业务类别	适合的应用	上行数据规模	下行数据规模	发送频率
自动上报（MAR）异常上报	烟雾告警、智能仪表电源失效通知、闯入通知	20B	0B	每几个月甚至几年
自动上报（MAR）周期上报	智能水电气热表、智慧农业、智能环境	20B～200B（超过200B也假定为200B）	50%的上行数据的确认字符（ACK）为0B	1天（40%）、2小时（40%）、1小时（15%）、30分钟（5%）
网络命令	开关、触发设备上报数据、请求读表数据	0～20B，50%情况请求上行响应	20B	1天（40%）、2小时（40%）、1小时（15%）、30分钟（5%）
软件升级/重配置模型	软件补丁升级	200B～2 000B（超过2 000也假定为2 000B）	200B～2 000B（超过2 000B也假定为2 000B）	180天

由表 12-3 可见，NB-IoT 业务模型支持固定节点或低速移动的物联网设备的接入。这类设备数据量小，数据传输以设备上传数据到平台的形式为主。这类业务主要包括智能抄表、环境监控、资产管理、独立可穿戴设备等。

12.6.4 LoRa 技术

1. LoRa 技术概念和协议

LoRa 是一种 LPWAN 通信技术，是美国 Semtech 公司 2013 年推出的一种基于扩频技术的超远距离无线传输方案。目前，LoRa 主要在全球免费频段运行，包括 433MHz、868MHz、915MHz 等。

LoRa 协议的主要特征如下。

（1）工作在 ISM 免费频段。其中美国采用 915MHz 频段，没有占空比限制；欧洲采用 868MHz 频段，1%和 10%的占空比限制；亚洲则采用 433MHz 频段。

（2）网络速度较低。LoRa 协议能够达到的典型通信速率为 0.3kbit/s～22kbit/s。

（3）通信距离长。LoRa 能够进行 3km 的长距离传输。

（4）安全性。LoRa 采用了 EUI128 设备密钥，EUI64 网络密钥及 EUI64 应用密钥。

（5）调制方式。LoRa 采用了线性调频扩频（Chrip Spread Spectrum,CSS），在使用前向纠错码的情况下可以解调出低于本底噪声平面 19.5dB 的信号。

LoRa 协议具有以下 3 种集中工作方式。

（1）双向终端设备（Bi-directional End-devices, Class A）模式。该模式中，节点只能在有数据上传时下载数据，这一模式可以减小大量能量开销。

（2）有接收时隙的双向终端设备模式（Bi-directional End-devices with Scheduled Receive Slots，Class B）。该模式中，节点可以在固定的时隙内下载数据。

（3）最大化接收时隙的终端设备模式（Bi-directional End-devices with Maximal Receive Slots，Class C）。该模式中，节点有几乎连续的接收时隙。

可以看出，3 种模式的能量消耗由小到大，模式也由单一到灵活。在 Class A 模式中，设备只有在数据上传时才能下载数据，能耗最低；而在 Class C 模式中，设备几乎可以在任意时刻下载数据，能耗最高。

2. LoRa 网络结构

LoRa 网络主要由终端（可内置 LoRa 模块）、网关（或称基站）、网络服务器，以及应用服务器组成。应用数据可双向传输。如图 12-21 所示。

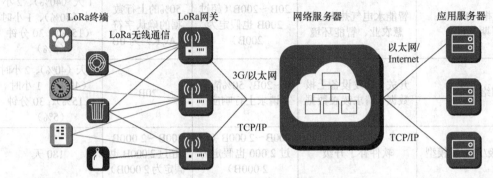

图 12-21 LoRa 网络结构

其中，LoRa 终端节点可能是各种设备，比如，水表气表、烟雾报警器、宠物跟踪器等。这些节点通过 LoRa 无线通信首先与 LoRa 网关连接，再通过 3G 网络或者以太网络，连接到网络服务器中。网关与网络服务器之间通过 TCP/IP 协议通信。

实际组网中，LoRa 一般由若干从设备和一个主设备构成星形网络。

3. LoRa 应用前景

LoRa 技术具有终端成本低、终端功耗低、组网灵活等优点，企业可根据需求在一定区域内自行搭建基站开展业务。LoRa 通信能力受限主要来自于非授权频谱，其使用不受管制，干扰无法有效规避，通信质量难以保障。

目前 LoRa 网络已经在世界多地进行试点或部署。我国国内也已经有公司部署了 LoRa 网络。国内电信运营商大多支持 NB-IoT 网络部署，利用 LoRa 技术进行大规模组网可能性不大。因此，基于授权频谱的 NB-IoT 和基于非授权频谱的 LoRa 将分别在运营级和企业级 LPWAN 领域以互补形式开展应用。

12.6.5 eMTC 技术

增强机器类通信（enhanced MTC，eMTC）是 3GPP R13 中提出的技术，通过对 LTE 协议进行剪裁和优化以适应中低速物联网业务的需求，传输带宽是 1.4MHz。由于 eMTC 的基础设施是现有的，大部分 LTE 基站可以通过软件升级支持 eMTC,因此，运营商部署 eMTC 没有障碍。关键问题是如何降低芯片成本、UE 的研发成本。

eMTC 关键技术特征包括：15dB 覆盖增强，终端射频带宽 1.4MHz，峰值速率为 1Mbit/s,上下行半双工，支持频分双工（Frequency Division Duplex，FDD）与时分双工（Time Division Duplex，TDD），最小调度带宽为 180kHz。

eMTC 技术优势为：采用授权频谱，通信质量可靠安全，可在 LTE 带内部署，无须额外的频谱资源，其移动性支持较好。

eMTC 技术局限性表现在：①终端成本及功耗较高。为支持移动性，eMTC 终端继承了

LTE 协议栈的复杂度，导致 eMTC 终端成本较高，能耗较高。②15dB 覆盖增强仍不能满足室内覆盖要求。③在 LTE 带内部署时，LTE 网络易受 eMTC 部署影响，eMTC 业务量越大或覆盖增强越大，对 LTE 网络影响越大。

eMTC 和 NB-IoT 相比，NB-IoT 用户终端成本更低、功耗更低，而 eMTC 在移动性、语音、数据速率等方面具有一定优势，可以支持丰富、创新的物联网应用，如智能穿戴设备、车辆管理、电子广告屏等。两项技术在 LPWAN 领域会互相融合、互相补充，以提升用户体验。

12.7 物联网应用

12.7.1 智能交通

1. 智能交通的概念

智能交通系统（Intelligent Transportation Systems，ITS）是一种实时的、准确的、高效的交通运输综合管理和控制系统。它通过在基础设施和交通工具中广泛应用先进的感知技术、识别技术、定位技术、网络技术、控制技术等，对道路和交通进行全面分析、计算和控制，以提高交通运输系统的效率和安全，同时降低能耗和改善环境。

智能交通并非孤立的智能车辆或简单的车辆网络，而是将人、货物、车辆、道路设施有机结合，在信息交换基础上实现交通管理、电子收费、紧急救援，甚至构建起先进的驾驶操作辅导系统、公共交通系统和货运管理系统的统一整体。

2. 基于物联网技术的智能交通的特征

基于物联网技术的智能交通系统可以实现交通管理的动态化、全局化、自动化和智能化。

物联网技术为智能交通提供更透彻的感知。道路基础设施中的传感器、车载传感设备能实时监控交通流量和车辆状态信息，并将监测数据通过移动通信网络传送至管理中心。

物联网技术为智能交通提供更全面的互联互通。遍布于道路基础设施和车辆中的无线、有线通信技术的有机整合为移动用户提供更便捷的网络服务，使人们在旅途中能随时获取实时的道路和周边环境资讯，甚至收看电视节目。

物联网技术为智能交通提供更深入的智能化。智能化的交通管理和调度机制能充分发挥道路基础设施的效能，最大化交通网络流量并提高安全性，优化人们的出行体验。

3. 智能交通应用实例

（1）交通监测和管理

基于对海量交通信息的实时采集和处理可以实现交通的监测和管理。综合交通信息服务平台如图 12-22 所示。

综合交通信息服务平台对海量交通信息进行采集、汇聚、存储和共享，包括摄像头、雷达、地感线圈、GPS 浮动车、车牌识别、SCATS 信号控制路口信息采集等，实现多源交通信息融合处理和分析，实现实时交通状况监控，拥堵情况信息在道路诱导屏显示，实现信息共享供信息服务商使用。

（2）不停车收费系统 ETC

电子收费（Electronic Toll Collection，ETC）系统，即不停车收费系统，能够在车辆以正常速度驶过收费站时自动收取费用。大部分的电子收费系统都利用了基于私有通信协议的车载无线通信设备，当车辆穿过车道上的龙门架时系统自动对其识别。目前很多国际组织系统将此类协议标准化，例如，使用美国智能交通协会等组织推荐的 DSRC 协议。其他曾经应用于该领域的技术包括条形码、牌照识别、红外线通信和 RFID 标签等。目前，不停车收费系统在世界各地已经广泛部署应用。

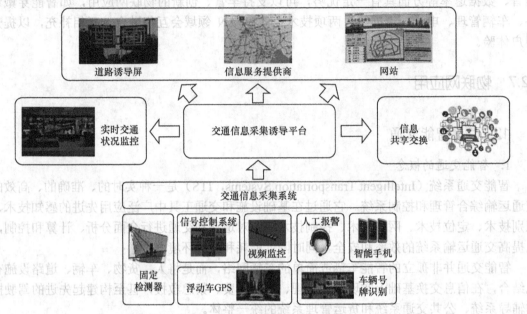

图 12-22　综合交通信息服务平台

（3）智能停车管理

城市智能停车引导系统通过超声波、弱磁等传感器节点对车位进行实时监测。通过泛在的无线连接方式将车位信息进行实时汇聚并存储至云端，通过传统的电子引导牌或者智能手机、车载 GPS 等方式，帮助驾驶者寻找附近合适的空车位，引导驾驶者实现目标停车位。在室内停车场，可通过自组网定位技术提供停车引导服务。完成停车后，反向寻车系统将帮助车主在返回时方便地找到停车位。

12.7.2　智能物流

物流是有形物品自产出源点到最终消费点的流动储存活动，具体包括运输、保管、包装、装卸、加工和信息处理等活动。智能物流是利用信息采集、信息处理、信息管理、信息分析等技术，智能化地完成物流活动的多个环节，并能实时反馈物品的流动状态，达到加速物流周转、降低物流成本、提升企业竞争力的目的。

智能物流是现代物流发展的理想阶段，其发展呈精准化、智能化、协同化的特点。另外，智能物流还有细粒度、实时性、可靠性等特点，应体现在智能物流的各种服务中。

下面介绍几个智能物流应用实例。

1. 基于物联网环境的仓储系统

库存管理在物流过程中占据重要地位。基于物联网识别技术、感知技术和定位技术等，可以实时掌握物流过程中产品的品质、标识、位置等信息，实现智能化的仓储管理。基于物联网环境的仓储系统架构示意图如图 12-23 所示。

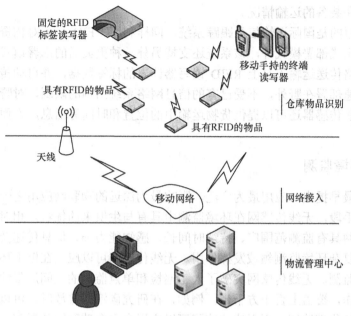

图 12-23　物流仓储系统架构示意图

系统包括系统编码体系、数据采集系统、服务和软件、系统硬件 5 个部分。

（1）系统编码体系。仓储实体大体可分为货物类、设备类、设施类、人员类、环境类。仓储管理需要在实体对象上粘贴一定编码的 RFID 标签，才能实现仓储智能管理。

（2）采集系统。仓储信息自动化采集系统能够在货物移动和静止时对信息进行快速、准确的获取。采集系统主要有两类：一是 RFID 系统，二是传感系统。RFID 系统用于对人员、货物、设施、设备等的监管，信息采集用于数量统计、定位、权限、流程管理等多个方面。传感系统针对不可标识的物体收集信息，用于对工作环境、物品存储环境、物品形状的检测。

（3）系统网络结构。仓储系统的物流是混合型网络，包括现场总线网络、局域网、无线传感网等。仓储系统中有许多自动化设施，如自动传输装置、智能机器、立体货架、电子显示屏、扩音器等，这些设施的信息交互必须解决。

（4）服务及软件。仓储系统服务包括信息采集、传输、处理、数据集成、资源调度、流程优化、权限管理等功能。这些服务位于仓储系统最高层。软件系统由应用软件、数据库、中间件等组成。

（5）系统硬件。仓储系统所涉及的硬件包括计算机、手机、掌上电脑、RFID 货物标签、车载读卡器、天线、电子显示屏、电子语音设备、温度传感器、红外传感器和相应读卡器、摄像头、通风、供暖设备等。

2. 可视化 RFID 系统

美国国防部在全球部署了以 RFID 技术为主的"联合全资产可视化（Joint Total Asset Visibility，JTAV）系统"，用于现代化的军事后勤管理。JTAV 系统部署了全球化的读写识别设备，RFID 读写设备对标签识别，并能把标签中存储的数据传递给标签的所有者。JTAV 主要使用主动式 RFID 标签。在 JTAV 中，标签读写器通常部署在固定位置，如检查点的门口。当接收到标签发射的信号后，读写器将标签号和位置信息传给一颗美国国防部的卫星，再由卫星把信息传给位于马萨诸塞州的运输中心，送入数据库中，美军用户可以通过集装箱号或申请号查询物资和装备的运输情况。

与 JTAV 相似的是国际运输信息跟踪系统，同样利用 RFID 设备对物资进行可视化的管理。除了支持固定式部署模式外，该系统还支持另外一种更灵活的部署模式——用户可以建立一个传感器网络传送运输工具上 RFID 读写器读出的标签数据，并自动传回数据库。这种传感器网络可快速部署在野外，不受已有的信息网络系统结构的限制，对野战后勤补给特别有利。同时，这些传感器还可以提供货物运输中的位置和时间等信息，方便用户进行跟踪和监控。

12.7.3　环境监测

环境监测是最早提出，应用最为广泛，影响最为深远的物联网应用之一。作为物联网感知识别层的重要手段，无线传感网在环境监测中具有与生俱来的优势。相对传统的环境监测方式，无线传感网具有监测范围广、持续时间长、感知能力强、信息传递及时等特点，特别适合于在大尺度复杂环境监测领域发挥作用。无线传感网可以应用在以下环境监测场景。

（1）大范围监测。无线传感网突破了人工巡检和单点监测的空间局限性，成千上万个传感器节点协同工作，覆盖上百平方千米。例如，在研究碳汇碳排放时，可以利用遥感技术实现全球尺度的二氧化碳监测，而无线传感网可以实现介于全球范围和局部单点之间的区域尺度监测。

（2）长期无人监测。与人工巡检的方式不同，无线传感网可以长期部署于人迹罕至的恶劣环境中，无须人工维护或配置，不依赖任何基础设施。感知数据可以通过无线链路传递回监控中心。

（3）复杂事件监测。无论人工巡检还是单点监测，监控中心只能掌握一个或者几个监控点的实时情况。对于环境监测，有一部分需要关注的事件具有时间和空间关联性，即只有感知数据在时间上和空间上满足特定的条件，才认为事件发生。这样的事件不能通过人工巡检或者单点监测实现。例如，在确定污染物扩散速度和方向时，需要部署在不同位置上的多个传感器节点对发现污染物的时间进行协同计算。

（4）同步监测。采用人工巡检的方式，只有当巡检员到达某个监测地点后才能获取该位置的当前和历史环境数据，感知数据相对滞后，而通过巡检员携带感知数据返回监测中心的数据模式则进一步加剧了数据滞后的情况。这种异步监测的方式使得环境数据不能及时反馈，有可能导致错误的决策。但在无线传感网中，每个自主的传感器节点可以实时记录环境状况，感知数据只需通过传感器节点形成的无线多跳网络，就可以实时传输到监控中心。

近十年来，以无线传感网为基础的环境监测系统主要涉及生物习性监测和高危灾害区域监测。

例如，2002 年，美国部署了大鸭岛传感网，对大鸭岛栖息的一种海燕在繁殖季节的习性进行持续观测，收集相关环境数据供动物学家分析。该系统在大鸭岛部署了一个由 32 个 MICA 节点构成的无线传感网，每个 MICA 节点只需 2 节 AA 干电池，并配备了一系列的传感器，以测量温度、湿度、光照和大气压力等，这些环境参数的动态变化与海燕进出燕巢的行为密切相关。环境数据分析的结果有助于人类有目的地保护海燕的栖息环境，保持岛上的物种和生态平衡。

2004 年，美国哈佛大学在厄瓜多尔的一座活火山周围部署了一个包含 16 个节点的无线传感网。该系统连续运行了 19 天，以 100Hz 频率持续采集地震波和声波强度等环境信息，共捕捉到 299 次地震、火车爆发和其他地震波时间，采集到的数据可用于地质监测和科学研究。

12.8 物联网中的信息安全与隐私保护

在物联网中，RFID 标签通常附着于物品，甚至嵌入人体，其中可能存储大量隐私信息。而 RFID 标签受自身成本限制，不支持复杂的加密算法，因而容易遭受攻击。攻击者可以通过破解 RFID 标签获取、复制、篡改，以及滥用其中保存的信息，给用户造成损失。随着定位精度的提高，位置信息的内涵越来越丰富。高精度的位置信息如果被攻击者窃取，造成的后果也不可小觑。因此，RFID 安全和位置信息隐私保护是物联网中特有的安全和隐私问题。

12.8.1 RFID 安全与隐私保护机制

1. RFID 安全隐患

一个基本的 RFID 系统主要由标签、阅读器和后台服务器系统组成。阅读器和服务器的能力较强，能够支持复杂的密码学运算，一般认为阅读器和服务器之间的通信是安全的。因此，RFID 系统的安全和隐私问题主要集中在标签本身，以及标签和阅读器之间的通信上。

RFID 系统可能面临的主要安全隐患如下。

（1）窃听。RFID 标签和阅读器之间通过无线广播的方式进行数据传输，攻击者可能偷听到传输的内容。攻击者可能通过使用这些信息进行身份欺骗或偷窃。

（2）中间人攻击。攻击者先伪装成一个阅读器靠近标签，在标签携带者毫无知觉的情况下进行读取。然后攻击者将从标签中获取的信息直接或经过处理后发送给合法的阅读器，以达到攻击者的各种目的。在攻击过程中，标签和阅读器都以为攻击者是正常通信流程中的另一方。

2005 年发表的以色列的一篇论文构建了一个简单的"扒手"系统，实现利用中间人攻击的方法盗刷受害者的 RFID 银行卡。系统结构如图 12-24 所示。

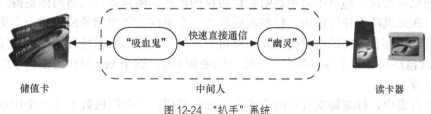

图 12-24 "扒手" 系统

这个攻击系统包含两个设备："幽灵"和"吸血鬼"。"吸血鬼"距离受害者 50cm 左右，盗取受害者储值卡的信息，之后将盗取来的信息以某种方式快速直接转交给"幽灵"，"幽灵"进而通过读卡器盗刷储值卡中的存款。"幽灵"和"吸血鬼"之间可以相距很远。因此，即使受害者和读卡器相距千里，储值卡也有被盗刷的危险。

中间人攻击成本低廉，与使用的安全协议无关，是 RFID 系统面临的重大挑战之一。

（3）欺骗、克隆、重放。欺骗是指攻击者将获取的标签数据发送给阅读器，以此来骗过阅读器。重放是指将标签回复记录下来，然后在阅读器询问时播放以欺骗阅读器。克隆主要是指将一个 RFID 标签中的内容记录并写入另一个标签，以形成原来标签的一个副本。

另外，还有物理破解、篡改标签信息、拒绝服务攻击、RFID 病毒等安全隐患。

2. RFID 主要隐私问题

（1）隐私信息泄露。未经良好设计的 RFID 系统容易受到攻击，泄露隐私信息。2009 年 5 月，研究人员发现使用 RFID 的新一代信用卡有安全和隐私漏洞。美国测试 VISA、Master Card、American Express 三家发卡机构发行的 20 张 RFID 信用卡时发现，持卡人的姓名及其他数据均用明文以文本方式传输。攻击者只需要一台计算机和一些无线电零件，即可读取并存储持卡人数据。

（2）跟踪。通过获取 RFID 标签上的信息，攻击者可以标注标签携带人或者物体，进而跟踪标签携带者。利用这种方法，攻击者可以对用户进行监控，掌握用户的行为规律和消费喜好等。这就涉及与 RFID 相关的位置隐私保护问题。

3. RFID 安全和隐私保护机制

RFID 安全和隐私保护机制主要包括物理安全机制、基于密码学的安全机制、新兴的隐私保护方法。早期物理安全机制主要包括"灭活"、法拉第网罩、主动干扰、阻止标签等。通过牺牲标签的部分功能来满足隐私保护的要求，可以在一定程度上保护低成本的标签，但由于验证、成本和法律等约束，物理安全机制还存在各种各样的缺点。

基于密码学的安全机制，包括哈希锁（Hash-Lock）、随机哈希锁（Randomized Hash Lock）。

（1）哈希锁。哈希锁是一个抵制标签未授权访问的隐私增强协议，2003 年由麻省理工学院和 Auto-ID Center 提出。整个协议只需要采用单向密码学哈希函数实现简单的访问控制，因此可以保证较低的标签成本。在哈希锁协议中，标签不使用真实 ID，而是使用一个 metaID 来代替。每个标签内部都有一个哈希函数和一个用来存储临时 metaID 的内存。使用哈希锁机制的标签有锁定和非锁定两种状态：在锁定状态下，标签用 metaID 响应所有查询；在非锁定状态下，标签向阅读器提供自己的信息。

哈希锁方案为标签提供了初步的访问控制，可以在一定程度上保护标签数据。但 metaID 不会更新，攻击者可以将这个固定的 metaID 当作对应标签的一个别名，然后通过这个别名跟踪标签及其携带者。

（2）随机哈希锁。随机哈希锁是哈希锁协议的扩展，阅读器每次访问标签得到的输出信息都不同。在随机哈希锁协议中，标签需要包含一个单向密码学哈希函数和一个伪随机数发生器；阅读器也拥有同样的哈希函数和伪随机数发生器；在后台系统数据库中存储所有标签的 ID；阅读器还与每一个标签共享一个唯一的密钥 key，这个 key 将作为密码学哈希函数的密钥用于计算。

在这个方案中，标签每次发生的应答由两部分组成：一个随机数 R 和一个由这个随机数作为参数计算的哈希值。由于 R 是随机产生的，因此对应的哈希值也是随机的。这样，每次标签的响应都会随机变化，所以不能对其进行跟踪。

新兴隐私保护认证方法有基于 PUF 的方法和基于掩码的方法。

（1）基于 PUF 的方法。物理不可克隆函数（Physical Unclonable Function，PUF）是一个利用物理特性来实现的函数。基于 PUF 的方法是利用制造过程中固然引入的随机性，例如，在 IC 制造过程中芯片的独特物理特性和差异性，这些差异会对集成电路中门电路和导线的传输延迟产生随机影响，因此不同芯片间的传输延迟存在差异。任何尝试攻击芯片的行为都会改变电路的物理结构，从而改变电路的传输延迟，破坏整个电路。

PUF 相当于标签的指纹，使用 PUF 的标签物理上不可克隆。通过判断标签的 PUF，可以判断标签的真假，而不需要使用复杂的密码学机制。PUF 电路尺寸极小，增加一个 PUF 电路对标签的价格影响极小。

（2）基于掩码的方法。基于掩码的方法主要是使用一些外加设备给阅读器和标签之间的通信加上一层掩码来保护通信内容。偷听者无法得知阅读器或标签发出的具体信息，而接受者可以利用网络掩码的原理得到发送者发送的信息。这种方法优点是不需要对标签做任何改变，缺点是需要增加外加设备，影响了便利性，也增加了成本。

12.8.2　位置信息与隐私保护机制

1. 位置隐私的定义和重要性

位置隐私是用户对自己位置信息的掌控能力。所谓掌控能力，是指用户能自由决定是否发布自己的位置信息，将信息发布给谁，通过何种方式来发布，以及发布的位置信息有多详细。假如这几点都能做到，那么该用户的位置信息就是高度隐私的；反过来，倘若有一点不能满足，这个用户的隐私就遭到了侵害。

位置信息的泄露最直接的危险是不法分子可能利用位置信息对当事人进行跟踪，从而对人身安全构成威胁。同时，位置信息泄露也间接造成其他个人隐私信息的泄露。因为位置信息包含时间、空间、人物这三大要素，根据位置信息可以推知用户进行的活动，从而推断出各种个人隐私信息，例如，用户的健康状况、宗教信仰、生活习惯、兴趣爱好等。由此可见，保护位置隐私，保护的不仅仅是个人的位置信息，还有其他各种各样的个人隐私信息。因此，保护位置隐私刻不容缓。

2. 保护位置隐私的手段

为了应对与日俱增的针对位置隐私的威胁，人们提出了种种手段来保护位置隐私。主要有制度约束、隐私方针、身份匿名和数据混淆等四类位置隐私保护手段。下面主要介绍身份匿名和数据混淆这两种技术手段。

（1）身份匿名

位置信息包含时间、地点、人物三大要素。匿名的隐私对策是将发布出去的位置信息中的身份信息替换为一个匿名的代号。这样，攻击者不能从位置信息中得知用户真实身份。但简单的匿名并不能完全防止隐私泄露，攻击者可能借助发布的位置信息推测出用户的真实身份。针对这个问题，有一种简单的对策——k 匿名。

k-匿名的主要思想是让用户发布的位置信息和另外 $k-1$ 个用户的位置信息变得不可分辨。即使攻击者通过某些途径得知了这 k 个用户的真实身份，也很难将 k 个匿名代号和 k 个真实身份一一对应起来。

实现 k-匿名有两种方式：一种是对空间信息进行处理，将用户所在区域划分为多个小块，每个小块中有至少 k 个用户，当用户提交位置信息时，将信息中的空间位置调包成用户所在的小块区域，这样任意一个提交的位置都至少都有 k 个处在同一个小块中的完全相同的位置信息，让攻击者无从分辨；另一种方式是对时间信息进行处理，将用户的位置信息延迟发布，直到有 k 个不同的用户都到过这个位置，再将这 k 条信息一起发布。这两种方式各有缺点，空间处理会造成位置精度的下降；而时间处理则损失了信息的时效性。实际上，这两种方法往往结合使用，从而在空间精度和时效性之间找到一个平衡。

（2）数据混淆

数据混淆对位置信息进行混淆，让攻击者从位置信息中不能获得足够进行推断的信息。数据混淆主要有 3 种方法：模糊范围、声东击西和含糊其辞。将用户位置信息模糊化处理发布。

身份匿名策略中，降低位置精度的目的是让多条信息的用户身份不可分辨；而数据混淆中，降低位置精度的目的是让多条信息的空间位置不可分辨。与身份匿名相比，数据混淆的优势在于支持各种依赖用户真实身份、需要认证的服务。

参考文献

[1] 全国通信专业技术人员职业水平考试办公室组编. 通信专业实务: 互联网技术 [M]. 北京: 人民邮电出版社, 2008.

[2] 谢希仁. 计算机网络 (第 7 版) [M]. 北京: 电子工业出版社, 2017.

[3] 程光, 李代强, 强士卿. 网络工程与组网技术 (第 1 版) [M]. 北京: 清华大学出版社, 2008.

[4] 中华人民共和国工业与信息化部. 宽带 IP 城域网工程设计规范 YD/T 5117-2016 [S]. 北京: 北京邮电大学出版社, 2016.

[5] 李磊. 网络工程师考前辅导 [M]. 北京: 清华大学出版社, 2007.

[6] 樊勇兵, 陈楠, 黄志兰. 解惑 SDN [M]. 北京: 人民邮电出版社, 2015.

[7] 赵鹏, 段晓东. SDN/NFV 发展中的关键: 编排器的发展与挑战 [J]. 电信科学, 2017.

[8] 斯托林斯. 网络安全基础: 应用与标准 (第 5 版) [M]. 白国强, 译. 北京: 清华大学出版社, 2014.

[9] 雅各布森. 网络安全基础——网络攻防、协议与安全 [M]. 仰礼友, 赵红宇, 译. 北京: 机械工业出版社, 2016.

[10] 萨师煊, 王珊. 数据库系统概论 (第 3 版) [M]. 北京: 高等教育出版社, 2001.

[11] 陈志泊. 数据库原理及应用教程 (第 3 版) [M]. 北京: 人民邮电出版社, 2014.

[12] 西尔伯沙茨. 数据库系统概念 (第 6 版) [M]. 杨冬青, 李红燕, 唐世渭, 译. 北京: 机械工业出版社, 2012.

[13] 查伟. 数据存储技术与实践 [M]. 北京: 清华大学出版社, 2016.

[14] 方粮. 海量数据存储 [M]. 北京: 机械工业出版社, 2016.

[15] 李东, 刘芳, 姒茂新. 网络存储技术及应用 [M]. 北京: 电子工业出版社, 2015.

[16] 刘洋. 信息存储技术原理分析 [M]. 北京: 经济管理出版社, 2014.

[17] 张冬. 大话存储 2: 存储系统架构与底层原理极限剖析 [M]. 北京: 清华大学出版社, 2011.

[18] 鲁士文. 存储网络技术及应用 [M]. 北京: 清华大学出版社, 2010.

[19] 王改性, 师鸣若. 数据存储备份与灾难恢复 [M]. 北京: 电子工业出版社, 2009.

[20] 王达. 网管员必读: 服务器与数据存储 (第 2 版) [M]. 北京: 电子工业出版社, 2007.

[21] 法利. SAN 存储区域网络 (第 2 版) [M]. 孙功星, 蒋文保, 范勇, 等译. 北京: 机械工业出版社, 2002.

[22] 布鲁克希尔, 布里罗. 计算机科学概论 (第 12 版) [M]. 刘艺, 吴英, 毛倩倩, 译. 北京: 人民邮电出版社, 2017.

[23] 布莱恩特. 深入理解计算机系统 (原书第 3 版) [M]. 龚奕利, 贺莲, 译. 北京: 机械工业出版社, 2016.

[24] 佛罗赞. 计算机科学导论 (原书第 3 版) [M]. 刘艺, 译. 北京: 机械工业出版社, 2015.

[25] 维加, 麦格劳. 安全软件开发之道: 构筑软件安全的本质方法 [M]. 殷丽华, 张冬艳,

郭云川，等译. 北京：机械工业出版社，2014.

[26] 刘易斯，多布斯，维拉皮莱. 软件测试与持续质量改进（第 3 版）[M]. 陈绍英，张河涛，刘建华，等译. 北京：人民邮电出版社，2011.

[27] 埃亨，克劳斯，特纳. CMMI 精粹（第 3 版）[M]. 王辉青，战晓苏，译. 北京：清华大学出版社，2009.

[28] 王昆仑. 计算机科学与技术导论 [M]. 北京：中国林业出版社，2006.

[29] 祁亨年. 计算机导论 [M]. 北京：科学出版社，2006.

[30] 顾炯炯. 云计算架构技术与实践 [M]. 北京：清华大学出版社，2017.

[31] 邵宏，房磊，张云帆，等. 云计算在电信运营商中的应用 [M]. 北京：人民邮电出版社，2015.

[32] 陆平，赵培，左奇，等. OpenStack 系统架构设计实战 [M]. 北京：机械工业出版社，2016.

[33] 刘鹏. 云计算（第三版）[M]. 北京：电子工业出版社，2015.

[34] 张云帆，郑直. SDN 与 NFV 在云计算 IDC 中的应用 [J]. 电信快报，2014（8）.

[35] 孙振正，龚靖，段勇，等. 面向下一代数据中心的软件定义存储技术研究 [J]. 电信科学，2014（1）：39-43.

[36] 王斌锋，苏金树，陈琳. 云计算数据中心网络设计综述 [J]. 计算机研究与发展，2016（9）.

[37] 罗军舟，金嘉晖，宋爱波，等. 云计算：体系架构与关键技术 [J]. 通信学报，2011，32（7）：3-21.

[38] 罗圣美，李桂萍. 云桌面解决方案和实践 [J]. 信息通信技术，2016（2）.

[39] 全国信息技术标准化技术委员会大数据标准工作组. 大数据标准化白皮书 [R]. 2016.

[40] 工业和信息化部电信研究院. 大数据白皮书 [R]. 2014.

[41] 林子雨. 大数据技术原理与应用（第 2 版）[M]. 北京：人民邮电出版社，2017.

[42] 刘鹏. 大数据（第 1 版）[M]. 北京：电子工业出版社，2017.

[43] 赵刚. 大数据技术与应用实践指南 [M]. 第 2 版. 北京：电子工业出版社，2016.

[44] 刘云浩. 物联网导论 [M]. 北京：科学出版社，2017.

[45] 张开生. 物联网技术及应用 [M]. 北京：清华大学出版社，2016.

[46] 张鸿涛，徐连明，刘臻. 物联网关键技术及系统应用 [M]. 北京：机械工业出版社，2016.

[47] 谢运洲. NB-IoT 技术详解与行业应用 [M]. 北京：科学出版社，2017.

[48] 郭宝，张阳，顾安，等. 万物互联 NB-IoT 关键技术与应用实践 [M]. 北京：机械工业出版社，2017.

[49] 王道平，丁琨. 物流信息技术与应用 [M]. 北京：科学出版社，2017.